普通高等教育“十三五”规划教材

# 线性代数教程

（第 2 版）

主　编　戴立辉

副主编　林大华　吴霖芳　陈　翔



同济大学出版社
TONGJI UNIVERSITY PRESS

## 内容提要

本书按照工科及经济管理类"本科数学基础课程(线性代数部分)教学基本要求",并结合当前大多数高等院校的学生基础和教学特点编写而成.全书根据矩阵这条主线,以通俗易懂的语言,全面而系统地讲解线性代数的基本知识,包括行列式、矩阵、向量、线性方程组、特征值与特征向量、二次型、线性空间与线性变换共7章内容.每章分若干节,每节都配有习题,同时每章还配有总习题,书末附有习题和总习题的参考答案.

本书理论系统、举例丰富、讲解透彻、难度适宜,适合作为普通高等院校工科类、理科类(非数学专业)、经济管理类有关专业的线性代数课程的教材使用,也可供广大考研学子选用作为复习线性代数的教材,还可供相关专业人员和广大教师参考.

**图书在版编目(CIP)数据**

线性代数教程 / 戴立辉主编. -- 2版. -- 上海:同济大学出版社,2018.7(2022.7重印)

ISBN 978-7-5608-7856-0

Ⅰ.①线… Ⅱ.①戴… Ⅲ.①线性代数—高等学校—教材 Ⅳ.①O151.2

中国版本图书馆CIP数据核字(2018)第150011号

普通高等教育"十三五"规划教材

**线性代数教程**(第2版)

**主编** 戴立辉 **副主编** 林大华 吴霖芳 陈 翔

**责任编辑** 张 莉 **责任校对** 徐春莲 **封面设计** 潘向蓁

**出版发行** 同济大学出版社 www.tongjipress.com.cn
(地址:上海市四平路1239号 邮编:200092 电话:021-65985622)

**经　销** 全国各地新华书店

**印　刷** 江苏句容排印厂

**开　本** 710 mm×960 mm 1/16

**印　张** 15.25

**字　数** 305 000

**印　数** 15 401—18 500

**版　次** 2018年7月第2版 2022年7月第5次印刷

**书　号** ISBN 978-7-5608-7856-0

**定　价** 36.00元

# 前　言

本书第1版自2013年7月出版以来，许多高校都采用它作为教材，深受广大使用院校师生的欢迎，得到了广大读者的肯定，已先后重印了6次.

几年来，许多专家、学者和广大师生对本书给出了许多宝贵的改进意见，在此特向他们表示感谢.

这次改版，正是吸取了同行们的宝贵意见，并根据实践中积累的一些经验，在保持本书第1版的优点、特色的基础上，对一些内容进行了修订，对文字、符号及排版疏漏等方面做了全面修订，将每章后的习题进行了合理更换和调整，通过优化将它们分散并构成每节的习题，而且每章增加了总习题.

在本次修订中，我们新增加了第7章线性空间与线性变换的内容. 在第7章中，我们将第3章的向量空间进行推广，讲解实数域上的线性空间的基本知识，介绍线性变换的初步知识. 第7章可供对线性代数要求较高的专业选用.

这次修订工作由戴立辉、林大华、吴霖芳、陈翔完成，具体分工如下：戴立辉修订第1章、第2章和第5章，林大华修订第3章并编写第7章，吴霖芳修订第4章，陈翔修订第6章. 全书最后由戴立辉统稿并定稿.

尽管本书经过了修订，但由于编者水平和学识有限，书中不当和疏漏之处在所难免，敬请广大专家、各位同行和读者不吝赐教，继续给予批评与指正.

戴立辉

2018年6月

# 第 1 版前言

“线性代数”是普通高等院校各专业普遍开设的一门重要的公共基础课程，具有较强的逻辑性和抽象性，在培养具有良好数学素质及应用型人才方面起着特别重要的作用. 为了更好地适应当前我国高等教育跨越式发展的需要，满足我国高校从“精英型教育”向“大众化教育”的重大转变过程，满足大多数高等院校出现的新的教学形势、学生状况和教学特点，我们编写了这本线性代数课程的教材，书名定为《线性代数教程》.

在编写本书的过程中，我们严格执行教育部“数学与统计学教学指导委员会”最新修订的工科及经济管理类“本科数学基础课程（线性代数部分）教学基本要求”，同时参考了近几年来国内外出版的有关教材. 编写中，我们适当兼顾全国研究生入学考试数学考试大纲的要求（线性代数部分），并深入结合编者的一线教学经验.

全书以通俗易懂的语言，深入浅出地讲解线性代数的基本知识，包括行列式、矩阵、向量、线性方程组、矩阵的特征值与特征向量、二次型等. 每章分若干节，每章配有习题，书末附有习题的参考答案.

本书各章主要内容如下：

第 1 章行列式，讲解行列式的概念、行列式的性质与计算、行列式展开定理、克拉默法则等.

第 2 章矩阵，包括矩阵的概念、矩阵的运算、可逆矩阵与逆矩阵、分块矩阵、矩阵的初等变换、矩阵的秩等.

第 3 章向量，介绍向量的概念和运算、向量间的线性关系、向量组的秩、向量空间、向量的内积等.

第 4 章线性方程组，涉及线性方程组的消元法、线性方程组解的讨论、线性方程组解的结构等.

第 5 章矩阵的特征值与特征向量，讲解矩阵的特征值与特征向量的概念和性质、相似矩阵、实对称矩阵的对角化等.

第 6 章二次型,包括二次型的概念及其矩阵表示、化二次型为标准形和规范形、正定二次型等.

本书由戴立辉主编,林大华、陈明玉副主编.陈明玉编写第 1 章,戴立辉编写第 2 章、第 5 章和第 6 章,林大华编写第 3 章和第 4 章.全书通过编者的充分讨论,最后由戴立辉统稿、定稿.

在本书的编写过程中,还得到作者单位、参编者单位以及同济大学出版社的大力支持和热情帮助,在此一并表示衷心的感谢!

由于编者水平和学识有限,书中不当和疏漏之处在所难免,敬请各位同行和读者不吝赐教,并批评指正.

戴立辉

2013 年 6 月

# 目　　录

# 第 1 章　行　列　式

在中学阶段的代数学习中，讨论过二阶、三阶行列式，并且利用它们来解二元、三元线性方程组. 为了研究 $n$ 元线性方程组，需要将行列式的概念进行推广. 行列式是一个重要的概念，它在线性代数和后继课程里都有着非常广泛的应用. 作为一个有力的数学工具，行列式在许多实际应用问题中，也发挥着重要作用.

本章主要介绍行列式的定义、性质及其计算方法，还要介绍用 $n$ 阶行列式解 $n$ 元线性方程组的克拉默法则.

## §1.1　行列式的定义

在给出 $n$ 阶行列式的定义之前，先回顾中学代数中从解线性方程组而引出的二阶与三阶行列式的定义.

### 1.1.1　二阶与三阶行列式

为了解二元线性方程组

$$\begin{cases} a_{11}x_1 + a_{12}x_2 = b_1, \\ a_{21}x_1 + a_{22}x_2 = b_2, \end{cases} \tag{1.1}$$

以 $a_{22}$ 乘以第一个方程，以 $a_{12}$ 乘以第二个方程，然后将两式相减，得到

$$(a_{11}a_{22} - a_{12}a_{21})x_1 = b_1a_{22} - a_{12}b_2;$$

类似可以求得

$$(a_{11}a_{22} - a_{12}a_{21})x_2 = a_{11}b_2 - b_1a_{21}.$$

当 $a_{11}a_{22} - a_{12}a_{21} \neq 0$ 时，求得方程组(1.1)的解为

$$x_1 = \frac{b_1a_{22} - a_{12}b_2}{a_{11}a_{22} - a_{12}a_{21}}, \quad x_2 = \frac{a_{11}b_2 - b_1a_{21}}{a_{11}a_{22} - a_{12}a_{21}}. \tag{1.2}$$

为了方便记忆 $x_1$ 及 $x_2$ 的表达式，引入记号

$$D = \begin{vmatrix} a_{11} & a_{12} \\ a_{21} & a_{22} \end{vmatrix} = a_{11}a_{22} - a_{12}a_{21}. \tag{1.3}$$

式(1.3)称为**二阶行列式**. 其中横写的称作**行**，竖写的称作**列**，二阶行列式含有两行两列.

二阶行列式的定义,可用所谓的对角线法则来记忆,参看图 1.1.

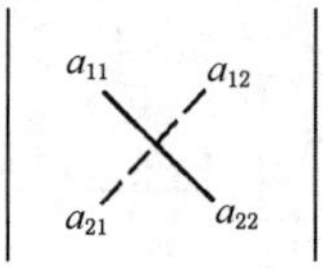


图 1.1

二阶行列式 $\begin{vmatrix} a_{11} & a_{12} \\ a_{21} & a_{22} \end{vmatrix}$ 是这样两项的代数和:一项是在左上角到右下角的对角线(称为**主对角线**)上的两个数 $a_{11}$ 与 $a_{22}$ 的乘积 $a_{11}a_{22}$,取正号;另一项是在右上角到左下角的对角线(称为**副对角线**)上的两个数 $a_{12}$ 与 $a_{21}$ 的乘积 $a_{12}a_{21}$,取负号.

例如,$\begin{vmatrix} 1 & 2 \\ -3 & 4 \end{vmatrix} = 1\times 4 - 2\times(-3) = 10.$

根据二阶行列式的定义,式(1.2)中的分子可分别写成

$$D_1 = \begin{vmatrix} b_1 & a_{12} \\ b_2 & a_{22} \end{vmatrix} = b_1a_{22} - a_{12}b_2,\quad D_2 = \begin{vmatrix} a_{11} & b_1 \\ a_{21} & b_2 \end{vmatrix} = a_{11}b_2 - b_1a_{21}.$$

这样,方程组(1.1)的解可写成

$$x_1 = \frac{D_1}{D} = \frac{\begin{vmatrix} b_1 & a_{12} \\ b_2 & a_{22} \end{vmatrix}}{\begin{vmatrix} a_{11} & a_{12} \\ a_{21} & a_{22} \end{vmatrix}},\quad x_2 = \frac{D_2}{D} = \frac{\begin{vmatrix} a_{11} & b_1 \\ a_{21} & b_2 \end{vmatrix}}{\begin{vmatrix} a_{11} & a_{12} \\ a_{21} & a_{22} \end{vmatrix}}.$$

对三元线性方程组

$$\begin{cases} a_{11}x_1 + a_{12}x_2 + a_{13}x_3 = b_1, \\ a_{21}x_1 + a_{22}x_2 + a_{23}x_3 = b_2, \\ a_{31}x_1 + a_{32}x_2 + a_{33}x_3 = b_3, \end{cases} \tag{1.4}$$

通过消去 $x_2$ 和 $x_3$,可得到

$$\begin{aligned} &(a_{11}a_{22}a_{33} + a_{12}a_{23}a_{31} + a_{13}a_{21}a_{32} - a_{11}a_{23}a_{32} - a_{12}a_{21}a_{33} - a_{13}a_{22}a_{31})x_1 \\ &= b_1a_{22}a_{33} + a_{12}a_{23}b_3 + a_{13}b_2a_{32} - b_1a_{23}a_{32} - a_{12}b_2a_{33} - a_{13}a_{22}b_3. \end{aligned}$$

为了方便记忆,引进**三阶行列式**

$$\begin{aligned} D = &\begin{vmatrix} a_{11} & a_{12} & a_{13} \\ a_{21} & a_{22} & a_{23} \\ a_{31} & a_{32} & a_{33} \end{vmatrix} \\ = &a_{11}a_{22}a_{33} + a_{12}a_{23}a_{31} + a_{13}a_{21}a_{32} - a_{11}a_{23}a_{32} \\ &- a_{12}a_{21}a_{33} - a_{13}a_{22}a_{31}. \end{aligned} \tag{1.5}$$

上述三阶行列式的定义,也可用对角线法则来记忆,参看图 1.2. 图中有三条实线看做是平行于主对角线的连线,三条虚线看做是平行于副对角线的连线,实线上三个元素的乘积冠以正号,虚线上三个元素的乘积冠以负号.

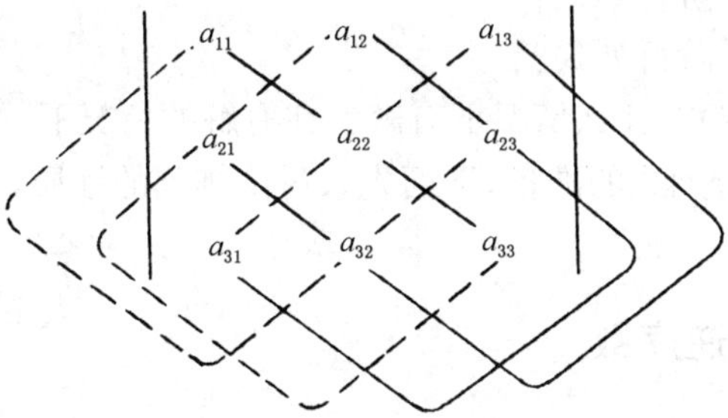


**图 1.2**

例如，$\begin{vmatrix} 2 & -1 & 3 \\ -1 & 2 & 1 \\ 4 & 1 & -2 \end{vmatrix} = 2\times2\times(-2)+(-1)\times1\times4+3\times(-1)\times1-$

$$2\times1\times1-(-1)\times(-1)\times(-2)-3\times2\times4$$
$$=-8-4-3-2+2-24=-39.$$

利用三阶行列式的定义，当 $D\neq0$ 时就得到方程组(1.4)的解：

$$x_1=\frac{D_1}{D}=\frac{\begin{vmatrix} b_1 & a_{12} & a_{13} \\ b_2 & a_{22} & a_{23} \\ b_3 & a_{32} & a_{33} \end{vmatrix}}{\begin{vmatrix} a_{11} & a_{12} & a_{13} \\ a_{21} & a_{22} & a_{23} \\ a_{31} & a_{32} & a_{33} \end{vmatrix}},\quad x_2=\frac{D_2}{D}=\frac{\begin{vmatrix} a_{11} & b_1 & a_{13} \\ a_{21} & b_2 & a_{23} \\ a_{31} & b_3 & a_{33} \end{vmatrix}}{\begin{vmatrix} a_{11} & a_{12} & a_{13} \\ a_{21} & a_{22} & a_{23} \\ a_{31} & a_{32} & a_{33} \end{vmatrix}},$$

$$x_3=\frac{D_3}{D}=\frac{\begin{vmatrix} a_{11} & a_{12} & b_1 \\ a_{21} & a_{22} & b_2 \\ a_{31} & a_{32} & b_3 \end{vmatrix}}{\begin{vmatrix} a_{11} & a_{12} & a_{13} \\ a_{21} & a_{22} & a_{23} \\ a_{31} & a_{32} & a_{33} \end{vmatrix}}.$$

在自然科学与工程技术中，会碰到多个未知数的线性方程组，如 $n$ 元一次线性方程组

$$\begin{cases} a_{11}x_1+a_{12}x_2+\cdots+a_{1n}x_n=b_1, \\ a_{21}x_1+a_{22}x_2+\cdots+a_{2n}x_n=b_2, \\ \cdots\cdots\cdots\cdots\cdots\cdots\cdots\cdots \\ a_{n1}x_1+a_{n2}x_2+\cdots+a_{nn}x_n=b_n. \end{cases} \tag{1.6}$$

它的解是否也有类似的结论呢？

为此，需要解决如下问题：

(1) 怎样定义 $n$ 阶行列式?

(2) 如何计算 $n$ 阶行列式?

(3) 方程组(1.6)在什么情况下有解? 在有解的情况下,如何表示此解?

作为定义 $n$ 阶行列式的准备,下面先来讨论排列的性质,然后引出 $n$ 阶行列式的概念.

### 1.1.2 排列及其逆序数

#### 1. 排列与逆序

对于 $n$ 个不同的元素,可以给它们规定一个次序,并称该规定的次序为标准次序. 例如 1, 2, …, $n$ 这 $n$ 个自然数,一般规定由小到大的次序为标准次序.

**定义 1.1** 由 $n$ 个自然数 1, 2, …, $n$ 组成的一个无重复的有序数组 $j_1j_2\cdots j_n$,称为一个 **$n$ 元排列**.

例如,1234 和 2431 都是 4 元排列,而 45321 是一个 5 元排列.

显然,$n$ 元排列共有 $n!$ 个.

排列 $12\cdots n$ 中元素之间的次序为标准次序,这个排列称为标准排列;其他排列的元素之间的次序未必是标准次序.

**定义 1.2** 在 $n$ 个不同元素的任一排列中,当某两个元素的次序与标准次序不同时,就说有一个**逆序**. 也就是说,在一个 $n$ 元排列 $j_1j_2\cdots j_s\cdots j_t\cdots j_n$ 中,如果一个较大的数排在一个较小的数之前,即若 $j_s > j_t (s < t)$,则称这两个数 $j_t$, $j_s$ 组成一个逆序. 一个排列中所有逆序的总数,称为这个**排列的逆序数**,记为 $\tau(j_1j_2\cdots j_n)$ 或 $\tau$.

例如,排列 2431 中,21, 43, 41, 31 是逆序,共有 4 个逆序,故排列 2431 的逆序数 $\tau = 4$.

一般地,$\tau(j_1j_2\cdots j_n) =$ $j_2$ 前面比 $j_2$ 大的数的个数 $+$ $j_3$ 前面比 $j_3$ 大的数的个数 $+\cdots+$ $j_n$ 前面比 $j_n$ 大的数的个数.

**定义 1.3** 如果排列 $j_1j_2\cdots j_n$ 的逆序数为奇数,则称该排列为**奇排列**;若排列 $j_1j_2\cdots j_n$ 的逆序数为偶数,则称该排列为**偶排列**.

例如,2431 是偶排列,45321 是奇排列;标准排列 $12\cdots n$ 的逆序数是 0,因此是偶排列.

#### 2. 对换

为了研究 $n$ 阶行列式的需要,先讨论对换的概念及其与排列奇偶性的关系.

**定义 1.4** 在排列 $j_1j_2\cdots j_s\cdots j_t\cdots j_n$ 中,将任意两数 $j_s$ 和 $j_t$ 的位置互换,而其余的数不动,就得到另一个排列 $j_1j_2\cdots j_t\cdots j_s\cdots j_n$. 这种作出新排列的手续称为一次**对换**. 将相邻两数对换,称为相邻对换.

例如,对换排列 45321 中 5 和 1 的位置后,得到排列 41325.

经过对换,排列的奇偶性有何变化呢?我们有下面的基本事实.

**定理 1.1** 对换改变排列的奇偶性.

也就是说,经过一次对换,奇排列变成偶排列,而偶排列变成奇排列.

**证明** 先证明相邻对换的情况.

设排列为 $a_1\cdots a_l a b b_1\cdots b_m$,对换 $a$ 与 $b$,变为排列 $a_1\cdots a_l b a b_1\cdots b_m$. 显然,$a_1\cdots a_l$,$b_1\cdots b_m$ 的逆序数经过对换并不改变,而 $a$,$b$ 的逆序数改变为

当 $a<b$ 时,经对换后 $a$ 的逆序数增加 1 而 $b$ 的逆序数不变;

当 $a>b$ 时,经对换后 $a$ 的逆序数不变而 $b$ 的逆序数减少 1.

所以,不论是增加 1 还是减少 1,排列 $a_1\cdots a_l a b b_1\cdots b_m$ 与排列 $a_1\cdots a_l b a b_1\cdots b_m$ 的奇偶性改变.

再证明一般对换的情况.

设排列为 $a_1\cdots a_l a b_1\cdots b_m b c_1\cdots c_n$,对它做 $m$ 次相邻对换,变成排列 $a_1\cdots a_l a b b_1\cdots b_m c_1\cdots c_n$,再做 $m+1$ 次相邻对换,变成排列

$$a_1\cdots a_l b b_1\cdots b_m a c_1\cdots c_n,$$

总之,经过 $2m+1$(奇数)次相邻对换,排列 $a_1\cdots a_l a b_1\cdots b_m b c_1\cdots c_n$ 变成排列

$$a_1\cdots a_l b b_1\cdots b_m a c_1\cdots c_n,$$

所以,这两个排列的奇偶性改变.

**推论** 任意一个排列与标准排列都可经过一系列对换互换,并且所作对换的次数与这个排列的奇偶性相同.

**证明** 由定理 1.1 知,对换的次数就是排列奇偶性的变化次数,而标准排列是偶排列,因此结论成立. ■

上述推论说明,奇排列变成标准排列的对换次数为奇数,偶排列变成标准排列的对换次数为偶数.

### 1.1.3 *n* 阶行列式的定义

以三阶行列式的定义为例来分析研究式(1.5)的结构特点,可以归纳为下面三点:

(1) 三阶行列式是表示一些乘积的代数和,而每一项乘积都是由行列式中位于不同的行和不同的列的三个元素构成的乘积;

(2) 这个代数和的总项数是 1, 2, 3 所构成的排列总数 $3!=6$;

(3) 每一项的符号与元素的列指标排列的逆序数的奇偶性有关(设元素的行指标排列按标准排列,即逆序数为 0),设 $\tau$ 表示元素的列指标排列的逆序数,则每一项乘积的符号由 $(-1)^{\tau}$ 而定. 当 $\tau$ 为奇数时,取负号;当 $\tau$ 为偶数时,取正号.

因此,三阶行列式的定义又可写成

$$\begin{vmatrix} a_{11} & a_{12} & a_{13} \\ a_{21} & a_{22} & a_{23} \\ a_{31} & a_{32} & a_{33} \end{vmatrix} = \sum_{j_1 j_2 j_3} (-1)^{\tau(j_1 j_2 j_3)} a_{1j_1} a_{2j_2} a_{3j_3},$$

其中，$\sum\limits_{j_1 j_2 j_3}$ 表示对所有三元排列 $j_1 j_2 j_3$ 求和.

通过对三阶行列式定义的结构特点的分析，可以类似地推广到一般情形，于是有下面 $n$ 阶行列式的定义.

**定义 1.5** 称 $n^2$ 个数排成 $n$ 行 $n$ 列组成的记号

$$\begin{vmatrix} a_{11} & a_{12} & \cdots & a_{1n} \\ a_{21} & a_{22} & \cdots & a_{2n} \\ \vdots & \vdots & & \vdots \\ a_{n1} & a_{n2} & \cdots & a_{nn} \end{vmatrix}$$

为 ***n* 阶行列式**，它等于所有取自不同行不同列的 $n$ 个数的乘积 $a_{1j_1} a_{2j_2} \cdots a_{nj_n}$ 的代数和，其中 $j_1 j_2 \cdots j_n$ 为自然数 1, 2, …, $n$ 的一个排列，各项按下列规则带有符号：当 $j_1 j_2 \cdots j_n$ 是偶排列时，该项带有正号；当 $j_1 j_2 \cdots j_n$ 是奇排列时，该项带有负号.

$n$ 阶行列式可写成

$$\begin{vmatrix} a_{11} & a_{12} & \cdots & a_{1n} \\ a_{21} & a_{22} & \cdots & a_{2n} \\ \vdots & \vdots & & \vdots \\ a_{n1} & a_{n2} & \cdots & a_{nn} \end{vmatrix} = \sum_{j_1 j_2 \cdots j_n} (-1)^{\tau(j_1 j_2 \cdots j_n)} a_{1j_1} a_{2j_2} \cdots a_{nj_n},$$

其中，$\sum\limits_{j_1 j_2 \cdots j_n}$ 表示对所有的 $n$ 元排列 $j_1 j_2 \cdots j_n$ 求和.

行列式有时也简记为 $\det(a_{ij})$，这里，数 $a_{ij}$ 称为行列式的元素，$(-1)^{\tau(j_1 j_2 \cdots j_n)} a_{1j_1} a_{2j_2} \cdots a_{nj_n}$ 称为行列式的一般项.

定义 1.5 通常被称为行列式的“排列逆序”定义，它具有三个特点：

(1) 由于 $n$ 元排列的总数是 $n!$ 个，所以展开式共有 $n!$ 项；

(2) 每项必须是取自不同行不同列的 $n$ 个元素的乘积；

(3) 每项前的符号取决于 $n$ 个元素列指标所组成排列的奇偶性.

需注意的是，当 $n=1$ 时，一阶行列式 $|a|=a$，不要与绝对值记号相混淆.

**例 1.1** 计算上三角形行列式

$$\begin{vmatrix} a_{11} & a_{12} & \cdots & a_{1n} \\ 0 & a_{22} & \cdots & a_{2n} \\ \vdots & \vdots & & \vdots \\ 0 & 0 & \cdots & a_{nn} \end{vmatrix}.$$

**解** 该行列式的一般项为 $(-1)^{\tau(j_1 j_2 \cdots j_n)} a_{1j_1} a_{2j_2} \cdots a_{nj_n}$，现考虑其中不为零的项.

$a_{nj_n}$ 取自第 $n$ 行，但只有 $a_{nn} \neq 0$，故只能取 $j_n = n$；

$a_{n-1, j_{n-1}}$ 取自第 $n-1$ 行，只有 $a_{n-1, n-1} \neq 0$，$a_{n-1, n} \neq 0$，由于 $a_{nn}$ 取自第 $n$ 列，故 $a_{n-1, j_{n-1}}$ 不能取自第 $n$ 列，所以 $j_{n-1} = n-1$；

同理可得，$j_{n-2} = n-2$，…，$j_2 = 2$，$j_1 = 1$.

所以不为零的项只有

$$(-1)^{\tau(1\,2 \cdots n)} a_{11} a_{22} \cdots a_{nn} = a_{11} a_{22} \cdots a_{nn}.$$

从而

$$\begin{vmatrix} a_{11} & a_{12} & \cdots & a_{1n} \\ 0 & a_{22} & \cdots & a_{2n} \\ \vdots & \vdots & & \vdots \\ 0 & 0 & \cdots & a_{nn} \end{vmatrix} = a_{11} a_{22} \cdots a_{nn}.$$

例 1.1 中，主对角线以下元素都为零的行列式称为上三角形行列式，它的值等于主对角线上全部元素的乘积. 类似的，主对角线以上元素都为零的行列式称为下三角形行列式，主对角线以外的元素都为零的行列式称为对角形行列式，它们的值都是等于各自主对角线上全部元素的乘积. 即有

$$\begin{vmatrix} a_{11} & 0 & \cdots & 0 \\ a_{21} & a_{22} & \cdots & 0 \\ \vdots & \vdots & & \vdots \\ a_{n1} & a_{n2} & \cdots & a_{nn} \end{vmatrix} = a_{11} a_{22} \cdots a_{nn}, \quad \begin{vmatrix} a_{11} & 0 & \cdots & 0 \\ 0 & a_{22} & \cdots & 0 \\ \vdots & \vdots & & \vdots \\ 0 & 0 & \cdots & a_{nn} \end{vmatrix} = a_{11} a_{22} \cdots a_{nn}.$$

**定理 1.2** $n$ 阶行列式也可定义为

$$\begin{vmatrix} a_{11} & a_{12} & \cdots & a_{1n} \\ a_{21} & a_{22} & \cdots & a_{2n} \\ \vdots & \vdots & & \vdots \\ a_{n1} & a_{n2} & \cdots & a_{nn} \end{vmatrix} = \sum_{i_1 i_2 \cdots i_n} (-1)^{\tau(i_1 i_2 \cdots i_n)} a_{i_1 1} a_{i_2 2} \cdots a_{i_n n},$$

其中，$\sum\limits_{i_1 i_2 \cdots i_n}$ 表示对所有的 $n$ 元排列 $i_1 i_2 \cdots i_n$ 求和.

**证明** 按定义 1.5 有

$$D = \begin{vmatrix} a_{11} & a_{12} & \cdots & a_{1n} \\ a_{21} & a_{22} & \cdots & a_{2n} \\ \vdots & \vdots & & \vdots \\ a_{n1} & a_{n2} & \cdots & a_{nn} \end{vmatrix} = \sum_{j_1 j_2 \cdots j_n} (-1)^{\tau(j_1 j_2 \cdots j_n)} a_{1j_1} a_{2j_2} \cdots a_{nj_n},$$

令 $D_1=\sum\limits_{i_1 i_2\cdots i_n}(-1)^{\tau(i_1 i_2\cdots i_n)}a_{i_1 1}a_{i_2 2}\cdots a_{i_n n}$，要证明 $D=D_1$.

对 $D$ 中任一项 $(-1)^{\tau(j_1 j_2\cdots j_n)}a_{1j_1}a_{2j_2}\cdots a_{nj_n}$，当列指标排列 $j_1 j_2\cdots j_n$ 经过 $t$ 次对换变成标准排列时，相应的行指标排列经过相同的 $t$ 次对换变成排列 $i_1 i_2\cdots i_n$.

由定理 1.1 的推论，对换次数 $t$ 与 $\tau(j_1 j_2\cdots j_n)$ 有相同的奇偶性；同理，$t$ 与 $\tau(i_1 i_2\cdots i_n)$ 有相同的奇偶性，从而 $\tau(j_1 j_2\cdots j_n)$ 与 $\tau(i_1 i_2\cdots i_n)$ 有相同的奇偶性，所以有

$$(-1)^{\tau(j_1 j_2\cdots j_n)}a_{1j_1}a_{2j_2}\cdots a_{nj_n}=(-1)^{\tau(i_1 i_2\cdots i_n)}a_{i_1 1}a_{i_2 2}\cdots a_{i_n n}.$$

即 $D$ 中的任一项总有且仅有 $D_1$ 中的某一项与之对应并相等.

同理可证，$D_1$ 中的任一项也总有且仅有 $D$ 中某一项与之对应并相等，于是 $D$ 与 $D_1$ 中的项可以一一对应并相等，故 $D=D_1$.

## 习 题 1.1

1. 利用对角线法则计算下列二阶、三阶行列式：

(1) $\begin{vmatrix} 3 & -2 \\ -1 & -4 \end{vmatrix}$；　(2) $\begin{vmatrix} 2 & 0 & 1 \\ 1 & -4 & -1 \\ -1 & 8 & 3 \end{vmatrix}$；

(3) $\begin{vmatrix} a & b & c \\ b & c & a \\ c & a & b \end{vmatrix}$；　(4) $\begin{vmatrix} x & y & x+y \\ y & x+y & x \\ x+y & x & y \end{vmatrix}$.

2. 求下列各排列的逆序数：

(1) 4 1 5 3 2；　(2) 3 7 1 2 4 5 6；

(3) 1 3 … $(2n-1)$ 2 4 … $(2n)$；　(4) 1 3 … $(2n-1)$ $(2n)$ $(2n-2)$ … 2.

3. 求排列 $n$ $(n-1)$ …3 2 1 的逆序数，并讨论该排列的奇偶性.

4. 在四阶行列式中，$a_{21}a_{32}a_{14}a_{43}$ 前面应带什么符号？

5. 按行列式定义计算下列行列式：

(1) $\begin{vmatrix} & & & \lambda_1 \\ & & \lambda_2 & \\ & \iddots & & \\ \lambda_n & & & \end{vmatrix}$，其中未标明的元素都是 0；　(2) $\begin{vmatrix} 0 & 0 & \cdots & 0 & 1 \\ 0 & 0 & \cdots & 2 & 0 \\ \vdots & \vdots & & \vdots & \vdots \\ 0 & n-1 & \cdots & 0 & 0 \\ n & 0 & \cdots & 0 & 0 \end{vmatrix}$；

(3) $\begin{vmatrix} 0 & 1 & 0 & \cdots & 0 \\ 0 & 0 & 2 & \cdots & 0 \\ \vdots & \vdots & \vdots & & \vdots \\ 0 & 0 & 0 & \cdots & n-1 \\ n & 0 & 0 & \cdots & 0 \end{vmatrix}$；　(4) $\begin{vmatrix} 0 & \cdots & 0 & 1 & 0 \\ 0 & \cdots & 2 & 0 & 0 \\ \vdots & & \vdots & \vdots & \vdots \\ n-1 & \cdots & 0 & 0 & 0 \\ 0 & \cdots & 0 & 0 & n \end{vmatrix}$.

6. 由行列式定义证明：

$$\begin{vmatrix} a_{11} & a_{12} & a_{13} & a_{14} & a_{15} \\ a_{21} & a_{22} & a_{23} & a_{24} & a_{25} \\ a_{31} & a_{32} & 0 & 0 & 0 \\ a_{41} & a_{42} & 0 & 0 & 0 \\ a_{51} & a_{52} & 0 & 0 & 0 \end{vmatrix}=0.$$

7. 由行列式定义计算

$$f(x)=\begin{vmatrix} 2x & x & 1 & 2 \\ 1 & x & 1 & -1 \\ 3 & 2 & x & 1 \\ 1 & 1 & 1 & x \end{vmatrix}$$

中 $x^4$ 与 $x^3$ 的系数，并说明理由.

# §1.2 行列式的性质与计算

由行列式的定义易知，按定义计算一个 $n$ 阶行列式共需计算 $n!$ 项，每一项需做 $n-1$ 次乘法，所以共需做 $(n-1)\cdot n!$ 次乘法，当 $n$ 相当大时，这是一个很大的数字！为了计算行列式，必须进一步研究行列式的性质，以便利用这些性质将复杂的行列式转化为简单的行列式(如三角形行列式)来计算.

## 1.2.1 行列式的性质

在以下性质和推论中，只对性质 1 和性质 2 给以证明，其余的留给读者完成.

**性质 1** 行列互换，行列式的值不变，即

$$\begin{vmatrix} a_{11} & a_{12} & \cdots & a_{1n} \\ a_{21} & a_{22} & \cdots & a_{2n} \\ \vdots & \vdots & & \vdots \\ a_{n1} & a_{n2} & \cdots & a_{nn} \end{vmatrix}=\begin{vmatrix} a_{11} & a_{21} & \cdots & a_{n1} \\ a_{12} & a_{22} & \cdots & a_{n2} \\ \vdots & \vdots & & \vdots \\ a_{1n} & a_{2n} & \cdots & a_{nn} \end{vmatrix}.$$

**证明** 记

$$D=\begin{vmatrix} a_{11} & a_{12} & \cdots & a_{1n} \\ a_{21} & a_{22} & \cdots & a_{2n} \\ \vdots & \vdots & & \vdots \\ a_{n1} & a_{n2} & \cdots & a_{nn} \end{vmatrix},\quad D^{\mathrm{T}}=\begin{vmatrix} a_{11} & a_{21} & \cdots & a_{n1} \\ a_{12} & a_{22} & \cdots & a_{n2} \\ \vdots & \vdots & & \vdots \\ a_{1n} & a_{2n} & \cdots & a_{nn} \end{vmatrix}.$$

令

$$D^{\mathrm{T}}=\begin{vmatrix} b_{11} & b_{12} & \cdots & b_{1n} \\ b_{21} & b_{22} & \cdots & b_{2n} \\ \vdots & \vdots & & \vdots \\ b_{n1} & b_{n2} & \cdots & b_{nn} \end{vmatrix},\quad 即\ b_{ij}=a_{ji}\ \ (i,\ j=1,\ 2,\ \cdots,\ n).$$

按定义 1.5，并根据定理 1.2，有

$$D^{\mathrm{T}}=\begin{vmatrix} b_{11} & b_{12} & \cdots & b_{1n} \\ b_{21} & b_{22} & \cdots & b_{2n} \\ \vdots & \vdots & & \vdots \\ b_{n1} & b_{n2} & \cdots & b_{nn} \end{vmatrix}=\sum_{j_1j_2\cdots j_n}(-1)^{\tau(j_1j_2\cdots j_n)}b_{1j_1}b_{2j_2}\cdots b_{nj_n}$$

$$=\sum_{j_1j_2\cdots j_n}(-1)^{\tau(j_1j_2\cdots j_n)}a_{j_11}a_{j_22}\cdots a_{j_nn}$$

$$=D.$$

■

在性质 1 中，$D^{\mathrm{T}}$ 是 $D$ 的各行(列)变成相应的列(行)得到的，称 $D^{\mathrm{T}}$ 为 $D$ 的转置行列式. 另外，由性质 1 可知，行列式中行与列具有同等的地位，行列式的性质凡是对行成立的对列也成立；反之亦然.

**性质 2** 交换行列式中两行(列)的位置，行列式的值反号.

**证明** 设行列式

$$D_1=\begin{vmatrix} b_{11} & b_{12} & \cdots & b_{1n} \\ b_{21} & b_{22} & \cdots & b_{2n} \\ \vdots & \vdots & & \vdots \\ b_{n1} & b_{n2} & \cdots & b_{nn} \end{vmatrix}$$

是由行列式 $D=\det(a_{ij})$ 交换 $i$，$j$ 两行得到的，即当 $k\neq i$，$j$ 时，$b_{kp}=a_{kp}$；当 $k=i$，$j$ 时，$b_{ip}=a_{jp}$，$b_{jp}=a_{ip}$. 于是

$$D_1=\sum_{p_1\cdots p_i\cdots p_j\cdots p_n}(-1)^{\tau(p_1\cdots p_i\cdots p_j\cdots p_n)}b_{1p_1}\cdots b_{ip_i}\cdots b_{jp_j}\cdots b_{np_n}$$

$$=\sum_{p_1\cdots p_i\cdots p_j\cdots p_n}(-1)^{\tau(p_1\cdots p_i\cdots p_j\cdots p_n)}a_{1p_1}\cdots a_{jp_i}\cdots a_{ip_j}\cdots a_{np_n}$$

$$=\sum_{p_1\cdots p_i\cdots p_j\cdots p_n}(-1)^{\tau(p_1\cdots p_i\cdots p_j\cdots p_n)}a_{1p_1}\cdots a_{ip_j}\cdots a_{jp_i}\cdots a_{np_n}$$

$$=-\sum_{p_1\cdots p_j\cdots p_i\cdots p_n}(-1)^{\tau(p_1\cdots p_j\cdots p_i\cdots p_n)}a_{1p_1}\cdots a_{ip_j}\cdots a_{jp_i}\cdots a_{np_n}$$

$$=-D.$$

其中，$1\cdots i\cdots j\cdots n$ 为自然排列，排列 $p_1\cdots p_i\cdots p_j\cdots p_n$ 与排列 $p_1\cdots p_j\cdots p_i\cdots p_n$ 的奇偶性相反. ■

以 $r_i$ 表示行列式的第 $i$ 行，以 $c_i$ 表示第 $i$ 列. 交换 $i$，$j$ 两行记作 $r_i\leftrightarrow r_j$，交换 $i$，$j$ 两列记作 $c_i\leftrightarrow c_j$.

**推论** 若行列式中有两行(列)相同，则该行列式的值为零.

**性质 3** 行列式的某一行(列)乘以一个数，相当于用这个数乘以此行列式，即

$$\begin{vmatrix} a_{11} & a_{12} & \cdots & a_{1n} \\ \vdots & \vdots & & \vdots \\ ka_{i1} & ka_{i2} & \cdots & ka_{in} \\ \vdots & \vdots & & \vdots \\ a_{n1} & a_{n2} & \cdots & a_{nn} \end{vmatrix} = k \begin{vmatrix} a_{11} & a_{12} & \cdots & a_{1n} \\ \vdots & \vdots & & \vdots \\ a_{i1} & a_{i2} & \cdots & a_{in} \\ \vdots & \vdots & & \vdots \\ a_{n1} & a_{n2} & \cdots & a_{nn} \end{vmatrix}.$$

这里,行列式的某一行(列)乘以一个数指的是行列式的这一行(列)的所有元素乘以这个数.

第 $i$ 行乘以 $k$,记为 $kr_i$;第 $i$ 列乘以 $k$,记为 $kc_i$.

**推论 1** 行列式的某一行(列)中所有元素的公因子可以提到行列式符号的外面.

**推论 2** 若行列式中某一行(列)的元素都为零,则该行列式的值为零.

**推论 3** 若行列式中有两行(列)的元素对应成比例,则该行列式的值为零.

**性质 4** 若行列式中第 $i$ 行(列)的元素是两组数的和,则此行列式等于两个行列式的和. 其中这两组数分别是这两个行列式第 $i$ 行(列)的元素,而除去第 $i$ 行(列)外,这两个行列式其他各行(列)的元素与原行列式的元素是相同的. 即

$$\begin{vmatrix} a_{11} & a_{12} & \cdots & a_{1n} \\ \vdots & \vdots & \cdots & \vdots \\ a_{i1}+b_{i1} & a_{i2}+b_{i2} & \cdots & a_{in}+b_{in} \\ \vdots & \vdots & & \vdots \\ a_{n1} & a_{n2} & \cdots & a_{nn} \end{vmatrix} = \begin{vmatrix} a_{11} & a_{12} & \cdots & a_{1n} \\ \vdots & \vdots & & \vdots \\ a_{i1} & a_{i2} & \cdots & a_{in} \\ \vdots & \vdots & & \vdots \\ a_{n1} & a_{n2} & \cdots & a_{nn} \end{vmatrix} + \begin{vmatrix} a_{11} & a_{12} & \cdots & a_{1n} \\ \vdots & \vdots & & \vdots \\ b_{i1} & b_{i2} & \cdots & b_{in} \\ \vdots & \vdots & & \vdots \\ a_{n1} & a_{n2} & \cdots & a_{nn} \end{vmatrix}.$$

**性质 5** 行列式的某一行(列)乘以数 $k$ 再加到另一行(列)上,行列式的值不变.

例如,用数 $k$ 乘以第 $j$ 行再加到第 $i$ 行上(记作 $r_i + kr_j$),有

$$\begin{vmatrix} a_{11} & a_{12} & \cdots & a_{1n} \\ \vdots & \vdots & & \vdots \\ a_{i1} & a_{i2} & \cdots & a_{in} \\ \vdots & \vdots & & \vdots \\ a_{j1} & a_{j2} & \cdots & a_{jn} \\ \vdots & \vdots & & \vdots \\ a_{n1} & a_{n2} & \cdots & a_{nn} \end{vmatrix} = \begin{vmatrix} a_{11} & a_{12} & \cdots & a_{1n} \\ \vdots & \vdots & & \vdots \\ a_{i1}+ka_{j1} & a_{i2}+ka_{j2} & \cdots & a_{in}+ka_{jn} \\ \vdots & \vdots & & \vdots \\ a_{j1} & a_{j2} & \cdots & a_{jn} \\ \vdots & \vdots & & \vdots \\ a_{n1} & a_{n2} & \cdots & a_{nn} \end{vmatrix}.$$

用数 $k$ 乘以第 $j$ 列再加到第 $i$ 列上,记作 $c_i + kc_j$.

### 1.2.2 行列式的计算

上述性质 2、性质 3 和性质 5 介绍了行列式关于行和关于列的三种运算，即 $r_i \leftrightarrow r_j$，$r_i \times k$，$r_i + kr_j$ 和 $c_i \leftrightarrow c_j$，$c_i \times k$，$c_i + kc_j$. 利用这些运算可简化行列式的计算，特别是利用运算 $r_i + kr_j$（或 $c_i + kc_j$）可以把行列式中许多元素化为零，进而把行列式化为三角形行列式，最后得到行列式的值. 例如，把行列式化为上三角形行列式的步骤是：

如果第一列第一个元素为 0，则先将第一行与其他行交换使得第一列第一个元素不为 0，然后把第一行分别乘以适当数加到其他各行，使得第一列除第一个元素外其余元素全为 0.

再用同样的方法处理除去第一行和第一列后余下的低一阶行列式，如此继续下去，直至使它成为上三角行列式，这时主对角线上元素的乘积就是所求行列式的值.

**例 1.2** 计算行列式

$$D = \begin{vmatrix} 0 & -1 & -1 & 2 \\ 1 & -1 & 0 & 2 \\ -1 & 2 & -1 & 0 \\ 2 & 1 & 1 & 0 \end{vmatrix}.$$

**解** $D \xlongequal{r_1 \leftrightarrow r_2} -\begin{vmatrix} 1 & -1 & 0 & 2 \\ 0 & -1 & -1 & 2 \\ -1 & 2 & -1 & 0 \\ 2 & 1 & 1 & 0 \end{vmatrix} \xlongequal[r_4 - 2r_1]{r_3 + r_1} -\begin{vmatrix} 1 & -1 & 0 & 2 \\ 0 & -1 & -1 & 2 \\ 0 & 1 & -1 & 2 \\ 0 & 3 & 1 & -4 \end{vmatrix}$

$$\xlongequal[r_4 + 3r_2]{r_3 + r_2} -\begin{vmatrix} 1 & -1 & 0 & 2 \\ 0 & -1 & -1 & 2 \\ 0 & 0 & -2 & 4 \\ 0 & 0 & -2 & 2 \end{vmatrix} \xlongequal{r_4 - r_3} -\begin{vmatrix} 1 & -1 & 0 & 2 \\ 0 & -1 & -1 & 2 \\ 0 & 0 & -2 & 4 \\ 0 & 0 & 0 & -2 \end{vmatrix}$$

$$= -1 \times (-1) \times (-2) \times (-2) = 4.$$

**例 1.3** 计算 $n$ 阶行列式

$$D_n = \begin{vmatrix} a & b & b & \cdots & b \\ b & a & b & \cdots & b \\ b & b & a & \cdots & b \\ \vdots & \vdots & \vdots & & \vdots \\ b & b & b & \cdots & a \end{vmatrix}.$$

**解** 注意到此行列式中各行(列)的 $n$ 个数之和相等，故可把第二列至第 $n$ 列

都加到第一列上去，然后第一行乘以$-1$再加到其他各行，就有

$$D_n \xlongequal[\substack{\cdots \\ c_1+c_n}]{\substack{c_1+c_2 \\ c_1+c_3}} \begin{vmatrix} a+(n-1)b & b & b & \cdots & b \\ a+(n-1)b & a & b & \cdots & b \\ a+(n-1)b & b & a & \cdots & b \\ \vdots & \vdots & \vdots & & \vdots \\ a+(n-1)b & b & b & \cdots & a \end{vmatrix}$$

$$\xlongequal[\substack{\cdots \\ r_n-r_1}]{\substack{r_2-r_1 \\ r_3-r_1}} \begin{vmatrix} a+(n-1)b & b & b & \cdots & b \\ 0 & a-b & 0 & \cdots & 0 \\ 0 & 0 & a-b & \cdots & 0 \\ \vdots & \vdots & \vdots & & \vdots \\ 0 & 0 & 0 & \cdots & a-b \end{vmatrix}$$

$$=[a+(n-1)b](a-b)^{n-1}.$$

**例 1.4** 计算行列式

$$D=\begin{vmatrix} a & b & c & d \\ a & a+b & a+b+c & a+b+c+d \\ a & 2a+b & 3a+2b+c & 4a+3b+2c+d \\ a & 3a+b & 6a+3b+c & 10a+6b+3c+d \end{vmatrix}.$$

**解** 从第四行开始，前面一行乘以$-1$再加到后面一行，得到

$$D \xlongequal[r_2-r_1]{\substack{r_4-r_3 \\ r_3-r_2}} \begin{vmatrix} a & b & c & d \\ 0 & a & a+b & a+b+c \\ 0 & a & 2a+b & 3a+2b+c \\ 0 & a & 3a+b & 6a+3b+c \end{vmatrix} \xlongequal[r_3-r_2]{r_4-r_3} \begin{vmatrix} a & b & c & d \\ 0 & a & a+b & a+b+c \\ 0 & 0 & a & 2a+b \\ 0 & 0 & a & 3a+b \end{vmatrix}$$

$$\xlongequal{r_4-r_3} \begin{vmatrix} a & b & c & d \\ 0 & a & a+b & a+b+c \\ 0 & 0 & a & 2a+b \\ 0 & 0 & 0 & a \end{vmatrix} = a^4.$$

**例 1.5** 证明

$$\begin{vmatrix} a_{11} & \cdots & a_{1m} & 0 & \cdots & 0 \\ \vdots & & \vdots & \vdots & & \vdots \\ a_{m1} & \cdots & a_{mm} & 0 & \cdots & 0 \\ c_{11} & \cdots & c_{1m} & b_{11} & \cdots & b_{1n} \\ \vdots & & \vdots & \vdots & & \vdots \\ c_{n1} & \cdots & c_{nm} & b_{n1} & \cdots & b_{nn} \end{vmatrix} = \begin{vmatrix} a_{11} & \cdots & a_{1m} \\ \vdots & & \vdots \\ a_{m1} & \cdots & a_{mm} \end{vmatrix} \cdot \begin{vmatrix} b_{11} & \cdots & b_{1n} \\ \vdots & & \vdots \\ b_{n1} & \cdots & b_{nn} \end{vmatrix}.$$

**证明** 对 $\begin{vmatrix} a_{11} & \cdots & a_{1m} \\ \vdots & & \vdots \\ a_{m1} & \cdots & a_{mm} \end{vmatrix}$ 做运算 $r_i+kr_j$，把它化为下三角形行列式，设为

$$\begin{vmatrix} a_{11} & \cdots & a_{1m} \\ \vdots & & \vdots \\ a_{m1} & \cdots & a_{mm} \end{vmatrix} = \begin{vmatrix} p_{11} & \cdots & 0 \\ \vdots & & \vdots \\ p_{m1} & \cdots & p_{mm} \end{vmatrix} = p_{11}\cdots p_{mm},$$

对 $\begin{vmatrix} b_{11} & \cdots & b_{1n} \\ \vdots & & \vdots \\ b_{n1} & \cdots & b_{nn} \end{vmatrix}$ 做运算 $c_i+kc_j$，把它化为下三角形行列式，设为

$$\begin{vmatrix} b_{11} & \cdots & b_{1n} \\ \vdots & & \vdots \\ b_{n1} & \cdots & b_{nn} \end{vmatrix} = \begin{vmatrix} q_{11} & \cdots & 0 \\ \vdots & & \vdots \\ q_{n1} & \cdots & q_{nn} \end{vmatrix} = q_{11}\cdots q_{nn},$$

于是对 $\begin{vmatrix} a_{11} & \cdots & a_{1m} & 0 & \cdots & 0 \\ \vdots & & \vdots & \vdots & & \vdots \\ a_{m1} & \cdots & a_{mm} & 0 & \cdots & 0 \\ c_{11} & \cdots & c_{1m} & b_{11} & \cdots & b_{1n} \\ \vdots & & \vdots & \vdots & & \vdots \\ c_{n1} & \cdots & c_{nm} & b_{n1} & \cdots & b_{nn} \end{vmatrix}$ 的前 $m$ 行做运算 $r_i+kr_j$，再对其后 $n$ 列做运算 $c_i+kc_j$，把它化为下三角形行列式

$$\begin{vmatrix} a_{11} & \cdots & a_{1m} & 0 & \cdots & 0 \\ \vdots & & \vdots & \vdots & & \vdots \\ a_{m1} & \cdots & a_{mm} & 0 & \cdots & 0 \\ c_{11} & \cdots & c_{1m} & b_{11} & \cdots & b_{1n} \\ \vdots & & \vdots & \vdots & & \vdots \\ c_{n1} & \cdots & c_{nm} & b_{n1} & \cdots & b_{nn} \end{vmatrix} = \begin{vmatrix} p_{11} & \cdots & 0 & 0 & \cdots & 0 \\ \vdots & & \vdots & \vdots & & \vdots \\ p_{m1} & \cdots & p_{mm} & 0 & \cdots & 0 \\ c_{11} & \cdots & c_{1m} & q_{11} & \cdots & 0 \\ \vdots & & \vdots & \vdots & & \vdots \\ c_{n1} & \cdots & c_{nm} & q_{n1} & \cdots & q_{nn} \end{vmatrix}.$$

所以

$$\begin{vmatrix} a_{11} & \cdots & a_{1m} & 0 & \cdots & 0 \\ \vdots & & \vdots & \vdots & & \vdots \\ a_{m1} & \cdots & a_{mm} & 0 & \cdots & 0 \\ c_{11} & \cdots & c_{1m} & b_{11} & \cdots & b_{1n} \\ \vdots & & \vdots & \vdots & & \vdots \\ c_{n1} & \cdots & c_{nm} & b_{n1} & \cdots & b_{nn} \end{vmatrix} = p_{11}\cdots p_{mm}q_{11}\cdots q_{nn} = \begin{vmatrix} a_{11} & \cdots & a_{1m} \\ \vdots & & \vdots \\ a_{m1} & \cdots & a_{mm} \end{vmatrix} \cdot \begin{vmatrix} b_{11} & \cdots & b_{1n} \\ \vdots & & \vdots \\ b_{n1} & \cdots & b_{nn} \end{vmatrix}.$$

## 习 题 1.2

1. 计算下列行列式：

(1) $\begin{vmatrix} 246 & 427 & 327 \\ 1\,014 & 543 & 443 \\ -342 & 721 & 621 \end{vmatrix}$；　　(2) $\begin{vmatrix} -ab & ac & ae \\ bd & -cd & de \\ bf & cf & -ef \end{vmatrix}$；

(3) $\begin{vmatrix} 2 & 1 & 0 & 0 \\ 1 & 2 & 1 & 0 \\ 0 & 1 & 2 & 1 \\ 0 & 0 & 1 & 2 \end{vmatrix}$；　　(4) $\begin{vmatrix} 1 & 2 & 3 & 4 \\ -2 & 1 & -4 & 3 \\ 3 & -4 & -1 & 2 \\ 4 & 3 & -2 & -1 \end{vmatrix}$.

2. 计算下列各 $n$ 阶行列式：

(1) $\begin{vmatrix} a & & 1 \\ & \ddots & \\ 1 & & a \end{vmatrix}$，其中主对角线上元素都是 $a$，未标明的元素都是 0；

(2) $\begin{vmatrix} x-1 & a & \cdots & a \\ a & x-1 & \cdots & a \\ \vdots & \vdots & & \vdots \\ a & a & \cdots & x-1 \end{vmatrix}$；

(3) $\begin{vmatrix} a_1 & 1 & 1 & \cdots & 1 \\ 1 & a_2 & 0 & \cdots & 0 \\ 1 & 0 & a_3 & \cdots & 0 \\ \vdots & \vdots & \vdots & & \vdots \\ 1 & 0 & 0 & \cdots & a_n \end{vmatrix}$，其中 $a_2a_3\cdots a_n\neq 0$；

(4) $\begin{vmatrix} 1+a_1 & 1 & \cdots & 1 \\ 1 & 1+a_2 & \cdots & 1 \\ \vdots & \vdots & & \vdots \\ 1 & 1 & \cdots & 1+a_n \end{vmatrix}$，其中 $a_1a_2\cdots a_n\neq 0$；

(5) $D_n=\det(a_{ij})$，其中 $a_{ij}=|i-j|$.

3. 由行列式性质证明：

(1) $\begin{vmatrix} a^2 & ab & b^2 \\ 2a & a+b & 2b \\ 1 & 1 & 1 \end{vmatrix}=(a-b)^3$；

(2) $\begin{vmatrix} b+c & c+a & a+b \\ b_1+c_1 & c_1+a_1 & a_1+b_1 \\ b_2+c_2 & c_2+a_2 & a_2+b_2 \end{vmatrix}=2\begin{vmatrix} a & b & c \\ a_1 & b_1 & c_1 \\ a_2 & b_2 & c_2 \end{vmatrix}$.

4. 证明：

$$\begin{vmatrix} 0 & \cdots & 0 & a_{11} & \cdots & a_{1m} \\ \vdots & & \vdots & \vdots & & \vdots \\ 0 & \cdots & 0 & a_{m1} & \cdots & a_{mm} \\ b_{11} & \cdots & b_{1n} & c_{11} & \cdots & c_{1m} \\ \vdots & & \vdots & \vdots & & \vdots \\ b_{n1} & \cdots & b_{nn} & c_{n1} & \cdots & c_{nm} \end{vmatrix} = (-1)^{mn} \begin{vmatrix} a_{11} & \cdots & a_{1m} \\ \vdots & & \vdots \\ a_{m1} & \cdots & a_{mm} \end{vmatrix} \cdot \begin{vmatrix} b_{11} & \cdots & b_{1n} \\ \vdots & & \vdots \\ b_{n1} & \cdots & b_{nn} \end{vmatrix}.$$

# §1.3 行列式展开定理

一般来说，低阶行列式的计算比高阶行列式的计算要简便得多，因此，为方便运算，自然要考虑用低阶行列式来表示高阶行列式的问题. 为此，先引入余子式和代数余子式的概念.

## 1.3.1 余子式和代数余子式

**定义 1.6** 在 $n$ 阶行列式中，把元素 $a_{ij}$ 所在的第 $i$ 行和第 $j$ 列划去后，余下的元素按原来的排法构成的 $(n-1)$ 阶行列式，称为元素 $a_{ij}$ 的**余子式**，记为 $M_{ij}$；再记

$$A_{ij} = (-1)^{i+j} M_{ij},$$

称 $A_{ij}$ 为元素 $a_{ij}$ 的**代数余子式**.

例如，三阶行列式

$$\begin{vmatrix} a_{11} & a_{12} & a_{13} \\ a_{21} & a_{22} & a_{23} \\ a_{31} & a_{32} & a_{33} \end{vmatrix}$$

中元素 $a_{12}$ 的余子式和代数余子式分别为

$$M_{12} = \begin{vmatrix} a_{21} & a_{23} \\ a_{31} & a_{33} \end{vmatrix},$$

$$A_{12} = (-1)^{1+2} M_{12} = -M_{12} = -\begin{vmatrix} a_{21} & a_{23} \\ a_{31} & a_{33} \end{vmatrix}.$$

有了定义 1.6，三阶行列式可以写成

$$\begin{vmatrix} a_{11} & a_{12} & a_{13} \\ a_{21} & a_{22} & a_{23} \\ a_{31} & a_{32} & a_{33} \end{vmatrix} = a_{11}M_{11} - a_{12}M_{12} + a_{13}M_{13}$$

$$= a_{11}A_{11} + a_{12}A_{12} + a_{13}A_{13}.$$

对于 $n$ 阶行列式，有类似的展开式.

### 1.3.2 行列式展开定理

先证明一个引理.

**引理** 一个 $n$ 阶行列式 $D$，若其中第 $i$ 行(第 $j$ 列)所有元素除 $a_{ij}$ 外都为零，则该行列式等于 $a_{ij}$ 与它的代数余子式的乘积，即

$$D = a_{ij}A_{ij}.$$

**证明** 以行为例进行证明.

先证明 $a_{ij}$ 位于第一行第一列的情形，此时

$$D = \begin{vmatrix} a_{11} & 0 & \cdots & 0 \\ a_{21} & a_{22} & \cdots & a_{2n} \\ \vdots & \vdots & & \vdots \\ a_{n1} & a_{n2} & \cdots & a_{nn} \end{vmatrix}.$$

考虑到当 $j_1 \neq 1$ 时，$a_{1j_1} = 0$，所以

$$\sum_{j_1 \neq 1} (-1)^{\tau(j_1 j_2 \cdots j_n)} a_{1j_1} a_{2j_2} \cdots a_{nj_n} = 0.$$

从而由行列式定义，得

$$\begin{aligned} D &= \sum_{j_1 = 1} (-1)^{\tau(j_1 j_2 \cdots j_n)} a_{1j_1} a_{2j_2} \cdots a_{nj_n} + \sum_{j_1 \neq 1} (-1)^{\tau(j_1 j_2 \cdots j_n)} a_{1j_1} a_{2j_2} \cdots a_{nj_n} \\ &= a_{11} \sum_{j_2 \cdots j_n} (-1)^{\tau(j_2 \cdots j_n)} a_{2j_2} \cdots a_{nj_n} = a_{11} M_{11} \\ &= a_{11} (-1)^{1+1} M_{11} = a_{11} A_{11}. \end{aligned}$$

再证明一般情形(第 $i$ 行所有元素除 $a_{ij}$ 外都为零)，此时

$$D = \begin{vmatrix} a_{11} & \cdots & a_{1j} & \cdots & a_{1n} \\ \vdots & & \vdots & & \vdots \\ 0 & \cdots & a_{ij} & \cdots & 0 \\ \vdots & & \vdots & & \vdots \\ a_{n1} & \cdots & a_{nj} & \cdots & a_{nn} \end{vmatrix}.$$

将 $D$ 的第 $i$ 行依次与第 $i-1$ 行，第 $i-2$ 行，…，第 1 行交换，交换的次数为 $i-1$；再将第 $j$ 列依次与第 $j-1$ 列，第 $j-2$ 列，…，第 1 列交换，交换的次数为 $j-1$. 总之，经过交换 $i+j-2$ 次，得到一个新的 $n$ 阶行列式

$$D_1 = \begin{vmatrix} a_{ij} & 0 & \cdots & 0 \\ a_{1j} & a_{11} & \cdots & a_{1n} \\ \vdots & \vdots & & \vdots \\ a_{nj} & a_{n1} & \cdots & a_{nn} \end{vmatrix}.$$

易知 $D_1$ 第一行、第一列的元素的余子式就是 $D$ 中第 $i$ 行第 $j$ 列的元素的余子式 $M_{ij}$，故利用前面的结果，有

$$D_1 = a_{ij}M_{ij},$$

于是由行列式的性质 2 得

$$D = (-1)^{i+j-2}D_1 = (-1)^{i+j}a_{ij}M_{ij} = a_{ij}A_{ij}.$$

**定理 1.3** 行列式等于它的任一行(列)的所有元素分别与其所对应的代数余子式乘积之和，即

$$D = a_{i1}A_{i1} + a_{i2}A_{i2} + \cdots + a_{in}A_{in} \quad (i = 1, 2, \cdots, n)$$

或

$$D = a_{1j}A_{1j} + a_{2j}A_{2j} + \cdots + a_{nj}A_{nj} \quad (j = 1, 2, \cdots, n).$$

**证明** 将行列式 $D$ 的第 $i$ 行所有元素按下面的方式拆成 $n$ 个数的和，再由行列式性质 4 将 $D$ 表示为 $n$ 个行列式之和.

$$D = \begin{vmatrix} a_{11} & a_{12} & \cdots & a_{1n} \\ \vdots & \vdots & & \vdots \\ a_{i1}+0+\cdots+0 & 0+a_{i2}+\cdots+0 & \cdots & 0+\cdots+0+a_{in} \\ \vdots & \vdots & & \vdots \\ a_{n1} & a_{n2} & \cdots & a_{nn} \end{vmatrix}$$

$$= \begin{vmatrix} a_{11} & a_{12} & \cdots & a_{1n} \\ \vdots & \vdots & & \vdots \\ a_{i1} & 0 & \cdots & 0 \\ \vdots & \vdots & & \vdots \\ a_{n1} & a_{n2} & \cdots & a_{nn} \end{vmatrix} + \begin{vmatrix} a_{11} & a_{12} & \cdots & a_{1n} \\ \vdots & \vdots & & \vdots \\ 0 & a_{i2} & \cdots & 0 \\ \vdots & \vdots & & \vdots \\ a_{n1} & a_{n2} & \cdots & a_{nn} \end{vmatrix} + \cdots + \begin{vmatrix} a_{11} & a_{12} & \cdots & a_{1n} \\ \vdots & \vdots & & \vdots \\ 0 & 0 & \cdots & a_{in} \\ \vdots & \vdots & & \vdots \\ a_{n1} & a_{n2} & \cdots & a_{nn} \end{vmatrix}.$$

由引理，即得

$$D = a_{i1}A_{i1} + a_{i2}A_{i2} + \cdots + a_{in}A_{in} \quad (i = 1, 2, \cdots, n).$$

同理，若按列进行证明，可得

$$D = a_{1j}A_{1j} + a_{2j}A_{2j} + \cdots + a_{nj}A_{nj} \quad (j = 1, 2, \cdots, n).$$ ■

由定理 1.3，还可以得到下面的重要推论.

**推论** 行列式的任一行(列)的元素与另一行(列)的对应元素的代数余子式乘积之和等于零，即

$$a_{i1}A_{j1} + a_{i2}A_{j2} + \cdots + a_{in}A_{jn} = 0, \quad i \neq j$$

或

$$a_{1i}A_{1j}+a_{2i}A_{2j}+\cdots+a_{ni}A_{nj}=0,\quad i\neq j.$$

**证明** 不妨设 $i<j$，把行列式 $D=\det(a_{ij})$ 中第 $j$ 行的元素换成第 $i$ 行的元素，得到另一行列式

$$D_1=\begin{vmatrix} a_{11} & a_{12} & \cdots & a_{1n} \\ \vdots & \vdots & & \vdots \\ a_{i1} & a_{i2} & \cdots & a_{in} \\ \vdots & \vdots & & \vdots \\ a_{i1} & a_{i2} & \cdots & a_{in} \\ \vdots & \vdots & & \vdots \\ a_{n1} & a_{n2} & \cdots & a_{nn} \end{vmatrix}.$$

由行列式性质 2 的推论知 $D_1=0$.

现将 $D_1$ 按第 $j$ 行展开，有

$$D_1=a_{i1}A_{j1}+a_{i2}A_{j2}+\cdots+a_{in}A_{jn}.$$

所以

$$a_{i1}A_{j1}+a_{i2}A_{j2}+\cdots+a_{in}A_{jn}=0,\quad i\neq j.$$

上述证法如按列进行，同理可得

$$a_{1i}A_{1j}+a_{2i}A_{2j}+\cdots+a_{ni}A_{nj}=0,\quad i\neq j.$$ ■

定理 1.3 通常称为**行列式按行(列)展开定理**，简称**行列式展开定理**.

综合定理 1.3 及其推论，可得到有关代数余子式的一个重要性质：

$$\sum_{k=1}^{n}a_{ki}A_{kj}=\begin{cases}D, & \text{当 } i=j,\\ 0, & \text{当 } i\neq j\end{cases}$$

或

$$\sum_{k=1}^{n}a_{ik}A_{jk}=\begin{cases}D, & \text{当 } i=j,\\ 0, & \text{当 } i\neq j.\end{cases}$$

可以利用定理 1.3 来计算行列式，但在计算时，一般可先用行列式的性质将行列式中某一行(列)化为仅含有一个非零元素，再按此行(列)展开，化为低一阶的行列式，如此继续下去，直到化为三阶或二阶行列式. 下面举例来说明.

**例 1.6** 计算行列式

$$D=\begin{vmatrix} 1 & 2 & 3 & 4 \\ 1 & 0 & 1 & 2 \\ 3 & -1 & -1 & 0 \\ 1 & 2 & 0 & -5 \end{vmatrix}.$$

**解** 因为 $D$ 中第二行的数比较简单，所以选择 $D$ 的第二行. 应用性质 5 得

$$D \xlongequal[c_4-2c_1]{c_3-c_1} \begin{vmatrix} 1 & 2 & 2 & 2 \\ 1 & 0 & 0 & 0 \\ 3 & -1 & -4 & -6 \\ 1 & 2 & -1 & -7 \end{vmatrix} \xlongequal[\text{展开}]{\text{按第二行}} (-1)^{2+1} \begin{vmatrix} 2 & 2 & 2 \\ -1 & -4 & -6 \\ 2 & -1 & -7 \end{vmatrix}$$

$$= 2\begin{vmatrix} 1 & 1 & 1 \\ 1 & 4 & 6 \\ 2 & -1 & -7 \end{vmatrix} \xlongequal[c_3-c_1]{c_2-c_1} 2\begin{vmatrix} 1 & 0 & 0 \\ 1 & 3 & 5 \\ 2 & -3 & -9 \end{vmatrix}$$

$$= 2\begin{vmatrix} 3 & 5 \\ -3 & -9 \end{vmatrix} = 2(-27+15) = -24.$$

**例 1.7** 计算 $n$ 阶行列式

$$D_n = \begin{vmatrix} a & b & 0 & \cdots & 0 & 0 \\ 0 & a & b & \cdots & 0 & 0 \\ \vdots & \vdots & \vdots & & \vdots & \vdots \\ 0 & 0 & 0 & \cdots & a & b \\ b & 0 & 0 & \cdots & 0 & a \end{vmatrix}.$$

**解** 将 $D_n$ 按第一列展开，则有

$$D_n = a\begin{vmatrix} a & b & \cdots & 0 & 0 \\ 0 & a & \cdots & 0 & 0 \\ \vdots & \vdots & & \vdots & \vdots \\ 0 & 0 & \cdots & a & b \\ 0 & 0 & \cdots & 0 & a \end{vmatrix}_{(n-1)} + (-1)^{n+1} b \begin{vmatrix} b & 0 & \cdots & 0 & 0 \\ a & b & \cdots & 0 & 0 \\ \vdots & \vdots & & \vdots & \vdots \\ 0 & 0 & \cdots & b & 0 \\ 0 & 0 & \cdots & a & b \end{vmatrix}_{(n-1)}$$

$$= a \cdot a^{n-1} + (-1)^{n+1} b \cdot b^{n-1} = a^n + (-1)^{n+1} b^n.$$

**例 1.8** 证明范德蒙德(Vandermonde)行列式

$$D_n = \begin{vmatrix} 1 & 1 & \cdots & 1 \\ x_1 & x_2 & \cdots & x_n \\ x_1^2 & x_2^2 & \cdots & x_n^2 \\ \vdots & \vdots & & \vdots \\ x_1^{n-1} & x_2^{n-1} & \cdots & x_n^{n-1} \end{vmatrix} = \prod_{n \geqslant i > j \geqslant 1} (x_i - x_j),$$

其中，记号"$\prod$"表示全体同类因子的乘积.

**证明** 对 $n$ 用第二数学归纳法. 因为

$$D_2 = \begin{vmatrix} 1 & 1 \\ x_1 & x_2 \end{vmatrix} = x_2 - x_1 = \prod_{2 \geqslant i > j \geqslant 1} (x_i - x_j),$$

所以，当 $n=2$ 时，公式成立. 现假设公式对于 $(n-1)$ 阶范德蒙德行列式成立，要证明对 $n$ 阶范德蒙德行列式也成立.

对 $D_n$ 降阶：从第 $n$ 行开始，后面一行减去前面一行的 $x_1$ 倍，有

$$D_n=\begin{vmatrix} 1 & 1 & 1 & \cdots & 1 \\ 0 & x_2-x_1 & x_3-x_1 & \cdots & x_n-x_1 \\ 0 & x_2(x_2-x_1) & x_3(x_3-x_1) & \cdots & x_n(x_n-x_1) \\ \vdots & \vdots & \vdots & & \vdots \\ 0 & x_2^{n-2}(x_2-x_1) & x_3^{n-2}(x_3-x_1) & \cdots & x_n^{n-2}(x_n-x_1) \end{vmatrix},$$

按第一列展开后，把每列的公因子 $(x_i-x_1)$ $(i=2, 3, \cdots, n)$ 提出来，得到

$$D_n=(x_2-x_1)(x_3-x_1)\cdots(x_n-x_1)\begin{vmatrix} 1 & 1 & \cdots & 1 \\ x_2 & x_3 & \cdots & x_n \\ \vdots & \vdots & & \vdots \\ x_2^{n-2} & x_3^{n-2} & \cdots & x_n^{n-2} \end{vmatrix},$$

上式右端的行列式是 $(n-1)$ 阶范德蒙德行列式，由归纳假设，它等于所有因子 $(x_i-x_j)$ $(n\geqslant i>j\geqslant 2)$ 的乘积. 故

$$D_n=(x_2-x_1)(x_3-x_1)\cdots(x_n-x_1)\prod_{n\geqslant i>j\geqslant 2}(x_i-x_j)=\prod_{n\geqslant i>j\geqslant 1}(x_i-x_j).$$

**例 1.9** 计算 $2n$ 阶行列式

$$D_{2n}=\underbrace{\begin{vmatrix} a & & & & & b \\ & \ddots & & & ⋰ & \\ & & a & b & & \\ & & b & a & & \\ & ⋰ & & & \ddots & \\ b & & & & & a \end{vmatrix}}_{2n},$$

其中，未标明的元素都是 0.

**解** 将 $D_{2n}$ 按第一行展开，得

$$D_{2n}=a\underbrace{\begin{vmatrix} a & 0 & \cdots & 0 & b & 0 \\ 0 & a & \cdots & b & 0 & 0 \\ \vdots & \vdots & & \vdots & \vdots & \vdots \\ 0 & b & \cdots & a & 0 & 0 \\ b & 0 & \cdots & 0 & a & 0 \\ 0 & 0 & \cdots & 0 & 0 & a \end{vmatrix}}_{2n-1}+(-1)^{2n+1}b\underbrace{\begin{vmatrix} 0 & a & 0 & \cdots & 0 & b \\ 0 & 0 & a & \cdots & b & 0 \\ \vdots & \vdots & \vdots & & \vdots & \vdots \\ 0 & 0 & b & \cdots & a & 0 \\ 0 & b & 0 & \cdots & 0 & a \\ b & 0 & 0 & \cdots & 0 & 0 \end{vmatrix}}_{2n-1},$$

上式第一个行列式按最后一行展开，第二个行列式按第一列展开，可得到

$$D_{2n}=(a^2-b^2)D_{2(n-1)}.$$

以此作递推公式，即得

$$\begin{aligned}D_{2n}&=(a^2-b^2)^2D_{2(n-2)}=\cdots=(a^2-b^2)^{n-1}D_2\\&=(a^2-b^2)^{n-1}\begin{vmatrix}a&b\\b&a\end{vmatrix}=(a^2-b^2)^n.\end{aligned}$$

## 习　题　1.3

1. 计算下列行列式：

(1) $\begin{vmatrix}1&1&2&3\\1&3&6&1\\3&-1&1&5\\2&-5&0&1\end{vmatrix}$；　　(2) $\begin{vmatrix}3&-3&7&1\\1&-1&3&1\\4&-5&10&3\\2&-4&5&2\end{vmatrix}$；

(3) $\begin{vmatrix}1+x&1&1&1\\1&1-x&1&1\\1&1&1+y&1\\1&1&1&1-y\end{vmatrix}$；　　(4) $\begin{vmatrix}0&4&5&-1&2\\-5&0&2&0&1\\7&2&0&3&-4\\-3&1&-1&-5&0\\2&-3&0&1&3\end{vmatrix}$；

(5) $\begin{vmatrix}1&1&1&1\\2&4&8&16\\3&9&27&81\\4&16&64&256\end{vmatrix}$；　　(6) $\begin{vmatrix}(a-1)^{n-1}&(a-2)^{n-1}&\cdots&(a-n)^{n-1}\\(a-1)^{n-2}&(a-2)^{n-2}&\cdots&(a-n)^{n-2}\\\vdots&\vdots&&\vdots\\a-1&a-2&\cdots&a-n\\1&1&\cdots&1\end{vmatrix}$.

2. 证明：

$$\begin{vmatrix}1&1&1&1\\a&b&c&d\\a^2&b^2&c^2&d^2\\a^4&b^4&c^4&d^4\end{vmatrix}=(a-b)(a-c)(a-d)(b-c)(b-d)(c-d)(a+b+c+d).$$

3. 计算下列 $2n$ 阶行列式(其中未标明的元素都是 0)：

(1) $\begin{vmatrix}a&&&&&b\\&\ddots&&&\iddots&\\&&a&b&&\\&&c&d&&\\&\iddots&&&\ddots&\\c&&&&&d\end{vmatrix}$；　　(2) $\begin{vmatrix}a_n&&&&&b_n\\&\ddots&&&\iddots&\\&&a_1&b_1&&\\&&c_1&d_1&&\\&\iddots&&&\ddots&\\c_n&&&&&d_n\end{vmatrix}$.

4. 设 $D=\begin{vmatrix} 3 & -5 & 2 & 1 \\ 1 & 1 & 0 & -5 \\ -1 & 3 & 1 & 3 \\ 2 & -4 & -1 & -3 \end{vmatrix}$，求 $M_{11}+M_{21}+M_{31}+M_{41}$ 及 $A_{11}+A_{12}+A_{13}+A_{14}$，其中 $M_{ij}$ 和 $A_{ij}$ 分别表示 $D$ 的元素 $a_{ij}$ 的余子式和代数余子式.

5. 证明：

$$\begin{vmatrix} x & -1 & 0 & \cdots & 0 & 0 \\ 0 & x & -1 & \cdots & 0 & 0 \\ \vdots & \vdots & \vdots & & \vdots & \vdots \\ 0 & 0 & 0 & \cdots & x & -1 \\ a_n & a_{n-1} & a_{n-2} & \cdots & a_2 & x+a_1 \end{vmatrix} = x^n + a_1 x^{n-1} + \cdots + a_{n-1}x + a_n.$$

# §1.4 克拉默法则

本节，讨论含有 $n$ 个未知量 $x_1, x_2, \cdots, x_n$，$n$ 个方程的 $n$ 元线性方程组

$$\begin{cases} a_{11}x_1 + a_{12}x_2 + \cdots + a_{1n}x_n = b_1, \\ a_{21}x_1 + a_{22}x_2 + \cdots + a_{2n}x_n = b_2, \\ \cdots\cdots\cdots\cdots\cdots\cdots\cdots\cdots\cdots\cdots \\ a_{n1}x_1 + a_{n2}x_2 + \cdots + a_{nn}x_n = b_n \end{cases} \tag{1.7}$$

的解. 与二元、三元线性方程组相类似，它的解可以用 $n$ 阶行列式表示，这样就解决了1.1节中提出的问题(3). 事实上，我们有以下定理：

**定理 1.4(克拉默法则)** 如果线性方程组(1.7)的系数行列式不等于零，即

$$D = \begin{vmatrix} a_{11} & a_{12} & \cdots & a_{1n} \\ a_{21} & a_{22} & \cdots & a_{2n} \\ \vdots & \vdots & & \vdots \\ a_{n1} & a_{n2} & \cdots & a_{nn} \end{vmatrix} \neq 0,$$

那么，方程组(1.7)有解，并且解唯一，解可以通过系数表示为

$$x_1 = \frac{D_1}{D},\ x_2 = \frac{D_2}{D},\ \cdots,\ x_n = \frac{D_n}{D}, \tag{1.8}$$

其中，$D_j\ (j=1, 2, \cdots, n)$ 是把系数行列式 $D$ 中第 $j$ 列的元素用方程组右端的常数项代替后所得到的 $n$ 阶行列式，即

$$D_j = \begin{vmatrix} a_{11} & \cdots & a_{1,j-1} & b_1 & a_{1,j+1} & \cdots & a_{1n} \\ \vdots & & \vdots & \vdots & \vdots & & \vdots \\ a_{n1} & \cdots & a_{n,j-1} & b_n & a_{n,j+1} & \cdots & a_{nn} \end{vmatrix} \quad (j=1, 2, \cdots, n).$$

**证明** 首先,根据行列式展开定理,$D_j$ 有展开式

$$D_j = b_1A_{1j} + b_2A_{2j} + \cdots + b_nA_{nj} \quad (j = 1, 2, \cdots, n),$$

其中,$A_{ij}(j=1, 2, \cdots, n)$ 是元素 $a_{ij}$ 在 $D$ 中的代数余子式.容易看出,$A_{ij}$ 也是元素 $b_i$ 在 $D_j$ 中的代数余子式.

下面分两步证明.

第一步:将方程组(1.7)中各个方程乘以 $A_{1j}$, $A_{2j}$, $\cdots$, $A_{nj}$,然后再相加,得到

$$\sum_{i=1}^{n} A_{ij}(a_{i1}x_1 + a_{i2}x_2 + \cdots + a_{in}x_n) = \sum_{i=1}^{n} b_iA_{ij},$$

即

$$x_1\sum_{i=1}^{n} a_{i1}A_{ij} + x_2\sum_{i=1}^{n} a_{i2}A_{ij} + \cdots + x_n\sum_{i=1}^{n} a_{in}A_{ij} = D_j.$$

由行列式展开定理,有

$$Dx_j = D_j,$$

由于 $D \neq 0$,因此得到方程组(1.7)的唯一可能的解

$$x_j = \frac{D_j}{D} \quad (j = 1, 2, \cdots, n).$$

第二步:将 $x_j = \dfrac{D_j}{D}$ $(j=1, 2, \cdots, n)$ 代入方程组(1.7)中第 $i$ 个方程的左端,得到

$$\begin{aligned}
\sum_{j=1}^{n} a_{ij}x_j &= \frac{1}{D}\sum_{j=1}^{n} a_{ij}D_j = \frac{1}{D}\sum_{j=1}^{n} a_{ij}(b_1A_{1j} + b_2A_{2j} + \cdots + b_nA_{nj}) \\
&= \frac{1}{D}\left(b_1\sum_{j=1}^{n} a_{ij}A_{1j} + b_2\sum_{j=1}^{n} a_{ij}A_{2j} + \cdots + b_n\sum_{j=1}^{n} a_{ij}A_{nj}\right) \\
&= \frac{1}{D}b_i\sum_{j=1}^{n} a_{ij}A_{ij} = b_i,
\end{aligned}$$

由于 $i$ 是任意的,所以 $x_j = \dfrac{D_j}{D}$ $(j = 1, 2, \cdots, n)$ 是方程组(1.7)的解. ■

克拉默法则中包含着三个结论,即当方程组(1.7)的系数行列式 $D \neq 0$ 时:

(1) 方程组(1.7)有解;

(2) 方程组(1.7)的解是唯一的;

(3) 方程组(1.7)的解由式(1.8)给出.

**例 1.10** 解线性方程组

$$\begin{cases}2x_1+x_2-5x_3+x_4=8,\\ x_1-3x_2-6x_4=9,\\ 2x_2-x_3+2x_4=-5,\\ x_1+4x_2-7x_3+6x_4=0.\end{cases}$$

**解** $D=\begin{vmatrix}2&1&-5&1\\1&-3&0&-6\\0&2&-1&2\\1&4&-7&6\end{vmatrix}\xlongequal[r_1-2r_2]{r_4-r_2}\begin{vmatrix}0&7&-5&13\\1&-3&0&-6\\0&2&-1&2\\0&7&-7&12\end{vmatrix}$

$=-\begin{vmatrix}7&-5&13\\2&-1&2\\7&-7&12\end{vmatrix}\xlongequal[c_3+2c_2]{c_1+2c_2}-\begin{vmatrix}-3&-5&3\\0&-1&0\\-7&-7&-2\end{vmatrix}=\begin{vmatrix}-3&3\\-7&-2\end{vmatrix}=27,$

$$D_1=\begin{vmatrix}8&1&-5&1\\9&-3&0&-6\\-5&2&-1&2\\0&4&-7&6\end{vmatrix}=81,\quad D_2=\begin{vmatrix}2&8&-5&1\\1&9&0&-6\\0&-5&-1&2\\1&0&-7&6\end{vmatrix}=-108,$$

$$D_3=\begin{vmatrix}2&1&8&1\\1&-3&9&-6\\0&2&-5&2\\1&4&0&6\end{vmatrix}=-27,\quad D_4=\begin{vmatrix}2&1&-5&8\\1&-3&0&9\\0&2&-1&-5\\1&4&-7&0\end{vmatrix}=27,$$

于是，由克拉默法则得

$$x_1=3,\quad x_2=-4,\quad x_3=-1,\quad x_4=1.$$

通过例 1.10，看到用克拉默法则解 $n$ 元线性方程组时，要计算 $n+1$ 个 $n$ 阶行列式，这个计算量是相当大的，所以，在具体解线性方程组时，很少用克拉默法则. 另外，当方程组中方程的个数与未知量的个数不相等时，就不能用克拉默法则求解. 但这并不影响克拉默法则在线性方程组理论中的重要地位. 克拉默法则不仅给出了方程组有唯一解的条件，并且给出了方程组的解与方程组的系数和常数项的关系.

## 习 题 1.4

1. 用克拉默法则解下列方程组：

(1) $\begin{cases}5x_1+2x_2=9,\\3x_1-7x_2=-11;\end{cases}$

(2) $\begin{cases}x_1+x_2=0,\\2x_1-x_2+x_3=5,\\x_1+3x_2+2x_3=2;\end{cases}$

(3) $\begin{cases} x_1+x_2+x_3+x_4=5, \\ x_1+2x_2-x_3+4x_4=-2, \\ 2x_1-3x_2-x_3-5x_4=-2, \\ 3x_1+x_2+2x_3+11x_4=0; \end{cases}$

(4) $\begin{cases} x_1+x_2+x_3+x_4=0, \\ x_2+x_3+x_4+x_5=0, \\ x_1+2x_2+3x_3=2, \\ x_2+2x_3+3x_4=-2, \\ x_3+2x_4+3x_5=2. \end{cases}$

2. 设抛物线 $y=a_0+a_1x+a_2x^2$ 过三点(1, 2), (2, 3), (3, 5),求此抛物线方程.

## 总 习 题 1

**1. 单项选择题**

(1) 四阶行列式中含有因子 $a_{32}$ 的项,共有(　　)个.

(A) 4　　(B) 2　　(C) 6　　(D) 8

(2) 设 $D=\begin{vmatrix} a_{11} & a_{12} & \cdots & a_{1n} \\ a_{21} & a_{22} & \cdots & a_{2n} \\ \vdots & \vdots & & \vdots \\ a_{n1} & a_{n2} & \cdots & a_{nn} \end{vmatrix}$, $D_1=\begin{vmatrix} a_{nn} & a_{n-1,n} & \cdots & a_{1n} \\ a_{n,n-1} & a_{n-1,n-1} & \cdots & a_{1,n-1} \\ \vdots & \vdots & & \vdots \\ a_{n1} & a_{n-1,1} & \cdots & a_{11} \end{vmatrix}$,则有(　　).

(A) $D=D_1$　　(B) $D=-D_1$

(C) $D=(-1)^{\frac{n(n-1)}{2}}D_1$　　(D) $D=(-1)^nD_1$

(3) 设 $a$, $b$ 为实数,$\begin{vmatrix} a & b & 0 \\ -b & a & 0 \\ -1 & 0 & -1 \end{vmatrix}=0$,则(　　).

(A) $a=0$, $b=-1$　　(B) $a=0$, $b=0$

(C) $a=1$, $b=0$　　(D) $a=1$, $b=-1$

(4) 设 $D=\begin{vmatrix} 1 & 2 & 3 & 4 \\ 2 & 3 & 4 & 1 \\ 3 & 4 & 1 & 2 \\ 4 & 1 & 2 & 3 \end{vmatrix}$, $A_{i4}$ 是 $D$ 中元素 $a_{i4}$ $(i=1, 2, 3, 4)$的代数余子式,则 $A_{14}+2A_{24}+3A_{34}+4A_{44}=$(　　).

(A) $-1$　　(B) 1

(C) 2　　(D) 0

(5) 行列式 $\begin{vmatrix} a_1 & 0 & 0 & b_1 \\ 0 & a_2 & b_2 & 0 \\ 0 & b_3 & a_3 & 0 \\ b_4 & 0 & 0 & a_4 \end{vmatrix}$ 的值等于(　　).

(A) $a_1a_2a_3a_4-b_1b_2b_3b_4$　　(B) $a_1a_2a_3a_4+b_1b_2b_3b_4$

(C) $(a_1a_2-b_1b_2)(a_3a_4-b_3b_4)$　　(D) $(a_2a_3-b_2b_3)(a_1a_4-b_1b_4)$

**2. 填空题**

(1) 设 $\begin{vmatrix} a & 3 & 1 \\ b & 0 & 1 \\ c & 2 & 1 \end{vmatrix}=1$,则 $\begin{vmatrix} a-3 & b-3 & c-3 \\ 5 & 2 & 4 \\ 1 & 1 & 1 \end{vmatrix}=$________.

(2) 设 $n$ 阶行列式 $D=a$，且 $D$ 的每行元素之和为 $b(b\neq 0)$，则行列式 $D$ 的第 1 列元素的代数余子式之和等于________.

(3) 行列式 $\begin{vmatrix} 1 & 1 & 1 & 0 \\ 1 & 1 & 0 & 1 \\ 1 & 0 & 1 & 1 \\ 0 & 1 & 1 & 1 \end{vmatrix}=$________.

(4) 设行列式 $D=\begin{vmatrix} 3 & 0 & 4 & 0 \\ 2 & 2 & 2 & 2 \\ 0 & -7 & 0 & 0 \\ 5 & 3 & -2 & 2 \end{vmatrix}$，则 $D$ 的第 4 行元素余子式之和等于________.

(5) 行列式 $\begin{vmatrix} 1-a & a & 0 & 0 & 0 \\ -1 & 1-a & a & 0 & 0 \\ 0 & -1 & 1-a & a & 0 \\ 0 & 0 & -1 & 1-a & a \\ 0 & 0 & 0 & -1 & 1-a \end{vmatrix}=$________.

**3. 计算题**

(1) 计算行列式 $\begin{vmatrix} 1 & -1 & 1 & x-1 \\ 1 & -1 & x+1 & -1 \\ 1 & x-1 & 1 & -1 \\ x+1 & -1 & 1 & -1 \end{vmatrix}$.

(2) 计算十阶行列式 $\begin{vmatrix} x & -1 & 0 & \cdots & 0 & 0 \\ 0 & x & -1 & \cdots & 0 & 0 \\ \vdots & \vdots & \vdots & & \vdots & \vdots \\ 0 & 0 & 0 & \cdots & x & -1 \\ 10^{10} & 0 & 0 & \cdots & 0 & x \end{vmatrix}$.

(3) 计算 $n$ 阶行列式 $\begin{vmatrix} 1+a_1 & a_2 & a_3 & \cdots & a_n \\ a_1 & 1+a_2 & a_3 & \cdots & a_n \\ a_1 & a_2 & 1+a_3 & \cdots & a_n \\ \vdots & \vdots & \vdots & & \vdots \\ a_1 & a_2 & a_3 & \cdots & 1+a_n \end{vmatrix}$.

(4) 计算行列式 $D_n=\begin{vmatrix} 1 & 1 & 1 & \cdots & 1 \\ 1 & 2 & 0 & \cdots & 0 \\ 1 & 0 & 3 & \cdots & 0 \\ \vdots & \vdots & \vdots & & \vdots \\ 1 & 0 & 0 & \cdots & n \end{vmatrix}$.

(5) 计算三对角行列式 $D_n=\begin{vmatrix} 5 & 3 & 0 & \cdots & 0 & 0 \\ 2 & 5 & 3 & \cdots & 0 & 0 \\ 0 & 2 & 5 & \cdots & 0 & 0 \\ \vdots & \vdots & \vdots & & \vdots & \vdots \\ 0 & 0 & 0 & \cdots & 5 & 3 \\ 0 & 0 & 0 & \cdots & 2 & 5 \end{vmatrix}$.

**4. 证明题**

(1) 证明:将 $n$ 阶行列式 $D$ 的每个元素 $a_{ij}$ 乘以 $b^{i-j}(b\neq 0)$后得到的行列式仍等于 $D$.

(2) 设 $n$ 阶行列式 $D=\det(a_{ij})$的元素满足 $a_{ij}=-a_{ji}(i,j=1,2,\cdots,n)$,试证明:当 $n$ 为奇数时,$D=0$.

(3) 设 $f(x)=\begin{vmatrix} x & 1 & 2+x \\ 2 & 2 & 4 \\ 3 & x+2 & 4-x \end{vmatrix}$,证明:存在 $\xi\in(0,1)$,使得 $f'(\xi)=0$.

# 第2章 矩　　阵

矩阵是现代科学技术不可缺少的数学工具,它在数学的其他分支以及自然科学、现代经济学、管理学和工程技术领域等方面具有广泛的应用. 在本课程中矩阵是研究 $n$ 维向量、线性方程组、特征值与特征向量、二次型等的有力工具,是本课程讨论的主要对象之一.

本章主要介绍矩阵的概念及其运算、可逆矩阵与逆矩阵、分块矩阵、矩阵的初等变换、矩阵的秩等.

## §2.1 矩阵及其运算

在工程技术和经济工作中有大量与矩形数表有关的问题,这些矩形数表称为矩阵. 在描述、分析和解决我们身边的许多问题时,都可以把矩阵作为有力的帮手.

### 2.1.1 矩阵的概念

**1. 矩阵的概念**

**例 2.1** 某公司生产甲、乙、丙三种产品,它们的生产成本由原材料费用、人工费用和杂项费用三项构成. 表 2.1 给出了每种产品的每项费用的预算(单位:百元).

**表 2.1**

| 产品<br>生产成本 | 甲 | 乙 | 丙 |
|---|---|---|---|
| 原材料费用 | 10 | 30 | 20 |
| 人工费用 | 3 | 4 | 5 |
| 杂项费用 | 1 | 2 | 2 |

如果将表 2.1 中关心的对象——数据,按原来次序排列成矩形数表,并加上括号以表示这些数据是一个整体,就得到所谓的矩阵:

$$\begin{pmatrix} 10 & 30 & 20 \\ 3 & 4 & 5 \\ 1 & 2 & 2 \end{pmatrix}.$$

**定义 2.1** 由 $m\times n$ 个数排成 $m$ 行 $n$ 列的数表

$$\begin{pmatrix} a_{11} & a_{12} & \cdots & a_{1n} \\ a_{21} & a_{22} & \cdots & a_{2n} \\ \vdots & \vdots & & \vdots \\ a_{m1} & a_{m2} & \cdots & a_{mn} \end{pmatrix}$$

称为 $m$ 行 $n$ 列矩阵，简称 $m\times n$ 矩阵，记为 $\boldsymbol{A}=\boldsymbol{A}_{m\times n}=(a_{ij})_{m\times n}$ 或 $\boldsymbol{A}=(a_{ij})$，这 $mn$ 个数称为矩阵 $\boldsymbol{A}$ 的**元素**，其中 $a_{ij}$ 为 $\boldsymbol{A}$ 的第 $i$ 行第 $j$ 列的元素.

元素为实数的矩阵称为**实矩阵**，元素为复数的矩阵称为**复矩阵**.

若两个矩阵的行数相等、列数也相等，则称它们为**同型矩阵**.

**定义 2.2**　设矩阵 $\boldsymbol{A}=(a_{ij})_{m\times n}$，$\boldsymbol{B}=(b_{ij})_{m\times n}$ 为同型矩阵，若

$$a_{ij}=b_{ij}\,(i=1,\,2,\,\cdots,\,m;\ j=1,\,2,\,\cdots,\,n),$$

则称矩阵 $\boldsymbol{A}$ 与 $\boldsymbol{B}$ **相等**，记为 $\boldsymbol{A}=\boldsymbol{B}$.

**2. 常见的特殊矩阵**

(1) **行矩阵**. 只有一行的矩阵

$$\boldsymbol{A}=(a_1\quad a_2\quad \cdots\quad a_n)$$

称为行矩阵，又称**行向量**. 为避免元素间的混淆，行矩阵也可记作

$$\boldsymbol{A}=(a_1,\,a_2,\,\cdots,\,a_n).$$

(2) **列矩阵**. 只有一列的矩阵

$$\boldsymbol{B}=\begin{pmatrix} b_1 \\ b_2 \\ \vdots \\ b_n \end{pmatrix}$$

称为列矩阵，又称**列向量**.

(3) **零矩阵**. 所有元素都等于 0 的矩阵，称为零矩阵，记作 $\boldsymbol{O}$.

注意，行数、列数不对应相等的零矩阵是不同的.

(4) **$n$ 阶方阵**. 当 $m=n$ 时，称 $\boldsymbol{A}=(a_{ij})_{n\times n}$ 为 $n$ 阶矩阵或 $n$ 阶方阵，有时用 $\boldsymbol{A}_n$ 表示.

一阶矩阵被约定当作“数”(即“元素”本身)对待.

(5) **上(下)三角矩阵**. 设 $n$ 阶矩阵 $\boldsymbol{A}=(a_{ij})_{n\times n}$，若 $\boldsymbol{A}$ 的主对角线以下的元素都为零，即 $i>j$ 时，$a_{ij}=0\ (i,\,j=1,\,2,\,\cdots,\,n)$，则称 $\boldsymbol{A}$ 为上三角矩阵. 若 $\boldsymbol{A}$ 的主对角线以上的元素都为零，即 $i<j$ 时，$a_{ij}=0\ (i,\,j=1,\,2,\,\cdots,\,n)$，则称 $\boldsymbol{A}$ 为下三角矩阵. 它们分别记为

$$\begin{pmatrix} a_{11} & a_{12} & \cdots & a_{1n} \\ 0 & a_{22} & \cdots & a_{2n} \\ \vdots & \vdots & & \vdots \\ 0 & 0 & \cdots & a_{nn} \end{pmatrix}, \quad \begin{pmatrix} a_{11} & 0 & \cdots & 0 \\ a_{21} & a_{22} & \cdots & 0 \\ \vdots & \vdots & & \vdots \\ a_{n1} & a_{n2} & \cdots & a_{nn} \end{pmatrix}.$$

(6) **对角矩阵.** 设 $n$ 阶矩阵 $\boldsymbol{A}=(a_{ij})_{n\times n}$，若 $\boldsymbol{A}$ 的主对角线以外的元素都为零，即 $i\neq j$ 时，$a_{ij}=0\ (i, j=1, 2, \cdots, n)$，则称 $\boldsymbol{A}$ 为对角矩阵. 对角矩阵

$$\boldsymbol{A}=\begin{pmatrix} a_1 & & & \\ & a_2 & & \\ & & \ddots & \\ & & & a_n \end{pmatrix}$$

可简记为

$$\boldsymbol{A}=\operatorname{diag}(a_1, a_2, \cdots, a_n).$$

(7) **数量矩阵.** 对角矩阵 $\boldsymbol{A}=\operatorname{diag}(a_1, a_2, \cdots, a_n)$ 中，若 $a_i=k\ (i=1, 2, \cdots, n)$，则称之为数量矩阵，简记为

$$k\boldsymbol{E}_n=\begin{pmatrix} k & & & \\ & k & & \\ & & \ddots & \\ & & & k \end{pmatrix}.$$

(8) **单位矩阵.** 数量矩阵中 $k=1$ 的矩阵称为单位矩阵，记作 $\boldsymbol{E}$，即

$$\boldsymbol{E}=\begin{pmatrix} 1 & & & \\ & 1 & & \\ & & \ddots & \\ & & & 1 \end{pmatrix}.$$

(9) **对称矩阵.** 若 $n$ 阶矩阵 $\boldsymbol{A}=(a_{ij})_{n\times n}$ 满足条件 $a_{ij}=a_{ji}(i, j=1, 2, \cdots, n)$，则称 $\boldsymbol{A}$ 为对称矩阵. 其特点是：元素以主对角线为对称轴对应相等.

(10) **反对称矩阵.** 若 $n$ 阶矩阵 $\boldsymbol{A}=(a_{ij})_{n\times n}$ 满足条件 $a_{ij}=-a_{ji}(i, j=1, 2, \cdots, n)$，则称 $\boldsymbol{A}$ 为反对称矩阵. 其特点是：元素以主对角线为对称轴对应相反.

例如，$\begin{pmatrix} -1 & 2 & -3 \\ 2 & 0 & 5 \\ -3 & 5 & 4 \end{pmatrix}$ 为对称矩阵，$\begin{pmatrix} 0 & 2 & -3 \\ -2 & 0 & 5 \\ 3 & -5 & 0 \end{pmatrix}$ 为反对称矩阵.

### 2.1.2 矩阵的运算

#### 1. 矩阵的加法

**定义 2.3** 设两个矩阵 $\boldsymbol{A}=(a_{ij})_{m\times n}$，$\boldsymbol{B}=(b_{ij})_{m\times n}$，定义 $\boldsymbol{A}$ 与 $\boldsymbol{B}$ 的和为

$$\boldsymbol{A}+\boldsymbol{B}=(a_{ij}+b_{ij})_{m\times n},$$

即

$$\boldsymbol{A}+\boldsymbol{B}=\begin{pmatrix} a_{11}+b_{11} & a_{12}+b_{12} & \cdots & a_{1n}+b_{1n} \\ a_{21}+b_{21} & a_{22}+b_{22} & \cdots & a_{2n}+b_{2n} \\ \vdots & \vdots & & \vdots \\ a_{m1}+b_{m1} & a_{m2}+b_{m2} & \cdots & a_{mn}+b_{mn} \end{pmatrix}.$$

要注意，只有当两个矩阵是同型矩阵时，它们才能进行加法运算.

对 $\boldsymbol{A}=(a_{ij})_{m\times n}$，记 $-\boldsymbol{A}=(-a_{ij})_{m\times n}$，显然有 $\boldsymbol{A}+(-\boldsymbol{A})=\boldsymbol{O}$，称 $-\boldsymbol{A}=(-a_{ij})_{m\times n}$ 为 $\boldsymbol{A}$ 的**负矩阵**. 即

$$-\boldsymbol{A}=\begin{pmatrix} -a_{11} & -a_{12} & \cdots & -a_{1n} \\ -a_{21} & -a_{22} & \cdots & -a_{2n} \\ \vdots & \vdots & & \vdots \\ -a_{m1} & -a_{m1} & \cdots & -a_{mn} \end{pmatrix}.$$

由此规定**矩阵的减法**为

$$\boldsymbol{A}-\boldsymbol{B}=\boldsymbol{A}+(-\boldsymbol{B})=\begin{pmatrix} a_{11}-b_{11} & a_{12}-b_{12} & \cdots & a_{1n}-b_{1n} \\ a_{21}-b_{21} & a_{22}-b_{22} & \cdots & a_{2n}-b_{2n} \\ \vdots & \vdots & & \vdots \\ a_{m1}-b_{m1} & a_{m2}-b_{m2} & \cdots & a_{mn}-b_{mn} \end{pmatrix}.$$

很容易验证，矩阵加法满足以下的运算律（设 $\boldsymbol{A}, \boldsymbol{B}, \boldsymbol{C}$ 都是 $m\times n$ 矩阵）.

(1) $\boldsymbol{A}+\boldsymbol{B}=\boldsymbol{B}+\boldsymbol{A}$；

(2) $(\boldsymbol{A}+\boldsymbol{B})+\boldsymbol{C}=\boldsymbol{A}+(\boldsymbol{B}+\boldsymbol{C})$；

(3) $\boldsymbol{A}+\boldsymbol{O}=\boldsymbol{A}$；

(4) $\boldsymbol{A}+(-\boldsymbol{A})=\boldsymbol{O}$.

**2. 矩阵的数乘**

**定义 2.4** 设矩阵 $\boldsymbol{A}=(a_{ij})_{m\times n}$，$\lambda$ 为数，**数 $\lambda$ 与矩阵 $\boldsymbol{A}$ 的乘积**定义为 $\lambda\boldsymbol{A}=(\lambda a_{ij})_{m\times n}$，简称数乘. 即

$$\lambda\boldsymbol{A}=\begin{pmatrix} \lambda a_{11} & \lambda a_{12} & \cdots & \lambda a_{1n} \\ \lambda a_{21} & \lambda a_{22} & \cdots & \lambda a_{2n} \\ \vdots & \vdots & & \vdots \\ \lambda a_{m1} & \lambda a_{m1} & \cdots & \lambda a_{mn} \end{pmatrix}.$$

显然，矩阵的数乘满足以下的运算律（设 $\boldsymbol{A}, \boldsymbol{B}$ 都是 $m\times n$ 矩阵，$\lambda, \mu$ 为数）：

(1) $1\cdot\boldsymbol{A}=\boldsymbol{A}$；

(2) $(\lambda\mu)\boldsymbol{A}=\lambda(\mu\boldsymbol{A})$;

(3) $(\lambda+\mu)\boldsymbol{A}=\lambda\boldsymbol{A}+\mu\boldsymbol{A}$;

(4) $\lambda(\boldsymbol{A}+\boldsymbol{B})=\lambda\boldsymbol{A}+\lambda\boldsymbol{B}$.

矩阵的加法与矩阵的数乘,统称为**矩阵的线性运算**.

**3. 矩阵的乘法**

在给出矩阵乘法的定义之前,先看一个引出矩阵乘法的问题.

设 $x_1$, $x_2$, $x_3$ 和 $y_1$, $y_2$ 是两组变量,它们之间的关系为

$$\begin{cases} y_1 = a_{11}x_1 + a_{12}x_2 + a_{13}x_3, \\ y_2 = a_{21}x_1 + a_{22}x_2 + a_{23}x_3. \end{cases} \tag{2.1}$$

其中,$a_{ik}$ 为常数. 易知式(2.1)与矩阵 $\boldsymbol{A}=(a_{ik})_{2\times 3}$ 之间存在一一对应的关系.

又设第三组变量 $z_1$, $z_2$ 与 $x_1$, $x_2$, $x_3$ 的关系为

$$\begin{cases} x_1 = b_{11}z_1 + b_{12}z_2, \\ x_2 = b_{21}z_1 + b_{22}z_2, \\ x_3 = b_{31}z_1 + b_{32}z_2. \end{cases} \tag{2.2}$$

式(2.2)对应矩阵 $\boldsymbol{B}=(b_{kj})_{3\times 2}$.

由式(2.1)和式(2.2)可求出 $y_1$, $y_2$ 和 $z_1$, $z_2$ 之间的关系:

$$\begin{cases} y_1 = c_{11}z_1 + c_{12}z_2, \\ y_2 = c_{21}z_1 + c_{22}z_2. \end{cases} \tag{2.3}$$

其中,$c_{ij}=\sum\limits_{k=1}^{3}a_{ik}b_{kj}\,(i, j=1, 2)$.

显然式(2.3)对应矩阵 $\boldsymbol{C}=(c_{ij})_{2\times 2}$. 称矩阵 $\boldsymbol{C}$ 为矩阵 $\boldsymbol{A}$ 与 $\boldsymbol{B}$ 的乘积,记为 $\boldsymbol{C}=\boldsymbol{AB}$,即

$$\begin{pmatrix} a_{11} & a_{12} & a_{13} \\ a_{21} & a_{22} & a_{23} \end{pmatrix}\begin{pmatrix} b_{11} & b_{12} \\ b_{21} & b_{22} \\ b_{31} & b_{32} \end{pmatrix}=\begin{pmatrix} a_{11}b_{11}+a_{12}b_{21}+a_{13}b_{31} & a_{11}b_{12}+a_{12}b_{22}+a_{13}b_{32} \\ a_{21}b_{11}+a_{22}b_{21}+a_{23}b_{31} & a_{21}b_{12}+a_{22}b_{22}+a_{23}b_{32} \end{pmatrix}.$$

一般地,有如下矩阵乘法的定义.

**定义 2.5** 设 $\boldsymbol{A}=(a_{ik})_{m\times s}$, $\boldsymbol{B}=(b_{kj})_{s\times n}$, 定义矩阵 $\boldsymbol{C}=(c_{ij})_{m\times n}$, 其中

$$c_{ij}=\sum_{k=1}^{s}a_{ik}b_{kj}=a_{i1}b_{1j}+a_{i2}b_{2j}+\cdots+a_{is}b_{sj}$$
$$(i=1, 2, \cdots, m;\ j=1, 2, \cdots, n)$$

**为矩阵 $\boldsymbol{A}$ 与矩阵 $\boldsymbol{B}$ 的乘积**,记作 $\boldsymbol{C}=\boldsymbol{AB}$.

乘积矩阵 $\boldsymbol{AB}=\boldsymbol{C}$ 的第 $i$ 行第 $j$ 列元素 $c_{ij}$ 就是 $\boldsymbol{A}$ 的第 $i$ 行元素与 $\boldsymbol{B}$ 的第 $j$ 列对应元素的乘积之和,而 $\boldsymbol{C}$ 的行数等于 $\boldsymbol{A}$ 的行数, $\boldsymbol{C}$ 的列数等于 $\boldsymbol{B}$ 的列数.

**例 2.2** 设 $A=\begin{pmatrix}1&0&-1&2\\-1&1&3&0\\0&5&-1&4\end{pmatrix}$，$B=\begin{pmatrix}0&3&4\\1&2&1\\3&1&-1\\-1&2&1\end{pmatrix}$，求 $AB$.

**解** $AB=\begin{pmatrix}1&0&-1&2\\-1&1&3&0\\0&5&-1&4\end{pmatrix}\begin{pmatrix}0&3&4\\1&2&1\\3&1&-1\\-1&2&1\end{pmatrix}$

$$=\begin{pmatrix}1\times0+0\times1-1\times3+2\times(-1) & 1\times3+0\times2+(-1)\times1+2\times2 & 1\times4+0\times1-1\times(-1)+2\times1\\ -1\times0+1\times1+3\times3+0\times(-1) & -1\times3+1\times2+3\times1+0\times2 & -1\times4+1\times1+3\times(-1)+0\times1\\ 0\times0+5\times1+(-1)\times3+4\times(-1) & 0\times3+5\times2+(-1)\times1+4\times2 & 0\times4+5\times1+(-1)\times(-1)+4\times1\end{pmatrix}$$

$$=\begin{pmatrix}-5&6&7\\10&2&-6\\-2&17&10\end{pmatrix}.$$

必须注意，只有当第一个矩阵的列数等于第二个矩阵的行数时，两个矩阵才能相乘. 例如，$\begin{pmatrix}1&2&3\\3&2&1\\5&8&9\end{pmatrix}\begin{pmatrix}1&6&8\\6&0&1\end{pmatrix}$ 无意义.

另外，一个 $1\times n$ 矩阵与一个 $n\times1$ 矩阵的乘积是一个 1 阶方阵，也就是一个数. 例如

$$(1\ 2\ 3)\begin{pmatrix}3\\2\\1\end{pmatrix}=(1\times3+2\times2+3\times1)=10,$$

但是 $\begin{pmatrix}3\\2\\1\end{pmatrix}(1\ 2\ 3)=\begin{pmatrix}3&6&9\\2&4&6\\1&2&3\end{pmatrix}.$

可以验证，矩阵乘法满足以下的运算律(假设运算都是可行的)：

(1) $(AB)C=A(BC)$；

(2) $(\lambda A)B=A(\lambda B)=\lambda(AB)$；

(3) $A(B+C)=AB+AC$；

(4) $(A+B)C=AC+BC$.

**例 2.3** 设 $A=\begin{pmatrix}a_{11}&a_{12}&a_{13}\\a_{21}&a_{22}&a_{23}\end{pmatrix}$，$E_3=\begin{pmatrix}1&0&0\\0&1&0\\0&0&1\end{pmatrix}$，$E_2=\begin{pmatrix}1&0\\0&1\end{pmatrix}$，求 $AE_3$ 与 $E_2A$.

**解** $AE_3=\begin{pmatrix}a_{11}&a_{12}&a_{13}\\a_{21}&a_{22}&a_{23}\end{pmatrix}\begin{pmatrix}1&0&0\\0&1&0\\0&0&1\end{pmatrix}=\begin{pmatrix}a_{11}&a_{12}&a_{13}\\a_{21}&a_{22}&a_{23}\end{pmatrix}=A$；

$$E_2A=\begin{pmatrix}1&0\\0&1\end{pmatrix}\begin{pmatrix}a_{11}&a_{12}&a_{13}\\a_{21}&a_{22}&a_{23}\end{pmatrix}=\begin{pmatrix}a_{11}&a_{12}&a_{13}\\a_{21}&a_{22}&a_{23}\end{pmatrix}=A.$$

一般地,对于单位矩阵 $E$,有

$$A_{m\times n}E_n=A_{m\times n},\quad E_mA_{m\times n}=A_{m\times n},$$

或简写为

$$EA=AE=A.$$

可见单位矩阵 $E$ 在矩阵乘法中的作用类似于数"1".

关于矩阵的乘法,还要注意以下三点:

(1) 矩阵乘法不满足交换律,即在一般情形下,$AB\neq BA$.

例如,设 $A=\begin{pmatrix}1&1\\-1&-1\end{pmatrix}$,$B=\begin{pmatrix}1&-1\\-1&1\end{pmatrix}$,则

$$AB=\begin{pmatrix}0&0\\0&0\end{pmatrix},\quad BA=\begin{pmatrix}2&2\\-2&-2\end{pmatrix},AB\neq BA.$$

(2) 非零矩阵相乘,可能是零矩阵,即由 $AB=O$,不能推出 $A=O$ 或 $B=O$.

例如,设 $A=\begin{pmatrix}1&1\\-1&-1\end{pmatrix}$,$B=\begin{pmatrix}1&-1\\-1&1\end{pmatrix}$,则

$$AB=\begin{pmatrix}0&0\\0&0\end{pmatrix},$$

但此处,$A\neq O$ 且 $B\neq O$.

(3) 矩阵乘法不满足消去律,即由 $AB=AC$,$A\neq O$,不能推出 $B=C$.

例如,设 $A=\begin{pmatrix}1&1\\-1&-1\end{pmatrix}$,$B=\begin{pmatrix}1&-1\\-1&1\end{pmatrix}$,$C=\begin{pmatrix}2&-2\\-2&2\end{pmatrix}$,有

$$AB=\begin{pmatrix}0&0\\0&0\end{pmatrix},\quad AC=\begin{pmatrix}0&0\\0&0\end{pmatrix},$$

则 $AB=AC$,但 $B\neq C$.

**定义 2.6** 如果两个矩阵 $A$ 与 $B$ 可以相乘,且有 $AB=BA$,则称矩阵 $A$ 与矩阵 $B$ **可交换**.

由 $(\lambda E)A=\lambda A$,$A(\lambda E)=\lambda A$,可知数量矩阵 $\lambda E$ 与矩阵 $A$ 的乘积等于数 $\lambda$ 与 $A$ 的乘积. 并且当 $A$ 为 $n$ 阶方阵时,有

$$(\lambda E_n)A_n=\lambda A_n=A_n(\lambda E_n)\quad(\lambda\text{ 为数}).$$

这表明数量矩阵与任意同阶方阵都是可交换的.

**4. 方阵的幂**

**定义 2.7** 设 $\boldsymbol{A}$ 是 $n$ 阶方阵,定义

$$\boldsymbol{A}^0=\boldsymbol{E},\ \boldsymbol{A}^1=\boldsymbol{A},\ \boldsymbol{A}^2=\boldsymbol{A}^1\boldsymbol{A}^1,\ \cdots,\ \boldsymbol{A}^{m+1}=\boldsymbol{A}^m\boldsymbol{A}^1,$$

其中 $m$ 为正整数,这就是说 $\boldsymbol{A}^m$ 就是 $m$ 个 $\boldsymbol{A}$ 连乘,称为 $\boldsymbol{A}$ 的 $m$ **次幂**.

显然,只有方阵,它的幂才有意义.

**方阵幂的运算律**($m$, $k$ 为正整数):

(1) $\boldsymbol{A}^m\boldsymbol{A}^k=\boldsymbol{A}^{m+k}$;

(2) $(\boldsymbol{A}^m)^k=\boldsymbol{A}^{mk}$.

一般地,对于两个 $n$ 阶矩阵 $\boldsymbol{A}$ 与 $\boldsymbol{B}$, $(\boldsymbol{AB})^m\neq\boldsymbol{A}^m\boldsymbol{B}^m$ ( $m$ 为正整数),只有当 $\boldsymbol{A}$ 与 $\boldsymbol{B}$ 可交换时,才有 $(\boldsymbol{AB})^m=\boldsymbol{A}^m\boldsymbol{B}^m$.

类似可知,诸如

$$(\boldsymbol{A}+\boldsymbol{B})^2=\boldsymbol{A}^2+2\boldsymbol{AB}+\boldsymbol{B}^2,\quad (\boldsymbol{A}+\boldsymbol{B})(\boldsymbol{A}-\boldsymbol{B})=\boldsymbol{A}^2-\boldsymbol{B}^2$$

等公式,也只有当 $\boldsymbol{A}$ 与 $\boldsymbol{B}$ 可交换时才成立.

**例 2.4** 设 $\boldsymbol{A}=\begin{pmatrix}\lambda&1&0\\0&\lambda&1\\0&0&\lambda\end{pmatrix}$,求 $\boldsymbol{A}^m$($m$ 为正整数).

**解**

$$\boldsymbol{A}^2=\begin{pmatrix}\lambda&1&0\\0&\lambda&1\\0&0&\lambda\end{pmatrix}\begin{pmatrix}\lambda&1&0\\0&\lambda&1\\0&0&\lambda\end{pmatrix}=\begin{pmatrix}\lambda^2&2\lambda&1\\0&\lambda^2&2\lambda\\0&0&\lambda^2\end{pmatrix},$$

$$\boldsymbol{A}^3=\boldsymbol{A}^2\boldsymbol{A}=\begin{pmatrix}\lambda^2&2\lambda&1\\0&\lambda^2&2\lambda\\0&0&\lambda^2\end{pmatrix}\begin{pmatrix}\lambda&1&0\\0&\lambda&1\\0&0&\lambda\end{pmatrix}=\begin{pmatrix}\lambda^3&3\lambda^2&3\lambda\\0&\lambda^3&3\lambda^2\\0&0&\lambda^3\end{pmatrix},$$

由此归纳出

$$\boldsymbol{A}^m=\begin{pmatrix}\lambda^m&m\lambda^{m-1}&\frac{m(m-1)}{2}\lambda^{m-2}\\0&\lambda^m&m\lambda^{m-1}\\0&0&\lambda^m\end{pmatrix}\quad(m\geqslant 2).$$

下面用数学归纳法证明之.

当 $m=2$ 时,显然成立.

假设当 $m=k$ 时成立,则当 $m=k+1$ 时,有

$$\boldsymbol{A}^{k+1}=\boldsymbol{A}^k\boldsymbol{A}=\begin{pmatrix}\lambda^k&k\lambda^{k-1}&\frac{k(k-1)}{2}\lambda^{k-2}\\0&\lambda^k&k\lambda^{k-1}\\0&0&\lambda^k\end{pmatrix}\begin{pmatrix}\lambda&1&0\\0&\lambda&1\\0&0&\lambda\end{pmatrix}=\begin{pmatrix}\lambda^{k+1}&(k+1)\lambda^k&\frac{k(k+1)}{2}\lambda^{k-1}\\0&\lambda^{k+1}&(k+1)\lambda^k\\0&0&\lambda^{k+1}\end{pmatrix},$$

故对于任意自然数 $m$ $(m \geqslant 2)$，都有

$$\boldsymbol{A}^m = \begin{pmatrix} \lambda^m & m\lambda^{m-1} & \frac{m(m-1)}{2}\lambda^{m-2} \\ 0 & \lambda^m & m\lambda^{m-1} \\ 0 & 0 & \lambda^m \end{pmatrix}.$$

**5. 矩阵的多项式**

设

$$\varphi(x) = a_m x^m + a_{m-1}x^{m-1} + \cdots + a_1 x + a_0$$

为 $x$ 的 $m$ 次多项式，$\boldsymbol{A}$ 为 $n$ 阶矩阵，记

$$\varphi(\boldsymbol{A}) = a_m\boldsymbol{A}^m + a_{m-1}\boldsymbol{A}^{m-1} + \cdots + a_1\boldsymbol{A} + a_0\boldsymbol{E},$$

则 $\varphi(\boldsymbol{A})$ **称为矩阵 $\boldsymbol{A}$ 的 $m$ 次多项式.**

因为矩阵 $\boldsymbol{A}^m$ 和 $\boldsymbol{E}$ 都是可交换的，所以矩阵 $\boldsymbol{A}$ 的两个多项式 $\varphi(\boldsymbol{A})$ 和 $f(\boldsymbol{A})$ 总是可交换的，即总有

$$\varphi(\boldsymbol{A})f(\boldsymbol{A}) = f(\boldsymbol{A})\varphi(\boldsymbol{A}),$$

从而 $\boldsymbol{A}$ 的几个多项式可以像数 $x$ 的多项式一样相乘或分解因式. 例如

$$(\boldsymbol{A}+\boldsymbol{E})(\boldsymbol{A}-\boldsymbol{E}) = \boldsymbol{A}^2 - \boldsymbol{E},$$
$$(\boldsymbol{E}+\boldsymbol{A})(2\boldsymbol{E}-\boldsymbol{A}) = 2\boldsymbol{E} + \boldsymbol{A} - \boldsymbol{A}^2,$$
$$(\boldsymbol{E}-\boldsymbol{A})^3 = \boldsymbol{E} - 3\boldsymbol{A} + 3\boldsymbol{A}^2 - \boldsymbol{A}^3.$$

**6. 矩阵的转置**

**定义 2.8** 把矩阵 $\boldsymbol{A}$ 的行列互换所得到的一个新矩阵，称为矩阵 $\boldsymbol{A}$ 的**转置矩阵**，记为 $\boldsymbol{A}^{\mathrm{T}}$.

即若 $\boldsymbol{A} = \begin{pmatrix} a_{11} & a_{12} & \cdots & a_{1n} \\ a_{21} & a_{22} & \cdots & a_{2n} \\ \vdots & \vdots & & \vdots \\ a_{m1} & a_{m2} & \cdots & a_{mn} \end{pmatrix}$，则 $\boldsymbol{A}^{\mathrm{T}} = \begin{pmatrix} a_{11} & a_{21} & \cdots & a_{m1} \\ a_{12} & a_{22} & \cdots & a_{m2} \\ \vdots & \vdots & & \vdots \\ a_{1n} & a_{2n} & \cdots & a_{mn} \end{pmatrix}$.

显然，若 $\boldsymbol{A}$ 为对称矩阵，则 $\boldsymbol{A}^{\mathrm{T}} = \boldsymbol{A}$，反之亦然；若 $\boldsymbol{A}$ 为反对称矩阵，则 $\boldsymbol{A}^{\mathrm{T}} = -\boldsymbol{A}$，反之亦然.

矩阵转置满足以下的运算律(假设运算都是可行的，$\lambda$ 为数)：

(1) $(\boldsymbol{A}^{\mathrm{T}})^{\mathrm{T}} = \boldsymbol{A}$；

(2) $(\boldsymbol{A}+\boldsymbol{B})^{\mathrm{T}} = \boldsymbol{A}^{\mathrm{T}} + \boldsymbol{B}^{\mathrm{T}}$；

(3) $(\lambda\boldsymbol{A})^{\mathrm{T}} = \lambda\boldsymbol{A}^{\mathrm{T}}$；

(4) $(\boldsymbol{A}\boldsymbol{B})^{\mathrm{T}} = \boldsymbol{B}^{\mathrm{T}}\boldsymbol{A}^{\mathrm{T}}$.

(1),(2),(3)显然成立,下面证明(4).

**证明** 设矩阵

$$A=\begin{pmatrix}a_{11}&a_{12}&\cdots&a_{1s}\\a_{21}&a_{22}&\cdots&a_{2s}\\\vdots&\vdots&&\vdots\\a_{m1}&a_{m2}&\cdots&a_{ms}\end{pmatrix},\quad B=\begin{pmatrix}b_{11}&b_{12}&\cdots&b_{1n}\\b_{21}&b_{22}&\cdots&b_{2n}\\\vdots&\vdots&&\vdots\\b_{s1}&b_{s2}&\cdots&b_{sn}\end{pmatrix}.$$

易知 $(\boldsymbol{AB})^{\mathrm{T}}$ 与 $\boldsymbol{B}^{\mathrm{T}}\boldsymbol{A}^{\mathrm{T}}$ 都是 $n\times m$ 矩阵. 而位于 $(\boldsymbol{AB})^{\mathrm{T}}$ 的第 $i$ 行第 $j$ 列的元素就是位于 $\boldsymbol{AB}$ 的第 $j$ 行第 $i$ 列的元素,因此等于

$$a_{j1}b_{1i}+a_{j2}b_{2i}+\cdots+a_{js}b_{si}.$$

位于 $\boldsymbol{B}^{\mathrm{T}}\boldsymbol{A}^{\mathrm{T}}$ 的第 $i$ 行第 $j$ 列的元素就是位于 $\boldsymbol{B}^{\mathrm{T}}$ 的第 $i$ 行元素与 $\boldsymbol{A}^{\mathrm{T}}$ 的第 $j$ 列的对应元素之积的和

$$b_{1i}a_{j1}+b_{2i}a_{j2}+\cdots+b_{si}a_{js}.$$

显然,上述两个式子相等,所以

$$(\boldsymbol{AB})^{\mathrm{T}}=\boldsymbol{B}^{\mathrm{T}}\boldsymbol{A}^{\mathrm{T}}.$$

**例 2.5** 已知 $\boldsymbol{A}=\begin{pmatrix}2&0&-1\\1&3&2\end{pmatrix}$, $\boldsymbol{B}=\begin{pmatrix}1&7&-1\\4&2&3\\2&0&1\end{pmatrix}$, 求 $(\boldsymbol{AB})^{\mathrm{T}}$.

**解法 1** 因为 $\boldsymbol{AB}=\begin{pmatrix}2&0&-1\\1&3&2\end{pmatrix}\begin{pmatrix}1&7&-1\\4&2&3\\2&0&1\end{pmatrix}=\begin{pmatrix}0&14&-3\\17&13&10\end{pmatrix}$,

所以 $$(\boldsymbol{AB})^{\mathrm{T}}=\begin{pmatrix}0&17\\14&13\\-3&10\end{pmatrix}.$$

**解法 2** $(\boldsymbol{AB})^{\mathrm{T}}=\boldsymbol{B}^{\mathrm{T}}\boldsymbol{A}^{\mathrm{T}}=\begin{pmatrix}1&4&2\\7&2&0\\-1&3&1\end{pmatrix}\begin{pmatrix}2&1\\0&3\\-1&2\end{pmatrix}=\begin{pmatrix}0&17\\14&13\\-3&10\end{pmatrix}$.

**7. 矩阵的行列式**

**定义 2.9** 由 $n$ 阶矩阵 $\boldsymbol{A}$ 的元素所构成的行列式(各元素的位置不变),称为**矩阵 $\boldsymbol{A}$ 的行列式**,记作 $|\boldsymbol{A}|$ 或 $\det\boldsymbol{A}$.

例如,$\boldsymbol{A}=\begin{pmatrix}2&3\\6&8\end{pmatrix}$, 则 $|\boldsymbol{A}|=\begin{vmatrix}2&3\\6&8\end{vmatrix}=-2$.

特别强调,矩阵与行列式是两个不同的概念,$n$ 阶矩阵 $\boldsymbol{A}$ 是 $n^2$ 个数按一定方式排成的数表,而 $n$ 阶行列式 $|\boldsymbol{A}|$ 则是这些数按一定的运算法则所确定的一个数.

矩阵的行列式有以下公式(设 $\boldsymbol{A}$, $\boldsymbol{B}$ 是 $n$ 阶矩阵,$\lambda$ 是数):

(1) $|\boldsymbol{A}^{\mathrm{T}}|=|\boldsymbol{A}|$;

(2) $|\lambda\boldsymbol{A}|=\lambda^n|\boldsymbol{A}|$;

(3) $|\boldsymbol{AB}|=|\boldsymbol{A}||\boldsymbol{B}|$.

由行列式的性质可知(1),(2)成立,下面证明(3).

**证明** 设 $\boldsymbol{A}=(a_{ij})$, $\boldsymbol{B}=(b_{ij})$. 构造 $2n$ 阶行列式

$$D=\begin{vmatrix} a_{11} & \cdots & a_{1n} & 0 & \cdots & 0 \\ \vdots & & \vdots & \vdots & & \vdots \\ a_{n1} & \cdots & a_{nn} & 0 & \cdots & 0 \\ -1 & \cdots & 0 & b_{11} & \cdots & b_{1n} \\ \vdots & & \vdots & \vdots & & \vdots \\ 0 & \cdots & -1 & b_{n1} & \cdots & b_{nn} \end{vmatrix},$$

由例 1.5 可知 $D=|\boldsymbol{A}||\boldsymbol{B}|$,而在 $D$ 中用 $b_{1j}$ 乘以第 1 列,$b_{2j}$ 乘以第 2 列,…,$b_{nj}$ 乘以第 $n$ 列,然后都加到第 $n+j$ $(j=1, 2, \cdots, n)$ 列上,可得

$$D=\begin{vmatrix} a_{11} & \cdots & a_{1n} & c_{11} & \cdots & c_{1n} \\ \vdots & & \vdots & \vdots & & \vdots \\ a_{n1} & \cdots & a_{nn} & c_{n1} & \cdots & c_{nn} \\ -1 & \cdots & 0 & 0 & \cdots & 0 \\ \vdots & & \vdots & \vdots & & \vdots \\ 0 & \cdots & -1 & 0 & \cdots & 0 \end{vmatrix},$$

其中,$\boldsymbol{C}=(c_{ij})$, $c_{ij}=a_{i1}b_{1j}+a_{i2}b_{2j}+\cdots+a_{in}b_{nj}$,即 $\boldsymbol{C}=\boldsymbol{AB}$.

再对 $D$ 的行做 $r_j\leftrightarrow r_{n+j}$ $(j=1, 2, \cdots, n)$,有

$$D=(-1)^n\begin{vmatrix} -1 & \cdots & 0 & 0 & \cdots & 0 \\ \vdots & & \vdots & \vdots & & \vdots \\ 0 & \cdots & -1 & 0 & \cdots & 0 \\ a_{11} & \cdots & a_{1n} & c_{11} & \cdots & c_{1n} \\ \vdots & & \vdots & \vdots & & \vdots \\ a_{n1} & \cdots & a_{nn} & c_{n1} & \cdots & c_{nn} \end{vmatrix},$$

从而按例 1.5,有

$$D=(-1)^n|-\boldsymbol{E}||\boldsymbol{C}|=(-1)^n(-1)^n|\boldsymbol{C}|=|\boldsymbol{C}|=|\boldsymbol{AB}|,$$

于是 $$|\boldsymbol{AB}|=|\boldsymbol{A}||\boldsymbol{B}|.$$ ■

由 $|AB|=|A||B|$ 可知,对 $n$ 阶矩阵 $A$, $B$, 虽然一般来说, $AB \neq BA$, 但是总有 $|AB|=|BA|$, 而且, 若 $|AB|=0$, 则 $|A|=0$ 或 $|B|=0$.

**8. 共轭矩阵**

**定义 2.10** 设 $A=(a_{ij})_{m\times n}$ 为复矩阵,用 $\overline{a_{ij}}$ 表示 $a_{ij}$ 的共轭复数,记

$$\overline{A}=(\overline{a_{ij}}),$$

$\overline{A}$称为 $A$ 的共轭矩阵.

共轭矩阵的运算律(设 $A$, $B$ 是复矩阵, $\lambda$ 是数,且运算都是可行的):

(1) $\overline{A+B}=\overline{A}+\overline{B}$;　　(2) $\overline{\lambda A}=\overline{\lambda}\,\overline{A}$;

(3) $\overline{AB}=\overline{A}\,\overline{B}$;　　(4) $\overline{A^{\mathrm{T}}}=\overline{A}^{\mathrm{T}}$.

## 习 题 2.1

1. 某种物资由 3 个产地运往 4 个销地,两次调运方案分别为矩阵 $A$ 与矩阵 $B$. 且

$$A=\begin{pmatrix}3&5&7&2\\2&0&4&3\\0&1&2&3\end{pmatrix},\ B=\begin{pmatrix}1&3&2&0\\2&1&5&7\\0&6&4&8\end{pmatrix}.$$

试用矩阵表示各产地运往各销地两次的物资调运量.

2. 设 $A=\begin{pmatrix}1&1&-1\\2&-1&0\\1&0&1\end{pmatrix}$, $B=\begin{pmatrix}1&2&3\\-1&-2&4\\0&5&1\end{pmatrix}$,求 $3AB-2A$ 与 $A^{\mathrm{T}}B$.

3. 设 $A$, $B$, $C$ 分别是 $m\times l$, $l\times s$, $s\times n$ 矩阵,证明:$(AB)C=A(BC)$.

4. 举反例说明下列命题是错误的:

(1) 若 $A^2=O$,则 $A=O$;

(2) 若 $A^2=A$,则 $A=O$ 或 $A=E$;

(3) 若 $A$, $B$ 为同阶方阵,则 $(A+B)(A-B)=A^2-B^2$.

5. 求与下列矩阵可交换的一切矩阵:

(1) $\begin{pmatrix}1&0\\1&1\end{pmatrix}$;　　(2) $\begin{pmatrix}1&0&2\\0&1&0\\2&0&1\end{pmatrix}$.

6. 设 $A=\begin{pmatrix}1&0\\\lambda&1\end{pmatrix}$,求 $A^m$($m$ 为正整数).

7. 设方阵 $A$, $B$ 满足 $A=\dfrac{1}{2}(B+E)$,证明:$A^2=A$ 的充分必要条件是 $B^2=E$.

8. 设 $A$, $B$ 为同阶方阵,且 $A$ 为对称矩阵,证明:$B^{\mathrm{T}}AB$ 也是对称矩阵.

9. 设 $A$, $B$ 是同阶对称矩阵,证明:$AB$ 是对称矩阵的充分必要条件是 $AB=BA$.

10. (1) 设 $A$ 为方阵,证明:$A+A^{\mathrm{T}}$ 是对称矩阵,$A-A^{\mathrm{T}}$ 是反对称矩阵;

(2) 证明:任何一个方阵都可以表示为一个对称矩阵与一个反对称矩阵之和.

# §2.2　可逆矩阵与逆矩阵

在数的运算中，当数 $a \neq 0$ 时，有

$$aa^{-1} = a^{-1}a = 1,$$

其中，$a^{-1} = \dfrac{1}{a}$ 为 $a$ 的倒数(或称为 $a$ 的逆).

在矩阵的运算中，单位矩阵 $\boldsymbol{E}$ 相当于数的乘法运算中的"1"，那么对于矩阵 $\boldsymbol{A}$，如果存在矩阵"$\boldsymbol{A}^{-1}$"，使得

$$\boldsymbol{A}^{-1}\boldsymbol{A} = \boldsymbol{A}\boldsymbol{A}^{-1} = \boldsymbol{E},$$

则矩阵"$\boldsymbol{A}^{-1}$"可否称为矩阵 $\boldsymbol{A}$ 的逆呢？另外，在什么条件下，$\boldsymbol{A}$ 存在"$\boldsymbol{A}^{-1}$"？

## 2.2.1　可逆矩阵的定义

**定义 2.11**　设 $\boldsymbol{A}$ 为 $n$ 阶矩阵，若存在 $n$ 阶矩阵 $\boldsymbol{B}$，使

$$\boldsymbol{AB} = \boldsymbol{BA} = \boldsymbol{E} \tag{2.4}$$

成立，则称矩阵 $\boldsymbol{A}$ 可逆，并称 $\boldsymbol{B}$ 是 $\boldsymbol{A}$ 的逆矩阵，记作 $\boldsymbol{A}^{-1} = \boldsymbol{B}$. 于是有

$$\boldsymbol{A}\boldsymbol{A}^{-1} = \boldsymbol{A}^{-1}\boldsymbol{A} = \boldsymbol{E}.$$

由此定义 2.11 可知，可逆矩阵一定是方阵，并且适合式(2.4)的 $\boldsymbol{B}$ 也一定是方阵；还可以看出，式(2.4)中的 $\boldsymbol{A}$ 与 $\boldsymbol{B}$ 的地位是一样的，若矩阵 $\boldsymbol{A}$ 与 $\boldsymbol{B}$ 满足式(2.4)，则 $\boldsymbol{A}$ 与 $\boldsymbol{B}$ 都可逆，并且互为逆矩阵，即 $\boldsymbol{A}^{-1} = \boldsymbol{B}, \boldsymbol{B}^{-1} = \boldsymbol{A}$.

显然，零矩阵是不可逆矩阵；单位矩阵 $\boldsymbol{E}$ 是可逆矩阵，且由 $\boldsymbol{E} \cdot \boldsymbol{E} = \boldsymbol{E}$ 可知，单位矩阵是其自身的逆矩阵.

**定理 2.1**　若矩阵 $\boldsymbol{A}$ 可逆，则其逆矩阵唯一.

**证明**　设 $\boldsymbol{B}, \boldsymbol{C}$ 都是 $\boldsymbol{A}$ 的逆矩阵，则

$$\boldsymbol{AB} = \boldsymbol{BA} = \boldsymbol{E}, \quad \boldsymbol{AC} = \boldsymbol{CA} = \boldsymbol{E}.$$

从而

$$\boldsymbol{B} = \boldsymbol{EB} = (\boldsymbol{CA})\boldsymbol{B} = \boldsymbol{C}(\boldsymbol{AB}) = \boldsymbol{CE} = \boldsymbol{C}.$$ ■

显然，设对角矩阵 $\boldsymbol{A} = \mathrm{diag}(a_1, a_2, \cdots, a_n)$，其中 $a_i \neq 0\ (i = 1, 2, \cdots, n)$，则 $\boldsymbol{A}$ 可逆，且

$$\boldsymbol{A}^{-1} = \mathrm{diag}(a_1^{-1}, a_2^{-1}, \cdots, a_n^{-1}).$$

## 2.2.2 矩阵可逆的条件

若已给方阵$\boldsymbol{A}$,怎么判定它是否可逆？当$\boldsymbol{A}$可逆时,又如何求出$\boldsymbol{A}^{-1}$？为了讨论方阵可逆的条件并得出逆矩阵的求法,首先引入"伴随矩阵"的概念.

**1. 伴随矩阵**

**定义 2.12** $n$阶矩阵$\boldsymbol{A}=(a_{ij})$的行列式$|\boldsymbol{A}|$中各个元素$a_{ij}$的代数余子式$A_{ij}$所构成的矩阵$(A_{ij})$的转置矩阵,称为矩阵$\boldsymbol{A}$的**伴随矩阵**,记为$\boldsymbol{A}^*$,即

$$\boldsymbol{A}^*=\begin{pmatrix} A_{11} & A_{21} & \cdots & A_{n1} \\ A_{12} & A_{22} & \cdots & A_{n2} \\ \vdots & \vdots & & \vdots \\ A_{1n} & A_{2n} & \cdots & A_{nn} \end{pmatrix}.$$

下面给出伴随矩阵的重要性质.

**定理 2.2** 对于$n$阶矩阵$\boldsymbol{A}$及其伴随矩阵$\boldsymbol{A}^*$,有

$$\boldsymbol{A}\boldsymbol{A}^*=\boldsymbol{A}^*\boldsymbol{A}=|\boldsymbol{A}|\boldsymbol{E}. \tag{2.5}$$

**证明** 由矩阵乘法及行列式的展开公式,可得

$$\boldsymbol{A}\boldsymbol{A}^*=\begin{pmatrix} a_{11} & a_{12} & \cdots & a_{1n} \\ a_{21} & a_{22} & \cdots & a_{2n} \\ \vdots & \vdots & & \vdots \\ a_{n1} & a_{n2} & \cdots & a_{nn} \end{pmatrix}\begin{pmatrix} A_{11} & A_{21} & \cdots & A_{n1} \\ A_{12} & A_{22} & \cdots & A_{n2} \\ \vdots & \vdots & & \vdots \\ A_{1n} & A_{2n} & \cdots & A_{nn} \end{pmatrix}=\begin{pmatrix} |\boldsymbol{A}| & 0 & \cdots & 0 \\ 0 & |\boldsymbol{A}| & \cdots & 0 \\ \vdots & \vdots & & \vdots \\ 0 & 0 & \cdots & |\boldsymbol{A}| \end{pmatrix}$$
$$=|\boldsymbol{A}|\boldsymbol{E},$$

$$\boldsymbol{A}^*\boldsymbol{A}=\begin{pmatrix} A_{11} & A_{21} & \cdots & A_{n1} \\ A_{12} & A_{22} & \cdots & A_{n2} \\ \vdots & \vdots & & \vdots \\ A_{1n} & A_{2n} & \cdots & A_{nn} \end{pmatrix}\begin{pmatrix} a_{11} & a_{12} & \cdots & a_{1n} \\ a_{21} & a_{22} & \cdots & a_{2n} \\ \vdots & \vdots & & \vdots \\ a_{n1} & a_{n2} & \cdots & a_{nn} \end{pmatrix}=\begin{pmatrix} |\boldsymbol{A}| & 0 & \cdots & 0 \\ 0 & |\boldsymbol{A}| & \cdots & 0 \\ \vdots & \vdots & & \vdots \\ 0 & 0 & \cdots & |\boldsymbol{A}| \end{pmatrix}$$
$$=|\boldsymbol{A}|\boldsymbol{E},$$

所以有 $$\boldsymbol{A}\boldsymbol{A}^*=\boldsymbol{A}^*\boldsymbol{A}=|\boldsymbol{A}|\boldsymbol{E}.$$

**2. 逆矩阵的求法**

**定理 2.3** $n$阶矩阵$\boldsymbol{A}$可逆的充分必要条件是其行列式$|\boldsymbol{A}|\neq 0$,且当$\boldsymbol{A}$可逆时,有

$$\boldsymbol{A}^{-1}=\frac{1}{|\boldsymbol{A}|}\boldsymbol{A}^*.$$

其中,$\boldsymbol{A}^*$为$\boldsymbol{A}$的伴随矩阵.

**证明** 必要性. 由矩阵 $\boldsymbol{A}$ 可逆知，存在 $n$ 阶矩阵 $\boldsymbol{B}$，满足

$$\boldsymbol{AB}=\boldsymbol{E},$$

上式两边取行列式，可得

$$|\boldsymbol{A}|\,|\boldsymbol{B}|=|\boldsymbol{AB}|=|\boldsymbol{E}|=1\neq 0$$

因此 $|\boldsymbol{A}|\neq 0$，同时 $|\boldsymbol{B}|\neq 0$.

充分性. 设 $|\boldsymbol{A}|\neq 0$，则由式(2.5)得

$$\boldsymbol{AA}^*=\boldsymbol{A}^*\boldsymbol{A}=|\boldsymbol{A}|\boldsymbol{E},$$

上式两边乘以 $\dfrac{1}{|\boldsymbol{A}|}$，得

$$\boldsymbol{A}\left(\frac{1}{|\boldsymbol{A}|}\boldsymbol{A}^*\right)=\boldsymbol{E}.$$

同理可得

$$\left(\frac{1}{|\boldsymbol{A}|}\boldsymbol{A}^*\right)\boldsymbol{A}=\boldsymbol{E}.$$

由定义 2.11 知 $\boldsymbol{A}$ 可逆，且

$$\boldsymbol{A}^{-1}=\frac{1}{|\boldsymbol{A}|}\boldsymbol{A}^*.$$ ■

定理 2.3 的意义在于：它揭示了 $n$ 阶矩阵与其行列式之间的密切关系，指出了 $n$ 阶矩阵是否可逆，取决于它的行列式是否不等于零. 该定理不仅给出方阵可逆的条件，而且给出用伴随矩阵求逆矩阵 $\boldsymbol{A}^{-1}$ 的方法，故称之为**伴随矩阵法**，由于 $\boldsymbol{A}^{-1}=\dfrac{1}{|\boldsymbol{A}|}\boldsymbol{A}^*$ 可当成公式，因此又称其为公式法.

**例 2.6** 判定矩阵 $\boldsymbol{A}=\begin{pmatrix}1&2&3\\2&1&2\\1&3&3\end{pmatrix}$ 是否可逆，若可逆求其逆矩阵.

**解** 由 $|\boldsymbol{A}|=\begin{vmatrix}1&2&3\\2&1&2\\1&3&3\end{vmatrix}=4\neq 0$，知 $\boldsymbol{A}$ 可逆. 而

$$A_{11}=\begin{vmatrix}1&2\\3&3\end{vmatrix}=-3,\quad A_{21}=-\begin{vmatrix}2&3\\3&3\end{vmatrix}=3,\quad A_{31}=\begin{vmatrix}2&3\\1&2\end{vmatrix}=1,$$

$$A_{12}=-\begin{vmatrix}2&2\\1&3\end{vmatrix}=-4,\quad A_{22}=\begin{vmatrix}1&3\\1&3\end{vmatrix}=0,\quad A_{32}=-\begin{vmatrix}1&3\\2&2\end{vmatrix}=4,$$

$$A_{13}=\begin{vmatrix}2&1\\1&3\end{vmatrix}=5,\quad A_{23}=-\begin{vmatrix}1&2\\1&3\end{vmatrix}=-1,\quad A_{33}=\begin{vmatrix}1&2\\2&1\end{vmatrix}=-3.$$

所以
$$\boldsymbol{A}^*=\begin{pmatrix}-3&3&1\\-4&0&4\\5&-1&-3\end{pmatrix}.$$

故

$$\boldsymbol{A}^{-1}=\frac{1}{|\boldsymbol{A}|}\boldsymbol{A}^*=\frac{1}{4}\begin{pmatrix}-3&3&1\\-4&0&4\\5&-1&-3\end{pmatrix}=\begin{pmatrix}-\frac{3}{4}&\frac{3}{4}&\frac{1}{4}\\-1&0&1\\\frac{5}{4}&-\frac{1}{4}&-\frac{3}{4}\end{pmatrix}.$$

**推论** 若 $\boldsymbol{AB}=\boldsymbol{E}$（或 $\boldsymbol{BA}=\boldsymbol{E}$），则 $\boldsymbol{B}=\boldsymbol{A}^{-1}$.

**证明** 由 $|\boldsymbol{AB}|=|\boldsymbol{E}|=1$，得 $|\boldsymbol{AB}|=|\boldsymbol{A}||\boldsymbol{B}|=1$，所以 $|\boldsymbol{A}|\neq 0$，即 $\boldsymbol{A}^{-1}$ 存在，且

$$\boldsymbol{B}=\boldsymbol{EB}=(\boldsymbol{A}^{-1}\boldsymbol{A})\boldsymbol{B}=\boldsymbol{A}^{-1}(\boldsymbol{AB})=\boldsymbol{A}^{-1}\boldsymbol{E}=\boldsymbol{A}^{-1},$$

同理可得

$$\boldsymbol{A}=\boldsymbol{B}^{-1}.$$ ■

此推论说明，判断方阵 $\boldsymbol{A}$ 是否可逆，只需验证 $\boldsymbol{AB}=\boldsymbol{E}$ 或 $\boldsymbol{BA}=\boldsymbol{E}$ 中的一个即可.

**例 2.7** 设方阵 $\boldsymbol{A}$ 满足 $\boldsymbol{A}^2-\boldsymbol{A}-2\boldsymbol{E}=\boldsymbol{O}$，证明 $\boldsymbol{A}$ 及 $\boldsymbol{A}+2\boldsymbol{E}$ 都可逆，并求它们的逆矩阵.

**证明** 由 $\boldsymbol{A}^2-\boldsymbol{A}-2\boldsymbol{E}=\boldsymbol{O}$，得

$$\boldsymbol{A}(\boldsymbol{A}-\boldsymbol{E})=2\boldsymbol{E},\quad (\boldsymbol{A}+2\boldsymbol{E})(\boldsymbol{A}-3\boldsymbol{E})+4\boldsymbol{E}=\boldsymbol{O},$$

或
$$\boldsymbol{A}\left(\frac{1}{2}\boldsymbol{A}-\frac{1}{2}\boldsymbol{E}\right)=\boldsymbol{E},\quad (\boldsymbol{A}+2\boldsymbol{E})\left(\frac{3}{4}\boldsymbol{E}-\frac{1}{4}\boldsymbol{A}\right)=\boldsymbol{E},$$

所以 $\boldsymbol{A}$ 及 $\boldsymbol{A}+2\boldsymbol{E}$ 可逆，且

$$\boldsymbol{A}^{-1}=\frac{1}{2}\boldsymbol{A}-\frac{1}{2}\boldsymbol{E},\quad (\boldsymbol{A}+2\boldsymbol{E})^{-1}=\frac{3}{4}\boldsymbol{E}-\frac{1}{4}\boldsymbol{A}.$$

**定义 2.13** 若 $n$ 阶矩阵 $\boldsymbol{A}$ 的行列式 $|\boldsymbol{A}|\neq 0$，则称 $\boldsymbol{A}$ 为**非奇异矩阵**，或称为**非退化矩阵**；若 $|\boldsymbol{A}|=0$，则称 $\boldsymbol{A}$ 为**奇异矩阵**，或称为**退化矩阵**.

由定理 2.3 即得出：

**定理 2.4** 设 $\boldsymbol{A}$ 为 $n$ 阶矩阵，则 $\boldsymbol{A}$ 为可逆矩阵的充分必要条件是 $\boldsymbol{A}$ 为非奇异矩阵；$\boldsymbol{A}$ 为不可逆矩阵的充分必要条件是 $\boldsymbol{A}$ 为奇异矩阵.

**3. 矩阵方程**

对以下矩阵方程(其中 $\boldsymbol{A}$, $\boldsymbol{B}$ 都可逆)

$$\boldsymbol{AX}=\boldsymbol{B},\quad \boldsymbol{XA}=\boldsymbol{B},\quad \boldsymbol{AXB}=\boldsymbol{C},$$

利用矩阵乘法的运算规律和逆矩阵的运算性质,通过在方程两边左乘或右乘相应矩阵的逆矩阵,可求出其解分别为

$$\boldsymbol{X}=\boldsymbol{A}^{-1}\boldsymbol{B},\quad \boldsymbol{X}=\boldsymbol{BA}^{-1},\quad \boldsymbol{X}=\boldsymbol{A}^{-1}\boldsymbol{CB}^{-1}.$$

**例 2.8** 设 $\boldsymbol{A}=\begin{pmatrix}1&2&3\\2&2&1\\3&4&3\end{pmatrix}$, $\boldsymbol{B}=\begin{pmatrix}2&1\\5&3\end{pmatrix}$, $\boldsymbol{C}=\begin{pmatrix}1&3\\2&0\\3&1\end{pmatrix}$, 求矩阵 $\boldsymbol{X}$, 使满足 $\boldsymbol{AXB}=\boldsymbol{C}$.

**解** $|\boldsymbol{A}|=\begin{vmatrix}1&2&3\\2&2&1\\3&4&3\end{vmatrix}=2\neq0$, $|\boldsymbol{B}|=\begin{vmatrix}2&1\\5&3\end{vmatrix}=1\neq0$, $\boldsymbol{A}^{-1}$, $\boldsymbol{B}^{-1}$ 都存在.

容易求得

$$\boldsymbol{A}^{-1}=\begin{pmatrix}1&3&-2\\-\frac{3}{2}&-3&\frac{5}{2}\\1&1&-1\end{pmatrix},\quad \boldsymbol{B}^{-1}=\begin{pmatrix}3&-1\\-5&2\end{pmatrix}.$$

从而

$$\boldsymbol{X}=\boldsymbol{A}^{-1}\boldsymbol{CB}^{-1}=\begin{pmatrix}1&3&-2\\-\frac{3}{2}&-3&\frac{5}{2}\\1&1&-1\end{pmatrix}\begin{pmatrix}1&3\\2&0\\3&1\end{pmatrix}\begin{pmatrix}3&-1\\-5&2\end{pmatrix}=\begin{pmatrix}-2&1\\10&-4\\-10&4\end{pmatrix}.$$

**例 2.9** 设 $\boldsymbol{P}=\begin{pmatrix}1&2\\1&4\end{pmatrix}$, $\boldsymbol{\Lambda}=\begin{pmatrix}1&0\\0&2\end{pmatrix}$, $\boldsymbol{AP}=\boldsymbol{P\Lambda}$, 求 $\boldsymbol{A}^m$ ($m$ 为正整数).

**解** 因为

$$|\boldsymbol{P}|=2,\quad \boldsymbol{P}^{-1}=\frac{1}{2}\begin{pmatrix}4&-2\\-1&1\end{pmatrix},$$

而 $\boldsymbol{A}=\boldsymbol{P\Lambda P}^{-1}$, $\boldsymbol{A}^2=\boldsymbol{P\Lambda P}^{-1}\boldsymbol{P\Lambda P}^{-1}=\boldsymbol{P\Lambda}^2\boldsymbol{P}^{-1}$, $\cdots$, $\boldsymbol{A}^m=\boldsymbol{P\Lambda}^m\boldsymbol{P}^{-1}$,

其中 $\boldsymbol{\Lambda}=\begin{pmatrix}1&0\\0&2\end{pmatrix}$, $\boldsymbol{\Lambda}^2=\begin{pmatrix}1&0\\0&2\end{pmatrix}\begin{pmatrix}1&0\\0&2\end{pmatrix}=\begin{pmatrix}1&0\\0&2^2\end{pmatrix}$, $\cdots$, $\boldsymbol{\Lambda}^m=\begin{pmatrix}1&0\\0&2^m\end{pmatrix}$,

故 $$\boldsymbol{A}^m=\begin{pmatrix}1&2\\1&4\end{pmatrix}\begin{pmatrix}1&0\\0&2^m\end{pmatrix}\frac{1}{2}\begin{pmatrix}4&-2\\-1&1\end{pmatrix}=\frac{1}{2}\begin{pmatrix}1&2^{m+1}\\1&2^{m+2}\end{pmatrix}\begin{pmatrix}4&-2\\-1&1\end{pmatrix}$$

$$= \frac{1}{2}\begin{pmatrix} 4-2^{m+1} & 2^{m+1}-2 \\ 4-2^{m+2} & 2^{m+2}-2 \end{pmatrix} = \begin{pmatrix} 2-2^m & 2^m-1 \\ 2-2^{m+1} & 2^{m+1}-1 \end{pmatrix}.$$

我们经常用例 2.9 的方法计算 $\boldsymbol{A}^m$（$m$ 为正整数），由此再来计算 $\boldsymbol{A}$ 的多项式

$$\varphi(\boldsymbol{A}) = a_m\boldsymbol{A}^m + a_{m-1}\boldsymbol{A}^{m-1} + \cdots + a_1\boldsymbol{A} + a_0\boldsymbol{E}.$$

(1) 若 $\boldsymbol{A} = \boldsymbol{P\Lambda P}^{-1}$，则 $\boldsymbol{A}^m = \boldsymbol{P\Lambda}^m\boldsymbol{P}^{-1}$，从而

$$\begin{aligned}\varphi(\boldsymbol{A}) &= a_m\boldsymbol{A}^m + a_{m-1}\boldsymbol{A}^{m-1} + \cdots + a_1\boldsymbol{A} + a_0\boldsymbol{E} \\ &= \boldsymbol{P}a_m\boldsymbol{\Lambda}^m\boldsymbol{P}^{-1} + \boldsymbol{P}a_{m-1}\boldsymbol{\Lambda}^{m-1}\boldsymbol{P}^{-1} + \cdots + \boldsymbol{P}a_1\boldsymbol{\Lambda}\boldsymbol{P}^{-1} + \boldsymbol{P}a_0\boldsymbol{E}\boldsymbol{P}^{-1} \\ &= \boldsymbol{P}\varphi(\boldsymbol{\Lambda})\boldsymbol{P}^{-1}.\end{aligned}$$

(2) 若 $\boldsymbol{\Lambda} = \mathrm{diag}(\lambda_1, \lambda_2, \cdots, \lambda_k)$ 为对角阵，则 $\boldsymbol{\Lambda}^m = \mathrm{diag}(\lambda_1^m, \lambda_2^m, \cdots, \lambda_k^m)$，从而

$$\begin{aligned}\varphi(\boldsymbol{\Lambda}) &= a_m\boldsymbol{\Lambda}^m + \cdots + a_1\boldsymbol{\Lambda} + a_0\boldsymbol{E} \\ &= a_m\begin{pmatrix} \lambda_1^m & & & \\ & \lambda_2^m & & \\ & & \ddots & \\ & & & \lambda_k^m \end{pmatrix} + \cdots + a_1\begin{pmatrix} \lambda_1 & & & \\ & \lambda_2 & & \\ & & \ddots & \\ & & & \lambda_k \end{pmatrix} + a_0\begin{pmatrix} 1 & & & \\ & 1 & & \\ & & \ddots & \\ & & & 1 \end{pmatrix} \\ &= \begin{pmatrix} \varphi(\lambda_1) & & & \\ & \varphi(\lambda_2) & & \\ & & \ddots & \\ & & & \varphi(\lambda_k) \end{pmatrix}.\end{aligned}$$

### 2.2.3 可逆矩阵的性质

可逆矩阵具有下列性质：

(1) 若 $\boldsymbol{A}$ 可逆，则 $\boldsymbol{A}^{-1}$ 也可逆，并且 $(\boldsymbol{A}^{-1})^{-1} = \boldsymbol{A}$；

(2) 若 $\boldsymbol{A}$ 可逆，则 $\boldsymbol{A}^{\mathrm{T}}$ 也可逆，并且 $(\boldsymbol{A}^{\mathrm{T}})^{-1} = (\boldsymbol{A}^{-1})^{\mathrm{T}}$；

(3) 若 $\boldsymbol{A}$ 可逆且数 $\lambda \neq 0$，则 $\lambda\boldsymbol{A}$ 也可逆，并且 $(\lambda\boldsymbol{A})^{-1} = \frac{1}{\lambda}\boldsymbol{A}^{-1}$；

(4) 若 $\boldsymbol{A}, \boldsymbol{B}$ 为可逆的同阶方阵，则 $\boldsymbol{AB}$ 也可逆，并且 $(\boldsymbol{AB})^{-1} = \boldsymbol{B}^{-1}\boldsymbol{A}^{-1}$；

(5) $|\boldsymbol{A}^{-1}| = \frac{1}{|\boldsymbol{A}|} = |\boldsymbol{A}|^{-1}$.

我们仅证明(4)，其他留给读者自己证明.

**证明** 因为

$$(\boldsymbol{AB})(\boldsymbol{B}^{-1}\boldsymbol{A}^{-1}) = \boldsymbol{A}(\boldsymbol{BB}^{-1})\boldsymbol{A}^{-1} = \boldsymbol{AEA}^{-1} = \boldsymbol{E},$$

所以

$$(\boldsymbol{AB})^{-1} = \boldsymbol{B}^{-1}\boldsymbol{A}^{-1}.$$ ■

上述性质中的(4)可推广到有限个 $n$ 阶可逆矩阵相乘的情形，即若 $n$ 阶矩阵

$\boldsymbol{A}_1, \boldsymbol{A}_2, \cdots, \boldsymbol{A}_m$ 都可逆，则 $\boldsymbol{A}_1\boldsymbol{A}_2\cdots\boldsymbol{A}_m$ 也可逆，并且有

$$(\boldsymbol{A}_1\boldsymbol{A}_2\cdots\boldsymbol{A}_m)^{-1} = \boldsymbol{A}_m^{-1}\cdots\boldsymbol{A}_2^{-1}\boldsymbol{A}_1^{-1}\ (m \text{ 为正整数}).$$

**例 2.10** 已知 $\boldsymbol{A}$ 及 $\boldsymbol{E}+\boldsymbol{AB}$ 可逆，证明 $\boldsymbol{E}+\boldsymbol{BA}$ 可逆.

**证明** 因为

$$\begin{aligned}\boldsymbol{E}+\boldsymbol{BA} &= \boldsymbol{A}^{-1}\boldsymbol{A}+\boldsymbol{BA} = (\boldsymbol{A}^{-1}+\boldsymbol{B})\boldsymbol{A}\\ &= (\boldsymbol{A}^{-1}+\boldsymbol{EB})\boldsymbol{A} = (\boldsymbol{A}^{-1}+\boldsymbol{A}^{-1}\boldsymbol{AB})\boldsymbol{A}\\ &= \boldsymbol{A}^{-1}(\boldsymbol{E}+\boldsymbol{AB})\boldsymbol{A},\end{aligned}$$

即 $\boldsymbol{E}+\boldsymbol{BA}$ 可表示为可逆阵 $\boldsymbol{A}^{-1}$ 与 $(\boldsymbol{E}+\boldsymbol{AB})\boldsymbol{A}$ 的乘积，所以 $\boldsymbol{E}+\boldsymbol{BA}$ 可逆. ■

## 习题 2.2

1. 用伴随矩阵法求下列矩阵的逆矩阵：

(1) $\begin{pmatrix} a & b \\ c & d \end{pmatrix}$ $(ad-bc\neq 0)$； (2) $\begin{pmatrix} \cos\theta & -\sin\theta \\ \sin\theta & \cos\theta \end{pmatrix}$；

(3) $\begin{pmatrix} 1 & 0 & 1 \\ 2 & 1 & 0 \\ -3 & 2 & -5 \end{pmatrix}$； (4) $\begin{pmatrix} 1 & 2 & -1 \\ 3 & 4 & -2 \\ 5 & -4 & 1 \end{pmatrix}$；

(5) $\begin{pmatrix} 2 & 2 & 3 \\ 1 & -1 & 0 \\ -1 & 2 & 1 \end{pmatrix}$； (6) $\begin{pmatrix} 1 & 2 & 3 & 4 \\ 0 & 1 & 2 & 3 \\ 0 & 0 & 1 & 2 \\ 0 & 0 & 0 & 1 \end{pmatrix}$.

2. 设 $\boldsymbol{A}$ 为 $n(n\geqslant 2)$ 阶矩阵，证明：

(1) 若 $|\boldsymbol{A}|=0$，则 $|\boldsymbol{A}^*|=0$；

(2) $|\boldsymbol{A}^*|=|\boldsymbol{A}|^{n-1}$.

3. 设方阵 $\boldsymbol{A}$ 满足 $\boldsymbol{A}^2+2\boldsymbol{A}-5\boldsymbol{E}=\boldsymbol{O}$，证明：$\boldsymbol{A}$ 及 $\boldsymbol{A}+3\boldsymbol{E}$ 都可逆，并求它们的逆矩阵.

4. 设对给定方阵 $\boldsymbol{A}$，存在正整数 $m$，成立 $\boldsymbol{A}^m=\boldsymbol{O}$，证明：$\boldsymbol{E}-\boldsymbol{A}$ 可逆，并指出 $(\boldsymbol{E}-\boldsymbol{A})^{-1}$ 的表达式.

5. 设 $\boldsymbol{A}$ 为 3 阶矩阵，且 $|\boldsymbol{A}|=\dfrac{1}{2}$，求 $|(2\boldsymbol{A})^{-1}-5\boldsymbol{A}^*|$.

6. 设 $\boldsymbol{A}$，$\boldsymbol{B}$ 和 $\boldsymbol{A}+\boldsymbol{B}$ 均可逆，证明：$\boldsymbol{A}^{-1}+\boldsymbol{B}^{-1}$ 也可逆，并求其逆矩阵.

7. 设方阵 $\boldsymbol{A}$ 可逆，证明：$\boldsymbol{A}^*$ 也可逆，且 $(\boldsymbol{A}^*)^{-1}=(\boldsymbol{A}^{-1})^*$.

8. 解下列矩阵方程：

(1) $\begin{pmatrix} 1 & -1 & 0 \\ 0 & 1 & -1 \\ -1 & 0 & 2 \end{pmatrix}\boldsymbol{X}=\begin{pmatrix} 1 & 2 \\ -1 & 0 \\ 1 & 1 \end{pmatrix}$；

(2) $\boldsymbol{X}\begin{pmatrix} 2 & 1 & -1 \\ 2 & 1 & 0 \\ 1 & -1 & 1 \end{pmatrix}=\begin{pmatrix} 1 & -1 & 3 \\ 4 & 3 & 2 \end{pmatrix}$；

(3) $\begin{pmatrix}0&1&0\\1&0&0\\0&0&1\end{pmatrix}\boldsymbol{X}\begin{pmatrix}1&0&0\\0&0&1\\0&1&0\end{pmatrix}=\begin{pmatrix}1&-4&3\\2&0&-1\\1&-2&0\end{pmatrix}$.

9. 设 $\boldsymbol{A}=\begin{pmatrix}1&3&1\\0&2&0\\1&0&1\end{pmatrix}$，$\boldsymbol{AB}+\boldsymbol{E}=\boldsymbol{A}^2+\boldsymbol{B}$,求 $\boldsymbol{B}$.

10. 设三阶矩阵 $\boldsymbol{A}$, $\boldsymbol{B}$ 满足关系：$\boldsymbol{A}^{-1}\boldsymbol{BA}=6\boldsymbol{A}+\boldsymbol{BA}$,且 $\boldsymbol{A}=\mathrm{diag}\left(\frac{1}{2},\ \frac{1}{4},\ \frac{1}{7}\right)$,求 $\boldsymbol{B}$.

11. 已知 $\boldsymbol{AP}=\boldsymbol{P\Lambda}$,其中 $\boldsymbol{P}=\begin{pmatrix}1&0&0\\2&-1&0\\2&1&1\end{pmatrix}$，$\boldsymbol{\Lambda}=\begin{pmatrix}1&0&0\\0&0&0\\0&0&-1\end{pmatrix}$,求 $\boldsymbol{A}$ 及 $\boldsymbol{A}^5$.

12. 利用可逆矩阵证明克拉默法则.

# §2.3 分块矩阵

对于行数和列数较高的矩阵,为了简化运算,经常采用**分块法**,使大矩阵的运算化成若干小矩阵间的运算,同时也使原矩阵的结构显得简单又清晰.

## 2.3.1 分块矩阵的定义

**定义 2.14** 将矩阵 $\boldsymbol{A}$ 用若干横线和纵线分成一些小矩阵,每个小矩阵称为 $\boldsymbol{A}$ 的**子块**,以子块为元素的形式上的矩阵称为 $\boldsymbol{A}$ 的**分块矩阵**.

**例 2.11** 设 $\boldsymbol{A}=\left(\begin{array}{ccc:c}1&3&-1&0\\2&5&0&-2\\\hdashline 3&1&-1&3\end{array}\right)$,若记

$$\boldsymbol{A}_{11}=\begin{pmatrix}1&3&-1\\2&5&0\end{pmatrix},\quad \boldsymbol{A}_{12}=\begin{pmatrix}0\\-2\end{pmatrix},$$

$$\boldsymbol{A}_{21}=(3,\ 1,\ -1),\quad \boldsymbol{A}_{22}=(3),$$

则 $\boldsymbol{A}$ 可表示为分块矩阵

$$\boldsymbol{A}=\begin{pmatrix}\boldsymbol{A}_{11}&\boldsymbol{A}_{12}\\\boldsymbol{A}_{21}&\boldsymbol{A}_{22}\end{pmatrix}.$$

**例 2.12** 设 $\boldsymbol{A}=\left(\begin{array}{cc:cc:c}1&1&0&0&0\\-1&1&0&0&0\\\hdashline 0&0&1&0&0\\0&0&1&1&0\\\hdashline 0&0&0&0&1\end{array}\right)$,若记

$$A_1=\begin{pmatrix}1&1\\-1&1\end{pmatrix},\quad A_2=\begin{pmatrix}1&0\\1&1\end{pmatrix},\quad A_3=(1),$$

则 $\boldsymbol{A}$ 可表示为分块矩阵

$$\boldsymbol{A}=\begin{pmatrix}\boldsymbol{A}_1&\boldsymbol{O}&\boldsymbol{O}\\\boldsymbol{O}&\boldsymbol{A}_2&\boldsymbol{O}\\\boldsymbol{O}&\boldsymbol{O}&\boldsymbol{A}_3\end{pmatrix}\quad \text{或}\quad \boldsymbol{A}=\begin{pmatrix}\boldsymbol{A}_1&&\\&\boldsymbol{A}_2&\\&&\boldsymbol{A}_3\end{pmatrix}.$$

## 2.3.2 分块矩阵的运算规则

分块矩阵的运算规则与普通矩阵的运算规则相似.分块时要注意,运算的两矩阵按块能运算,并且参与运算的子块也能运算,即内外都能运算.

**1. 分块矩阵的运算**

(1) 设矩阵 $\boldsymbol{A}$ 与 $\boldsymbol{B}$ 是同型矩阵,采用相同的分块法,若

$$\boldsymbol{A}=\begin{pmatrix}\boldsymbol{A}_{11}&\cdots&\boldsymbol{A}_{1t}\\\vdots&&\vdots\\\boldsymbol{A}_{s1}&\cdots&\boldsymbol{A}_{st}\end{pmatrix},\quad \boldsymbol{B}=\begin{pmatrix}\boldsymbol{B}_{11}&\cdots&\boldsymbol{B}_{1t}\\\vdots&&\vdots\\\boldsymbol{B}_{s1}&\cdots&\boldsymbol{B}_{st}\end{pmatrix},$$

其中, $\boldsymbol{A}_{ij}$ 与 $\boldsymbol{B}_{ij}$ 是同型矩阵,则

$$\boldsymbol{A}+\boldsymbol{B}=\begin{pmatrix}\boldsymbol{A}_{11}+\boldsymbol{B}_{11}&\cdots&\boldsymbol{A}_{1t}+\boldsymbol{B}_{1t}\\\vdots&&\vdots\\\boldsymbol{A}_{s1}+\boldsymbol{B}_{s1}&\cdots&\boldsymbol{A}_{st}+\boldsymbol{B}_{st}\end{pmatrix}.$$

(2) 设 $\boldsymbol{A}=\begin{pmatrix}\boldsymbol{A}_{11}&\cdots&\boldsymbol{A}_{1t}\\\vdots&&\vdots\\\boldsymbol{A}_{s1}&\cdots&\boldsymbol{A}_{st}\end{pmatrix}$, $k$ 为数,则

$$k\boldsymbol{A}=\begin{pmatrix}k\boldsymbol{A}_{11}&\cdots&k\boldsymbol{A}_{1t}\\\vdots&&\vdots\\k\boldsymbol{A}_{s1}&\cdots&k\boldsymbol{A}_{st}\end{pmatrix}.$$

(3) 设 $\boldsymbol{A}$ 为 $m\times l$ 矩阵, $\boldsymbol{B}$ 为 $l\times n$ 矩阵,分块成

$$\boldsymbol{A}=\begin{pmatrix}\boldsymbol{A}_{11}&\cdots&\boldsymbol{A}_{1t}\\\vdots&&\vdots\\\boldsymbol{A}_{s1}&\cdots&\boldsymbol{A}_{st}\end{pmatrix},\quad \boldsymbol{B}=\begin{pmatrix}\boldsymbol{B}_{11}&\cdots&\boldsymbol{B}_{1r}\\\vdots&&\vdots\\\boldsymbol{B}_{t1}&\cdots&\boldsymbol{B}_{tr}\end{pmatrix},$$

其中, $\boldsymbol{A}_{p1}$, $\boldsymbol{A}_{p2}$, …, $\boldsymbol{A}_{pt}$ 的列数分别等于 $\boldsymbol{B}_{1q}$, $\boldsymbol{B}_{2q}$, …, $\boldsymbol{B}_{tq}$ 的行数,则

$$\boldsymbol{AB} = \begin{pmatrix} \boldsymbol{C}_{11} & \cdots & \boldsymbol{C}_{1r} \\ \vdots & & \vdots \\ \boldsymbol{C}_{s1} & \cdots & \boldsymbol{C}_{sr} \end{pmatrix},$$

其中 $\quad \boldsymbol{C}_{pq} = \sum_{k=1}^{t} \boldsymbol{A}_{pk}\boldsymbol{B}_{kq} \quad (p = 1, 2, \cdots, s;\ q = 1, 2, \cdots, r).$

(4) 分块矩阵的转置

设
$$\boldsymbol{A} = \begin{pmatrix} \boldsymbol{A}_{11} & \cdots & \boldsymbol{A}_{1t} \\ \vdots & & \vdots \\ \boldsymbol{A}_{s1} & \cdots & \boldsymbol{A}_{st} \end{pmatrix},$$

则
$$\boldsymbol{A}^{\mathrm{T}} = \begin{pmatrix} \boldsymbol{A}_{11}^{\mathrm{T}} & \cdots & \boldsymbol{A}_{s1}^{\mathrm{T}} \\ \vdots & & \vdots \\ \boldsymbol{A}_{1t}^{\mathrm{T}} & \cdots & \boldsymbol{A}_{st}^{\mathrm{T}} \end{pmatrix}.$$

(5) 设 $\boldsymbol{A}$ 为 $n$ 阶方阵,若 $\boldsymbol{A}$ 的分块矩阵只有在主对角线上有非零子块,其余子块都为零矩阵,且在主对角线上的子块都是方阵,即

$$\boldsymbol{A} = \begin{pmatrix} \boldsymbol{A}_1 & & & \\ & \boldsymbol{A}_2 & & \\ & & \ddots & \\ & & & \boldsymbol{A}_s \end{pmatrix},$$

其中,$\boldsymbol{A}_i (i = 1, 2, \cdots, s)$ 都是方阵,则称 $\boldsymbol{A}$ 为**分块对角矩阵**.

例 2.12 中的 $\boldsymbol{A}$ 就是**分块对角矩阵**.

**2. 分块对角矩阵的性质**

分块对角矩阵具有以下性质:

(1) 若 $|\boldsymbol{A}_i| \neq 0\ (i = 1, 2, \cdots, s)$, 则 $|\boldsymbol{A}| \neq 0$, 且 $|\boldsymbol{A}| = |\boldsymbol{A}_1||\boldsymbol{A}_2|\cdots|\boldsymbol{A}_s|$;

(2) 若 $\boldsymbol{A}_i (i = 1, 2, \cdots, s)$ 可逆,则

$$\boldsymbol{A}^{-1} = \begin{pmatrix} \boldsymbol{A}_1^{-1} & & & \\ & \boldsymbol{A}_2^{-1} & & \\ & & \ddots & \\ & & & \boldsymbol{A}_s^{-1} \end{pmatrix};$$

(3) 同结构的分块对角矩阵的和、差、积、数乘及逆仍是分块对角矩阵,且运算表现为对应子块的运算.

例如,设有两个分块对角矩阵

$$A = \begin{pmatrix} A_1 & & & \\ & A_2 & & \\ & & \ddots & \\ & & & A_s \end{pmatrix}, \quad B = \begin{pmatrix} B_1 & & & \\ & B_2 & & \\ & & \ddots & \\ & & & B_s \end{pmatrix}.$$

其中,矩阵 $A_i$ 与 $B_i$ 都是 $n_i$ 阶方阵 $(i = 1, 2, \cdots, s)$,则

$$AB = \begin{pmatrix} A_1B_1 & & & \\ & A_2B_2 & & \\ & & \ddots & \\ & & & A_sB_s \end{pmatrix}.$$

即分块对角矩阵相乘时,只需将主对角线上的块相乘即可.

**例 2.13** 设 $A = \begin{pmatrix} 1 & 0 & 0 & 0 \\ 0 & 1 & 0 & 0 \\ -1 & 2 & 1 & 0 \\ 1 & 1 & 0 & 1 \end{pmatrix}$, $B = \begin{pmatrix} 1 & 0 & 1 & 0 \\ -1 & 2 & 0 & 1 \\ 1 & 0 & 4 & 1 \\ -1 & -1 & 2 & 0 \end{pmatrix}$, 求 $AB$.

**解** 将矩阵 $A$, $B$ 分块如下:

$$A = \left(\begin{array}{cc:cc} 1 & 0 & 0 & 0 \\ 0 & 1 & 0 & 0 \\ \hdashline -1 & 2 & 1 & 0 \\ 1 & 1 & 0 & 1 \end{array}\right) = \begin{pmatrix} E & O \\ A_1 & E \end{pmatrix}, \quad B = \left(\begin{array}{cc:cc} 1 & 0 & 1 & 0 \\ -1 & 2 & 0 & 1 \\ \hdashline 1 & 0 & 4 & 1 \\ -1 & -1 & 2 & 0 \end{array}\right) = \begin{pmatrix} B_{11} & E \\ B_{21} & B_{22} \end{pmatrix},$$

则
$$AB = \begin{pmatrix} E & O \\ A_1 & E \end{pmatrix}\begin{pmatrix} B_{11} & E \\ B_{21} & B_{22} \end{pmatrix} = \begin{pmatrix} B_{11} & E \\ A_1B_{11} + B_{21} & A_1 + B_{22} \end{pmatrix},$$

而
$$A_1B_{11} + B_{21} = \begin{pmatrix} -1 & 2 \\ 1 & 1 \end{pmatrix}\begin{pmatrix} 1 & 0 \\ -1 & 2 \end{pmatrix} + \begin{pmatrix} 1 & 0 \\ -1 & -1 \end{pmatrix}$$
$$= \begin{pmatrix} -3 & 4 \\ 0 & 2 \end{pmatrix} + \begin{pmatrix} 1 & 0 \\ -1 & -1 \end{pmatrix} = \begin{pmatrix} -2 & 4 \\ -1 & 1 \end{pmatrix},$$

$$A_1 + B_{22} = \begin{pmatrix} -1 & 2 \\ 1 & 1 \end{pmatrix} + \begin{pmatrix} 4 & 1 \\ 2 & 0 \end{pmatrix} = \begin{pmatrix} 3 & 3 \\ 3 & 1 \end{pmatrix},$$

于是
$$AB = \left(\begin{array}{cc:cc} 1 & 0 & 1 & 0 \\ -1 & 2 & 0 & 1 \\ \hdashline -2 & 4 & 3 & 3 \\ -1 & 1 & 3 & 1 \end{array}\right).$$

**例 2.14** 设$\boldsymbol{A}=\begin{pmatrix}2&0&0\\0&3&-5\\0&2&-3\end{pmatrix}$，求$\boldsymbol{A}^{-1}$.

**解** 设$\boldsymbol{A}=\left(\begin{array}{c:cc}2&0&0\\ \hdashline 0&3&-5\\0&2&-3\end{array}\right)=\begin{pmatrix}\boldsymbol{A}_1&\boldsymbol{O}\\\boldsymbol{O}&\boldsymbol{A}_2\end{pmatrix}$，其中$\boldsymbol{A}_1=(2)$，$\boldsymbol{A}_2=\begin{pmatrix}3&-5\\2&-3\end{pmatrix}$.

因为

$$\boldsymbol{A}_1^{-1}=\begin{pmatrix}\frac{1}{2}\end{pmatrix},\quad \boldsymbol{A}_2^{-1}=\begin{pmatrix}-3&5\\-2&3\end{pmatrix},$$

所以

$$\boldsymbol{A}^{-1}=\left(\begin{array}{c:cc}\frac{1}{2}&0&0\\ \hdashline 0&-3&5\\0&-2&3\end{array}\right).$$

**例 2.15** 求矩阵$\boldsymbol{D}=\begin{pmatrix}\boldsymbol{A}&\boldsymbol{O}\\\boldsymbol{C}&\boldsymbol{B}\end{pmatrix}$的逆矩阵，其中$\boldsymbol{A}$，$\boldsymbol{B}$分别是$m$阶和$n$阶的可逆矩阵，$\boldsymbol{C}$是$n\times m$矩阵，$\boldsymbol{O}$是$m\times n$零矩阵.

**解** 首先，由例 1.5 得

$$|\boldsymbol{D}|=\begin{vmatrix}\boldsymbol{A}&\boldsymbol{O}\\\boldsymbol{C}&\boldsymbol{B}\end{vmatrix}=|\boldsymbol{A}|\cdot|\boldsymbol{B}|\neq 0,$$

所以，$\boldsymbol{D}$是可逆矩阵. 设$\boldsymbol{D}^{-1}=\begin{pmatrix}\boldsymbol{X}_{11}&\boldsymbol{X}_{12}\\\boldsymbol{X}_{21}&\boldsymbol{X}_{22}\end{pmatrix}$，则有

$$\begin{pmatrix}\boldsymbol{A}&\boldsymbol{O}\\\boldsymbol{C}&\boldsymbol{B}\end{pmatrix}\begin{pmatrix}\boldsymbol{X}_{11}&\boldsymbol{X}_{12}\\\boldsymbol{X}_{21}&\boldsymbol{X}_{22}\end{pmatrix}=\begin{pmatrix}\boldsymbol{E}_m&\boldsymbol{O}\\\boldsymbol{O}&\boldsymbol{E}_n\end{pmatrix}.$$

将上式两端乘出，并比较等式两边，得

$$\begin{cases}\boldsymbol{AX}_{11}=\boldsymbol{E}_m, & ①\\ \boldsymbol{AX}_{12}=\boldsymbol{O}, & ②\\ \boldsymbol{CX}_{11}+\boldsymbol{BX}_{21}=\boldsymbol{O}, & ③\\ \boldsymbol{CX}_{12}+\boldsymbol{BX}_{22}=\boldsymbol{E}_n & ④\end{cases}$$

由式①、式②得

$$\boldsymbol{X}_{11}=\boldsymbol{A}^{-1},\quad \boldsymbol{X}_{12}=\boldsymbol{A}^{-1}\boldsymbol{O}=\boldsymbol{O},$$

代入式④，得

$$\boldsymbol{X}_{22}=\boldsymbol{B}^{-1},$$

代入式③,得

$$\boldsymbol{B}\boldsymbol{X}_{21}=-\boldsymbol{C}\boldsymbol{X}_{11}=-\boldsymbol{C}\boldsymbol{A}^{-1},\quad \boldsymbol{X}_{21}=-\boldsymbol{B}^{-1}\boldsymbol{C}\boldsymbol{A}^{-1}.$$

因此

$$\boldsymbol{D}^{-1}=\begin{pmatrix}\boldsymbol{A}^{-1} & \boldsymbol{O}\\ -\boldsymbol{B}^{-1}\boldsymbol{C}\boldsymbol{A}^{-1} & \boldsymbol{B}^{-1}\end{pmatrix}.$$

由例 2.15,当 $\boldsymbol{A}$, $\boldsymbol{B}$ 可逆时,有

$$\begin{pmatrix}\boldsymbol{A} & \boldsymbol{O}\\ \boldsymbol{C} & \boldsymbol{B}\end{pmatrix}^{-1}=\begin{pmatrix}\boldsymbol{A}^{-1} & \boldsymbol{O}\\ -\boldsymbol{B}^{-1}\boldsymbol{C}\boldsymbol{A}^{-1} & \boldsymbol{B}^{-1}\end{pmatrix}.$$

同理可得,当 $\boldsymbol{A}$, $\boldsymbol{B}$ 可逆时,有

$$\begin{pmatrix}\boldsymbol{A} & \boldsymbol{C}\\ \boldsymbol{O} & \boldsymbol{B}\end{pmatrix}^{-1}=\begin{pmatrix}\boldsymbol{A}^{-1} & -\boldsymbol{A}^{-1}\boldsymbol{C}\boldsymbol{B}^{-1}\\ \boldsymbol{O} & \boldsymbol{B}^{-1}\end{pmatrix}$$

及

$$\begin{pmatrix}\boldsymbol{O} & \boldsymbol{A}\\ \boldsymbol{B} & \boldsymbol{C}\end{pmatrix}^{-1}=\begin{pmatrix}-\boldsymbol{B}^{-1}\boldsymbol{C}\boldsymbol{A}^{-1} & \boldsymbol{B}^{-1}\\ \boldsymbol{A}^{-1} & \boldsymbol{O}\end{pmatrix},\ \begin{pmatrix}\boldsymbol{C} & \boldsymbol{A}\\ \boldsymbol{B} & \boldsymbol{O}\end{pmatrix}^{-1}=\begin{pmatrix}\boldsymbol{O} & \boldsymbol{B}^{-1}\\ \boldsymbol{A}^{-1} & -\boldsymbol{A}^{-1}\boldsymbol{C}\boldsymbol{B}^{-1}\end{pmatrix}.$$

**3. 矩阵的按行分块和按列分块**

对矩阵分块时,有两种分块应该给予特别重视,这就是**按行分块**和**按列分块**. 矩阵按行(列)分块是最常见的一种分块方法.

已经知道, $m\times n$ 矩阵 $\boldsymbol{A}$ 有 $m$ 行,称为矩阵 $\boldsymbol{A}$ 的 $m$ 个行向量,若记第 $i$ 行为

$$\boldsymbol{\beta}_i=(a_{i1},\ a_{i2},\ \cdots,\ a_{in}),$$

则矩阵 $\boldsymbol{A}$ 可表示为

$$\boldsymbol{A}=\begin{pmatrix}\boldsymbol{\beta}_1\\ \boldsymbol{\beta}_2\\ \vdots\\ \boldsymbol{\beta}_m\end{pmatrix}.$$

又 $\boldsymbol{A}$ 有 $n$ 列,称为矩阵 $\boldsymbol{A}$ 的 $n$ 个列向量,若第 $j$ 列记作

$$\boldsymbol{\alpha}_j=\begin{pmatrix}a_{1j}\\ a_{2j}\\ \vdots\\ a_{mj}\end{pmatrix},$$

则 $$\boldsymbol{A}=(\boldsymbol{\alpha}_1, \boldsymbol{\alpha}_2, \cdots, \boldsymbol{\alpha}_n).$$

对于矩阵 $\boldsymbol{A}=(a_{ij})_{m\times s}$ 与 $\boldsymbol{B}=(b_{ij})_{s\times n}$ 的乘积矩阵 $\boldsymbol{AB}=\boldsymbol{C}=(c_{ij})_{m\times n}$，若把 $\boldsymbol{A}$ 按行分成 $m$ 块，把 $\boldsymbol{B}$ 按列分成 $n$ 块，便有

$$\boldsymbol{AB}=\begin{pmatrix}\boldsymbol{\beta}_1\\ \boldsymbol{\beta}_2\\ \vdots\\ \boldsymbol{\beta}_m\end{pmatrix}(\boldsymbol{b}_1, \boldsymbol{b}_2, \cdots, \boldsymbol{b}_n)=\begin{pmatrix}\boldsymbol{\beta}_1\boldsymbol{b}_1 & \boldsymbol{\beta}_1\boldsymbol{b}_2 & \cdots & \boldsymbol{\beta}_1\boldsymbol{b}_n\\ \boldsymbol{\beta}_2\boldsymbol{b}_1 & \boldsymbol{\beta}_2\boldsymbol{b}_2 & \cdots & \boldsymbol{\beta}_2\boldsymbol{b}_n\\ \vdots & \vdots & & \vdots\\ \boldsymbol{\beta}_m\boldsymbol{b}_1 & \boldsymbol{\beta}_m\boldsymbol{b}_2 & \cdots & \boldsymbol{\beta}_m\boldsymbol{b}_n\end{pmatrix}=(c_{ij})_{m\times n},$$

其中

$$c_{ij}=\boldsymbol{\beta}_i\boldsymbol{b}_j=(a_{i1}, a_{i2}, \cdots, a_{is})\begin{pmatrix}b_{1j}\\ b_{2j}\\ \vdots\\ b_{sj}\end{pmatrix}=\sum_{k=1}^{s}a_{ik}b_{kj},$$

由此可进一步领会矩阵相乘的定义.

**例 2.16** 设 $\boldsymbol{A}$ 是一个 $m\times n$ 矩阵，$\boldsymbol{B}$ 是一个 $n\times s$ 矩阵. 对 $\boldsymbol{A}$ 按行分块：

$$\boldsymbol{A}=\begin{pmatrix}\boldsymbol{\beta}_1\\ \boldsymbol{\beta}_2\\ \vdots\\ \boldsymbol{\beta}_m\end{pmatrix},$$

其中，$\boldsymbol{\beta}_i=(a_{i1}, a_{i2}, \cdots, a_{in})(i=1, 2, \cdots, m)$ 是 $\boldsymbol{A}$ 的第 $i$ 个行向量；同时对 $\boldsymbol{B}$ 做一个行块、一个列块的分块，则有

$$\boldsymbol{AB}=\begin{pmatrix}\boldsymbol{\beta}_1\\ \boldsymbol{\beta}_2\\ \vdots\\ \boldsymbol{\beta}_m\end{pmatrix}\boldsymbol{B}_{1\times 1}=\begin{pmatrix}\boldsymbol{\beta}_1\boldsymbol{B}\\ \boldsymbol{\beta}_2\boldsymbol{B}\\ \vdots\\ \boldsymbol{\beta}_m\boldsymbol{B}\end{pmatrix}.$$

**例 2.17** 设 $\boldsymbol{A}$ 为实矩阵，且 $\boldsymbol{A}^{\mathrm{T}}\boldsymbol{A}=\boldsymbol{O}$, 证明 $\boldsymbol{A}=\boldsymbol{O}$.

**证明** 设 $\boldsymbol{A}=(a_{ij})_{m\times n}$，把 $\boldsymbol{A}$ 用列分块表示为 $\boldsymbol{A}=(\boldsymbol{\alpha}_1, \boldsymbol{\alpha}_2, \cdots, \boldsymbol{\alpha}_n)$, 则

$$\boldsymbol{A}^{\mathrm{T}}\boldsymbol{A}=\begin{pmatrix}\boldsymbol{\alpha}_1^{\mathrm{T}}\\ \boldsymbol{\alpha}_2^{\mathrm{T}}\\ \vdots\\ \boldsymbol{\alpha}_n^{\mathrm{T}}\end{pmatrix}(\boldsymbol{\alpha}_1, \boldsymbol{\alpha}_2, \cdots, \boldsymbol{\alpha}_n)=\begin{pmatrix}\boldsymbol{\alpha}_1^{\mathrm{T}}\boldsymbol{\alpha}_1 & \boldsymbol{\alpha}_1^{\mathrm{T}}\boldsymbol{\alpha}_2 & \cdots & \boldsymbol{\alpha}_1^{\mathrm{T}}\boldsymbol{\alpha}_n\\ \boldsymbol{\alpha}_2^{\mathrm{T}}\boldsymbol{\alpha}_1 & \boldsymbol{\alpha}_2^{\mathrm{T}}\boldsymbol{\alpha}_2 & \cdots & \boldsymbol{\alpha}_2^{\mathrm{T}}\boldsymbol{\alpha}_n\\ \vdots & \vdots & & \vdots\\ \boldsymbol{\alpha}_n^{\mathrm{T}}\boldsymbol{\alpha}_1 & \boldsymbol{\alpha}_n^{\mathrm{T}}\boldsymbol{\alpha}_2 & \cdots & \boldsymbol{\alpha}_n^{\mathrm{T}}\boldsymbol{\alpha}_n\end{pmatrix},$$

即 $\boldsymbol{A}^{\mathrm{T}}\boldsymbol{A}$ 的第 $i$ 行第 $j$ 列元素为 $\boldsymbol{\alpha}_i^{\mathrm{T}}\boldsymbol{\alpha}_j$，因 $\boldsymbol{A}^{\mathrm{T}}\boldsymbol{A}=\boldsymbol{O}$, 故

$$\boldsymbol{\alpha}_i^{\mathrm{T}}\boldsymbol{\alpha}_j = 0 \quad (i, j = 1, 2, \cdots, n).$$

特别地,有
$$\boldsymbol{\alpha}_j^{\mathrm{T}}\boldsymbol{\alpha}_j = 0 \quad (j = 1, 2, \cdots, n),$$

而
$$\boldsymbol{\alpha}_j^{\mathrm{T}}\boldsymbol{\alpha}_j = (a_{1j}, a_{2j}, \cdots, a_{mj})\begin{pmatrix} a_{1j} \\ a_{2j} \\ \vdots \\ a_{mj} \end{pmatrix} = a_{1j}^2 + a_{2j}^2 + \cdots + a_{mj}^2,$$

于是 $a_{1j}^2 + a_{2j}^2 + \cdots + a_{mj}^2 = 0$,又因为 $a_{ij}\,(i = 1, 2, \cdots, m;\ j = 1, 2, \cdots, n)$ 为实数,所以

$$a_{1j} = a_{2j} = \cdots = a_{mj} = 0 \quad (j = 1, 2, \cdots, n),$$

故
$$\boldsymbol{A} = \boldsymbol{O}.$$

## 习 题 2.3

1. 设矩阵 $\boldsymbol{A}=\begin{pmatrix} 2 & 0 & 0 & 0 \\ 0 & 2 & 0 & 0 \\ 1 & 0 & 3 & 0 \\ 0 & 1 & 0 & 3 \end{pmatrix}$, $\boldsymbol{B}=\begin{pmatrix} 1 & 0 & -1 & 0 \\ 0 & 1 & 0 & -1 \\ 0 & 0 & -2 & 0 \\ 0 & 0 & 0 & -2 \end{pmatrix}$,利用矩阵的分块法计算 $\boldsymbol{AB}$.

2. 设 $\boldsymbol{A}=\begin{pmatrix} 3 & 4 & 0 & 0 \\ 4 & -3 & 0 & 0 \\ 0 & 0 & 2 & 0 \\ 0 & 0 & 2 & 2 \end{pmatrix}$,求 $|\boldsymbol{A}^8|$, $\boldsymbol{A}^4$, $\boldsymbol{A}^{-1}$.

3. 设 $\boldsymbol{A}, \boldsymbol{B}$ 是可逆矩阵,证明 $\begin{pmatrix} \boldsymbol{O} & \boldsymbol{A} \\ \boldsymbol{B} & \boldsymbol{O} \end{pmatrix}^{-1} = \begin{pmatrix} \boldsymbol{O} & \boldsymbol{B}^{-1} \\ \boldsymbol{A}^{-1} & \boldsymbol{O} \end{pmatrix}$,并由此求 $\begin{pmatrix} 0 & 0 & 5 & 2 \\ 0 & 0 & 2 & 1 \\ 8 & 3 & 0 & 0 \\ 5 & 2 & 0 & 0 \end{pmatrix}$ 的逆矩阵.

4. 设 $\boldsymbol{A}, \boldsymbol{B}$ 为四阶矩阵,将 $\boldsymbol{A}, \boldsymbol{B}$ 按列分块为 $\boldsymbol{A}=(\boldsymbol{\alpha}, \boldsymbol{\gamma}_2, \boldsymbol{\gamma}_3, \boldsymbol{\gamma}_4)$, $\boldsymbol{B}=(\boldsymbol{\beta}, \boldsymbol{\gamma}_2, \boldsymbol{\gamma}_3, \boldsymbol{\gamma}_4)$,其中 $\boldsymbol{\alpha}, \boldsymbol{\beta}, \boldsymbol{\gamma}_2, \boldsymbol{\gamma}_3, \boldsymbol{\gamma}_4$ 均为四维列向量,且已知行列式 $|\boldsymbol{A}|=4$, $|\boldsymbol{B}|=2$,求行列式 $|\boldsymbol{A}+\boldsymbol{B}|$.

# §2.4 矩阵的初等变换

在计算行列式时,利用行列式的性质可以将给定的行列式化为三角形行列式,从而简化行列式的计算,行列式的这些性质反映到矩阵上就是矩阵的初等变换.

## 2.4.1 矩阵的初等变换

**定义 2.15** 下面三种变换称为矩阵 $\boldsymbol{A}$ 的初等行(列)变换:

(1) 换法变换：对换矩阵 $\boldsymbol{A}$ 的两行(列).

对换 $i$，$j$ 两行(列)的行(列)变换，记作 $r_i \leftrightarrow r_j$ ($c_i \leftrightarrow c_j$).

(2) 倍法变换：用非零数 $k$ 乘以矩阵 $\boldsymbol{A}$ 的某一行(列)中所有元素.

以 $k \neq 0$ 乘以矩阵的第 $i$ 行(列)的行(列)变换，记作 $r_i \times k$ ($c_i \times k$).

(3) 消法变换：将矩阵 $\boldsymbol{A}$ 的某行(列)乘以数 $k$ 再加到另一行(列)上.

矩阵 $\boldsymbol{A}$ 的第 $j$ 行(列)乘以 $k$ 后加到第 $i$ 行(列)的行(列)变换，记作 $r_i + kr_j$ ($c_i + kc_j$).

矩阵的初等行变换与矩阵的初等列变换，统称为**矩阵的初等变换**.

显然，矩阵的三种初等变换都是可逆的，且其逆变换是同一类型的初等变换.

变换 $r_i \leftrightarrow r_j$ 的逆变换就是其本身；变换 $r_i \times k$ 的逆变换为 $r_i \times \left(\frac{1}{k}\right)$ (或记作 $r_i \div k$)；变换 $r_i + kr_j$ 的逆变换为 $r_i + (-k)r_j$ (或记作 $r_i - kr_j$).

**定义 2.16** 若一个 $m \times n$ 矩阵 $\boldsymbol{A}$ 经有限次初等行变换变成矩阵 $\boldsymbol{B}$，就称矩阵 $\boldsymbol{A}$ 与 $\boldsymbol{B}$ **行等价**，记作 $\boldsymbol{A} \overset{r}{\sim} \boldsymbol{B}$ (或 $\boldsymbol{A} \overset{r}{\rightarrow} \boldsymbol{B}$)；若矩阵 $\boldsymbol{A}$ 经有限次初等列变换变成矩阵 $\boldsymbol{B}$，就称矩阵 $\boldsymbol{A}$ 与 $\boldsymbol{B}$ **列等价**，记作 $\boldsymbol{A} \overset{c}{\sim} \boldsymbol{B}$ (或 $\boldsymbol{A} \overset{c}{\rightarrow} \boldsymbol{B}$)；若矩阵 $\boldsymbol{A}$ 经有限次初等变换变成矩阵 $\boldsymbol{B}$，就称矩阵 $\boldsymbol{A}$ 与 $\boldsymbol{B}$ **等价**，记作 $\boldsymbol{A} \sim \boldsymbol{B}$ (或 $\boldsymbol{A} \rightarrow \boldsymbol{B}$).

一般地，在理论表述或证明中，常用记号"$\sim$"；在对矩阵作初等变换运算的过程中，常用记号"$\rightarrow$".

矩阵之间的等价关系具有下列基本性质：

(1) 反身性：$\boldsymbol{A} \sim \boldsymbol{A}$；

(2) 对称性：若 $\boldsymbol{A} \sim \boldsymbol{B}$，则 $\boldsymbol{B} \sim \boldsymbol{A}$；

(3) 传递性：若 $\boldsymbol{A} \sim \boldsymbol{B}$，$\boldsymbol{B} \sim \boldsymbol{C}$，则 $\boldsymbol{A} \sim \boldsymbol{C}$.

**定义 2.17** 若矩阵的任一行从第一个元素起至该行的第一个非零元素所在的下方全为 0(如该行全为 0，则它的下面的行也全为 0)，则称这样的矩阵为**行阶梯形矩阵**.

行阶梯形矩阵的特点是：可画出一条阶梯线，线的下方全为 0；每个台阶只有一行，台阶数即是非零行的行数，阶梯线的竖线(每段竖线的长度为一行)后面的第一个元素为非零元，也就是非零行的第一个非零元.

例如，下列矩阵都是行阶梯形矩阵

$$\begin{pmatrix} 1 & 0 & -1 \\ 0 & 2 & 1 \\ 0 & 0 & 3 \end{pmatrix}, \begin{pmatrix} 0 & 1 & 2 & -1 \\ 0 & 0 & 0 & 1 \\ 0 & 0 & 0 & 0 \end{pmatrix}, \begin{pmatrix} 1 & 1 & 0 & 2 \\ 0 & 1 & -1 & -1 \\ 0 & 0 & 2 & 4 \end{pmatrix}.$$

**定义 2.18** 一般地，称满足下列条件的行阶梯形矩阵为**行最简形矩阵**：

(1) 各非零行的第一个非零元素都是 1；

(2) 这些非零元素所在列的其余元素都是 0.

例如，$\begin{pmatrix}1 & 0 & -1\\ 0 & 1 & 2\\ 0 & 0 & 0\end{pmatrix}$，$\begin{pmatrix}1 & 0 & 0 & 1\\ 0 & 1 & 0 & 1\\ 0 & 0 & 1 & 2\end{pmatrix}$，$\begin{pmatrix}1 & 0 & 0 & 0\\ 0 & 1 & 0 & 0\\ 0 & 0 & 1 & 0\\ 0 & 0 & 0 & 0\end{pmatrix}$为行最简形矩阵.

**定理 2.5** 对于任意矩阵 $\boldsymbol{A}_{m\times n}$，总可以经过有限次初等行变换化为行阶梯形矩阵.

**证明** 令 $\boldsymbol{A}\neq\boldsymbol{O}$，不妨设 $a_{11}\neq 0$. 对 $\boldsymbol{A}$ 做初等行变换 $r_i-\dfrac{a_{i1}}{a_{11}}r_1(i=2, 3, \cdots, m)$，就得到

$$\boldsymbol{A}\to\boldsymbol{A}_1=\begin{pmatrix}a_{11} & a_{12} & \cdots & a_{1n}\\ 0 & b_{11} & \cdots & b_{1, n-1}\\ \vdots & \vdots & & \vdots\\ 0 & b_{m-1, 1} & \cdots & b_{m-1, n-1}\end{pmatrix},$$

对右下角的矩阵

$$\boldsymbol{B}=\begin{pmatrix}b_{11} & b_{12} & \cdots & b_{1, n-1}\\ b_{21} & b_{22} & \cdots & b_{2, n-1}\\ \vdots & \vdots & & \vdots\\ b_{m-1, 1} & b_{m-1, 2} & \cdots & b_{m-1, n-1}\end{pmatrix}$$

重复上述过程，照此做法进行下去，则矩阵 $\boldsymbol{A}$ 经过有限次初等行变换可化为行阶梯形矩阵. ■

如果对行阶梯形矩阵进行适当的初等行变换，则可化为行最简形矩阵. 进一步，如果对行最简形矩阵再进行初等列变换，则可化为一种称为标准形的更简单的矩阵. 例如

$$\boldsymbol{A}=\begin{pmatrix}1 & 0 & -1 & 0 & 4\\ 0 & 1 & -1 & 0 & 3\\ 0 & 0 & 0 & 1 & -3\\ 0 & 0 & 0 & 0 & 0\end{pmatrix}\xrightarrow{c_3\leftrightarrow c_4}\begin{pmatrix}1 & 0 & 0 & -1 & 4\\ 0 & 1 & 0 & -1 & 3\\ 0 & 0 & 1 & 0 & -3\\ 0 & 0 & 0 & 0 & 0\end{pmatrix}$$

$$\xrightarrow[c_4+c_2]{c_4+c_1}\begin{pmatrix}1 & 0 & 0 & 0 & 4\\ 0 & 1 & 0 & 0 & 3\\ 0 & 0 & 1 & 0 & -3\\ 0 & 0 & 0 & 0 & 0\end{pmatrix}\xrightarrow{c_5-4c_1}\begin{pmatrix}1 & 0 & 0 & 0 & 0\\ 0 & 1 & 0 & 0 & 3\\ 0 & 0 & 1 & 0 & -3\\ 0 & 0 & 0 & 0 & 0\end{pmatrix}$$

$$\xrightarrow{c_5-3c_2}\begin{pmatrix}1 & 0 & 0 & 0 & 0\\ 0 & 1 & 0 & 0 & 0\\ 0 & 0 & 1 & 0 & -3\\ 0 & 0 & 0 & 0 & 0\end{pmatrix}\xrightarrow{c_5+3c_3}\begin{pmatrix}1 & 0 & 0 & 0 & 0\\ 0 & 1 & 0 & 0 & 0\\ 0 & 0 & 1 & 0 & 0\\ 0 & 0 & 0 & 0 & 0\end{pmatrix}=\boldsymbol{F},$$

矩阵 $\boldsymbol{F}$ 称为矩阵 $\boldsymbol{A}$ 的**标准形**,它具有如下特点:$\boldsymbol{F}$ 的左上角是一个单位矩阵,其余元素都是 0.

**定理 2.6** 对于任何矩阵 $\boldsymbol{A}_{m\times n}$,总可以经过有限次初等变换化为标准形:

$$\begin{pmatrix} \boldsymbol{E}_r & \boldsymbol{O} \\ \boldsymbol{O} & \boldsymbol{O} \end{pmatrix}.$$

这个标准形由 $m, n, r$ 三个数完全确定,其中 $r$ 是行阶梯形矩阵中非零行的行数($r\leqslant \min(m, n)$).

**例 2.18** 设 $\boldsymbol{A}=\begin{pmatrix} 2 & -1 & -1 & 1 & 2 \\ 1 & 1 & -2 & 1 & 4 \\ 4 & -6 & 2 & -2 & 4 \\ 3 & 6 & -9 & 7 & 9 \end{pmatrix}$,把 $\boldsymbol{A}$ 变成行阶梯形矩阵和行最简形矩阵.

**解** 
$$\boldsymbol{A}=\begin{pmatrix} 2 & -1 & -1 & 1 & 2 \\ 1 & 1 & -2 & 1 & 4 \\ 4 & -6 & 2 & -2 & 4 \\ 3 & 6 & -9 & 7 & 9 \end{pmatrix} \xrightarrow[r_3\times\frac{1}{2}]{r_1\leftrightarrow r_2} \begin{pmatrix} 1 & 1 & -2 & 1 & 4 \\ 2 & -1 & -1 & 1 & 2 \\ 2 & -3 & 1 & -1 & 2 \\ 3 & 6 & -9 & 7 & 9 \end{pmatrix}$$

$$\xrightarrow[\substack{r_3-2r_1\\ r_4-3r_1}]{r_2-r_3} \begin{pmatrix} 1 & 1 & -2 & 1 & 4 \\ 0 & 2 & -2 & 2 & 0 \\ 0 & -5 & 5 & -3 & -6 \\ 0 & 3 & -3 & 4 & -3 \end{pmatrix} \xrightarrow{r_2\times\frac{1}{2}} \begin{pmatrix} 1 & 1 & -2 & 1 & 4 \\ 0 & 1 & -1 & 1 & 0 \\ 0 & -5 & 5 & -3 & -6 \\ 0 & 3 & -3 & 4 & -3 \end{pmatrix}$$

$$\xrightarrow[r_4-3r_2]{r_3+5r_2} \begin{pmatrix} 1 & 1 & -2 & 1 & 4 \\ 0 & 1 & -1 & 1 & 0 \\ 0 & 0 & 0 & 2 & -6 \\ 0 & 0 & 0 & 1 & -3 \end{pmatrix} \xrightarrow{r_3\leftrightarrow r_4} \begin{pmatrix} 1 & 1 & -2 & 1 & 4 \\ 0 & 1 & -1 & 1 & 0 \\ 0 & 0 & 0 & 1 & -3 \\ 0 & 0 & 0 & 2 & -6 \end{pmatrix}$$

$$\xrightarrow{r_4-2r_3} \begin{pmatrix} 1 & 1 & -2 & 1 & 4 \\ 0 & 1 & -1 & 1 & 0 \\ 0 & 0 & 0 & 1 & -3 \\ 0 & 0 & 0 & 0 & 0 \end{pmatrix} \xrightarrow[r_2-r_3]{r_1-r_2} \begin{pmatrix} 1 & 0 & -1 & 0 & 4 \\ 0 & 1 & -1 & 0 & 3 \\ 0 & 0 & 0 & 1 & -3 \\ 0 & 0 & 0 & 0 & 0 \end{pmatrix}.$$

### 2.4.2 初等矩阵

矩阵的初等变换是矩阵的一种最基本的运算,它在矩阵理论中有着广泛的应用.下面我们进一步介绍一些有关知识.

**1. 初等矩阵**

**定义 2.19** 对单位矩阵 $\boldsymbol{E}$ 施行一次初等变换得到的矩阵称为**初等矩阵**.

矩阵的三种初等变换分别对应着三种初等矩阵.

(1) 初等换法矩阵:把 $n$ 阶单位矩阵 $\boldsymbol{E}$ 的第 $i$, $j$ 行(列)互换得到的矩阵

$$\boldsymbol{E}(i,\ j)=\begin{pmatrix} 1 & & & & & & & & \\ & \ddots & & & & & & & \\ & & 1 & & & & & & \\ & & & 0 & \cdots & 1 & & & \\ & & & & 1 & & & & \\ & & & \vdots & \ddots & \vdots & & & \\ & & & & & 1 & & & \\ & & & 1 & \cdots & 0 & & & \\ & & & & & & 1 & & \\ & & & & & & & \ddots & \\ & & & & & & & & 1 \end{pmatrix}\begin{matrix} \\ \\ \\ \text{第 } i \text{ 行} \\ \\ \\ \\ \text{第 } j \text{ 行} \\ \\ \\ \\ \end{matrix};$$

第 $i$ 列　　第 $j$ 列

(2) 初等倍法矩阵:用非零数 $k$ 乘以 $n$ 阶单位矩阵 $\boldsymbol{E}$ 的第 $i$ 行(列)得到的矩阵

$$\boldsymbol{E}(i(k))=\begin{pmatrix} 1 & & & & \\ & \ddots & & & \\ & & k & & \\ & & & \ddots & \\ & & & & 1 \end{pmatrix}\begin{matrix} \\ \\ \text{第 } i \text{ 行}; \\ \\ \\ \end{matrix}$$

第 $i$ 列

(3) 初等消法矩阵:将 $n$ 阶单位矩阵 $\boldsymbol{E}$ 的第 $j$ 行(第 $i$ 列)乘以数 $k$ 再加到第 $i$ 行(第 $j$ 列)上得到的矩阵

$$\boldsymbol{E}(i,\ j(k))=\begin{pmatrix} 1 & & & & & \\ & \ddots & & & & \\ & & 1 & \cdots & k & & \\ & & & \ddots & \vdots & & \\ & & & & 1 & & \\ & & & & & \ddots & \\ & & & & & & 1 \end{pmatrix}\begin{matrix} \\ \\ \text{第 } i \text{ 行} \\ \\ \text{第 } j \text{ 行} \\ \\ \\ \end{matrix}.$$

第 $i$ 列　　第 $j$ 列

对单位矩阵进行初等列变换时,特别要注意的是应当把 $\boldsymbol{E}$ 的第 $i$ 列乘以数 $k$ 加到第 $j$ 列上,得到的是 $\boldsymbol{E}(i,\ j(k))$.

由于矩阵的初等行(列)变换只有上述三种,所以由初等行(列)变换得到的初

等矩阵只有上述的 $\boldsymbol{E}(i, j)$, $\boldsymbol{E}(i(k))$, $\boldsymbol{E}(i, j(k))$ 三种类型,并且有

$$|\boldsymbol{E}(i, j)|=-1, \quad |\boldsymbol{E}(i(k))|=k\ (k\neq 0), \quad |\boldsymbol{E}(i, j(k))|=1,$$

所以初等矩阵都是可逆的,且易知:

$$\boldsymbol{E}(i, j)\boldsymbol{E}(i, j)=\boldsymbol{E}, \quad \boldsymbol{E}(i(k))\boldsymbol{E}(i(k^{-1}))=\boldsymbol{E}\ (k\neq 0),$$

$$\boldsymbol{E}(i, j(k))\boldsymbol{E}(i, j(-k))=\boldsymbol{E}.$$

于是有

(1) $\boldsymbol{E}(i, j)^{-1}=\boldsymbol{E}(i, j)$;

(2) $\boldsymbol{E}(i(k))^{-1}=\boldsymbol{E}(i(k^{-1}))\ (k\neq 0)$;

(3) $\boldsymbol{E}(i, j(k))^{-1}=\boldsymbol{E}(i, j(-k))$.

这说明,初等矩阵的逆矩阵是同类型初等矩阵.

**2. 初等变换与初等矩阵的关系**

有了初等矩阵,矩阵的初等变换就可以通过矩阵的乘法来表示. 先看下面这个例子.

设三阶矩阵

$$\boldsymbol{A}=\begin{pmatrix} a_{11} & a_{12} & a_{13} \\ a_{21} & a_{22} & a_{23} \\ a_{31} & a_{32} & a_{33} \end{pmatrix},$$

则 $$\boldsymbol{E}(1, 2)\boldsymbol{A}=\begin{pmatrix} 0 & 1 & 0 \\ 1 & 0 & 0 \\ 0 & 0 & 1 \end{pmatrix}\begin{pmatrix} a_{11} & a_{12} & a_{13} \\ a_{21} & a_{22} & a_{23} \\ a_{31} & a_{32} & a_{33} \end{pmatrix}=\begin{pmatrix} a_{21} & a_{22} & a_{23} \\ a_{11} & a_{12} & a_{13} \\ a_{31} & a_{32} & a_{33} \end{pmatrix}.$$

此式表明,以初等矩阵 $\boldsymbol{E}(1, 2)$ 左乘矩阵 $\boldsymbol{A}$,相当于对矩阵 $\boldsymbol{A}$ 进行初等行变换 $r_1\leftrightarrow r_2$.

而 $$\boldsymbol{A}\boldsymbol{E}(1, 2)=\begin{pmatrix} a_{11} & a_{12} & a_{13} \\ a_{21} & a_{22} & a_{23} \\ a_{31} & a_{32} & a_{33} \end{pmatrix}\begin{pmatrix} 0 & 1 & 0 \\ 1 & 0 & 0 \\ 0 & 0 & 1 \end{pmatrix}=\begin{pmatrix} a_{12} & a_{11} & a_{13} \\ a_{22} & a_{21} & a_{23} \\ a_{32} & a_{31} & a_{33} \end{pmatrix}.$$

此式表明,以初等矩阵 $\boldsymbol{E}(1, 2)$ 右乘矩阵 $\boldsymbol{A}$,相当于对矩阵 $\boldsymbol{A}$ 进行初等列变换 $c_1\leftrightarrow c_2$.

实际上,以另外两种初等矩阵左乘或右乘一个矩阵时,也有类似的作用.

一般地有:

**定理 2.7** 设 $\boldsymbol{A}$ 是一个 $m\times n$ 矩阵,对 $\boldsymbol{A}$ 施行一次初等行变换,就相当于在 $\boldsymbol{A}$ 的左边乘以相应的 $m$ 阶初等矩阵;对 $\boldsymbol{A}$ 施行一次初等列变换,就相当于在 $\boldsymbol{A}$ 的右边乘以相应的 $n$ 阶初等矩阵.

**证明** 仅对消法行变换的情形给出证明. 设对 $\boldsymbol{A}$ 进行初等行变换 $r_i+kr_j$ 后得到 $\boldsymbol{B}$, 即

$$\boldsymbol{A}=\begin{pmatrix} a_{11} & a_{12} & \cdots & a_{1n} \\ \vdots & \vdots & & \vdots \\ a_{i1} & a_{i2} & \cdots & a_{in} \\ \vdots & \vdots & & \vdots \\ a_{j1} & a_{j2} & \cdots & a_{jn} \\ \vdots & \vdots & & \vdots \\ a_{m1} & a_{m2} & \cdots & a_{mn} \end{pmatrix} \xrightarrow{r_i+kr_j} \begin{pmatrix} a_{11} & a_{12} & \cdots & a_{1n} \\ \vdots & \vdots & & \vdots \\ a_{i1}+ka_{j1} & a_{i2}+ka_{j2} & \cdots & a_{in}+ka_{jn} \\ \vdots & \vdots & & \vdots \\ a_{j1} & a_{j2} & \cdots & a_{jn} \\ \vdots & \vdots & & \vdots \\ a_{m1} & a_{m2} & \cdots & a_{mn} \end{pmatrix}=\boldsymbol{B}.$$

现将 $\boldsymbol{A}$ 按行分块表示为

$$\boldsymbol{A}=\begin{pmatrix} \boldsymbol{\beta}_1 \\ \vdots \\ \boldsymbol{\beta}_i \\ \vdots \\ \boldsymbol{\beta}_j \\ \vdots \\ \boldsymbol{\beta}_m \end{pmatrix},$$

其中, $\boldsymbol{\beta}_i(i=1, 2, \cdots, m)$ 表示 $\boldsymbol{A}$ 的第 $i$ 行,则有

$$\boldsymbol{E}(i, j(k))\boldsymbol{A}=\boldsymbol{E}(i, j(k))\begin{pmatrix} \boldsymbol{\beta}_1 \\ \vdots \\ \boldsymbol{\beta}_i \\ \vdots \\ \boldsymbol{\beta}_j \\ \vdots \\ \boldsymbol{\beta}_m \end{pmatrix}=\begin{pmatrix} 1 & & & & & \\ & \ddots & & & & \\ & & 1 & \cdots & k & \\ & & & \ddots & \vdots & \\ & & & & 1 & \\ & & & & & \ddots & \\ & & & & & & 1 \end{pmatrix}\begin{pmatrix} \boldsymbol{\beta}_1 \\ \vdots \\ \boldsymbol{\beta}_i \\ \vdots \\ \boldsymbol{\beta}_j \\ \vdots \\ \boldsymbol{\beta}_m \end{pmatrix}=\begin{pmatrix} \boldsymbol{\beta}_1 \\ \vdots \\ \boldsymbol{\beta}_i+k\boldsymbol{\beta}_j \\ \vdots \\ \boldsymbol{\beta}_j \\ \vdots \\ \boldsymbol{\beta}_m \end{pmatrix},$$

上式右端的分块矩阵正好是矩阵 $\boldsymbol{B}$.

**推论** 如果 $\boldsymbol{A}$ 为 $n$ 阶可逆矩阵,则矩阵 $\boldsymbol{A}$ 经过有限次初等变换可化为单位矩阵 $\boldsymbol{E}$,即 $\boldsymbol{A}\sim\boldsymbol{E}$.

**证明** 由定理 2.6 及定理 2.7 可知,存在初等矩阵 $\boldsymbol{P}_1, \boldsymbol{P}_2, \cdots, \boldsymbol{P}_s, \boldsymbol{Q}_1, \boldsymbol{Q}_2, \cdots, \boldsymbol{Q}_t$, 使得

$$\boldsymbol{P}_1\boldsymbol{P}_2\cdots\boldsymbol{P}_s\boldsymbol{A}\boldsymbol{Q}_1\boldsymbol{Q}_2\cdots\boldsymbol{Q}_t=\begin{pmatrix} \boldsymbol{E}_r & \boldsymbol{O} \\ \boldsymbol{O} & \boldsymbol{O} \end{pmatrix}.$$

因为上式左边行列式

$$|P_1P_2\cdots P_sAQ_1Q_2\cdots Q_t| = |P_1||P_2|\cdots|P_s||A||Q_1||Q_2|\cdots|Q_t| \neq 0,$$

所以右边行列式也不等于 0,因此 $r=n$,即右边是单位矩阵,故 $A\sim E$.

**3. 求逆矩阵的初等变换法**

在 2.2 节中,给出了利用伴随矩阵求可逆矩阵的逆矩阵的一种方法.

对于较高阶的可逆矩阵,用伴随矩阵法求其逆矩阵计算量太大,下面介绍用初等变换求逆矩阵.

**定理 2.8** $n$ 阶矩阵 $A$ 可逆的充分必要条件是 $A$ 可以表示为若干个初等矩阵的乘积.

**证明** 必要性. 由定理 2.7 的推论知,$A\sim E$,从而 $E\sim A$,故存在初等矩阵 $P_1, P_2, \cdots, P_s, Q_1, Q_2, \cdots, Q_t$,使

$$A = P_1P_2\cdots P_sEQ_1Q_2\cdots Q_t,$$

即

$$A = P_1P_2\cdots P_sQ_1Q_2\cdots Q_t,$$

故矩阵 $A$ 可以表示为若干初等矩阵的乘积.

因为初等矩阵可逆,所以充分性是显然的. ■

设 $A$ 为可逆矩阵,则 $A^{-1}$ 也可逆,由定理 2.8,存在初等矩阵 $G_1, G_2, \cdots, G_k$,使

$$A^{-1} = G_1G_2\cdots G_k,$$

用 $A$ 右乘上式两边,得

$$G_1G_2\cdots G_kA = E, \tag{2.6}$$

又

$$G_1G_2\cdots G_kE = A^{-1}. \tag{2.7}$$

比较式(2.6)与式(2.7),式(2.6)中的 $A$ 与式(2.7)中的 $E$ 左乘的一系列初等矩阵是对应相同的,这说明,当把 $A$ 经过一系列初等行变换化为单位矩阵时,同样这些初等行变换就把 $E$ 化为了 $A^{-1}$.

合并式(2.6)与式(2.7)得

$$G_1G_2\cdots G_k(A, E) = (G_1G_2\cdots G_kA, G_1G_2\cdots G_kE) = (E, A^{-1}).$$

因此,可用初等行变换法求矩阵 $A$ 的逆矩阵 $A^{-1}$,具体做法是:

在矩阵 $A$ 的右边写上与 $A$ 同阶单位矩阵 $E$,构造一个 $n\times 2n$ 矩阵 $(A, E)$,然后对 $(A, E)$ 进行一系列初等行变换,把 $A$ 化为单位矩阵,与此同时,$E$ 被化为矩阵 $A^{-1}$. 即

$$(A, E)\xrightarrow{r}(E, A^{-1}).$$

已经知道,可逆矩阵的标准形是单位矩阵.事实上,可逆矩阵的的行最简形矩阵也是单位矩阵,即得到如下推论:

**推论 1** 方阵 $\boldsymbol{A}$ 可逆的充分必要条件是 $\boldsymbol{A} \overset{r}{\sim} \boldsymbol{E}$.

**证明** 由定理 2.8,存在初等矩阵 $\boldsymbol{G}_1, \boldsymbol{G}_2, \cdots, \boldsymbol{G}_k$,使

$$\boldsymbol{A} = \boldsymbol{G}_1\boldsymbol{G}_2\cdots\boldsymbol{G}_k,$$

即

$$\boldsymbol{A} = \boldsymbol{G}_1\boldsymbol{G}_2\cdots\boldsymbol{G}_k\boldsymbol{E},$$

上式表示 $\boldsymbol{E}$ 经过有限次初等行变换可化为 $\boldsymbol{A}$,故 $\boldsymbol{A} \overset{r}{\sim} \boldsymbol{E}$.

**推论 2** $m \times n$ 矩阵 $\boldsymbol{A}$ 与 $\boldsymbol{B}$ 等价的充分必要条件是存在 $m$ 阶可逆矩阵 $\boldsymbol{P}$ 及 $n$ 阶可逆矩阵 $\boldsymbol{Q}$,使 $\boldsymbol{PAQ} = \boldsymbol{B}$.

**例 2.19** 用初等行变换法求 $\boldsymbol{A} = \begin{pmatrix} 1 & 2 & 3 \\ 2 & 2 & 1 \\ 3 & 4 & 3 \end{pmatrix}$ 的逆矩阵.

**解** 因为

$$(\boldsymbol{A},\boldsymbol{E}) = \begin{pmatrix} 1 & 2 & 3 & 1 & 0 & 0 \\ 2 & 2 & 1 & 0 & 1 & 0 \\ 3 & 4 & 3 & 0 & 0 & 1 \end{pmatrix}$$

$$\xrightarrow[r_3-3r_1]{r_2-2r_1} \begin{pmatrix} 1 & 2 & 3 & 1 & 0 & 0 \\ 0 & -2 & -5 & -2 & 1 & 0 \\ 0 & -2 & -6 & -3 & 0 & 1 \end{pmatrix} \xrightarrow[r_3-r_2]{r_1+r_2} \begin{pmatrix} 1 & 0 & -2 & -1 & 1 & 0 \\ 0 & -2 & -5 & -2 & 1 & 0 \\ 0 & 0 & -1 & -1 & -1 & 1 \end{pmatrix}$$

$$\xrightarrow[r_2-5r_3]{r_1-2r_3} \begin{pmatrix} 1 & 0 & 0 & 1 & 3 & -2 \\ 0 & -2 & 0 & 3 & 6 & -5 \\ 0 & 0 & -1 & -1 & -1 & 1 \end{pmatrix} \xrightarrow[r_3\times(-1)]{-\frac{1}{2}r_2} \begin{pmatrix} 1 & 0 & 0 & 1 & 3 & -2 \\ 0 & 1 & 0 & -\frac{3}{2} & -3 & \frac{5}{2} \\ 0 & 0 & 1 & 1 & 1 & -1 \end{pmatrix}.$$

所以

$$\boldsymbol{A}^{-1} = \begin{pmatrix} 1 & 3 & -2 \\ -\frac{3}{2} & -3 & \frac{5}{2} \\ 1 & 1 & -1 \end{pmatrix}.$$

利用初等行变换求矩阵 $\boldsymbol{A}$ 的逆矩阵 $\boldsymbol{A}^{-1}$ 时,对 $(\boldsymbol{A},\boldsymbol{E})$ 只能用行变换,不能用列变换.

当然,设矩阵 $\boldsymbol{A}$ 可逆,如果对 $\begin{pmatrix} \boldsymbol{A} \\ \boldsymbol{E} \end{pmatrix}$ 进行初等列变换,把 $\boldsymbol{A}$ 化为 $\boldsymbol{E}$,则这时下半部 $\boldsymbol{E}$ 就化为 $\boldsymbol{A}^{-1}$,即

$$\begin{pmatrix} \boldsymbol{A} \\ \boldsymbol{E} \end{pmatrix} \xrightarrow{c} \begin{pmatrix} \boldsymbol{E} \\ \boldsymbol{A}^{-1} \end{pmatrix}.$$

**4. 用初等变换法求解矩阵方程 $AX=B$**

当矩阵 $A$ 可逆时，求解矩阵方程 $AX=B$ 等价于求矩阵 $X=A^{-1}B$. 由式(2.6)和式(2.7)可得

$$A^{-1}B=G_1G_2\cdots G_kB,$$

这说明，当 $A$ 经过一系列初等行变换化为单位矩阵时，同样这些初等行变换就把 $B$ 化为了 $A^{-1}B$.

因此，也可采用初等行变换求矩阵 $X=A^{-1}B$，具体做法是：

构造矩阵 $(A, B)$，对其施以初等行变换将矩阵 $A$ 化为单位矩阵 $E$，则上述初等行变换同时也将其中的矩阵 $B$ 化为 $A^{-1}B$，即

$$(A, B)\xrightarrow{r}(E, A^{-1}B).$$

同理，求解矩阵方程 $XA=B$ 等价于计算矩阵 $BA^{-1}$，可利用初等列变换求矩阵 $BA^{-1}$，即

$$\begin{pmatrix}A\\B\end{pmatrix}\xrightarrow{c}\begin{pmatrix}E\\BA^{-1}\end{pmatrix}.$$

**例 2.20** 求矩阵 $X$，使 $AX=B$，其中 $A=\begin{pmatrix}1&2&3\\2&2&1\\3&4&3\end{pmatrix}$，$B=\begin{pmatrix}2&5\\3&1\\4&3\end{pmatrix}$.

**解** 因为

$$(A, B)=\begin{pmatrix}1&2&3&2&5\\2&2&1&3&1\\3&4&3&4&3\end{pmatrix}$$

$$\xrightarrow[r_3-3r_1]{r_2-2r_1}\begin{pmatrix}1&2&3&2&5\\0&-2&-5&-1&-9\\0&-2&-6&-2&-12\end{pmatrix}\xrightarrow[r_3-r_2]{r_1+r_2}\begin{pmatrix}1&0&-2&1&-4\\0&-2&-5&-1&-9\\0&0&-1&-1&-3\end{pmatrix}$$

$$\xrightarrow[r_2-5r_3]{r_1-2r_3}\begin{pmatrix}1&0&0&3&2\\0&-2&0&4&6\\0&0&-1&-1&-3\end{pmatrix}\xrightarrow[r_3\times(-1)]{r_2\times\left(-\frac{1}{2}\right)}\begin{pmatrix}1&0&0&3&2\\0&1&0&-2&-3\\0&0&1&1&3\end{pmatrix},$$

所以
$$X=A^{-1}B=\begin{pmatrix}3&2\\-2&-3\\1&3\end{pmatrix}.$$

**例 2.21** 求解矩阵方程 $\boldsymbol{AX}=\boldsymbol{A}+\boldsymbol{X}$，其中 $\boldsymbol{A}=\begin{pmatrix}2&2&0\\2&1&3\\0&1&0\end{pmatrix}$.

**解** 把所给方程变形为 $(\boldsymbol{A}-\boldsymbol{E})\boldsymbol{X}=\boldsymbol{A}$，因为

$$(\boldsymbol{A}-\boldsymbol{E},\boldsymbol{A})=\begin{pmatrix}1&2&0&2&2&0\\2&0&3&2&1&3\\0&1&-1&0&1&0\end{pmatrix}$$

$$\xrightarrow{r_2-2r_1}\begin{pmatrix}1&2&0&2&2&0\\0&-4&3&-2&-3&3\\0&1&-1&0&1&0\end{pmatrix}\xrightarrow{r_2\leftrightarrow r_3}\begin{pmatrix}1&2&0&2&2&0\\0&1&-1&0&1&0\\0&-4&3&-2&-3&3\end{pmatrix}$$

$$\xrightarrow{r_3+4r_2}\begin{pmatrix}1&2&0&2&2&0\\0&1&-1&0&1&0\\0&0&-1&-2&1&3\end{pmatrix}\xrightarrow{r_3\times(-1)}\begin{pmatrix}1&2&0&2&2&0\\0&1&-1&0&1&0\\0&0&1&2&-1&-3\end{pmatrix}$$

$$\xrightarrow{r_2+r_3}\begin{pmatrix}1&2&0&2&2&0\\0&1&0&2&0&-3\\0&0&1&2&-1&-3\end{pmatrix}\xrightarrow{r_1-2r_2}\begin{pmatrix}1&0&0&-2&2&-6\\0&1&0&2&0&-3\\0&0&1&2&-1&-3\end{pmatrix},$$

所以

$$\boldsymbol{X}=\begin{pmatrix}-2&2&6\\2&0&-3\\2&-1&-3\end{pmatrix}.$$

## 习 题 2.4

1. 将下列矩阵化为行阶梯形矩阵及行最简形矩阵：

(1) $\begin{pmatrix}1&2&4&5\\-1&0&2&3\\0&1&-1&0\end{pmatrix}$；　　(2) $\begin{pmatrix}1&1&2&1\\2&-1&2&4\\1&-2&0&3\\4&1&4&2\end{pmatrix}$.

2. 用初等变换法求下列矩阵的逆：

(1) $\begin{pmatrix}1&1&1\\2&-1&1\\1&2&0\end{pmatrix}$；　　(2) $\begin{pmatrix}3&2&1\\3&1&5\\3&2&3\end{pmatrix}$；

(3) $\begin{pmatrix}3&-2&0&-1\\0&2&2&1\\1&-2&-3&-2\\0&1&2&1\end{pmatrix}$；　　(4) $\begin{pmatrix}1&3&-5&7\\0&1&2&3\\0&0&1&2\\0&0&0&1\end{pmatrix}$.

3. 设$\boldsymbol{A}=\begin{pmatrix} 0 & 3 & 3 \\ 1 & 1 & 0 \\ -1 & 2 & 3 \end{pmatrix}$，$\boldsymbol{AX}=\boldsymbol{A}+2\boldsymbol{X}$，求$\boldsymbol{X}$.

4. 已知$\boldsymbol{A}^2=\begin{pmatrix} 2 & 1 & -3 \\ 1 & 1 & -2 \\ -3 & -2 & 6 \end{pmatrix}$，$\boldsymbol{A}^3=\begin{pmatrix} -5 & -3 & 9 \\ -3 & -2 & 6 \\ 9 & 6 & -17 \end{pmatrix}$，求矩阵$\boldsymbol{A}$.

# §2.5 矩阵的秩

在2.4节中，已经知道，任一矩阵都可以经初等行变换化为行阶梯形矩阵，且行阶梯形矩阵所含非零行的行数是唯一确定的，这个数实质上就是矩阵的“秩”. 鉴于这个数的唯一性尚未证明，在本节中，首先利用行列式来定义矩阵的秩，然后给出利用初等变换求矩阵秩的方法.

## 2.5.1 矩阵秩的概念与性质

**定义 2.20** 若$\boldsymbol{A}$为$m\times n$矩阵，在$\boldsymbol{A}$中任意取$k$行和$k$列($k\leqslant m,\ k\leqslant n$)，则位于这些行与列交叉处的$k^2$个元素，不改变它们在$\boldsymbol{A}$中所处的位置次序而得到的$k$阶行列式，称为**矩阵$\boldsymbol{A}$的$k$阶子式**.

显然，若$\boldsymbol{A}$为$m\times n$矩阵，则$\boldsymbol{A}$的$k$阶子式共有$C_m^k\cdot C_n^k$个.

当$\boldsymbol{A}=\boldsymbol{O}$时，它的任何子式都为零. 当$\boldsymbol{A}\neq\boldsymbol{O}$时，它至少有一个元素不为零，即它至少有一个一阶子式不为零. 再考察二阶子式，若$\boldsymbol{A}$中有一个二阶子式不为零，则往下考察三阶子式，如此进行下去，最后必达到$\boldsymbol{A}$中有$r$阶子式不为零，而再没有比$r$更高阶的不为零的子式. 这个不为零的子式的最高阶数$r$反映了矩阵$\boldsymbol{A}$内在的重要特征，在矩阵的理论与应用中都有重要意义.

**定义 2.21** 设$\boldsymbol{A}$为$m\times n$矩阵，如果存在$\boldsymbol{A}$的$r$阶子式不为零，而任何$r+1$阶子式(如果有的话)都为零，则称数$r$为**矩阵$\boldsymbol{A}$的秩**，记为$R(\boldsymbol{A})$. 并规定零矩阵的秩等于0.

由定义2.21，根据行列式的性质易知，矩阵$\boldsymbol{A}$的秩$R(\boldsymbol{A})$就是矩阵$\boldsymbol{A}$的最高阶非零子式的阶数.

显然，矩阵的秩具有下列性质：

**性质 1** 若$\boldsymbol{A}$为$m\times n$矩阵，则$0\leqslant R(\boldsymbol{A})\leqslant\min\{m,\ n\}$.

**性质 2** 若矩阵$\boldsymbol{A}$中有某个$s$阶非零子式，则$R(\boldsymbol{A})\geqslant s$；若矩阵$\boldsymbol{A}$中所有$t$阶子式全为零，则$R(\boldsymbol{A})<t$.

**证明** 若矩阵$\boldsymbol{A}$中有某个$s$阶非零子式，则$\boldsymbol{A}$的最高阶非零子式的阶数不小于$s$，于是有$R(\boldsymbol{A})\geqslant s$.

若矩阵$\boldsymbol{A}$中所有$t$阶子式全为零，则根据行列式展开定理易知，矩阵$\boldsymbol{A}$的所有

阶数大于 $t$ 的子式也全为零，因此 $\boldsymbol{A}$ 的最高阶非零子式的阶数小于 $t$，故 $R(\boldsymbol{A})<t$.

**性质 3** $R(\boldsymbol{A}^{\mathrm{T}})=R(\boldsymbol{A})$.

**证明** 因为 $\boldsymbol{A}^{\mathrm{T}}$ 的任一个 $k$ 阶子式是 $\boldsymbol{A}$ 的某一个 $k$ 阶子式的转置，它们相等，所以 $R(\boldsymbol{A}^{\mathrm{T}})=R(\boldsymbol{A})$.

**定义 2.22** 设 $\boldsymbol{A}$ 为 $n$ 阶矩阵，若 $R(\boldsymbol{A})=n$，则称矩阵 $\boldsymbol{A}$ 为**满秩矩阵**；若 $R(\boldsymbol{A})<n$，则称矩阵 $\boldsymbol{A}$ 为**降秩矩阵**.

由此可得如下定理：

**定理 2.9** 方阵 $\boldsymbol{A}$ 为可逆矩阵的充分必要条件是 $\boldsymbol{A}$ 为满秩矩阵，方阵 $\boldsymbol{A}$ 为不可逆矩阵的充分必要条件是 $\boldsymbol{A}$ 为降秩矩阵.

### 2.5.2 矩阵秩的求法

先看一个简单的例子.

**例 2.22** 求下列矩阵 $\boldsymbol{A}$ 和 $\boldsymbol{B}$ 的秩，其中

$$\boldsymbol{A}=\begin{pmatrix}1&2&3\\2&3&-5\\4&7&1\end{pmatrix},\quad \boldsymbol{B}=\begin{pmatrix}1&1&2&2&1\\0&2&1&5&-1\\0&0&-2&2&-2\\0&0&0&0&0\end{pmatrix}.$$

**解** 在 $\boldsymbol{A}$ 中，二阶子式 $\begin{vmatrix}1&3\\2&-5\end{vmatrix}\neq 0$，$\boldsymbol{A}$ 的三阶子式只有一个 $|\boldsymbol{A}|$，且

$$|\boldsymbol{A}|=\begin{vmatrix}1&2&3\\2&3&-5\\4&7&1\end{vmatrix}=\begin{vmatrix}1&2&3\\0&-1&-11\\0&-1&-11\end{vmatrix}=0,$$

因此，$R(\boldsymbol{A})=2$.

$\boldsymbol{B}$ 是一个行阶梯形矩阵，其非零行只有三行，所以 $\boldsymbol{B}$ 的所有四阶子式全为零. 而 $\boldsymbol{B}$ 中有一个三阶子式

$$\begin{vmatrix}1&1&2\\0&2&1\\0&0&-2\end{vmatrix}=-4\neq 0,$$

故 $R(\boldsymbol{B})=3$.

从例 2.22 可知，利用定义计算矩阵的秩，需要由高阶到低阶考虑矩阵的子式，当矩阵的行数与列数较高时，按定义求秩是非常麻烦的. 由于行阶梯形矩阵的秩很容易判断，而任意矩阵都可以经过初等行变换化为行阶梯形矩阵，因而可考虑借助初等变换法来求矩阵的秩.

**定理 2.10** 矩阵经初等变换后，其秩不变. 也就是说，若 $\boldsymbol{A} \sim \boldsymbol{B}$，则 $R(\boldsymbol{A})=R(\boldsymbol{B})$.

**证明** 先证明：若 $\boldsymbol{A}$ 经一次初等行变换化为 $\boldsymbol{B}$，则 $R(\boldsymbol{A}) \leqslant R(\boldsymbol{B})$.

设 $R(\boldsymbol{A})=r$，且 $\boldsymbol{A}$ 的某个 $r$ 阶子式 $D \neq 0$.

当 $\boldsymbol{A} \overset{r_i \leftrightarrow r_j}{\sim} \boldsymbol{B}$ 或 $\boldsymbol{A} \overset{r_i \times k}{\sim} \boldsymbol{B}$ 时，在 $\boldsymbol{B}$ 中总能找到与 $D$ 相对应的 $r$ 阶子式 $D_1$，由于 $D_1=D$ 或 $D_1=-D$ 或 $D_1=kD$，因此 $D_1 \neq 0$，从而 $R(\boldsymbol{B}) \geqslant r$.

当 $\boldsymbol{A} \overset{r_i + kr_j}{\sim} \boldsymbol{B}$ 时，由于对变换 $r_i \leftrightarrow r_j$ 时结论成立，因此只需考虑 $\boldsymbol{A} \overset{r_1 + kr_2}{\sim} \boldsymbol{B}$ 这一特殊情形. 分两种情形讨论：

(1) $\boldsymbol{A}$ 的 $r$ 阶非零子式 $D$ 不包含 $\boldsymbol{A}$ 的第一行，这时 $D$ 也是 $\boldsymbol{B}$ 的 $r$ 阶非零子式，故 $R(\boldsymbol{B}) \geqslant r$；

(2) $D$ 包含 $\boldsymbol{A}$ 的第一行，这时把 $\boldsymbol{B}$ 中与 $D$ 对应的 $r$ 阶子式 $D_1$ 记作

$$D_1=\begin{vmatrix} r_1+kr_2 \\ r_p \\ \vdots \\ r_q \end{vmatrix}=\begin{vmatrix} r_1 \\ r_p \\ \vdots \\ r_q \end{vmatrix}+k\begin{vmatrix} r_2 \\ r_p \\ \vdots \\ r_q \end{vmatrix}=D+kD_2.$$

若 $p=2$，则 $D_1=D \neq 0$；若 $p \neq 2$，则 $D_2$ 也是 $\boldsymbol{B}$ 的 $r$ 阶子式，由 $D_1-kD_2=D \neq 0$，知 $D_1$ 与 $D_2$ 不同时为 0.

总之，$\boldsymbol{B}$ 中存在 $r$ 阶非零子式 $D_1$ 或 $D_2$，故 $R(\boldsymbol{B}) \geqslant r$.

以上证明了若 $\boldsymbol{A}$ 经一次初等行变换化为 $\boldsymbol{B}$，则 $R(\boldsymbol{A}) \leqslant R(\boldsymbol{B})$. 由于 $\boldsymbol{B}$ 亦可经一次初等行变换化为 $\boldsymbol{A}$，故也有 $R(\boldsymbol{B}) \leqslant R(\boldsymbol{A})$. 因此，$R(\boldsymbol{A})=R(\boldsymbol{B})$.

经一次初等行变换矩阵的秩不变，即可知经有限次初等行变换矩阵的秩仍不变.

设 $\boldsymbol{A}$ 经初等列变换化为 $\boldsymbol{B}$，则 $\boldsymbol{A}^{\mathrm{T}}$ 经初等行变换化为 $\boldsymbol{B}^{\mathrm{T}}$，由上段证明知 $R(\boldsymbol{A}^{\mathrm{T}})=R(\boldsymbol{B}^{\mathrm{T}})$，又 $R(\boldsymbol{A})=R(\boldsymbol{A}^{\mathrm{T}})$，$R(\boldsymbol{B})=R(\boldsymbol{B}^{\mathrm{T}})$，因此 $R(\boldsymbol{A})=R(\boldsymbol{B})$.

总之，若 $\boldsymbol{A}$ 经有限次初等变换化为 $\boldsymbol{B}$（即 $\boldsymbol{A} \sim \boldsymbol{B}$），则 $R(\boldsymbol{A})=R(\boldsymbol{B})$. ■

根据定理 2.10，得到利用初等变换求矩阵的秩的方法：用初等行变换把矩阵化为行阶梯形矩阵，行阶梯形矩阵中非零行的行数就是该矩阵的秩.

**例 2.23** 求矩阵 $\boldsymbol{A}=\begin{pmatrix} 1 & 0 & 0 & 1 \\ 1 & 2 & 0 & -1 \\ 3 & -1 & 0 & 4 \\ 1 & 4 & 5 & 1 \end{pmatrix}$ 的秩.

**解** $$\boldsymbol{A}=\begin{pmatrix} 1 & 0 & 0 & 1 \\ 1 & 2 & 0 & -1 \\ 3 & -1 & 0 & 4 \\ 1 & 4 & 5 & 1 \end{pmatrix} \xrightarrow[r_4-r_1]{\substack{r_2-r_1 \\ r_3-3r_1}} \begin{pmatrix} 1 & 0 & 0 & 1 \\ 0 & 2 & 0 & -2 \\ 0 & -1 & 0 & 1 \\ 0 & 4 & 5 & 0 \end{pmatrix}$$

$$\xrightarrow{r_2 \times \frac{1}{2}} \begin{pmatrix} 1 & 0 & 0 & 1 \\ 0 & 1 & 0 & -1 \\ 0 & -1 & 0 & 1 \\ 0 & 4 & 5 & 0 \end{pmatrix} \xrightarrow[r_4 - 4r_2]{r_3 + r_2} \begin{pmatrix} 1 & 0 & 0 & 1 \\ 0 & 1 & 0 & -1 \\ 0 & 0 & 0 & 0 \\ 0 & 0 & 5 & 4 \end{pmatrix}$$

$$\xrightarrow{r_3 \leftrightarrow r_4} \begin{pmatrix} 1 & 0 & 0 & 1 \\ 0 & 1 & 0 & -1 \\ 0 & 0 & 5 & 4 \\ 0 & 0 & 0 & 0 \end{pmatrix},$$

所以，$R(\boldsymbol{A}) = 3$.

**例 2.24** 设矩阵 $\boldsymbol{A} = \begin{pmatrix} 3 & 2 & 0 & 5 & 0 \\ 3 & -2 & 3 & 6 & -1 \\ 2 & 0 & 1 & 5 & -3 \\ 1 & 6 & -4 & -1 & 4 \end{pmatrix}$，求 $\boldsymbol{A}$ 的秩，并求 $\boldsymbol{A}$ 的一个最高阶非零子式.

**解** 先求 $\boldsymbol{A}$ 的秩，对 $\boldsymbol{A}$ 做初等行变换化为行阶梯形矩阵：

$$\boldsymbol{A} = \begin{pmatrix} 3 & 2 & 0 & 5 & 0 \\ 3 & -2 & 3 & 6 & -1 \\ 2 & 0 & 1 & 5 & -3 \\ 1 & 6 & -4 & -1 & 4 \end{pmatrix} \xrightarrow{r_1 \leftrightarrow r_4} \begin{pmatrix} 1 & 6 & -4 & -1 & 4 \\ 3 & -2 & 3 & 6 & -1 \\ 2 & 0 & 1 & 5 & -3 \\ 3 & 2 & 0 & 5 & 0 \end{pmatrix}$$

$$\xrightarrow[\substack{r_3 - 2r_1 \\ r_4 - 3r_1}]{r_2 - r_4} \begin{pmatrix} 1 & 6 & -4 & -1 & 4 \\ 0 & -4 & 3 & 1 & -1 \\ 0 & -12 & 9 & 7 & -11 \\ 0 & -16 & 12 & 8 & -12 \end{pmatrix}$$

$$\xrightarrow[r_4 - 4r_2]{r_3 - 3r_2} \begin{pmatrix} 1 & 6 & -1 & -1 & 4 \\ 0 & -4 & 3 & 1 & -1 \\ 0 & 0 & 0 & 4 & -8 \\ 0 & 0 & 0 & 4 & -8 \end{pmatrix}$$

$$\xrightarrow{r_4 - r_3} \begin{pmatrix} 1 & 6 & -1 & -1 & 4 \\ 0 & -4 & 3 & 1 & -1 \\ 0 & 0 & 0 & 4 & -8 \\ 0 & 0 & 0 & 0 & 0 \end{pmatrix},$$

所以 $R(\boldsymbol{A}) = 3$.

再求 $\boldsymbol{A}$ 的一个最高阶非零子式. 因为 $R(\boldsymbol{A}) = 3$，所以矩阵 $\boldsymbol{A}$ 的最高阶非零子式为三阶. $\boldsymbol{A}$ 的三阶子式共有 $C_4^3 \times C_5^3 = 40$ (个).

设 $\boldsymbol{B}=\begin{pmatrix}3&2&5\\3&-2&6\\2&0&5\\1&6&-1\end{pmatrix}$，由于 $\boldsymbol{B}$ 的行阶梯形矩阵为 $\begin{pmatrix}1&6&-1\\0&-4&1\\0&0&4\\0&0&0\end{pmatrix}$，因此 $R(\boldsymbol{B})=3$. $\boldsymbol{B}$ 中必有三阶非零子式，且共有 4 个.

计算 $\boldsymbol{B}$ 的前三行构成的子式

$$\begin{vmatrix}3&2&5\\3&-2&6\\2&0&5\end{vmatrix}=\begin{vmatrix}6&0&11\\3&-2&6\\2&0&5\end{vmatrix}=-16\neq 0,$$

则三阶子式 $\begin{vmatrix}3&2&5\\3&-2&6\\2&0&5\end{vmatrix}$ 即为矩阵 $\boldsymbol{A}$ 中的一个最高阶非零子式.

**例 2.25** 设 $\boldsymbol{A}=\begin{pmatrix}1&-2&2&-1\\2&-4&8&0\\-2&4&-2&3\\3&-6&0&-6\end{pmatrix}$，$\boldsymbol{b}=\begin{pmatrix}1\\2\\3\\4\end{pmatrix}$，求矩阵 $\boldsymbol{A}$ 以及矩阵 $\boldsymbol{B}=(\boldsymbol{A},\ \boldsymbol{b})$ 的秩.

**解** 对 $\boldsymbol{B}$ 做初等行变换化为行阶梯形矩阵，设 $\boldsymbol{B}$ 的行阶梯形矩阵为 $\widetilde{\boldsymbol{B}}=(\widetilde{\boldsymbol{A}},\ \widetilde{\boldsymbol{b}})$，即 $\boldsymbol{B}=(\boldsymbol{A},\ \boldsymbol{b})\to\widetilde{\boldsymbol{B}}=(\widetilde{\boldsymbol{A}},\ \widetilde{\boldsymbol{b}})$，则 $\widetilde{\boldsymbol{A}}$ 就是 $\boldsymbol{A}$ 的行阶梯形矩阵，故从 $\widetilde{\boldsymbol{B}}=(\widetilde{\boldsymbol{A}},\ \widetilde{\boldsymbol{b}})$ 中可同时看出 $R(\boldsymbol{A})$ 及 $R(\boldsymbol{B})$.

$$\boldsymbol{B}=\begin{pmatrix}1&-2&2&-1&1\\2&-4&8&0&2\\-2&4&-2&3&3\\3&-6&0&-6&4\end{pmatrix}\xrightarrow[r_4-3r_1]{\substack{r_2-2r_1\\r_3+2r_1}}\begin{pmatrix}1&-2&2&-1&1\\0&0&4&2&0\\0&0&2&1&5\\0&0&-6&-3&1\end{pmatrix}$$

$$\xrightarrow[r_4+3r_2]{\substack{r_2\times\frac{1}{2}\\r_3-r_2}}\begin{pmatrix}1&-2&2&-1&1\\0&0&2&1&0\\0&0&0&0&5\\0&0&0&0&1\end{pmatrix}\xrightarrow[r_4-r_3]{r_3\times\frac{1}{5}}\begin{pmatrix}1&-2&2&-1&1\\0&0&2&1&0\\0&0&0&0&1\\0&0&0&0&0\end{pmatrix},$$

因此，$R(\boldsymbol{A})=2$，$R(\boldsymbol{B})=3$.

在本章最后，再介绍几个有关矩阵秩的重要性质：

**性质 4** 设矩阵 $\boldsymbol{A}\sim\boldsymbol{B}$，则 $R(\boldsymbol{A})=R(\boldsymbol{B})$.（此即定理 2.10）

**性质 5** 设矩阵 $\boldsymbol{P}$，$\boldsymbol{Q}$ 可逆，则 $R(\boldsymbol{PA})=R(\boldsymbol{AQ})=R(\boldsymbol{PAQ})=R(\boldsymbol{A})$.

**证明** 当 $\boldsymbol{P},\boldsymbol{Q}$ 可逆时，则 $\boldsymbol{PA},\boldsymbol{AQ},\boldsymbol{PAQ}$ 均与 $\boldsymbol{A}$ 等价，从而由性质 4 知

$$R(\boldsymbol{PA})=R(\boldsymbol{A}),\ R(\boldsymbol{AQ})=R(\boldsymbol{A}),\ R(\boldsymbol{PAQ})=R(\boldsymbol{A}).$$

**性质 6** $\max\{R(\boldsymbol{A}),R(\boldsymbol{B})\}\leqslant R(\boldsymbol{A},\boldsymbol{B})\leqslant R(\boldsymbol{A})+R(\boldsymbol{B})$，特别地，当 $\boldsymbol{B}$ 为非零列向量时，则有 $R(\boldsymbol{A})\leqslant R(\boldsymbol{A},\boldsymbol{B})\leqslant R(\boldsymbol{A})+1$.

**证明** 因为矩阵 $\boldsymbol{A}$ 与 $\boldsymbol{B}$ 的最高阶非零子式总是矩阵 $(\boldsymbol{A},\boldsymbol{B})$ 非零子式，所以

$$R(\boldsymbol{A})\leqslant R(\boldsymbol{A},\boldsymbol{B}),\quad R(\boldsymbol{B})\leqslant R(\boldsymbol{A},\boldsymbol{B}),$$

从而

$$\max\{R(\boldsymbol{A}),R(\boldsymbol{B})\}\leqslant R(\boldsymbol{A},\boldsymbol{B}).$$

设 $R(\boldsymbol{A})=r$，$R(\boldsymbol{B})=t$. 对 $\boldsymbol{A}$ 与 $\boldsymbol{B}$ 分别做初等列变换化为 $\overline{\boldsymbol{A}}$ 与 $\overline{\boldsymbol{B}}$，则 $\overline{\boldsymbol{A}}$ 与 $\overline{\boldsymbol{B}}$ 中分别含 $r$ 个和 $t$ 个非零列，故可设

$$\boldsymbol{A}\overset{c}{\sim}\overline{\boldsymbol{A}}=(\overline{a_1},\cdots,\overline{a_r},0,\cdots,0),\ \boldsymbol{B}\overset{c}{\sim}\overline{\boldsymbol{B}}=(\overline{b_1},\cdots,\overline{b_t},0,\cdots,0),$$

于是

$$(\boldsymbol{A},\boldsymbol{B})\overset{c}{\sim}(\overline{\boldsymbol{A}},\overline{\boldsymbol{B}}).$$

由于 $(\overline{\boldsymbol{A}},\overline{\boldsymbol{B}})$ 中只含有 $r+t$ 个非零列，因此 $R(\overline{\boldsymbol{A}},\overline{\boldsymbol{B}})\leqslant r+t$，而 $R(\boldsymbol{A},\boldsymbol{B})=R(\overline{\boldsymbol{A}},\overline{\boldsymbol{B}})$，故 $R(\boldsymbol{A},\boldsymbol{B})\leqslant r+t$，即

$$R(\boldsymbol{A},\boldsymbol{B})\leqslant R(\boldsymbol{A})+R(\boldsymbol{B}).$$

**性质 7** $R(\boldsymbol{A}+\boldsymbol{B})\leqslant R(\boldsymbol{A})+R(\boldsymbol{B})$.

也就是说，两矩阵和的秩小于或等于两矩阵秩的和.

**证明** 不妨设 $\boldsymbol{A}$，$\boldsymbol{B}$ 是 $m\times n$ 矩阵.

由性质 6 可知，$R(\boldsymbol{A}+\boldsymbol{B})\leqslant R(\boldsymbol{A}+\boldsymbol{B},\boldsymbol{B})$ 及 $R(\boldsymbol{A},\boldsymbol{B})\leqslant R(\boldsymbol{A})+R(\boldsymbol{B})$.

对矩阵 $(\boldsymbol{A},\boldsymbol{B})$ 做初等列变换 $c_i-c_{n+i}(i=1,2,\cdots,n)$，得 $(\boldsymbol{A}+\boldsymbol{B},\boldsymbol{B})\overset{c}{\sim}(\boldsymbol{A},\boldsymbol{B})$，故有 $R(\boldsymbol{A}+\boldsymbol{B},\boldsymbol{B})=R(\boldsymbol{A},\boldsymbol{B})$.

综合即得

$$R(\boldsymbol{A}+\boldsymbol{B})\leqslant R(\boldsymbol{A})+R(\boldsymbol{B}).$$

**性质 8** $R(\boldsymbol{AB})\leqslant\min\{R(\boldsymbol{A}),R(\boldsymbol{B})\}$.

也就是说，两矩阵乘积的秩小于或等于其中每一个矩阵的秩.

（性质 8 的证明见例 3.13.）

**性质 9** 设矩阵 $\boldsymbol{A}_{m\times n}\boldsymbol{B}_{n\times s}=\boldsymbol{O}$，则 $R(\boldsymbol{A})+R(\boldsymbol{B})\leqslant n$.

性质 9 说明，如果两矩阵的乘积等于零矩阵，则它们秩的和小于或等于两相乘矩阵中左边矩阵的列数，其证明见例 4.7.

**例 2.26** 设 $\boldsymbol{A}$ 为 $n$ 阶矩阵，且 $\boldsymbol{A}^2=\boldsymbol{E}$，证明：$R(\boldsymbol{A}+\boldsymbol{E})+R(\boldsymbol{A}-\boldsymbol{E})=n$.

**证明** 因为 $(\boldsymbol{A}+\boldsymbol{E})+(\boldsymbol{E}-\boldsymbol{A})=2\boldsymbol{E}$，由性质 7 得

$$R(\boldsymbol{A}+\boldsymbol{E})+R(\boldsymbol{E}-\boldsymbol{A})\geqslant R(2\boldsymbol{E})=n.$$

而 $R(\boldsymbol{E}-\boldsymbol{A})=R(\boldsymbol{A}-\boldsymbol{E})$，所以

$$R(\boldsymbol{A}+\boldsymbol{E})+R(\boldsymbol{A}-\boldsymbol{E})\geqslant n.$$

又 $(\boldsymbol{A}+\boldsymbol{E})(\boldsymbol{A}-\boldsymbol{E})=\boldsymbol{A}^2-\boldsymbol{E}=\boldsymbol{O}$, 由性质 9 得

$$R(\boldsymbol{A}+\boldsymbol{E})+R(\boldsymbol{A}-\boldsymbol{E})\leqslant n.$$

综合即得

$$R(\boldsymbol{A}+\boldsymbol{E})+R(\boldsymbol{A}-\boldsymbol{E})=n.$$

## 习 题 2.5

1. 求下列矩阵的秩：

(1) $\begin{pmatrix}1&2&3&4\\1&-2&4&5\\1&10&1&2\end{pmatrix}$； (2) $\begin{pmatrix}3&2&-1&-3&-1\\2&-1&3&1&-3\\7&0&5&-1&-8\end{pmatrix}$；

(3) $\begin{pmatrix}1&0&0&1\\3&-1&0&3\\1&2&0&-1\\1&4&5&7\end{pmatrix}$； (4) $\begin{pmatrix}2&4&1&3&-1\\1&2&-1&0&2\\3&6&3&6&a\end{pmatrix}$.

2. 求下列矩阵的秩，并求其一个最高阶非零子式.

(1) $\begin{pmatrix}1&1&-3&-1&1\\3&-1&-3&4&4\\1&5&-9&-8&0\end{pmatrix}$； (2) $\begin{pmatrix}2&-1&3&1\\4&-2&5&4\\-4&2&-6&-2\\2&-1&4&0\end{pmatrix}$.

3. 证明：$m\times n$ 矩阵 $\boldsymbol{A}$ 与 $\boldsymbol{B}$ 等价的充分必要条件是存在 $m$ 阶可逆矩阵 $\boldsymbol{P}$ 及 $n$ 阶可逆矩阵 $\boldsymbol{Q}$，使 $\boldsymbol{PAQ}=\boldsymbol{B}$.

4. 设 $\boldsymbol{A}$ 为 $n$ 阶矩阵，且 $\boldsymbol{A}^2=\boldsymbol{A}$，证明：$R(\boldsymbol{A})+R(\boldsymbol{A}-\boldsymbol{E})=n$.

5. 设 $\boldsymbol{A}$ 为 $n(n\geqslant 2)$ 阶矩阵，证明：

$$R(\boldsymbol{A}^*)=\begin{cases}n, & R(\boldsymbol{A})=n,\\1, & R(\boldsymbol{A})=n-1,\\0, & R(\boldsymbol{A})<n-1.\end{cases}$$

## 总 习 题 2

**1. 单项选择题**

(1) 设 $\boldsymbol{A}$, $\boldsymbol{B}$, $\boldsymbol{C}$ 为 $n$ 阶方阵，且满足 $\boldsymbol{ABC}=\boldsymbol{E}$，则(　　).

(A) $\boldsymbol{ACB}=\boldsymbol{E}$ (B) $\boldsymbol{CBA}=\boldsymbol{E}$

(C) $\boldsymbol{BAC}=\boldsymbol{E}$ (D) $\boldsymbol{BCA}=\boldsymbol{E}$

(2) 设 $\boldsymbol{A}$, $\boldsymbol{B}$ 是 $n\times n$ 矩阵，则下列等式一定成立的是(　　).

(A) $(\boldsymbol{A}+\boldsymbol{B})^2=\boldsymbol{A}^2+2\boldsymbol{AB}+\boldsymbol{B}^2$ (B) $\left||\boldsymbol{A}|\cdot\boldsymbol{B}\right|=|\boldsymbol{A}|\cdot|\boldsymbol{B}|$

(C) $|\boldsymbol{A}+\boldsymbol{B}|=|\boldsymbol{A}|+|\boldsymbol{B}|$ (D) $(2\boldsymbol{A}^{\mathrm{T}}\boldsymbol{B}^{\mathrm{T}})^{-1}=\dfrac{1}{2}(\boldsymbol{A}^{-1}\boldsymbol{B}^{-1})^{\mathrm{T}}$(设 $\boldsymbol{A},\boldsymbol{B}$ 都可逆)

(3) 设$\boldsymbol{A}=\begin{pmatrix} a_{11} & a_{12} & a_{13} \\ a_{21} & a_{22} & a_{23} \\ a_{31} & a_{32} & a_{33} \end{pmatrix}$，$\boldsymbol{B}=\begin{pmatrix} a_{21} & a_{22} & a_{23} \\ a_{11} & a_{12} & a_{13} \\ a_{31}+a_{11} & a_{32}+a_{12} & a_{33}+a_{13} \end{pmatrix}$，$\boldsymbol{P}_1=\begin{pmatrix} 0 & 1 & 0 \\ 1 & 0 & 0 \\ 0 & 0 & 1 \end{pmatrix}$，

$\boldsymbol{P}_2=\begin{pmatrix} 1 & 0 & 0 \\ 0 & 1 & 0 \\ 1 & 0 & 1 \end{pmatrix}$,则必有(　　).

(A) $\boldsymbol{AP}_1\boldsymbol{P}_2=\boldsymbol{B}$　　(B) $\boldsymbol{AP}_2\boldsymbol{P}_1=\boldsymbol{B}$

(C) $\boldsymbol{P}_1\boldsymbol{P}_2\boldsymbol{A}=\boldsymbol{B}$　　(D) $\boldsymbol{P}_2\boldsymbol{P}_1\boldsymbol{A}=\boldsymbol{B}$

(4) 在下列矩阵中可逆的是(　　).

(A) $\begin{pmatrix} 0 & 0 & 0 \\ 0 & 1 & 0 \\ 0 & 0 & 1 \end{pmatrix}$　　(B) $\begin{pmatrix} 1 & 1 & 0 \\ 2 & 2 & 0 \\ 0 & 0 & 1 \end{pmatrix}$

(C) $\begin{pmatrix} 1 & 1 & 0 \\ 0 & 1 & 1 \\ 1 & 2 & 1 \end{pmatrix}$　　(D) $\begin{pmatrix} 1 & 0 & 0 \\ 1 & 1 & 1 \\ 1 & 0 & 1 \end{pmatrix}$

(5) 设 $n$ 阶方阵 $\boldsymbol{A}$，$\boldsymbol{B}$ 等价,则(　　).

(A) $|\boldsymbol{A}|=|\boldsymbol{B}|$　　(B) $|\boldsymbol{A}|\neq|\boldsymbol{B}|$

(C) 若 $|\boldsymbol{A}|\neq 0$,则必有 $|\boldsymbol{B}|\neq 0$　　(D) $|\boldsymbol{A}|=-|\boldsymbol{B}|$

**2. 填空题**

(1) 设$\boldsymbol{\alpha}=\begin{pmatrix} 1 \\ 2 \\ 3 \end{pmatrix}$，$\boldsymbol{\beta}=\begin{pmatrix} 1 \\ \frac{1}{2} \\ \frac{1}{3} \end{pmatrix}$，$\boldsymbol{A}=\boldsymbol{\alpha}\boldsymbol{\beta}^{\mathrm{T}}$,则 $\boldsymbol{A}^2=$________.

(2) 设 $\boldsymbol{A}$ 是三阶方阵，$|\boldsymbol{A}|=a\neq 0$,则 $|\boldsymbol{A}^*|=$________.

(3) 已知 $\boldsymbol{AB}-\boldsymbol{B}=\boldsymbol{A}$,其中 $\boldsymbol{B}=\begin{pmatrix} 1 & -2 & 0 \\ 2 & 1 & 0 \\ 0 & 0 & 2 \end{pmatrix}$,则 $\boldsymbol{A}=$________.

(4) 设$\boldsymbol{A}=\begin{pmatrix} 1 & 0 & 0 \\ 2 & 2 & 0 \\ 3 & 4 & 5 \end{pmatrix}$,则 $(\boldsymbol{A}^*)^{-1}=$________.

(5) 设 $\boldsymbol{A}$ 是 $4\times 3$ 矩阵，$R(\boldsymbol{A})=2$,而 $\boldsymbol{B}=\begin{pmatrix} 1 & 0 & 2 \\ 0 & 2 & 0 \\ -1 & 0 & 3 \end{pmatrix}$,则 $R(\boldsymbol{AB})=$________.

**3. 计算题**

(1) 设矩阵 $\boldsymbol{A}$，$\boldsymbol{B}$ 满足 $\boldsymbol{A}^*\boldsymbol{BA}=2\boldsymbol{BA}-8\boldsymbol{E}$，$\boldsymbol{A}=\begin{pmatrix} 1 & 0 & 0 \\ 0 & -2 & 0 \\ 0 & 0 & 1 \end{pmatrix}$,求 $\boldsymbol{A}^{-1}$，$\boldsymbol{A}^*$，$\boldsymbol{B}$.

(2) 设

$$A=\begin{pmatrix}0&1&0&\cdots&0&0&0\\0&0&2&\cdots&0&0&0\\\vdots&\vdots&\vdots&&\vdots&\vdots&\vdots\\0&0&0&\cdots&n-1&0&0\\n&0&0&\cdots&0&0&0\\0&0&0&\cdots&0&2&1\\0&0&0&\cdots&0&5&3\end{pmatrix},$$

求 $A^{-1}$.

(3) 设矩阵 $A$ 的伴随矩阵

$$A^*=\begin{pmatrix}1&0&0&0\\0&1&0&0\\1&0&1&0\\0&-3&0&8\end{pmatrix},$$

且 $ABA^{-1}=BA^{-1}+3E$,求矩阵 $B$.

(4) 已知 $A=\begin{pmatrix}1&-1&-1&-1\\-1&1&-1&-1\\-1&-1&1&-1\\-1&-1&-1&1\end{pmatrix}$,求 $A^n$($n$ 为正整数).

(5) 设 $AP=P\Lambda$, $P=\begin{pmatrix}1&2\\1&4\end{pmatrix}$, $\Lambda=\begin{pmatrix}1&0\\0&2\end{pmatrix}$,求 $\varphi(A)=A^8(A-A^2)$.

(6) 设三阶矩阵

$$A=\begin{pmatrix}a&b&b\\b&a&b\\b&b&a\end{pmatrix},$$

问 $a$, $b$ 满足什么条件时,$A$ 的伴随矩阵 $A^*$ 的秩等于 1.

**4. 证明题**

(1) 设 $A$ 为 $n$ 阶非零实矩阵,且 $A^*=A^{\mathrm{T}}$,证明: $|A|\neq 0$.

(2) 设 $A$ 是 $m\times n$ 矩阵,$B$ 是 $n\times m$ 矩阵,$m>n$,证明:$AB$ 不可逆.

(3) 设 $AB=A+B$,证明:$A-E$ 可逆,且有 $AB=BA$.

# 第3章　向　　量

在中学数学中读者已经接触过向量. 所谓向量，就是既有大小又有方向的量，在几何上用有向线段表示. 向量在数学领域有着广泛的应用，自然科学、工程技术和经济问题等领域也常常要用到向量.

本章首先介绍 $n$ 维向量的概念和运算，其次讨论 $n$ 维向量组的线性相关性、向量组的秩等问题，最后介绍向量空间的基本概念、向量的内积、正交矩阵.

## §3.1　$n$ 维向量

众所周知，在建立了直角坐标系后，平面上的向量可用有序数组 $(x, y)$ 表示，而空间中的向量可用有序数组 $(x, y, z)$ 表示. 用数组表示向量的好处，除了可以用代数的方法来研究向量外，更重要的是可以把向量的概念推广到更一般的情形，这种推广当然不只是形式上的，它对于数学的发展和应用起着极其重要的作用. 在实际问题中，有许多研究对象可用 $n$ 个数组成的有序数组来表示，即所谓的 $n$ 维向量来表示.

### 3.1.1　$n$ 维向量的定义

**定义 3.1**　$n$ 个有序数 $a_1, a_2, \cdots, a_n$ 组成的数组称为 **$n$ 维向量**，数 $a_i(i=1, 2, \cdots, n)$ 称为该向量的第 $i$ 个分量.

$n$ 维向量可写成 $\begin{pmatrix} a_1 \\ a_2 \\ \vdots \\ a_n \end{pmatrix}$ 或 $(a_1, a_2, \cdots, a_n)$，前者称为 **$n$ 维列向量**，后者称为 **$n$ 维行向量**.

$n$ 维列向量可看做是 $n\times 1$ 矩阵，而 $n$ 维行向量可看做是 $1\times n$ 矩阵，因此，$n$ 维列(行)向量的转置是 $n$ 维行(列)向量. 可见，行向量理论与列向量理论是平行的，把有关列(行)向量的结论中的列(行)改为行(列)，就得到行(列)向量的相应结论.

为叙述方便，若无特别说明，本书所讨论的向量都是列向量.

常用小写希腊字母 $\boldsymbol{\alpha}, \boldsymbol{\beta}, \boldsymbol{\gamma}, \cdots$ 表示 $n$ 维向量，用小写拉丁字母 $a, b, c, \cdots$ 表示 $n$ 维向量的分量. 如 $n$ 维向量

$$\boldsymbol{\alpha}=\begin{pmatrix}a_1\\a_2\\\vdots\\a_n\end{pmatrix} \quad 或 \quad \boldsymbol{\alpha}=(a_1, a_2, \cdots, a_n)^{\mathrm{T}}.$$

分量全为实数的向量称为**实向量**，分量全为复数的向量称为**复向量**.

本书中若无特别说明，所讨论的向量都是实向量，并用 **R** 表示实数集.

二维向量就是平面上的向量，三维向量就是空间中的向量，当 $n>3$ 时，$n$ 维向量就没有直观的几何意义了. 之所以仍称它为向量，是因为它既包括了通常的向量作为特例，又与通常的向量有许多性质是共同的，因此仍然沿用这个几何术语.

$n$ 维向量可以用来描述许多研究对象.

**例 3.1** 在研究导弹的飞行状态时，要用导弹的质量 $m$ 、导弹在空间中的坐标 $x, y, z$ 和速度分量 $v_x, v_y, v_z$ 等 7 个量组成的 7 维向量 $(m, x, y, z, v_x, v_y, v_z)$ 来表示.

**例 3.2** 在描述企业的生产经营状况时，常将产值、利润等信息按月份顺序填报，就得到一个 12 维向量.

**例 3.3** 在一个 $m\times n$ 矩阵中，每一行都是 $n$ 维行向量，而每一列都是 $m$ 维列向量.

**定义 3.2** 分量全是零的向量，称为**零向量**，记作 **0**.

**定义 3.3** 向量 $\begin{pmatrix}-a_1\\-a_2\\\vdots\\-a_n\end{pmatrix}$ 称为向量 $\boldsymbol{\alpha}=\begin{pmatrix}a_1\\a_2\\\vdots\\a_n\end{pmatrix}$ 的**负向量**，记作 $-\boldsymbol{\alpha}$.

**定义 3.4** 设向量 $\boldsymbol{\alpha}=\begin{pmatrix}a_1\\a_2\\\vdots\\a_n\end{pmatrix}$，$\boldsymbol{\beta}=\begin{pmatrix}b_1\\b_2\\\vdots\\b_n\end{pmatrix}$，若 $a_i=b_i(i=1, 2, \cdots, n)$，则称向量 $\boldsymbol{\alpha}$ 与 $\boldsymbol{\beta}$ 相等，记作 $\boldsymbol{\alpha}=\boldsymbol{\beta}$.

由定义 3.4 可知，两个向量只有维数相同时才有相等或不相等的概念，换句话说，维数不同的两个向量是不能进行比较的. 例如，维数不同的两个零向量是不相等的.

由若干个同维数的向量组成的集合，称为**向量组**. 例如，一个 $m\times n$ 矩阵的全体列向量是由 $n$ 个 $m$ 维列向量组成的向量组；反之，若给定 $n$ 个 $m$ 维列向量组成的向量组，则以这些向量为列，就得到一个 $m\times n$ 矩阵. 因此，含有限个向量的有序向量组可以与矩阵一一对应.

### 3.1.2 *n* 维向量的运算

向量之间的基本运算有两种：加法与数乘.

**定义 3.5** 设向量 $\boldsymbol{\alpha}=\begin{pmatrix}a_1\\a_2\\\vdots\\a_n\end{pmatrix}$，$\boldsymbol{\beta}=\begin{pmatrix}b_1\\b_2\\\vdots\\b_n\end{pmatrix}$，则向量 $\begin{pmatrix}a_1+b_1\\a_2+b_2\\\vdots\\a_n+b_n\end{pmatrix}$ 称为向量 $\boldsymbol{\alpha}$ 与 $\boldsymbol{\beta}$ 的和，记作 $\boldsymbol{\alpha}+\boldsymbol{\beta}$，即

$$\boldsymbol{\alpha}+\boldsymbol{\beta}=\begin{pmatrix}a_1+b_1\\a_2+b_2\\\vdots\\a_n+b_n\end{pmatrix}.$$

利用向量的加法及负向量，可定义向量的减法：

$$\boldsymbol{\alpha}-\boldsymbol{\beta}=\boldsymbol{\alpha}+(-\boldsymbol{\beta})=\begin{pmatrix}a_1-b_1\\a_2-b_2\\\vdots\\a_n-b_n\end{pmatrix}.$$

**定义 3.6** 设向量 $\boldsymbol{\alpha}=\begin{pmatrix}a_1\\a_2\\\vdots\\a_n\end{pmatrix}$，$k$ 是一个数，则向量 $\begin{pmatrix}ka_1\\ka_2\\\vdots\\ka_n\end{pmatrix}$ 称为数 $k$ 与向量 $\boldsymbol{\alpha}$ 的乘积，简称**数乘**，记作 $k\boldsymbol{\alpha}$，即

$$k\boldsymbol{\alpha}=\begin{pmatrix}ka_1\\ka_2\\\vdots\\ka_n\end{pmatrix}.$$

向量的加法与数乘运算统称为向量的**线性运算**. 易见，向量的加法与数乘运算是矩阵的加法与数乘运算的特例，因此向量的两种运算满足以下运算律：

(1) 加法交换律，$\boldsymbol{\alpha}+\boldsymbol{\beta}=\boldsymbol{\beta}+\boldsymbol{\alpha}$；

(2) 加法结合律，$(\boldsymbol{\alpha}+\boldsymbol{\beta})+\boldsymbol{\gamma}=\boldsymbol{\alpha}+(\boldsymbol{\beta}+\boldsymbol{\gamma})$；

(3) 零元律，$\mathbf{0}+\boldsymbol{\alpha}=\boldsymbol{\alpha}$；

(4) 负元律，$\boldsymbol{\alpha}+(-\boldsymbol{\alpha})=\mathbf{0}$；

(5) 数乘对向量加法的分配律，$k(\boldsymbol{\alpha}+\boldsymbol{\beta})=k\boldsymbol{\alpha}+k\boldsymbol{\beta}$；

(6) 数乘对数加法的分配律，$(k+l)\boldsymbol{\alpha}=k\boldsymbol{\alpha}+l\boldsymbol{\alpha}$；

(7) 数乘对数乘法的结合律，$(kl)\boldsymbol{\alpha}=k(l\boldsymbol{\alpha})$；

(8) $1\boldsymbol{\alpha}=\boldsymbol{\alpha}$，$(-1)\boldsymbol{\alpha}=-\boldsymbol{\alpha}$，$0\boldsymbol{\alpha}=\mathbf{0}$；

(9) 若 $\boldsymbol{\alpha}+\boldsymbol{\beta}=\boldsymbol{\gamma}$, 则 $\boldsymbol{\alpha}=\boldsymbol{\gamma}-\boldsymbol{\beta}$;

(10) 若 $k\boldsymbol{\alpha}=\boldsymbol{\beta}\ (k\neq 0)$, 则 $\boldsymbol{\alpha}=\frac{1}{k}\boldsymbol{\beta}$;

(11) 若 $k\boldsymbol{\alpha}=\mathbf{0}$,则 $k=0$ 或 $\boldsymbol{\alpha}=\mathbf{0}$.

应当注意的是,两个向量只有维数相同时,才能进行加法和减法运算.

## 习 题 3.1

1. 设 $\boldsymbol{\alpha}=\begin{pmatrix}2\\1\\-2\end{pmatrix}$, $\boldsymbol{\beta}=\begin{pmatrix}-4\\2\\3\end{pmatrix}$, $\boldsymbol{\gamma}=\begin{pmatrix}-8\\8\\5\end{pmatrix}$,求数 $k$ 使得 $2\boldsymbol{\alpha}+k\boldsymbol{\beta}=\boldsymbol{\gamma}$.

2. 设 $\boldsymbol{\alpha}=\begin{pmatrix}2\\5\\3\\1\end{pmatrix}$, $\boldsymbol{\beta}=\begin{pmatrix}10\\1\\5\\10\end{pmatrix}$, $\boldsymbol{\gamma}=\begin{pmatrix}4\\1\\-1\\1\end{pmatrix}$,求向量 $\boldsymbol{x}$,使

$$3(\boldsymbol{\alpha}-\boldsymbol{x})+2(\boldsymbol{\beta}+\boldsymbol{x})=5(\boldsymbol{\gamma}-\boldsymbol{x}).$$

3. 设

$$\begin{cases}2\boldsymbol{\alpha}+\boldsymbol{\beta}=(0,\ 1,\ -1,\ 2,\ 0)^{\mathrm{T}},\\ 2\boldsymbol{\alpha}-2\boldsymbol{\beta}=(1,\ 2,\ -3,\ 5,\ 0)^{\mathrm{T}},\end{cases}$$

求 $\boldsymbol{\alpha}$, $\boldsymbol{\beta}$.

# §3.2 向量间的线性关系

向量之间除了运算关系外还存在着各种关系,其中最主要的关系是向量组的线性相关与线性无关.本节将讨论这两个关系.为了讨论方便,将用符号 $(\boldsymbol{\alpha}_1, \boldsymbol{\alpha}_2, \cdots, \boldsymbol{\alpha}_m)$ 表示以向量组 $\boldsymbol{\alpha}_1, \boldsymbol{\alpha}_2, \cdots, \boldsymbol{\alpha}_m$ 为列构成的矩阵.

## 3.2.1 线性组合与线性表示

**定义 3.7** 设 $\boldsymbol{\alpha}_1, \boldsymbol{\alpha}_2, \cdots, \boldsymbol{\alpha}_m$ 为 $n$ 维向量组, $\boldsymbol{\beta}$ 是 $n$ 维向量,若有一组数 $k_1, k_2, \cdots, k_m$, 使得

$$\boldsymbol{\beta}=k_1\boldsymbol{\alpha}_1+k_2\boldsymbol{\alpha}_2+\cdots+k_m\boldsymbol{\alpha}_m,$$

则称向量 $\boldsymbol{\beta}$ 为向量组 $\boldsymbol{\alpha}_1, \boldsymbol{\alpha}_2, \cdots, \boldsymbol{\alpha}_m$ 的一个**线性组合**,或称向量 $\boldsymbol{\beta}$ 可由向量组 $\boldsymbol{\alpha}_1, \boldsymbol{\alpha}_2, \cdots, \boldsymbol{\alpha}_m$ **线性表示**.

关于向量组的线性表示,显然有以下简单性质:

(1) 零向量可由任一向量组线性表示;

(2) 向量

$$\boldsymbol{\varepsilon}_1=\begin{pmatrix}1\\0\\\vdots\\0\end{pmatrix},\ \boldsymbol{\varepsilon}_2=\begin{pmatrix}0\\1\\\vdots\\0\end{pmatrix},\ \cdots,\ \boldsymbol{\varepsilon}_n=\begin{pmatrix}0\\0\\\vdots\\1\end{pmatrix}$$

称为 $n$ **维单位坐标向量**.

任意 $n$ 维向量 $\boldsymbol{\alpha}=\begin{pmatrix}a_1\\a_2\\\vdots\\a_n\end{pmatrix}$ 都可由 $n$ 维单位坐标向量组线性表示. 这是因为

$$\boldsymbol{\alpha}=a_1\boldsymbol{\varepsilon}_1+a_2\boldsymbol{\varepsilon}_2+\cdots+a_n\boldsymbol{\varepsilon}_n.$$

(3) 任意 $\boldsymbol{\alpha}_i(i=1,2,\cdots,m)$ 都可以由向量组 $\boldsymbol{\alpha}_1,\boldsymbol{\alpha}_2,\cdots,\boldsymbol{\alpha}_m$ 线性表示. 这是因为

$$\boldsymbol{\alpha}_i=0\boldsymbol{\alpha}_1+\cdots+0\boldsymbol{\alpha}_{i-1}+1\boldsymbol{\alpha}_i+0\boldsymbol{\alpha}_{i+1}+\cdots+0\boldsymbol{\alpha}_m.$$

如何判断一个向量能否由某一向量组线性表示呢? 下面就来讨论这个问题.

**引理** 若以向量 $\boldsymbol{\alpha}_1,\boldsymbol{\alpha}_2,\cdots,\boldsymbol{\alpha}_m,\boldsymbol{\beta}$ 为列的矩阵

$$\boldsymbol{A}=(\boldsymbol{\alpha}_1,\boldsymbol{\alpha}_2,\cdots,\boldsymbol{\alpha}_m,\boldsymbol{\beta})$$

经过初等行变换化为以向量 $\boldsymbol{\gamma}_1,\boldsymbol{\gamma}_2,\cdots,\boldsymbol{\gamma}_m,\boldsymbol{\eta}$ 为列的矩阵

$$\boldsymbol{B}=(\boldsymbol{\gamma}_1,\boldsymbol{\gamma}_2,\cdots,\boldsymbol{\gamma}_m,\boldsymbol{\eta}),$$

则

$$\boldsymbol{\beta}=k_1\boldsymbol{\alpha}_1+k_2\boldsymbol{\alpha}_2+\cdots+k_m\boldsymbol{\alpha}_m\Leftrightarrow\boldsymbol{\eta}=k_1\boldsymbol{\gamma}_1+k_2\boldsymbol{\gamma}_2+\cdots+k_m\boldsymbol{\gamma}_m.$$

**证明** 当矩阵 $\boldsymbol{A}$ 经过初等行变换变成矩阵 $\boldsymbol{B}$ 时,存在可逆矩阵 $\boldsymbol{P}$,使 $\boldsymbol{A}=\boldsymbol{PB}$,即

$$(\boldsymbol{\alpha}_1,\boldsymbol{\alpha}_2,\cdots,\boldsymbol{\alpha}_m,\boldsymbol{\beta})=(\boldsymbol{P}\boldsymbol{\gamma}_1,\boldsymbol{P}\boldsymbol{\gamma}_2,\cdots,\boldsymbol{P}\boldsymbol{\gamma}_m,\boldsymbol{P}\boldsymbol{\eta}).$$

所以

$$\begin{cases}\boldsymbol{\beta}=\boldsymbol{P}\boldsymbol{\eta},\\ \boldsymbol{\alpha}_i=\boldsymbol{P}\boldsymbol{\gamma}_i(i=1,2,\cdots,m),\end{cases}$$

从而

$$\boldsymbol{\beta}=k_1\boldsymbol{\alpha}_1+k_2\boldsymbol{\alpha}_2+\cdots+k_m\boldsymbol{\alpha}_m\Rightarrow\boldsymbol{\eta}=k_1\boldsymbol{\gamma}_1+k_2\boldsymbol{\gamma}_2+\cdots+k_m\boldsymbol{\gamma}_m.$$

由初等变换的可逆性知,矩阵 $\boldsymbol{B}$ 也可经过初等行变换变成矩阵 $\boldsymbol{A}$,所以又有

$$\boldsymbol{\eta}=k_1\boldsymbol{\gamma}_1+k_2\boldsymbol{\gamma}_2+\cdots+k_m\boldsymbol{\gamma}_m\Rightarrow\boldsymbol{\beta}=k_1\boldsymbol{\alpha}_1+k_2\boldsymbol{\alpha}_2+\cdots+k_m\boldsymbol{\alpha}_m.$$

因此

$$\boldsymbol{\beta}=k_1\boldsymbol{\alpha}_1+k_2\boldsymbol{\alpha}_2+\cdots+k_m\boldsymbol{\alpha}_m\Leftrightarrow\boldsymbol{\eta}=k_1\boldsymbol{\gamma}_1+k_2\boldsymbol{\gamma}_2+\cdots+k_m\boldsymbol{\gamma}_m. \qquad \blacksquare$$

根据以上引理,可得下面的定理.

**定理 3.1** $n$ 维向量 $\boldsymbol{\beta}$ 可由 $n$ 维向量组 $\boldsymbol{\alpha}_1, \boldsymbol{\alpha}_2, \cdots, \boldsymbol{\alpha}_m$ 线性表示的充分必要条件是,矩阵 $(\boldsymbol{\alpha}_1, \boldsymbol{\alpha}_2, \cdots, \boldsymbol{\alpha}_m)$ 的秩等于矩阵 $(\boldsymbol{\alpha}_1, \boldsymbol{\alpha}_2, \cdots, \boldsymbol{\alpha}_m, \boldsymbol{\beta})$ 的秩,即

$$R(\boldsymbol{\alpha}_1, \boldsymbol{\alpha}_2, \cdots, \boldsymbol{\alpha}_m)=R(\boldsymbol{\alpha}_1, \boldsymbol{\alpha}_2, \cdots, \boldsymbol{\alpha}_m, \boldsymbol{\beta}).$$

**证明** 必要性. 设 $\boldsymbol{\beta}=k_1\boldsymbol{\alpha}_1+k_2\boldsymbol{\alpha}_2+\cdots+k_m\boldsymbol{\alpha}_m$, 则

$$(\boldsymbol{\alpha}_1, \boldsymbol{\alpha}_2, \cdots, \boldsymbol{\alpha}_m, \boldsymbol{\beta})\xrightarrow[(i=1,\,2,\,\cdots,\,m)]{c_{m+1}-k_ic_i}(\boldsymbol{\alpha}_1, \boldsymbol{\alpha}_2, \cdots, \boldsymbol{\alpha}_m, \boldsymbol{0}),$$

故 $R(\boldsymbol{\alpha}_1, \boldsymbol{\alpha}_2, \cdots, \boldsymbol{\alpha}_m, \boldsymbol{\beta})=R(\boldsymbol{\alpha}_1, \boldsymbol{\alpha}_2, \cdots, \boldsymbol{\alpha}_m, \boldsymbol{0})=R(\boldsymbol{\alpha}_1, \boldsymbol{\alpha}_2, \cdots, \boldsymbol{\alpha}_m)$.

充分性. 设

$$R(\boldsymbol{\alpha}_1, \boldsymbol{\alpha}_2, \cdots, \boldsymbol{\alpha}_m, \boldsymbol{\beta})=R(\boldsymbol{\alpha}_1, \boldsymbol{\alpha}_2, \cdots, \boldsymbol{\alpha}_m)=r,$$

则矩阵 $(\boldsymbol{\alpha}_1, \boldsymbol{\alpha}_2, \cdots, \boldsymbol{\alpha}_m, \boldsymbol{\beta})$ 可以经过初等行变换化为行最简形矩阵,不妨设为

$$\begin{pmatrix} 1 & 0 & \cdots & 0 & b_{1,r+1} & \cdots & b_{1m} & d_1 \\ 0 & 1 & \cdots & 0 & b_{2,r+1} & \cdots & b_{2m} & d_2 \\ \vdots & \vdots & & \vdots & \vdots & & \vdots & \vdots \\ 0 & 0 & \cdots & 1 & b_{r,r+1} & \cdots & b_{rm} & d_r \\ 0 & 0 & \cdots & 0 & 0 & \cdots & 0 & 0 \\ \vdots & \vdots & & \vdots & \vdots & & \vdots & \vdots \\ 0 & 0 & \cdots & 0 & 0 & \cdots & 0 & 0 \end{pmatrix}=(\boldsymbol{\gamma}_1, \boldsymbol{\gamma}_2, \cdots, \boldsymbol{\gamma}_m, \boldsymbol{\eta}),$$

显然

$$\boldsymbol{\eta}=d_1\boldsymbol{\gamma}_1+d_2\boldsymbol{\gamma}_2+\cdots+d_r\boldsymbol{\gamma}_r,$$

于是由引理知

$$\boldsymbol{\beta}=d_1\boldsymbol{\alpha}_1+d_2\boldsymbol{\alpha}_2+\cdots+d_r\boldsymbol{\alpha}_r,$$

故向量 $\boldsymbol{\beta}$ 可由向量组 $\boldsymbol{\alpha}_1, \boldsymbol{\alpha}_2, \cdots, \boldsymbol{\alpha}_m$ 线性表示.

**例 3.4** 设 $\boldsymbol{\alpha}_1=\begin{pmatrix}1\\2\\-1\\3\end{pmatrix}, \boldsymbol{\alpha}_2=\begin{pmatrix}2\\4\\-2\\6\end{pmatrix}, \boldsymbol{\alpha}_3=\begin{pmatrix}2\\-1\\1\\-3\end{pmatrix}, \boldsymbol{\beta}_1=\begin{pmatrix}4\\3\\0\\3\end{pmatrix}, \boldsymbol{\beta}_2=\begin{pmatrix}4\\3\\-1\\3\end{pmatrix}$,

试判断向量 $\boldsymbol{\beta}_1$ 与 $\boldsymbol{\beta}_2$ 能否由向量组 $\boldsymbol{\alpha}_1, \boldsymbol{\alpha}_2, \boldsymbol{\alpha}_3$ 线性表示? 若能,写出表示式.

**解** 因为

$$(\boldsymbol{\alpha}_1,\boldsymbol{\alpha}_2,\boldsymbol{\alpha}_3,\boldsymbol{\beta}_1)=\begin{pmatrix}1&2&2&4\\2&4&-1&3\\-1&-2&1&0\\3&6&-3&3\end{pmatrix}\xrightarrow[r_4-3r_1]{\substack{r_2-2r_1\\r_3+r_1}}\begin{pmatrix}1&2&2&4\\0&0&-5&-5\\0&0&3&4\\0&0&-9&-9\end{pmatrix}$$

$$\xrightarrow[r_4-\frac{9}{5}r_2]{r_3+\frac{3}{5}r_2}\begin{pmatrix}1&2&2&4\\0&0&-5&-5\\0&0&0&1\\0&0&0&0\end{pmatrix},$$

所以，$R(\boldsymbol{\alpha}_1,\boldsymbol{\alpha}_2,\boldsymbol{\alpha}_3,\boldsymbol{\beta}_1)=3\neq R(\boldsymbol{\alpha}_1,\boldsymbol{\alpha}_2,\boldsymbol{\alpha}_3)=2$，故$\boldsymbol{\beta}_1$不能由向量组$\boldsymbol{\alpha}_1,\boldsymbol{\alpha}_2,\boldsymbol{\alpha}_3$线性表示.

因为

$$(\boldsymbol{\alpha}_1,\boldsymbol{\alpha}_2,\boldsymbol{\alpha}_3,\boldsymbol{\beta}_2)=\begin{pmatrix}1&2&2&4\\2&4&-1&3\\-1&-2&1&-1\\3&6&-3&3\end{pmatrix}\xrightarrow[r_4-3r_1]{\substack{r_2-2r_1\\r_3+r_1}}\begin{pmatrix}1&2&2&4\\0&0&-5&-5\\0&0&3&3\\0&0&-9&-9\end{pmatrix}$$

$$\xrightarrow[-\frac{1}{5}r_2]{\substack{r_3+\frac{3}{5}r_2\\r_4-\frac{9}{5}r_2\\r_1+\frac{2}{5}r_2}}\begin{pmatrix}1&2&0&2\\0&0&1&1\\0&0&0&0\\0&0&0&0\end{pmatrix},$$

所以，$R(\boldsymbol{\alpha}_1,\boldsymbol{\alpha}_2,\boldsymbol{\alpha}_3,\boldsymbol{\beta}_2)=R(\boldsymbol{\alpha}_1,\boldsymbol{\alpha}_2,\boldsymbol{\alpha}_3)=2$，故$\boldsymbol{\beta}_2$能由向量组$\boldsymbol{\alpha}_1,\boldsymbol{\alpha}_2,\boldsymbol{\alpha}_3$线性表示，且表示式为

$$\boldsymbol{\beta}_2=2\boldsymbol{\alpha}_1+\boldsymbol{\alpha}_3\quad\text{或}\quad\boldsymbol{\beta}_2=\boldsymbol{\alpha}_2+\boldsymbol{\alpha}_3.$$

### 3.2.2 线性相关与线性无关

由上面的讨论可知，并不是每一个向量都可以表示为某一个向量组的线性组合. 为了更深入地研究向量之间的线性关系，引入下面的重要概念.

**定义 3.8** 设$\boldsymbol{\alpha}_1,\boldsymbol{\alpha}_2,\cdots,\boldsymbol{\alpha}_m$为$n$维向量组，若存在不全为零的数$k_1,k_2,\cdots,k_m$，使

$$k_1\boldsymbol{\alpha}_1+k_2\boldsymbol{\alpha}_2+\cdots+k_m\boldsymbol{\alpha}_m=\mathbf{0},$$

则称向量组 $\boldsymbol{\alpha}_1,\boldsymbol{\alpha}_2,\cdots,\boldsymbol{\alpha}_m$ **线性相关**,否则称向量组 $\boldsymbol{\alpha}_1,\boldsymbol{\alpha}_2,\cdots,\boldsymbol{\alpha}_m$ **线性无关**.

例如,向量组 $\boldsymbol{\alpha}_1=\begin{pmatrix}1\\0\\1\end{pmatrix},\boldsymbol{\alpha}_2=\begin{pmatrix}-1\\2\\2\end{pmatrix},\boldsymbol{\alpha}_3=\begin{pmatrix}1\\2\\4\end{pmatrix}$ 是线性相关的,因为有不全为零的数 2, 1, −1,使 $2\boldsymbol{\alpha}_1+\boldsymbol{\alpha}_2-\boldsymbol{\alpha}_3=\mathbf{0}$.

$n$ 维单位坐标向量组 $\boldsymbol{\varepsilon}_1,\boldsymbol{\varepsilon}_2,\cdots,\boldsymbol{\varepsilon}_n$ 是线性无关的,因为不存在不全为零的数 $k_1,k_2,\cdots,k_n$,使

$$k_1\boldsymbol{\varepsilon}_1+k_2\boldsymbol{\varepsilon}_2+\cdots+k_n\boldsymbol{\varepsilon}_n=\mathbf{0}.$$

事实上,若有

$$k_1\boldsymbol{\varepsilon}_1+k_2\boldsymbol{\varepsilon}_2+\cdots+k_n\boldsymbol{\varepsilon}_n=\mathbf{0},$$

即得 $\begin{pmatrix}k_1\\k_2\\\vdots\\k_n\end{pmatrix}=\begin{pmatrix}0\\0\\\vdots\\0\end{pmatrix}$,则有 $k_i=0\ (i=1,2,\cdots,n)$,即 $k_1,k_2,\cdots,k_n$ 全为零.

由定义 3.8 即可得出:

(1) 若 $n$ 维向量组 $\boldsymbol{\alpha}_1,\boldsymbol{\alpha}_2,\cdots,\boldsymbol{\alpha}_m$ 不线性相关,即不存在不全为零的数 $k_1,k_2,\cdots,k_m$,使

$$k_1\boldsymbol{\alpha}_1+k_2\boldsymbol{\alpha}_2+\cdots+k_m\boldsymbol{\alpha}_m=\mathbf{0},$$

则 $\boldsymbol{\alpha}_1,\boldsymbol{\alpha}_2,\cdots,\boldsymbol{\alpha}_m$ 就是线性无关的;或者说,如果由

$$k_1\boldsymbol{\alpha}_1+k_2\boldsymbol{\alpha}_2+\cdots+k_m\boldsymbol{\alpha}_m=\mathbf{0}$$

可以推出

$$k_1=k_2=\cdots=k_m=0,$$

则 $\boldsymbol{\alpha}_1,\boldsymbol{\alpha}_2,\cdots,\boldsymbol{\alpha}_m$ 就是线性无关的.

(2) 单个向量 $\boldsymbol{\alpha}$ 线性相关的充分必要条件是 $\boldsymbol{\alpha}=\mathbf{0}$.

(3) 两个向量 $\boldsymbol{\alpha}_1,\boldsymbol{\alpha}_2$ 线性相关的充分必要条件是 $\boldsymbol{\alpha}_1$ 与 $\boldsymbol{\alpha}_2$ 的对应分量成比例.

(4) 每一个含有零向量的向量组都线性相关.

关于向量组的线性相关与线性表示这两个概念之间的相互关系,有下面的定理.

**定理 3.2** $n$ 维向量组 $\boldsymbol{\alpha}_1,\boldsymbol{\alpha}_2,\cdots,\boldsymbol{\alpha}_m(m\geqslant 2)$ 线性相关的充分必要条件是向量组中有一个向量可由其余向量线性表示.

**证明** 必要性. 因为 $\boldsymbol{\alpha}_1,\boldsymbol{\alpha}_2,\cdots,\boldsymbol{\alpha}_m$ 线性相关,所以存在不全为零的数 $k_1$,

$k_2, \cdots, k_m$，使

$$k_1\boldsymbol{\alpha}_1 + k_2\boldsymbol{\alpha}_2 + \cdots + k_m\boldsymbol{\alpha}_m = \mathbf{0}.$$

在 $k_1, k_2, \cdots, k_m$ 中必有某个数不为零，不妨设 $k_i \neq 0\ (i=1, 2, \cdots, m)$，于是可得

$$\boldsymbol{\alpha}_i = \left(-\frac{k_2}{k_i}\right)\boldsymbol{\alpha}_1 + \cdots + \left(-\frac{k_{i-1}}{k_i}\right)\boldsymbol{\alpha}_{i-1} + \left(-\frac{k_{i+1}}{k_i}\right)\boldsymbol{\alpha}_{i+1} + \cdots + \left(-\frac{k_m}{k_i}\right)\boldsymbol{\alpha}_m,$$

即 $\boldsymbol{\alpha}_i$ 可由其余向量线性表示.

充分性. 不妨设 $\boldsymbol{\alpha}_i(i=1, 2, \cdots, m)$ 可由其余向量线性表示，且有数 $l_1, \cdots, l_{i-1}, l_{i+1}, \cdots, l_m$，使得

$$\boldsymbol{\alpha}_i = l_1\boldsymbol{\alpha}_1 + \cdots + l_{i-1}\boldsymbol{\alpha}_{i-1} + l_{i+1}\boldsymbol{\alpha}_{i+1} + \cdots + l_m\boldsymbol{\alpha}_m,$$

则有

$$l_1\boldsymbol{\alpha}_1 + \cdots + l_{i-1}\boldsymbol{\alpha}_{i-1} + (-1)\boldsymbol{\alpha}_i + l_{i+1}\boldsymbol{\alpha}_{i+1} + \cdots + l_m\boldsymbol{\alpha}_m = \mathbf{0},$$

因为 $l_1, \cdots, l_{i-1}, -1, l_{i+1}, \cdots, l_m$ 不全为零，所以 $\boldsymbol{\alpha}_1, \boldsymbol{\alpha}_2, \cdots, \boldsymbol{\alpha}_m$ 线性相关. ■

应注意的是，向量组 $\boldsymbol{\alpha}_1, \boldsymbol{\alpha}_2, \cdots, \boldsymbol{\alpha}_m$ 线性相关，只能说明至少有一个向量可由其余向量线性表示，并不能说明其中任一向量均可由其余向量线性表示.

与向量的线性表示一样，向量组的线性相关性也可用矩阵的秩来判别.

**定理 3.3** $n$ 维向量组 $\boldsymbol{\alpha}_1, \boldsymbol{\alpha}_2, \cdots, \boldsymbol{\alpha}_m$ 线性相关的充分必要条件是矩阵 $(\boldsymbol{\alpha}_1, \boldsymbol{\alpha}_2, \cdots, \boldsymbol{\alpha}_m)$ 的秩小于 $m$，即 $R(\boldsymbol{\alpha}_1, \boldsymbol{\alpha}_2, \cdots, \boldsymbol{\alpha}_m) < m$.

**证明** 必要性. 设向量组 $\boldsymbol{\alpha}_1, \boldsymbol{\alpha}_2, \cdots, \boldsymbol{\alpha}_m$ 线性相关，则当 $m=1$ 时，$R(\boldsymbol{\alpha}_1) = 0 < 1$.

当 $m>1$ 时，向量组中有一个向量可由其余向量线性表示，不妨设 $\boldsymbol{\alpha}_m$ 可由 $\boldsymbol{\alpha}_1, \boldsymbol{\alpha}_2, \cdots, \boldsymbol{\alpha}_{m-1}$ 线性表示，则由定理 3.1 得

$$R(\boldsymbol{\alpha}_1, \boldsymbol{\alpha}_2, \cdots, \boldsymbol{\alpha}_m) = R(\boldsymbol{\alpha}_1, \boldsymbol{\alpha}_2, \cdots, \boldsymbol{\alpha}_{m-1}) \leqslant m-1 < m.$$

充分性. 设 $R(\boldsymbol{\alpha}_1, \boldsymbol{\alpha}_2, \cdots, \boldsymbol{\alpha}_m) = r < m$，则矩阵 $(\boldsymbol{\alpha}_1, \boldsymbol{\alpha}_2, \cdots, \boldsymbol{\alpha}_m)$ 可以经过初等行变换化为行最简形矩阵，不妨设为

$$\begin{pmatrix} 1 & 0 & \cdots & 0 & b_{1,r+1} & \cdots & b_{1m} \\ 0 & 1 & \cdots & 0 & b_{2,r+1} & \cdots & b_{2m} \\ \vdots & \vdots & & \vdots & \vdots & & \vdots \\ 0 & 0 & \cdots & 1 & b_{r,r+1} & \cdots & b_{rm} \\ 0 & 0 & \cdots & 0 & 0 & \cdots & 0 \\ \vdots & \vdots & & \vdots & \vdots & & \vdots \\ 0 & 0 & \cdots & 0 & 0 & \cdots & 0 \end{pmatrix}.$$

因此

$$\boldsymbol{\alpha}_m = b_{1m}\boldsymbol{\alpha}_1 + b_{2m}\boldsymbol{\alpha}_2 + \cdots + b_{rm}\boldsymbol{\alpha}_r,$$

于是 $\boldsymbol{\alpha}_m$ 可由其余向量线性表示,故 $\boldsymbol{\alpha}_1, \boldsymbol{\alpha}_2, \cdots, \boldsymbol{\alpha}_m$ 线性相关.

**推论 1** $n$ 维向量组 $\boldsymbol{\alpha}_1, \boldsymbol{\alpha}_2, \cdots, \boldsymbol{\alpha}_m$ 线性无关的充分必要条件是矩阵 $(\boldsymbol{\alpha}_1, \boldsymbol{\alpha}_2, \cdots, \boldsymbol{\alpha}_m)$ 的秩等于 $m$, 即 $R(\boldsymbol{\alpha}_1, \boldsymbol{\alpha}_2, \cdots, \boldsymbol{\alpha}_m) = m$.

**推论 2** $n$ 维向量组 $\boldsymbol{\alpha}_1, \boldsymbol{\alpha}_2, \cdots, \boldsymbol{\alpha}_n$ 线性无关的充分必要条件是矩阵 $(\boldsymbol{\alpha}_1, \boldsymbol{\alpha}_2, \cdots, \boldsymbol{\alpha}_n)$ 的行列式不等于零,即 $|\boldsymbol{\alpha}_1, \boldsymbol{\alpha}_2, \cdots, \boldsymbol{\alpha}_n| \neq 0$.

**推论 3** 当 $m > n$ 时,$n$ 维向量组 $\boldsymbol{\alpha}_1, \boldsymbol{\alpha}_2, \cdots, \boldsymbol{\alpha}_m$ 必线性相关.

**证明** 因为 $(\boldsymbol{\alpha}_1, \boldsymbol{\alpha}_2, \cdots, \boldsymbol{\alpha}_m)$ 是 $n \times m$ 矩阵,所以当 $m > n$ 时,

$$R(\boldsymbol{\alpha}_1, \boldsymbol{\alpha}_2, \cdots, \boldsymbol{\alpha}_m) \leqslant \min(n, m) < m,$$

故 $\boldsymbol{\alpha}_1, \boldsymbol{\alpha}_2, \cdots, \boldsymbol{\alpha}_m$ 线性相关. ■

由此可知,当向量个数大于向量维数时,向量组必线性相关.

**例 3.5** 讨论下列向量组的线性相关性.

(1) $\boldsymbol{\alpha}_1 = \begin{pmatrix} 2 \\ 2 \\ 7 \\ -1 \end{pmatrix}, \boldsymbol{\alpha}_2 = \begin{pmatrix} 3 \\ -1 \\ 2 \\ 4 \end{pmatrix}, \boldsymbol{\alpha}_3 = \begin{pmatrix} 1 \\ 1 \\ 3 \\ 1 \end{pmatrix}$;

(2) $\boldsymbol{\alpha}_1 = \begin{pmatrix} 3 \\ 2 \\ -5 \\ 4 \end{pmatrix}, \boldsymbol{\alpha}_2 = \begin{pmatrix} 3 \\ -1 \\ 3 \\ -3 \end{pmatrix}, \boldsymbol{\alpha}_3 = \begin{pmatrix} 3 \\ 5 \\ -13 \\ 11 \end{pmatrix}$.

**解** (1) 因为

$$(\boldsymbol{\alpha}_1, \boldsymbol{\alpha}_2, \boldsymbol{\alpha}_3) = \begin{pmatrix} 2 & 3 & 1 \\ 2 & -1 & 1 \\ 7 & 2 & 3 \\ -1 & 4 & 1 \end{pmatrix} \xrightarrow{r_1 \leftrightarrow r_4} \begin{pmatrix} -1 & 4 & 1 \\ 2 & -1 & 1 \\ 7 & 2 & 3 \\ 2 & 3 & 1 \end{pmatrix}$$

$$\xrightarrow[r_4 + 2r_1]{\substack{r_2 + 2r_1 \\ r_3 + 7r_1}} \begin{pmatrix} -1 & 4 & 1 \\ 0 & 7 & 3 \\ 0 & 30 & 10 \\ 0 & 11 & 3 \end{pmatrix} \xrightarrow{r_2 - r_4} \begin{pmatrix} -1 & 4 & 1 \\ 0 & -4 & 0 \\ 0 & 30 & 10 \\ 0 & 11 & 3 \end{pmatrix}$$

$$\xrightarrow[r_4 + \frac{11}{4}r_2]{r_3 + \frac{15}{2}r_2} \begin{pmatrix} -1 & 4 & 1 \\ 0 & -4 & 0 \\ 0 & 0 & 10 \\ 0 & 0 & 3 \end{pmatrix} \xrightarrow{r_4 - \frac{3}{10}r_3} \begin{pmatrix} -1 & 4 & 1 \\ 0 & -4 & 0 \\ 0 & 0 & 10 \\ 0 & 0 & 0 \end{pmatrix},$$

所以，$R(\boldsymbol{\alpha}_1, \boldsymbol{\alpha}_2, \boldsymbol{\alpha}_3)=3$，故 $\boldsymbol{\alpha}_1, \boldsymbol{\alpha}_2, \boldsymbol{\alpha}_3$ 线性无关.

(2) 因为

$$(\boldsymbol{\alpha}_1, \boldsymbol{\alpha}_2, \boldsymbol{\alpha}_3)=\begin{pmatrix}3 & 3 & 3\\ 2 & -1 & 5\\ -5 & 3 & -13\\ 4 & -3 & 11\end{pmatrix}\xrightarrow[\substack{r_3+2r_2\\ r_4-2r_2}]{r_1-r_2}\begin{pmatrix}1 & 4 & -2\\ 2 & -1 & 5\\ -1 & 1 & -3\\ 0 & -1 & 1\end{pmatrix}$$

$$\xrightarrow[r_3+r_1]{r_2-2r_1}\begin{pmatrix}1 & 4 & -2\\ 0 & -9 & 9\\ 0 & 5 & -5\\ 0 & -1 & 1\end{pmatrix}\xrightarrow[r_4-\frac{1}{9}r_2]{r_3+\frac{5}{9}r_2}\begin{pmatrix}1 & 4 & -2\\ 0 & -9 & 9\\ 0 & 0 & 0\\ 0 & 0 & 0\end{pmatrix},$$

所以，$R(\boldsymbol{\alpha}_1, \boldsymbol{\alpha}_2, \boldsymbol{\alpha}_3)=2<3$，故 $\boldsymbol{\alpha}_1, \boldsymbol{\alpha}_2, \boldsymbol{\alpha}_3$ 线性相关.

**例 3.6** 问 $a$ 取什么值时，下列向量组线性相关？

$$\boldsymbol{\alpha}_1=\begin{pmatrix}a\\ -\frac{1}{2}\\ -\frac{1}{2}\end{pmatrix}, \boldsymbol{\alpha}_2=\begin{pmatrix}-\frac{1}{2}\\ a\\ -\frac{1}{2}\end{pmatrix}, \boldsymbol{\alpha}_3=\begin{pmatrix}-\frac{1}{2}\\ -\frac{1}{2}\\ a\end{pmatrix}.$$

**解** 因为

$$\begin{vmatrix}a & -\frac{1}{2} & -\frac{1}{2}\\ -\frac{1}{2} & a & -\frac{1}{2}\\ -\frac{1}{2} & -\frac{1}{2} & a\end{vmatrix}\xlongequal[c_1+c_3]{c_1+c_2}\begin{vmatrix}a-1 & -\frac{1}{2} & -\frac{1}{2}\\ a-1 & a & -\frac{1}{2}\\ a-1 & -\frac{1}{2} & a\end{vmatrix}$$

$$\xlongequal[r_3-r_1]{r_2-r_1}\begin{vmatrix}a-1 & -\frac{1}{2} & -\frac{1}{2}\\ 0 & a+\frac{1}{2} & 0\\ 0 & 0 & a+\frac{1}{2}\end{vmatrix}=(a-1)\left(a+\frac{1}{2}\right)^2,$$

所以，$a=1$ 或 $a=-\frac{1}{2}$ 时，行列式 $|\boldsymbol{\alpha}_1, \boldsymbol{\alpha}_2, \boldsymbol{\alpha}_3|=0$，从而 $\boldsymbol{\alpha}_1, \boldsymbol{\alpha}_2, \boldsymbol{\alpha}_3$ 线性相关.

线性相关性是向量组的一个重要概念，下面介绍一些与之有关的结论.

**定理 3.4** 如果向量组 $\boldsymbol{\alpha}_1, \boldsymbol{\alpha}_2, \cdots, \boldsymbol{\alpha}_m$ 线性无关，而向量组 $\boldsymbol{\alpha}_1, \boldsymbol{\alpha}_2, \cdots, \boldsymbol{\alpha}_m, \boldsymbol{\beta}$ 线性相关，则 $\boldsymbol{\beta}$ 可由 $\boldsymbol{\alpha}_1, \boldsymbol{\alpha}_2, \cdots, \boldsymbol{\alpha}_m$ 表示，且表示式是唯一的.

**证明** 因为向量组 $\boldsymbol{\alpha}_1, \boldsymbol{\alpha}_2, \cdots, \boldsymbol{\alpha}_m$ 线性无关，所以 $R(\boldsymbol{\alpha}_1, \boldsymbol{\alpha}_2, \cdots, \boldsymbol{\alpha}_m)=m$. 又

因为向量组 $\boldsymbol{\alpha}_1, \boldsymbol{\alpha}_2, \cdots, \boldsymbol{\alpha}_m, \boldsymbol{\beta}$ 线性相关,所以

$$m = R(\boldsymbol{\alpha}_1, \boldsymbol{\alpha}_2, \cdots, \boldsymbol{\alpha}_m) \leqslant R(\boldsymbol{\alpha}_1, \boldsymbol{\alpha}_2, \cdots, \boldsymbol{\alpha}_m, \boldsymbol{\beta}) < m+1,$$

于是

$$R(\boldsymbol{\alpha}_1, \boldsymbol{\alpha}_2, \cdots, \boldsymbol{\alpha}_m, \boldsymbol{\beta}) = m = R(\boldsymbol{\alpha}_1, \boldsymbol{\alpha}_2, \cdots, \boldsymbol{\alpha}_m).$$

由定理 3.1 知, $\boldsymbol{\beta}$ 可由 $\boldsymbol{\alpha}_1, \boldsymbol{\alpha}_2, \cdots, \boldsymbol{\alpha}_m$ 表示.

若 $\boldsymbol{\beta} = k_1\boldsymbol{\alpha}_1 + k_2\boldsymbol{\alpha}_2 + \cdots + k_m\boldsymbol{\alpha}_m$, 同时又有 $\boldsymbol{\beta} = l_1\boldsymbol{\alpha}_1 + l_2\boldsymbol{\alpha}_2 + \cdots + l_m\boldsymbol{\alpha}_m$, 则有

$$(k_1 - l_1)\boldsymbol{\alpha}_1 + (k_2 - l_2)\boldsymbol{\alpha}_2 + \cdots + (k_m - l_m)\boldsymbol{\alpha}_m = \mathbf{0},$$

因为 $\boldsymbol{\alpha}_1, \boldsymbol{\alpha}_2, \cdots, \boldsymbol{\alpha}_m$ 线性无关,所以 $k_i - l_i = 0 (i = 1, 2, \cdots, m)$, 即 $k_i = l_i (i = 1, 2, \cdots, m)$, 故 $\boldsymbol{\beta}$ 由 $\boldsymbol{\alpha}_1, \boldsymbol{\alpha}_2, \cdots, \boldsymbol{\alpha}_m$ 表示时表示式是唯一的.

**推论 1** 设向量 $\boldsymbol{\beta}$ 可由向量组 $\boldsymbol{\alpha}_1, \boldsymbol{\alpha}_2, \cdots, \boldsymbol{\alpha}_m$ 线性表示,则表示式唯一的充分必要条件是向量组 $\boldsymbol{\alpha}_1, \boldsymbol{\alpha}_2, \cdots, \boldsymbol{\alpha}_m$ 线性无关.

**证明** 充分性由定理 3.4 即得,下面证明必要性.

设 $\boldsymbol{\beta} = k_1\boldsymbol{\alpha}_1 + k_2\boldsymbol{\alpha}_2 + \cdots + k_m\boldsymbol{\alpha}_m$, 并令 $l_1\boldsymbol{\alpha}_1 + l_2\boldsymbol{\alpha}_2 + \cdots + l_m\boldsymbol{\alpha}_m = \boldsymbol{\theta}$, 于是又有

$$\boldsymbol{\beta} = (k_1 + l_1)\boldsymbol{\alpha}_1 + (k_2 + l_2)\boldsymbol{\alpha}_2 + \cdots + (k_m + l_m)\boldsymbol{\alpha}_m,$$

由 $\boldsymbol{\beta}$ 的表示式的唯一性知

$$k_1 + l_1 = k_1, \ k_2 + l_2 = k_2, \ \cdots, \ k_m + l_m = k_m,$$

从而

$$l_1 = l_2 = \cdots = l_m = 0,$$

故向量组 $\boldsymbol{\alpha}_1, \boldsymbol{\alpha}_2, \cdots, \boldsymbol{\alpha}_m$ 线性无关.

**推论 2** 设有向量 $\boldsymbol{\beta}$ 与向量组 $\boldsymbol{\alpha}_1, \boldsymbol{\alpha}_2, \cdots, \boldsymbol{\alpha}_m$, 则:

(1) 当 $R(\boldsymbol{\alpha}_1, \boldsymbol{\alpha}_2, \cdots, \boldsymbol{\alpha}_m, \boldsymbol{\beta}) = R(\boldsymbol{\alpha}_1, \boldsymbol{\alpha}_2, \cdots, \boldsymbol{\alpha}_m) = m$ 时, $\boldsymbol{\beta}$ 可由 $\boldsymbol{\alpha}_1, \boldsymbol{\alpha}_2, \cdots, \boldsymbol{\alpha}_m$ 线性表示且表示式唯一;

(2) 当 $R(\boldsymbol{\alpha}_1, \boldsymbol{\alpha}_2, \cdots, \boldsymbol{\alpha}_m, \boldsymbol{\beta}) = R(\boldsymbol{\alpha}_1, \boldsymbol{\alpha}_2, \cdots, \boldsymbol{\alpha}_m) < m$ 时, $\boldsymbol{\beta}$ 可由 $\boldsymbol{\alpha}_1, \boldsymbol{\alpha}_2, \cdots, \boldsymbol{\alpha}_m$ 线性表示但表示式不唯一.

例如,在例 3.4 中,因为 $R(\boldsymbol{\alpha}_1, \boldsymbol{\alpha}_2, \boldsymbol{\alpha}_3, \boldsymbol{\beta}_2) = R(\boldsymbol{\alpha}_1, \boldsymbol{\alpha}_2, \boldsymbol{\alpha}_3) = 2 < 3$, 所以 $\boldsymbol{\beta}$ 由 $\boldsymbol{\alpha}_1, \boldsymbol{\alpha}_2, \boldsymbol{\alpha}_3$ 表示时表示式不唯一. 如 $\boldsymbol{\beta}_2 = 2\boldsymbol{\alpha}_1 + \boldsymbol{\alpha}_3$ 或 $\boldsymbol{\beta}_2 = \boldsymbol{\alpha}_2 + \boldsymbol{\alpha}_3$.

**例 3.7** 设 $\boldsymbol{\alpha}_1 = \begin{pmatrix} 1+\lambda \\ 1 \\ 1 \end{pmatrix}, \boldsymbol{\alpha}_2 = \begin{pmatrix} 1 \\ 1+\lambda \\ 1 \end{pmatrix}, \boldsymbol{\alpha}_3 = \begin{pmatrix} 1 \\ 1 \\ 1+\lambda \end{pmatrix}, \boldsymbol{\beta} = \begin{pmatrix} 0 \\ \lambda \\ \lambda^2 \end{pmatrix}$. 试问当 $\lambda$ 取何值时,

(1) $\boldsymbol{\beta}$ 可由 $\boldsymbol{\alpha}_1, \boldsymbol{\alpha}_2, \boldsymbol{\alpha}_3$ 线性表示,且表示式唯一?

(2) $\boldsymbol{\beta}$ 可由 $\boldsymbol{\alpha}_1, \boldsymbol{\alpha}_2, \boldsymbol{\alpha}_3$ 线性表示,且表示式不唯一?

(3) $\boldsymbol{\beta}$ 不能由 $\boldsymbol{\alpha}_1, \boldsymbol{\alpha}_2, \boldsymbol{\alpha}_3$ 线性表示?

**解** 因为

$$(\boldsymbol{\alpha}_1, \boldsymbol{\alpha}_2, \boldsymbol{\alpha}_3, \boldsymbol{\beta}) = \begin{pmatrix} 1+\lambda & 1 & 1 & 0 \\ 1 & 1+\lambda & 1 & \lambda \\ 1 & 1 & \lambda+1 & \lambda^2 \end{pmatrix} \xrightarrow{r_1 \leftrightarrow r_3} \begin{pmatrix} 1 & 1 & \lambda+1 & \lambda^2 \\ 1 & 1+\lambda & 1 & \lambda \\ 1+\lambda & 1 & 1 & 0 \end{pmatrix}$$

$$\xrightarrow[r_3-(1+\lambda)r_1]{r_2-r_1} \begin{pmatrix} 1 & 1 & \lambda+1 & \lambda^2 \\ 0 & \lambda & -\lambda & \lambda-\lambda^2 \\ 0 & -\lambda & -\lambda^2-2\lambda & -\lambda^2-\lambda^3 \end{pmatrix}$$

$$\xrightarrow{r_3+r_2} \begin{pmatrix} 1 & 1 & \lambda+1 & \lambda^2 \\ 0 & \lambda & -\lambda & \lambda-\lambda^2 \\ 0 & 0 & -\lambda(\lambda+3) & \lambda(1-2\lambda-\lambda^2) \end{pmatrix},$$

所以,

(1) $\lambda \neq 0$ 且 $\lambda \neq -3$ 时, $R(\boldsymbol{\alpha}_1, \boldsymbol{\alpha}_2, \boldsymbol{\alpha}_3, \boldsymbol{\beta}) = R(\boldsymbol{\alpha}_1, \boldsymbol{\alpha}_2, \boldsymbol{\alpha}_3) = 3$, $\boldsymbol{\beta}$ 可由 $\boldsymbol{\alpha}_1, \boldsymbol{\alpha}_2, \boldsymbol{\alpha}_3$ 线性表示,且表示式唯一;

(2) 当 $\lambda = 0$ 时, $R(\boldsymbol{\alpha}_1, \boldsymbol{\alpha}_2, \boldsymbol{\alpha}_3, \boldsymbol{\beta}) = R(\boldsymbol{\alpha}_1, \boldsymbol{\alpha}_2, \boldsymbol{\alpha}_3) = 1 < 3$, $\boldsymbol{\beta}$ 可由 $\boldsymbol{\alpha}_1, \boldsymbol{\alpha}_2, \boldsymbol{\alpha}_3$ 线性表示,但表示式不唯一;

(3) 当 $\lambda = -3$ 时, $R(\boldsymbol{\alpha}_1, \boldsymbol{\alpha}_2, \boldsymbol{\alpha}_3, \boldsymbol{\beta}) = 3 \neq R(\boldsymbol{\alpha}_1, \boldsymbol{\alpha}_2, \boldsymbol{\alpha}_3) = 2$, $\boldsymbol{\beta}$ 不能由 $\boldsymbol{\alpha}_1, \boldsymbol{\alpha}_2, \boldsymbol{\alpha}_3$ 线性表示.

**定理 3.5** 若向量组 $\boldsymbol{\alpha}_1, \boldsymbol{\alpha}_2, \cdots, \boldsymbol{\alpha}_m$ 线性相关,则在这一组向量里添加若干个向量得到的新的向量组仍是线性相关的.

**证明** 设添加的向量为 $\boldsymbol{\alpha}_{m+1}, \boldsymbol{\alpha}_{m+2}, \cdots, \boldsymbol{\alpha}_{m+k}$, 由于 $\boldsymbol{\alpha}_1, \boldsymbol{\alpha}_2, \cdots, \boldsymbol{\alpha}_m$ 线性相关,必存在不全为零的数 $k_1, k_2, \cdots, k_m$, 使

$$k_1\boldsymbol{\alpha}_1 + k_2\boldsymbol{\alpha}_2 + \cdots + k_m\boldsymbol{\alpha}_m = \mathbf{0},$$

于是

$$k_1\boldsymbol{\alpha}_1 + k_2\boldsymbol{\alpha}_2 + \cdots + k_m\boldsymbol{\alpha}_m + 0\boldsymbol{\alpha}_{m+1} + \cdots + 0\boldsymbol{\alpha}_{m+k} = \mathbf{0}.$$

而 $k_1, k_2, \cdots, k_m, 0, \cdots, 0$ 仍不全为零,因此向量组 $\boldsymbol{\alpha}_1, \boldsymbol{\alpha}_2, \cdots, \boldsymbol{\alpha}_m, \boldsymbol{\alpha}_{m+1}, \cdots, \boldsymbol{\alpha}_{m+k}$ 线性相关. ■

由定理 3.5 知,如果在一个向量组中有部分向量(叫做部分组)线性相关,则整个向量组必线性相关. 因此定理 3.5 可用一句话来概括,就是“部分组相关,整体组必相关”.

**推论** 若向量组 $\boldsymbol{\alpha}_1, \boldsymbol{\alpha}_2, \cdots, \boldsymbol{\alpha}_m$ 线性无关,则从中取出的任意非空部分组都线性无关.

此推论的结论可概括为“整体组无关,部分组必无关”.

设 $\boldsymbol{\alpha}=\begin{pmatrix}a_1\\a_2\\\vdots\\a_k\end{pmatrix}$，$\overline{\boldsymbol{\alpha}}=\begin{pmatrix}a_1\\a_2\\\vdots\\a_k\\a_{k+1}\\\vdots\\a_{k+l}\end{pmatrix}$，则称 $\overline{\boldsymbol{\alpha}}$ 是 $\boldsymbol{\alpha}$ 的接长向量.

**定理 3.6** 设 $\boldsymbol{\alpha}_1, \boldsymbol{\alpha}_2, \cdots, \boldsymbol{\alpha}_m$ 是 $k$ 维线性无关向量组，$\overline{\boldsymbol{\alpha}}_1, \overline{\boldsymbol{\alpha}}_2, \cdots, \overline{\boldsymbol{\alpha}}_m$ 分别是 $\boldsymbol{\alpha}_1, \boldsymbol{\alpha}_2, \cdots, \boldsymbol{\alpha}_m$ 的 $k+l$ 维接长向量，则 $\overline{\boldsymbol{\alpha}}_1, \overline{\boldsymbol{\alpha}}_2, \cdots, \overline{\boldsymbol{\alpha}}_m$ 必线性无关.

**证明** 因为 $m \geqslant R(\overline{\boldsymbol{\alpha}}_1, \overline{\boldsymbol{\alpha}}_2, \cdots, \overline{\boldsymbol{\alpha}}_m) \geqslant R(\boldsymbol{\alpha}_1, \boldsymbol{\alpha}_2, \cdots, \boldsymbol{\alpha}_m)=m$，所以

$$R(\overline{\boldsymbol{\alpha}}_1, \overline{\boldsymbol{\alpha}}_2, \cdots, \overline{\boldsymbol{\alpha}}_m)=m,$$

故 $\overline{\boldsymbol{\alpha}}_1, \overline{\boldsymbol{\alpha}}_2, \cdots, \overline{\boldsymbol{\alpha}}_m$ 线性无关.

定理 3.6 可用一句话来概括，就是“无关组添加分量仍无关”.

**推论** 设 $\boldsymbol{\alpha}_1, \boldsymbol{\alpha}_2, \cdots, \boldsymbol{\alpha}_m$ 是 $k$ 维向量组，$\overline{\boldsymbol{\alpha}}_1, \overline{\boldsymbol{\alpha}}_2, \cdots, \overline{\boldsymbol{\alpha}}_m$ 分别是 $\boldsymbol{\alpha}_1, \boldsymbol{\alpha}_2, \cdots, \boldsymbol{\alpha}_m$ 的 $k+l$ 维接长向量，若 $\overline{\boldsymbol{\alpha}}_1, \overline{\boldsymbol{\alpha}}_2, \cdots, \overline{\boldsymbol{\alpha}}_m$ 线性相关，则 $\boldsymbol{\alpha}_1, \boldsymbol{\alpha}_2, \cdots, \boldsymbol{\alpha}_m$ 必线性相关.

此推论的结论可概括为“相关组减少分量仍相关”.

由例 3.5 知，$\begin{pmatrix}2\\2\\7\\-1\end{pmatrix}$，$\begin{pmatrix}3\\-1\\2\\4\end{pmatrix}$，$\begin{pmatrix}1\\1\\3\\1\end{pmatrix}$ 线性无关，因此，它们的接长向量 $\begin{pmatrix}2\\2\\7\\-1\\3\end{pmatrix}$，$\begin{pmatrix}3\\-1\\2\\4\\0\end{pmatrix}$，$\begin{pmatrix}1\\1\\3\\1\\2\end{pmatrix}$ 也一定线性无关；而 $\begin{pmatrix}3\\2\\-5\\4\end{pmatrix}$，$\begin{pmatrix}3\\-1\\3\\-3\end{pmatrix}$，$\begin{pmatrix}3\\5\\-13\\11\end{pmatrix}$ 线性相关，这三个向量可分别看做是 $\begin{pmatrix}3\\2\\-5\end{pmatrix}$，$\begin{pmatrix}3\\-1\\3\end{pmatrix}$，$\begin{pmatrix}3\\5\\-13\end{pmatrix}$ 的接长向量，因此 $\begin{pmatrix}3\\2\\-5\end{pmatrix}$，$\begin{pmatrix}3\\-1\\3\end{pmatrix}$，$\begin{pmatrix}3\\5\\-13\end{pmatrix}$ 必线性相关.

## 习 题 3.2

1. 判断向量 $\boldsymbol{\beta}$ 能否由其余向量线性表示. 若能，写出表示式.

(1) $\boldsymbol{\beta}=\begin{pmatrix}0\\10\\9\\7\end{pmatrix}$, $\boldsymbol{\alpha}_1=\begin{pmatrix}-2\\2\\3\\9\end{pmatrix}$, $\boldsymbol{\alpha}_2=\begin{pmatrix}1\\3\\1\\0\end{pmatrix}$, $\boldsymbol{\alpha}_3=\begin{pmatrix}0\\2\\4\\-2\end{pmatrix}$;

(2) $\boldsymbol{\beta}=\begin{pmatrix}1\\2\\1\\1\end{pmatrix}$, $\boldsymbol{\alpha}_1=\begin{pmatrix}1\\1\\1\\1\end{pmatrix}$, $\boldsymbol{\alpha}_2=\begin{pmatrix}1\\1\\-1\\-1\end{pmatrix}$, $\boldsymbol{\alpha}_3=\begin{pmatrix}1\\-1\\1\\-1\end{pmatrix}$, $\boldsymbol{\alpha}_4=\begin{pmatrix}1\\-1\\-1\\1\end{pmatrix}$.

2. 设 $\boldsymbol{\alpha}_1=\begin{pmatrix}1+k\\1\\1\\1\end{pmatrix}$, $\boldsymbol{\alpha}_2=\begin{pmatrix}1\\1+k\\1\\1\end{pmatrix}$, $\boldsymbol{\alpha}_3=\begin{pmatrix}1\\1\\1+k\\1\end{pmatrix}$, $\boldsymbol{\beta}=\begin{pmatrix}1\\3\\2\\1\end{pmatrix}$,试问 $k$ 取何值时,$\boldsymbol{\beta}$ 可由 $\boldsymbol{\alpha}_1$,$\boldsymbol{\alpha}_2$,$\boldsymbol{\alpha}_3$ 线性表示？并写出表示式.

3. 设 $\boldsymbol{\alpha}_1=\begin{pmatrix}1\\0\\2\\3\end{pmatrix}$, $\boldsymbol{\alpha}_2=\begin{pmatrix}1\\1\\3\\5\end{pmatrix}$, $\boldsymbol{\alpha}_3=\begin{pmatrix}1\\-1\\a+2\\1\end{pmatrix}$, $\boldsymbol{\alpha}_4=\begin{pmatrix}1\\2\\4\\a+8\end{pmatrix}$, $\boldsymbol{\beta}=\begin{pmatrix}1\\1\\b+3\\5\end{pmatrix}$,试问当 $a$, $b$ 为何值时：

(1) $\boldsymbol{\beta}$ 不能由 $\boldsymbol{\alpha}_1$, $\boldsymbol{\alpha}_2$, $\boldsymbol{\alpha}_3$, $\boldsymbol{\alpha}_4$ 线性表示；

(2) $\boldsymbol{\beta}$ 能由 $\boldsymbol{\alpha}_1$, $\boldsymbol{\alpha}_2$, $\boldsymbol{\alpha}_3$, $\boldsymbol{\alpha}_4$ 线性表示,且表示式唯一,并写出该表示式；

(3) $\boldsymbol{\beta}$ 能由 $\boldsymbol{\alpha}_1$, $\boldsymbol{\alpha}_2$, $\boldsymbol{\alpha}_3$, $\boldsymbol{\alpha}_4$ 线性表示,且表示式不唯一,并写出两个表示式.

4. 判断下列向量组的线性相关性：

(1) $\boldsymbol{\alpha}_1=\begin{pmatrix}2\\2\\7\\-1\end{pmatrix}$, $\boldsymbol{\alpha}_2=\begin{pmatrix}3\\-1\\2\\4\end{pmatrix}$, $\boldsymbol{\alpha}_3=\begin{pmatrix}1\\1\\3\\1\end{pmatrix}$;

(2) $\boldsymbol{\alpha}_1=\begin{pmatrix}1\\-5\\2\\1\end{pmatrix}$, $\boldsymbol{\alpha}_2=\begin{pmatrix}-1\\1\\0\\-5\end{pmatrix}$, $\boldsymbol{\alpha}_3=\begin{pmatrix}1\\3\\1\\3\end{pmatrix}$, $\boldsymbol{\alpha}_4=\begin{pmatrix}1\\4\\1\\3\end{pmatrix}$.

5. 问 $k$ 为何值时下列向量组线性相关？线性无关？

$$\boldsymbol{\alpha}_1=\begin{pmatrix}k\\2\\1\end{pmatrix},\quad \boldsymbol{\alpha}_2=\begin{pmatrix}2\\k\\0\end{pmatrix},\quad \boldsymbol{\alpha}_3=\begin{pmatrix}1\\-1\\1\end{pmatrix}.$$

6. 设向量组 $\boldsymbol{\alpha}_1$, $\boldsymbol{\alpha}_2$, $\boldsymbol{\alpha}_3$ 线性无关,证明:向量组 $\boldsymbol{\alpha}_1+\boldsymbol{\alpha}_2$, $\boldsymbol{\alpha}_2+\boldsymbol{\alpha}_3$, $\boldsymbol{\alpha}_3+\boldsymbol{\alpha}_1$ 也线性无关.

7. 证明:向量组 $\boldsymbol{\alpha}_1+\boldsymbol{\alpha}_2$, $\boldsymbol{\alpha}_2+\boldsymbol{\alpha}_3$, $\boldsymbol{\alpha}_3+\boldsymbol{\alpha}_4$, $\boldsymbol{\alpha}_4+\boldsymbol{\alpha}_1$ 线性相关.

8. 设向量组 $\boldsymbol{\alpha}_1$, $\boldsymbol{\alpha}_2$, …, $\boldsymbol{\alpha}_m$ 线性无关, $\boldsymbol{\beta}_1=\boldsymbol{\alpha}_1+\boldsymbol{\alpha}_2$, $\boldsymbol{\beta}_2=\boldsymbol{\alpha}_2+\boldsymbol{\alpha}_3$, …, $\boldsymbol{\beta}_{m-1}=\boldsymbol{\alpha}_{m-1}+\boldsymbol{\alpha}_m$, $\boldsymbol{\beta}_m=\boldsymbol{\alpha}_m+\boldsymbol{\alpha}_1$,讨论向量组 $\boldsymbol{\beta}_1$, $\boldsymbol{\beta}_2$, …, $\boldsymbol{\beta}_m$ 的线性相关性.

9. 设向量组 $\boldsymbol{\alpha}_1$, $\boldsymbol{\alpha}_2$, …, $\boldsymbol{\alpha}_m$ 不含零向量,且 $\boldsymbol{\alpha}_k(k=2, 3, \cdots, m)$不能由 $\boldsymbol{\alpha}_1$, $\boldsymbol{\alpha}_2$, …, $\boldsymbol{\alpha}_{k-1}$ 线性表示,证明:向量组 $\boldsymbol{\alpha}_1$, $\boldsymbol{\alpha}_2$, …, $\boldsymbol{\alpha}_m$ 线性无关.

# §3.3 向量组的秩

在 3.2 节讨论向量组的线性表示和线性相关性时,矩阵的秩起到了十分重要的作用.为使讨论进一步深入,下面把矩阵秩的概念引进向量组.

## 3.3.1 极大线性无关组

一个向量组所含的向量个数可能很多,有时甚至有无穷多个.那么,能否通过向量组的一部分向量(部分组)来进行研究呢?这取决于向量组中的向量能否由它的某个部分组线性表示,而且这个部分组所含的向量个数越少越好.

如果用 $R^n$ 表示所有的 $n$ 维向量组成的向量组,$n$ 维单位坐标向量组 $\boldsymbol{\varepsilon}_1, \boldsymbol{\varepsilon}_2, \cdots, \boldsymbol{\varepsilon}_n$ 是 $R^n$ 的部分组,由 3.2 节中的结论知,这个部分组有两个性质:一是它本身线性无关;二是 $R^n$ 中的向量均可由这个部分组线性表示.

**定义 3.9** 如果向量组的一个部分组 $\boldsymbol{\alpha}_1, \boldsymbol{\alpha}_2, \cdots, \boldsymbol{\alpha}_r$ 满足:

(1) $\boldsymbol{\alpha}_1, \boldsymbol{\alpha}_2, \cdots, \boldsymbol{\alpha}_r$ 线性无关;

(2) 向量组中每一个向量均可由 $\boldsymbol{\alpha}_1, \boldsymbol{\alpha}_2, \cdots, \boldsymbol{\alpha}_r$ 线性表示,

则称 $\boldsymbol{\alpha}_1, \boldsymbol{\alpha}_2, \cdots, \boldsymbol{\alpha}_r$ 是该向量组的一个**极大线性无关组**(简称**极大无关组**).

由定义 3.9 知,$n$ 维单位坐标向量组 $\boldsymbol{\varepsilon}_1, \boldsymbol{\varepsilon}_2, \cdots, \boldsymbol{\varepsilon}_n$ 是所有的 $n$ 维向量组成的向量组 $R^n$ 的一个极大线性无关组.

由于向量组中的向量可由极大线性无关组线性表示,因此在某种程度上对向量组的讨论可以归结为对其极大线性无关组的讨论.

如果给定的向量组只含有限个向量,则当向量组本身线性无关时,它的极大线性无关组就是向量组本身.

当向量组本身线性相关而且其中至少含有一个非零向量时,把这个非零向量记之为 $\boldsymbol{\alpha}_1$,再在向量组中选一个与 $\boldsymbol{\alpha}_1$ 线性无关的向量 $\boldsymbol{\alpha}_2$ 与 $\boldsymbol{\alpha}_1$ 放在一起(如果选不到 $\boldsymbol{\alpha}_2$,则 $\boldsymbol{\alpha}_1$ 就是极大无关组);再选一个向量 $\boldsymbol{\alpha}_3$ 与 $\boldsymbol{\alpha}_1, \boldsymbol{\alpha}_2$ 线性无关,再放在一起;依次这样做下去,直到得出一组线性无关的向量组 $\boldsymbol{\alpha}_1, \boldsymbol{\alpha}_2, \cdots, \boldsymbol{\alpha}_r$,再也找不到与这 $r$ 个向量线性无关的向量为止.则 $\boldsymbol{\alpha}_1, \boldsymbol{\alpha}_2, \cdots, \boldsymbol{\alpha}_r$ 满足:

(1) $\boldsymbol{\alpha}_1, \boldsymbol{\alpha}_2, \cdots, \boldsymbol{\alpha}_r$ 线性无关;

(2) 对向量组的任意向量 $\boldsymbol{\beta}$,有 $\boldsymbol{\alpha}_1, \boldsymbol{\alpha}_2, \cdots, \boldsymbol{\alpha}_r, \boldsymbol{\beta}$ 线性相关,从而 $\boldsymbol{\beta}$ 可由 $\boldsymbol{\alpha}_1, \boldsymbol{\alpha}_2, \cdots, \boldsymbol{\alpha}_r$ 线性表示.

因此,$\boldsymbol{\alpha}_1, \boldsymbol{\alpha}_2, \cdots, \boldsymbol{\alpha}_r$ 是所给向量组的一个极大无关组.

由于当向量组中的向量个数大于向量的维数时向量组必线性相关,因此我们也可用前面的方法求出含有无限多个向量的向量组的极大线性无关组.

由此可见,每一个含有非零向量的 $n$ 维向量组一定有极大线性无关组.

**例 3.8** 设 $\boldsymbol{\alpha}_1=\begin{pmatrix}2\\1\\4\\3\end{pmatrix}$，$\boldsymbol{\alpha}_2=\begin{pmatrix}-1\\1\\-6\\6\end{pmatrix}$，$\boldsymbol{\alpha}_3=\begin{pmatrix}-1\\-2\\2\\-9\end{pmatrix}$，$\boldsymbol{\alpha}_4=\begin{pmatrix}1\\1\\-2\\7\end{pmatrix}$，$\boldsymbol{\alpha}_5=\begin{pmatrix}2\\4\\4\\9\end{pmatrix}$，求向量组 $\boldsymbol{\alpha}_1, \boldsymbol{\alpha}_2, \boldsymbol{\alpha}_3, \boldsymbol{\alpha}_4, \boldsymbol{\alpha}_5$ 的一个极大线性无关组.

**解** 因为

$$(\boldsymbol{\alpha}_1, \boldsymbol{\alpha}_2, \boldsymbol{\alpha}_3, \boldsymbol{\alpha}_4, \boldsymbol{\alpha}_5)=\begin{pmatrix}2&-1&-1&1&2\\1&1&-2&1&4\\4&-6&2&-2&4\\3&6&-9&7&9\end{pmatrix}\xrightarrow{r_1\leftrightarrow r_2}\begin{pmatrix}1&1&-2&1&4\\2&-1&-1&1&2\\4&-6&2&-2&4\\3&6&-9&7&9\end{pmatrix}$$

$$\xrightarrow[r_4-3r_1]{\substack{r_2-2r_1\\r_3-4r_1}}\begin{pmatrix}1&1&-2&1&4\\0&-3&3&-1&-6\\0&-10&10&-6&-12\\0&3&-3&4&-3\end{pmatrix}\xrightarrow[r_4+r_2]{r_3-3r_2}\begin{pmatrix}1&1&-2&1&4\\0&-3&3&-1&-6\\0&-1&1&-3&6\\0&0&0&3&-9\end{pmatrix}$$

$$\xrightarrow[\frac{1}{3}r_4]{\substack{r_2-3r_3\\r_1+r_3}}\begin{pmatrix}1&0&-1&-2&10\\0&0&0&8&-24\\0&-1&1&-3&6\\0&0&0&1&-3\end{pmatrix}\xrightarrow[r_3+3r_4]{\substack{r_1+2r_4\\r_2-8r_4}}\begin{pmatrix}1&0&-1&0&4\\0&0&0&0&0\\0&-1&1&0&-3\\0&0&0&1&-3\end{pmatrix}$$

$$\xrightarrow[r_3\leftrightarrow r_4]{r_2\leftrightarrow r_3}\begin{pmatrix}1&0&-1&0&4\\0&-1&1&0&-3\\0&0&0&1&-3\\0&0&0&0&0\end{pmatrix}\xrightarrow{(-1)r_2}\begin{pmatrix}1&0&-1&0&4\\0&1&-1&0&3\\0&0&0&1&-3\\0&0&0&0&0\end{pmatrix},$$

所以

$$\boldsymbol{\alpha}_3=-\boldsymbol{\alpha}_1-\boldsymbol{\alpha}_2, \quad \boldsymbol{\alpha}_5=4\boldsymbol{\alpha}_1+3\boldsymbol{\alpha}_2-3\boldsymbol{\alpha}_4.$$

又 $\boldsymbol{\alpha}_1, \boldsymbol{\alpha}_2, \boldsymbol{\alpha}_4$ 线性无关，故 $\boldsymbol{\alpha}_1, \boldsymbol{\alpha}_2, \boldsymbol{\alpha}_4$ 是所给向量组的一个极大线性无关组.

例 3.8 实际上给出了一种求向量的极大线性无关组的方法.

一般地，要求向量组 $\boldsymbol{\alpha}_1, \boldsymbol{\alpha}_2, \cdots, \boldsymbol{\alpha}_m$ 的极大线性无关组，可用矩阵的初等行变换，将矩阵 $(\boldsymbol{\alpha}_1, \boldsymbol{\alpha}_2, \cdots, \boldsymbol{\alpha}_m)$ 化成行最简形矩阵，在行最简形矩阵中列向量是单位坐标向量的列所对应的向量组 $\boldsymbol{\alpha}_1, \boldsymbol{\alpha}_2, \cdots, \boldsymbol{\alpha}_m$ 中的部分组，就是这个向量组的极大线性无关组.

如果对例 3.8 中的最后一个矩阵再做如下初等行变换：

$$\begin{pmatrix}1&0&-1&0&4\\0&1&-1&0&3\\0&0&0&1&-3\\0&0&0&0&0\end{pmatrix}\xrightarrow{r_1-r_2}\begin{pmatrix}1&-1&0&0&1\\0&1&-1&0&3\\0&0&0&1&-3\\0&0&0&0&0\end{pmatrix}\xrightarrow{(-1)r_2}\begin{pmatrix}1&-1&0&0&1\\0&-1&1&0&-3\\0&0&0&1&-3\\0&0&0&0&0\end{pmatrix},$$

则 $\boldsymbol{\alpha}_1, \boldsymbol{\alpha}_3, \boldsymbol{\alpha}_4$ 线性无关,且 $\boldsymbol{\alpha}_2 = -\boldsymbol{\alpha}_1 - \boldsymbol{\alpha}_3$, $\boldsymbol{\alpha}_5 = \boldsymbol{\alpha}_1 - 3\boldsymbol{\alpha}_3 - 3\boldsymbol{\alpha}_4$,故 $\boldsymbol{\alpha}_1, \boldsymbol{\alpha}_3, \boldsymbol{\alpha}_4$ 也是所给向量组的一个极大线性无关组.

由此可见,向量组的极大线性无关组一般是不唯一的.

### 3.3.2 向量组的等价性

**定义 3.10** 若向量组 $\boldsymbol{\beta}_1, \boldsymbol{\beta}_2, \cdots, \boldsymbol{\beta}_s$ 中的每个向量都可由向量组 $\boldsymbol{\alpha}_1, \boldsymbol{\alpha}_2, \cdots, \boldsymbol{\alpha}_m$ 线性表示,则称向量组 $\boldsymbol{\beta}_1, \boldsymbol{\beta}_2, \cdots, \boldsymbol{\beta}_s$ 可由向量组 $\boldsymbol{\alpha}_1, \boldsymbol{\alpha}_2, \cdots, \boldsymbol{\alpha}_m$ 线性表示.

**定义 3.11** 若向量组 $\boldsymbol{\beta}_1, \boldsymbol{\beta}_2, \cdots, \boldsymbol{\beta}_s$ 与向量组 $\boldsymbol{\alpha}_1, \boldsymbol{\alpha}_2, \cdots, \boldsymbol{\alpha}_m$ 可互相线性表示,则称向量组 $\boldsymbol{\beta}_1, \boldsymbol{\beta}_2, \cdots, \boldsymbol{\beta}_s$ 与向量组 $\boldsymbol{\alpha}_1, \boldsymbol{\alpha}_2, \cdots, \boldsymbol{\alpha}_m$ 等价.

向量组的等价性具有下列三个性质:

(1) 自反性:每个向量组都与自身等价;

(2) 对称性:若向量组(Ⅰ)与向量组(Ⅱ)等价,则向量组(Ⅱ)与向量组(Ⅰ)等价;

(3) 传递性:若向量组(Ⅰ)与向量组(Ⅱ)等价,向量组(Ⅱ)与向量组(Ⅲ)等价,则向量组(Ⅰ)与向量组(Ⅲ)等价.

由此可知,向量组与它的极大线性无关组等价;向量组的任意两个极大线性无关组等价.

**定理 3.7** $n$ 维向量组 $\boldsymbol{\beta}_1, \boldsymbol{\beta}_2, \cdots, \boldsymbol{\beta}_s$ 可由 $n$ 维向量组 $\boldsymbol{\alpha}_1, \boldsymbol{\alpha}_2, \cdots, \boldsymbol{\alpha}_m$ 线性表示的充分必要条件是,矩阵 $(\boldsymbol{\alpha}_1, \boldsymbol{\alpha}_2, \cdots, \boldsymbol{\alpha}_m)$ 与矩阵 $(\boldsymbol{\alpha}_1, \boldsymbol{\alpha}_2, \cdots, \boldsymbol{\alpha}_m, \boldsymbol{\beta}_1, \boldsymbol{\beta}_2, \cdots, \boldsymbol{\beta}_s)$ 的秩相等,即

$$R(\boldsymbol{\alpha}_1, \boldsymbol{\alpha}_2, \cdots, \boldsymbol{\alpha}_m) = R(\boldsymbol{\alpha}_1, \boldsymbol{\alpha}_2, \cdots, \boldsymbol{\alpha}_m, \boldsymbol{\beta}_1, \boldsymbol{\beta}_2, \cdots, \boldsymbol{\beta}_s).$$

**证明** 必要性. 因为 $\boldsymbol{\beta}_i$ 可由 $\boldsymbol{\alpha}_1, \boldsymbol{\alpha}_2, \cdots, \boldsymbol{\alpha}_m$ 线性表示,所以 $\boldsymbol{\beta}_i$ 也可由 $\boldsymbol{\alpha}_1, \boldsymbol{\alpha}_2, \cdots, \boldsymbol{\alpha}_m, \boldsymbol{\beta}_1, \boldsymbol{\beta}_2, \boldsymbol{\beta}_{i-1} (i = 2, \cdots, s)$ 线性表示. 于是由定理 3.1 有

$$\begin{aligned}R(\boldsymbol{\alpha}_1, \boldsymbol{\alpha}_2, \cdots, \boldsymbol{\alpha}_m, \boldsymbol{\beta}_1, \cdots, \boldsymbol{\beta}_s) &= R(\boldsymbol{\alpha}_1, \boldsymbol{\alpha}_2, \cdots, \boldsymbol{\alpha}_m, \boldsymbol{\beta}_1, \cdots, \boldsymbol{\beta}_{s-1}) = \cdots \\ &= R(\boldsymbol{\alpha}_1, \boldsymbol{\alpha}_2, \cdots, \boldsymbol{\alpha}_m, \boldsymbol{\beta}_1) = R(\boldsymbol{\alpha}_1, \boldsymbol{\alpha}_2, \cdots, \boldsymbol{\alpha}_m).\end{aligned}$$

充分性. 因为

$$\begin{aligned}R(\boldsymbol{\alpha}_1, \boldsymbol{\alpha}_2, \cdots, \boldsymbol{\alpha}_m) &\leqslant R(\boldsymbol{\alpha}_1, \boldsymbol{\alpha}_2, \cdots, \boldsymbol{\alpha}_m, \boldsymbol{\beta}_i) \\ &\cdots \\ &\leqslant R(\boldsymbol{\alpha}_1, \boldsymbol{\alpha}_2, \cdots, \boldsymbol{\alpha}_m, \boldsymbol{\beta}_1, \cdots, \boldsymbol{\beta}_s) \\ &= R(\boldsymbol{\alpha}_1, \boldsymbol{\alpha}_2, \cdots, \boldsymbol{\alpha}_m),\end{aligned}$$

所以

$$R(\boldsymbol{\alpha}_1, \boldsymbol{\alpha}_2, \cdots, \boldsymbol{\alpha}_m, \boldsymbol{\beta}_i) = R(\boldsymbol{\alpha}_1, \boldsymbol{\alpha}_2, \cdots, \boldsymbol{\alpha}_m).$$

因此,$\boldsymbol{\beta}_i (i = 1, 2, \cdots, s)$ 可由 $\boldsymbol{\alpha}_1, \boldsymbol{\alpha}_2, \cdots, \boldsymbol{\alpha}_m$ 线性表示,故 $\boldsymbol{\beta}_1, \boldsymbol{\beta}_2, \cdots, \boldsymbol{\beta}_s$ 可由 $\boldsymbol{\alpha}_1, \boldsymbol{\alpha}_2, \cdots, \boldsymbol{\alpha}_m$ 线性表示. ■

**推论 1** 若 $n$ 维向量组 $\boldsymbol{\beta}_1, \boldsymbol{\beta}_2, \cdots, \boldsymbol{\beta}_s$ 可由 $n$ 维向量组 $\boldsymbol{\alpha}_1, \boldsymbol{\alpha}_2, \cdots, \boldsymbol{\alpha}_m$ 线性表示,则 $R(\boldsymbol{\beta}_1, \boldsymbol{\beta}_2, \cdots, \boldsymbol{\beta}_s) \leqslant R(\boldsymbol{\alpha}_1, \boldsymbol{\alpha}_2, \cdots, \boldsymbol{\alpha}_m)$.

**证明** 因为 $R(\boldsymbol{\beta}_1, \boldsymbol{\beta}_2, \cdots, \boldsymbol{\beta}_s) \leqslant R(\boldsymbol{\alpha}_1, \boldsymbol{\alpha}_2, \cdots, \boldsymbol{\alpha}_m, \boldsymbol{\beta}_1, \boldsymbol{\beta}_2, \cdots, \boldsymbol{\beta}_s)$,而 $R(\boldsymbol{\alpha}_1, \boldsymbol{\alpha}_2, \cdots, \boldsymbol{\alpha}_m) = R(\boldsymbol{\alpha}_1, \boldsymbol{\alpha}_2, \cdots, \boldsymbol{\alpha}_m, \boldsymbol{\beta}_1, \boldsymbol{\beta}_2, \cdots, \boldsymbol{\beta}_s)$,所以 $R(\boldsymbol{\beta}_1, \boldsymbol{\beta}_2, \cdots, \boldsymbol{\beta}_s) \leqslant R(\boldsymbol{\alpha}_1, \boldsymbol{\alpha}_2, \cdots, \boldsymbol{\alpha}_m)$.

**推论 2** $n$ 维向量组 $\boldsymbol{\alpha}_1, \boldsymbol{\alpha}_2, \cdots, \boldsymbol{\alpha}_m$ 与 $n$ 维向量组 $\boldsymbol{\beta}_1, \boldsymbol{\beta}_2, \cdots, \boldsymbol{\beta}_s$ 等价的充分必要条件是

$$R(\boldsymbol{\alpha}_1, \boldsymbol{\alpha}_2, \cdots, \boldsymbol{\alpha}_m) = R(\boldsymbol{\beta}_1, \boldsymbol{\beta}_2, \cdots, \boldsymbol{\beta}_s) = R(\boldsymbol{\alpha}_1, \boldsymbol{\alpha}_2, \cdots, \boldsymbol{\alpha}_m, \boldsymbol{\beta}_1, \boldsymbol{\beta}_2, \cdots, \boldsymbol{\beta}_s).$$

**推论 3** 若 $n$ 维向量组 $\boldsymbol{\beta}_1, \boldsymbol{\beta}_2, \cdots, \boldsymbol{\beta}_s$ 可由 $n$ 维向量组 $\boldsymbol{\alpha}_1, \boldsymbol{\alpha}_2, \cdots, \boldsymbol{\alpha}_m$ 线性表示,且 $s > m$,则 $\boldsymbol{\beta}_1, \boldsymbol{\beta}_2, \cdots, \boldsymbol{\beta}_s$ 线性相关.

**证明** 因为

$$R(\boldsymbol{\beta}_1, \boldsymbol{\beta}_2, \cdots, \boldsymbol{\beta}_s) \leqslant R(\boldsymbol{\alpha}_1, \boldsymbol{\alpha}_2, \cdots, \boldsymbol{\alpha}_m) \leqslant m < s,$$

所以,$\boldsymbol{\beta}_1, \boldsymbol{\beta}_2, \cdots, \boldsymbol{\beta}_s$ 线性相关.

**推论 4** 若 $n$ 维向量组 $\boldsymbol{\beta}_1, \boldsymbol{\beta}_2, \cdots, \boldsymbol{\beta}_s$ 可由 $n$ 维向量组 $\boldsymbol{\alpha}_1, \boldsymbol{\alpha}_2, \cdots, \boldsymbol{\alpha}_m$ 线性表示,且 $\boldsymbol{\beta}_1, \boldsymbol{\beta}_2, \cdots, \boldsymbol{\beta}_s$ 线性无关,则 $s \leqslant m$.

**推论 5** 若 $n$ 维向量组 $\boldsymbol{\beta}_1, \boldsymbol{\beta}_2, \cdots, \boldsymbol{\beta}_s$ 与 $n$ 维向量组 $\boldsymbol{\alpha}_1, \boldsymbol{\alpha}_2, \cdots, \boldsymbol{\alpha}_m$ 等价,且两向量组都线性无关,则 $s = m$.

**推论 6** 一个向量组中任意两个极大线性无关组所含的向量的个数相同.

**例 3.9** 判断向量组 $\boldsymbol{\alpha}_1 = \begin{pmatrix} 0 \\ 1 \\ 2 \\ 3 \end{pmatrix}, \boldsymbol{\alpha}_2 = \begin{pmatrix} 3 \\ 0 \\ 1 \\ 2 \end{pmatrix}, \boldsymbol{\alpha}_3 = \begin{pmatrix} 2 \\ 3 \\ 0 \\ 1 \end{pmatrix}$ 与向量组 $\boldsymbol{\beta}_1 = \begin{pmatrix} 2 \\ 1 \\ 1 \\ 2 \end{pmatrix}$,

$\boldsymbol{\beta}_2 = \begin{pmatrix} 0 \\ -2 \\ 1 \\ 1 \end{pmatrix}, \boldsymbol{\beta}_3 = \begin{pmatrix} 4 \\ 4 \\ 1 \\ 3 \end{pmatrix}$ 是否等价.

**解** 因为

$$(\boldsymbol{\alpha}_1, \boldsymbol{\alpha}_2, \boldsymbol{\alpha}_3, \boldsymbol{\beta}_1, \boldsymbol{\beta}_2, \boldsymbol{\beta}_3) = \begin{pmatrix} 0 & 3 & 2 & 2 & 0 & 4 \\ 1 & 0 & 3 & 1 & -2 & 4 \\ 2 & 1 & 0 & 1 & 1 & 1 \\ 3 & 2 & 1 & 2 & 1 & 3 \end{pmatrix} \xrightarrow{r_1 \leftrightarrow r_2} \begin{pmatrix} 1 & 0 & 3 & 1 & -2 & 4 \\ 0 & 3 & 2 & 2 & 0 & 4 \\ 2 & 1 & 0 & 1 & 1 & 1 \\ 3 & 2 & 1 & 2 & 1 & 3 \end{pmatrix}$$

$$\xrightarrow[r_4 - 3r_1]{r_3 - 2r_1} \begin{pmatrix} 1 & 0 & 3 & 1 & -2 & 4 \\ 0 & 3 & 2 & 2 & 0 & 4 \\ 0 & 1 & -6 & -1 & 5 & -7 \\ 0 & 2 & -8 & -1 & 7 & -9 \end{pmatrix} \xrightarrow{r_2 \leftrightarrow r_3} \begin{pmatrix} 1 & 0 & 3 & 1 & -2 & 4 \\ 0 & 1 & -6 & -1 & 5 & -7 \\ 0 & 3 & 2 & 2 & 0 & 4 \\ 0 & 2 & -8 & -1 & 7 & -9 \end{pmatrix}$$

$$\xrightarrow[r_4-2r_2]{r_3-3r_2}\begin{pmatrix}1&0&3&1&-2&4\\0&1&-6&-1&5&-7\\0&0&20&5&-15&25\\0&0&4&1&-3&5\end{pmatrix}\xrightarrow{r_4-\frac{1}{5}r_3}\begin{pmatrix}1&0&3&1&-2&4\\0&1&-6&-1&5&-7\\0&0&20&5&-15&25\\0&0&0&0&0&0\end{pmatrix},$$

所以

$$R(\boldsymbol{\alpha}_1, \boldsymbol{\alpha}_2, \boldsymbol{\alpha}_3) = R(\boldsymbol{\alpha}_1, \boldsymbol{\alpha}_2, \boldsymbol{\alpha}_3, \boldsymbol{\beta}_1, \boldsymbol{\beta}_2, \boldsymbol{\beta}_3) = 3.$$

又因为

$$(\boldsymbol{\beta}_1, \boldsymbol{\beta}_2, \boldsymbol{\beta}_3) \rightarrow \begin{pmatrix}1&-2&4\\-1&5&-7\\5&-15&25\\0&0&0\end{pmatrix}\xrightarrow[r_3-5r_1]{r_2+r_1}\begin{pmatrix}1&-2&4\\0&3&-3\\0&-5&5\\0&0&0\end{pmatrix}\xrightarrow{r_3+\frac{5}{3}r_2}\begin{pmatrix}1&-2&4\\0&3&-3\\0&0&0\\0&0&0\end{pmatrix},$$

即

$$R(\boldsymbol{\beta}_1, \boldsymbol{\beta}_2, \boldsymbol{\beta}_3) = 2,$$

故向量组 $\boldsymbol{\beta}_1, \boldsymbol{\beta}_2, \boldsymbol{\beta}_3$ 可由向量组 $\boldsymbol{\alpha}_1, \boldsymbol{\alpha}_2, \boldsymbol{\alpha}_3$ 线性表示,但两向量组不等价.

**例 3.10** $n$ 维向量组 $\boldsymbol{\alpha}_1, \boldsymbol{\alpha}_2, \cdots, \boldsymbol{\alpha}_m$ 与 $n$ 维单位坐标向量组 $\boldsymbol{\varepsilon}_1, \boldsymbol{\varepsilon}_2, \cdots, \boldsymbol{\varepsilon}_n$ 等价的充分必要条件是, $R(\boldsymbol{\alpha}_1, \boldsymbol{\alpha}_2, \cdots, \boldsymbol{\alpha}_m) = n$.

**证明** 因为矩阵 $(\boldsymbol{\varepsilon}_1, \boldsymbol{\varepsilon}_2, \cdots, \boldsymbol{\varepsilon}_n)$ 是 $n$ 阶单位矩阵,所以, $R(\boldsymbol{\varepsilon}_1, \boldsymbol{\varepsilon}_2, \cdots, \boldsymbol{\varepsilon}_n) = n$.

必要性. 因为向量组 $\boldsymbol{\alpha}_1, \boldsymbol{\alpha}_2, \cdots, \boldsymbol{\alpha}_m$ 与向量组 $\boldsymbol{\varepsilon}_1, \boldsymbol{\varepsilon}_2, \cdots, \boldsymbol{\varepsilon}_n$ 等价,所以

$$R(\boldsymbol{\alpha}_1, \boldsymbol{\alpha}_2, \cdots, \boldsymbol{\alpha}_m) = R(\boldsymbol{\varepsilon}_1, \boldsymbol{\varepsilon}_2, \cdots, \boldsymbol{\varepsilon}_n) = n.$$

充分性. 因为矩阵 $(\boldsymbol{\alpha}_1, \boldsymbol{\alpha}_2, \cdots, \boldsymbol{\alpha}_m, \boldsymbol{\varepsilon}_1, \boldsymbol{\varepsilon}_2, \cdots, \boldsymbol{\varepsilon}_n)$ 是 $n\times(m+n)$ 矩阵,它有一个 $n$ 阶子式 $|\boldsymbol{\varepsilon}_1, \boldsymbol{\varepsilon}_2, \cdots, \boldsymbol{\varepsilon}_n| = 1$, 所以, $R(\boldsymbol{\alpha}_1, \boldsymbol{\alpha}_2, \cdots, \boldsymbol{\alpha}_m, \boldsymbol{\varepsilon}_1, \boldsymbol{\varepsilon}_2, \cdots, \boldsymbol{\varepsilon}_n) = n$, 因此

$$\begin{aligned}R(\boldsymbol{\alpha}_1, \boldsymbol{\alpha}_2, \cdots, \boldsymbol{\alpha}_m) &= n = R(\boldsymbol{\varepsilon}_1, \boldsymbol{\varepsilon}_2, \cdots, \boldsymbol{\varepsilon}_n)\\ &= R(\boldsymbol{\alpha}_1, \boldsymbol{\alpha}_2, \cdots, \boldsymbol{\alpha}_m, \boldsymbol{\varepsilon}_1, \boldsymbol{\varepsilon}_2, \cdots, \boldsymbol{\varepsilon}_n),\end{aligned}$$

所以,向量组 $\boldsymbol{\alpha}_1, \boldsymbol{\alpha}_2, \cdots, \boldsymbol{\alpha}_m$ 与向量组 $\boldsymbol{\varepsilon}_1, \boldsymbol{\varepsilon}_2, \cdots, \boldsymbol{\varepsilon}_n$ 等价.

### 3.3.3 向量组的秩

由前面的讨论知道,一个含有非零向量的向量组可以有多个极大线性无关组,但每一个极大线性无关组所含的向量个数是一样的,这个个数是由向量组唯一确定的,它反映了向量组的内在本质特征.

**定义 3.12** 向量组 $\boldsymbol{\alpha}_1, \boldsymbol{\alpha}_2, \cdots, \boldsymbol{\alpha}_m$ 的极大线性无关组所含向量个数,称为该**向量组的秩**,记作 $R\{\boldsymbol{\alpha}_1, \boldsymbol{\alpha}_2, \cdots, \boldsymbol{\alpha}_m\}$.

规定:由零向量组成的向量组的秩为零.

**定理 3.8** 若一个向量组的秩为 $r$, 则该向量组中的任意 $r+1$ 向量都线性

相关.

**证明** 设 $\boldsymbol{\alpha}_1, \boldsymbol{\alpha}_2, \cdots, \boldsymbol{\alpha}_r$ 是向量组的一个极大线性无关组，$\boldsymbol{\beta}_1, \boldsymbol{\beta}_2, \cdots, \boldsymbol{\beta}_r, \boldsymbol{\beta}_{r+1}$ 是向量组中任意 $r+1$ 个向量，则由极大线性无关组的定义可知，$\boldsymbol{\beta}_1, \boldsymbol{\beta}_2, \cdots, \boldsymbol{\beta}_r, \boldsymbol{\beta}_{r+1}$ 可由 $\boldsymbol{\alpha}_1, \boldsymbol{\alpha}_2, \cdots, \boldsymbol{\alpha}_r$ 线性表示，因此有

$$R(\boldsymbol{\beta}_1, \boldsymbol{\beta}_2, \cdots, \boldsymbol{\beta}_r, \boldsymbol{\beta}_{r+1}) \leqslant R(\boldsymbol{\alpha}_1, \boldsymbol{\alpha}_2, \cdots, \boldsymbol{\alpha}_r) = r < r+1,$$

故 $\boldsymbol{\beta}_1, \boldsymbol{\beta}_2, \cdots, \boldsymbol{\beta}_r, \boldsymbol{\beta}_{r+1}$ 线性相关.

**推论** 若一个向量组的秩为 $r$，则该向量组中任意 $r$ 个线性无关的向量都是该向量组的极大线性无关组.

**证明** 设 $\boldsymbol{\alpha}_1, \boldsymbol{\alpha}_2, \cdots, \boldsymbol{\alpha}_r$ 是向量组中 $r$ 个线性无关的向量，$\boldsymbol{\beta}$ 是向量组中任意向量，则 $\boldsymbol{\alpha}_1, \boldsymbol{\alpha}_2, \cdots, \boldsymbol{\alpha}_r, \boldsymbol{\beta}$ 线性相关，于是 $\boldsymbol{\beta}$ 可由 $\boldsymbol{\alpha}_1, \boldsymbol{\alpha}_2, \cdots, \boldsymbol{\alpha}_r$ 线性表示，故 $\boldsymbol{\alpha}_1, \boldsymbol{\alpha}_2, \cdots, \boldsymbol{\alpha}_r$ 是向量组的一个极大线性无关组.

**定理 3.9** 若 $n$ 维向量组 $\boldsymbol{\beta}_1, \boldsymbol{\beta}_2, \cdots, \boldsymbol{\beta}_s$ 可由 $n$ 维向量组 $\boldsymbol{\alpha}_1, \boldsymbol{\alpha}_2, \cdots, \boldsymbol{\alpha}_m$ 线性表示，则

$$R\{\boldsymbol{\beta}_1, \boldsymbol{\beta}_2, \cdots, \boldsymbol{\beta}_s\} \leqslant R\{\boldsymbol{\alpha}_1, \boldsymbol{\alpha}_2, \cdots, \boldsymbol{\alpha}_m\}.$$

**证明** 设 $\boldsymbol{\beta}_{i_1}, \boldsymbol{\beta}_{i_2}, \cdots, \boldsymbol{\beta}_{i_t}$ 是 $\boldsymbol{\beta}_1, \boldsymbol{\beta}_2, \cdots, \boldsymbol{\beta}_s$ 的极大线性无关组，$\boldsymbol{\alpha}_{i_1}, \boldsymbol{\alpha}_{i_2}, \cdots, \boldsymbol{\alpha}_{i_r}$ 是 $\boldsymbol{\alpha}_1, \boldsymbol{\alpha}_2, \cdots, \boldsymbol{\alpha}_m$ 的极大线性无关组.

因为 $\boldsymbol{\beta}_{i_1}, \boldsymbol{\beta}_{i_2}, \cdots, \boldsymbol{\beta}_{i_t}$ 与 $\boldsymbol{\beta}_1, \boldsymbol{\beta}_2, \cdots, \boldsymbol{\beta}_s$ 等价，$\boldsymbol{\alpha}_{i_1}, \boldsymbol{\alpha}_{i_2}, \cdots, \boldsymbol{\alpha}_{i_r}$ 与 $\boldsymbol{\alpha}_1, \boldsymbol{\alpha}_2, \cdots, \boldsymbol{\alpha}_m$ 等价，又 $\boldsymbol{\beta}_1, \boldsymbol{\beta}_2, \cdots, \boldsymbol{\beta}_s$ 可由 $\boldsymbol{\alpha}_1, \boldsymbol{\alpha}_2, \cdots, \boldsymbol{\alpha}_m$ 线性表示，所以 $\boldsymbol{\beta}_{i_1}, \boldsymbol{\beta}_{i_2}, \cdots, \boldsymbol{\beta}_{i_t}$ 可由 $\boldsymbol{\alpha}_{i_1}, \boldsymbol{\alpha}_{i_2}, \cdots, \boldsymbol{\alpha}_{i_r}$ 线性表示，从而由定理 3.7 的推论 4 得 $t \leqslant r$，故结论成立.

**推论** 等价的向量组有相同的秩.

由定义 3.12 可知，要求一个向量组的秩，需先求出该向量组的一个极大线性无关组，这个极大线性无关组所含的向量个数就是该向量组的秩. 从例 3.8 所给出的求向量组 $\boldsymbol{\alpha}_1, \boldsymbol{\alpha}_2, \cdots, \boldsymbol{\alpha}_m$ 的极大线性无关组的方法，可看出极大线性无关组的个数与矩阵 $(\boldsymbol{\alpha}_1, \boldsymbol{\alpha}_2, \cdots, \boldsymbol{\alpha}_m)$ 的秩有很密切的关系. 事实上，有下面的结论.

**定理 3.10** 对任意向量组 $\boldsymbol{\alpha}_1, \boldsymbol{\alpha}_2, \cdots, \boldsymbol{\alpha}_m$，有

$$R\{\boldsymbol{\alpha}_1, \boldsymbol{\alpha}_2, \cdots, \boldsymbol{\alpha}_m\} = R(\boldsymbol{\alpha}_1, \boldsymbol{\alpha}_2, \cdots, \boldsymbol{\alpha}_m).$$

**证明** 设 $R\{\boldsymbol{\alpha}_1, \boldsymbol{\alpha}_2, \cdots, \boldsymbol{\alpha}_m\} = r$，且 $\boldsymbol{\alpha}_{i_1}, \boldsymbol{\alpha}_{i_2}, \cdots, \boldsymbol{\alpha}_{i_r}$ 是向量组 $\boldsymbol{\alpha}_1, \boldsymbol{\alpha}_2, \cdots, \boldsymbol{\alpha}_m$ 的一个极大线性无关组，则 $\boldsymbol{\alpha}_{i_1}, \boldsymbol{\alpha}_{i_2}, \cdots, \boldsymbol{\alpha}_{i_r}$ 与 $\boldsymbol{\alpha}_1, \boldsymbol{\alpha}_2, \cdots, \boldsymbol{\alpha}_m$ 等价，于是有

$$R(\boldsymbol{\alpha}_1, \boldsymbol{\alpha}_2, \cdots, \boldsymbol{\alpha}_m) = R(\boldsymbol{\alpha}_{i_1}, \boldsymbol{\alpha}_{i_2}, \cdots, \boldsymbol{\alpha}_{i_r}) = r,$$

所以

$$R\{\boldsymbol{\alpha}_1, \boldsymbol{\alpha}_2, \cdots, \boldsymbol{\alpha}_m\} = R(\boldsymbol{\alpha}_1, \boldsymbol{\alpha}_2, \cdots, \boldsymbol{\alpha}_m).$$ ■

由定理 3.10 可知，矩阵 $\boldsymbol{A}$ 的秩等于它的列向量组的秩. 由于转置不改变矩阵

的秩，而转置后矩阵的列向量就是原矩阵的行向量，所以矩阵 $\boldsymbol{A}$ 的秩也等于它的行向量组的秩. 因此，可以利用矩阵的秩来讨论向量组的秩，也可以利用向量组的秩来讨论矩阵的秩.

**例 3.11** 求向量组 $\boldsymbol{\alpha}_1=\begin{pmatrix}1\\0\\1\\2\end{pmatrix}$，$\boldsymbol{\alpha}_2=\begin{pmatrix}0\\1\\1\\2\end{pmatrix}$，$\boldsymbol{\alpha}_3=\begin{pmatrix}-1\\1\\0\\k\end{pmatrix}$，$\boldsymbol{\alpha}_4=\begin{pmatrix}1\\2\\k\\6\end{pmatrix}$，$\boldsymbol{\alpha}_5=\begin{pmatrix}1\\1\\2\\4\end{pmatrix}$ 的秩和一个极大线性无关组，并用极大线性无关组线性表示其余向量.

**解** 向量的分量中含有参数 $k$，向量组的秩和极大线性无关组与 $k$ 的取值有关. 对下列矩阵做初等行变换：

$$(\boldsymbol{\alpha}_1,\boldsymbol{\alpha}_2,\boldsymbol{\alpha}_3,\boldsymbol{\alpha}_4,\boldsymbol{\alpha}_5)=\begin{pmatrix}1&0&-1&1&1\\0&1&1&2&1\\1&1&0&k&2\\2&2&k&6&4\end{pmatrix}\xrightarrow[r_4-2r_1]{r_3-r_1}\begin{pmatrix}1&0&-1&1&1\\0&1&1&2&1\\0&1&1&k-1&1\\0&2&k+2&4&2\end{pmatrix}$$

$$\xrightarrow[r_4-2r_2]{r_3-r_2}\begin{pmatrix}1&0&-1&1&1\\0&1&1&2&1\\0&0&0&k-3&0\\0&0&k&0&0\end{pmatrix}\xrightarrow{r_3\leftrightarrow r_4}\begin{pmatrix}1&0&-1&1&1\\0&1&1&2&1\\0&0&k&0&0\\0&0&0&k-3&0\end{pmatrix}. \tag{3.1}$$

(1) 当 $k=3$ 时，对式(3.1)中最后一个矩阵做初等行变换

$$\begin{pmatrix}1&0&-1&1&1\\0&1&1&2&1\\0&0&3&0&0\\0&0&0&0&0\end{pmatrix}\xrightarrow[\frac{1}{3}r_3]{\substack{r_1+\frac{1}{3}r_3\\ r_1-\frac{1}{3}r_3}}\begin{pmatrix}1&0&0&1&1\\0&1&0&2&1\\0&0&1&0&0\\0&0&0&0&0\end{pmatrix},$$

则 $R\{\boldsymbol{\alpha}_1,\boldsymbol{\alpha}_2,\boldsymbol{\alpha}_3,\boldsymbol{\alpha}_4,\boldsymbol{\alpha}_5\}=3$；$\boldsymbol{\alpha}_1,\boldsymbol{\alpha}_2,\boldsymbol{\alpha}_3$ 是极大线性无关组，且

$$\boldsymbol{\alpha}_4=\boldsymbol{\alpha}_1+2\boldsymbol{\alpha}_2,\quad \boldsymbol{\alpha}_5=\boldsymbol{\alpha}_1+\boldsymbol{\alpha}_2.$$

(2) 当 $k=0$ 时，对式(3.1)中最后一个矩阵做初等行变换

$$\begin{pmatrix}1&0&-1&1&1\\0&1&1&2&1\\0&0&0&0&0\\0&0&0&-3&0\end{pmatrix}\xrightarrow[-\frac{1}{3}r_3]{\substack{r_1+\frac{1}{3}r_3\\ r_2+\frac{1}{3}r_3}}\begin{pmatrix}1&0&-1&0&1\\0&1&1&0&1\\0&0&0&0&0\\0&0&0&1&0\end{pmatrix}\xrightarrow{r_3\leftrightarrow r_4}\begin{pmatrix}1&0&-1&0&1\\0&1&1&0&1\\0&0&0&1&0\\0&0&0&0&0\end{pmatrix},$$

则 $R\{\boldsymbol{\alpha}_1, \boldsymbol{\alpha}_2, \boldsymbol{\alpha}_3, \boldsymbol{\alpha}_4, \boldsymbol{\alpha}_5\}=3$；$\boldsymbol{\alpha}_1, \boldsymbol{\alpha}_2, \boldsymbol{\alpha}_4$ 是极大线性无关组，且

$$\boldsymbol{\alpha}_3=-\boldsymbol{\alpha}_1+\boldsymbol{\alpha}_2, \quad \boldsymbol{\alpha}_5=\boldsymbol{\alpha}_1+\boldsymbol{\alpha}_2.$$

(3) 当 $k\neq 0, 3$ 时，对式(3.1)中最后一个矩阵做初等行变换

$$\begin{pmatrix} 1 & 0 & -1 & 1 & 1 \\ 0 & 1 & 1 & 2 & 1 \\ 0 & 0 & k & 0 & 0 \\ 0 & 0 & 0 & k-3 & 0 \end{pmatrix} \xrightarrow[\frac{1}{k-3}r_4]{\frac{1}{k}r_3} \begin{pmatrix} 1 & 0 & -1 & 1 & 1 \\ 0 & 1 & 1 & 2 & 1 \\ 0 & 0 & 1 & 0 & 0 \\ 0 & 0 & 0 & 1 & 0 \end{pmatrix}$$

$$\xrightarrow[r_2-r_3]{r_1+r_3} \begin{pmatrix} 1 & 0 & 0 & 1 & 1 \\ 0 & 1 & 0 & 2 & 1 \\ 0 & 0 & 1 & 0 & 0 \\ 0 & 0 & 0 & 1 & 0 \end{pmatrix} \xrightarrow[r_2-2r_4]{r_1-r_4} \begin{pmatrix} 1 & 0 & 0 & 0 & 1 \\ 0 & 1 & 0 & 0 & 1 \\ 0 & 0 & 1 & 0 & 0 \\ 0 & 0 & 0 & 1 & 0 \end{pmatrix},$$

则 $R\{\boldsymbol{\alpha}_1, \boldsymbol{\alpha}_2, \boldsymbol{\alpha}_3, \boldsymbol{\alpha}_4, \boldsymbol{\alpha}_5\}=4$；$\boldsymbol{\alpha}_1, \boldsymbol{\alpha}_2, \boldsymbol{\alpha}_3, \boldsymbol{\alpha}_4$ 是极大线性无关组，且 $\boldsymbol{\alpha}_5=\boldsymbol{\alpha}_1+\boldsymbol{\alpha}_2$.

**例 3.12** 设向量组 $\boldsymbol{\beta}_1, \boldsymbol{\beta}_2, \cdots, \boldsymbol{\beta}_m$ 可由向量组 $\boldsymbol{\alpha}_1, \boldsymbol{\alpha}_2, \cdots, \boldsymbol{\alpha}_m$ 线性表示，

$$\boldsymbol{\beta}_j=a_{1j}\boldsymbol{\alpha}_1+a_{2j}\boldsymbol{\alpha}_2+\cdots+a_{mj}\boldsymbol{\alpha}_m \quad (j=1, 2, \cdots, m),$$

令 $\boldsymbol{A}=(a_{ij})_{m\times m}$. 证明：

(1) 若矩阵 $\boldsymbol{A}$ 不可逆，则 $\boldsymbol{\beta}_1, \boldsymbol{\beta}_2, \cdots, \boldsymbol{\beta}_m$ 线性相关.

(2) 若 $\boldsymbol{\alpha}_1, \boldsymbol{\alpha}_2, \cdots, \boldsymbol{\alpha}_m$ 线性无关，则 $\boldsymbol{\beta}_1, \boldsymbol{\beta}_2, \cdots, \boldsymbol{\beta}_m$ 线性无关的充分必要条件是矩阵 $\boldsymbol{A}$ 可逆.

**证明** 由已知条件可得

$$(\boldsymbol{\beta}_1, \boldsymbol{\beta}_2, \cdots, \boldsymbol{\beta}_m)=(\boldsymbol{\alpha}_1, \boldsymbol{\alpha}_2, \cdots, \boldsymbol{\alpha}_m)\boldsymbol{A}.$$

(1) 若 $\boldsymbol{A}$ 不可逆，则 $R(\boldsymbol{A})<m$, 因此

$$R(\boldsymbol{\beta}_1, \boldsymbol{\beta}_2, \cdots, \boldsymbol{\beta}_m)\leqslant R(\boldsymbol{A})<m,$$

于是，$\boldsymbol{\beta}_1, \boldsymbol{\beta}_2, \cdots, \boldsymbol{\beta}_m$ 线性相关.

(2) 因为 $\boldsymbol{\alpha}_1, \boldsymbol{\alpha}_2, \cdots, \boldsymbol{\alpha}_m$ 线性无关，所以 $R(\boldsymbol{\alpha}_1, \boldsymbol{\alpha}_2, \cdots, \boldsymbol{\alpha}_m)=m$.

若 $\boldsymbol{A}$ 可逆，则 $(\boldsymbol{\alpha}_1, \boldsymbol{\alpha}_2, \cdots, \boldsymbol{\alpha}_m)=(\boldsymbol{\beta}_1, \boldsymbol{\beta}_2, \cdots, \boldsymbol{\beta}_m)\boldsymbol{A}^{-1}$, 于是，$\boldsymbol{\alpha}_1, \boldsymbol{\alpha}_2, \cdots, \boldsymbol{\alpha}_m$ 可由 $\boldsymbol{\beta}_1, \boldsymbol{\beta}_2, \cdots, \boldsymbol{\beta}_m$ 线性表示，从而 $\boldsymbol{\beta}_1, \boldsymbol{\beta}_2, \cdots, \boldsymbol{\beta}_m$ 与 $\boldsymbol{\alpha}_1, \boldsymbol{\alpha}_2, \cdots, \boldsymbol{\alpha}_m$ 等价，因而有

$$R(\boldsymbol{\beta}_1, \boldsymbol{\beta}_2, \cdots, \boldsymbol{\beta}_m)=R(\boldsymbol{\alpha}_1, \boldsymbol{\alpha}_2, \cdots, \boldsymbol{\alpha}_m)=m,$$

即 $\boldsymbol{\beta}_1, \boldsymbol{\beta}_2, \cdots, \boldsymbol{\beta}_m$ 线性无关.

若 $\boldsymbol{\beta}_1, \boldsymbol{\beta}_2, \cdots, \boldsymbol{\beta}_m$ 线性无关，则由结论(1)知 $\boldsymbol{A}$ 可逆.

**例 3.13** 设 $\boldsymbol{A}$ 是 $m\times s$ 矩阵，$\boldsymbol{B}$ 是 $s\times n$ 矩阵，则 $R(\boldsymbol{AB})\leqslant\min\{R(\boldsymbol{A}), R(\boldsymbol{B})\}$.

**证明** 设 $\boldsymbol{C}=\boldsymbol{AB}$, 这说明矩阵 $\boldsymbol{C}$ 的列向量组可由矩阵 $\boldsymbol{A}$ 的列向量组线性表

示，从而由定理 3.9 可知，矩阵 $\boldsymbol{C}$ 的列向量组的秩小于或等于矩阵 $\boldsymbol{A}$ 的列向量组的秩，即

$$R(\boldsymbol{C})\leqslant R(\boldsymbol{A}).$$

又因为 $\boldsymbol{C}^{\mathrm{T}}=\boldsymbol{B}^{\mathrm{T}}\boldsymbol{A}^{\mathrm{T}}$，所以 $R(\boldsymbol{C}^{\mathrm{T}})\leqslant R(\boldsymbol{B}^{\mathrm{T}})$，而 $R(\boldsymbol{B})=R(\boldsymbol{B}^{\mathrm{T}})$，$R(\boldsymbol{C})=R(\boldsymbol{C}^{\mathrm{T}})$，于是

$$R(\boldsymbol{C})\leqslant R(\boldsymbol{B}).$$

综合即得 $R(\boldsymbol{C})\leqslant \min\{R(\boldsymbol{A}),R(\boldsymbol{B})\}$，即 $R(\boldsymbol{AB})\leqslant \min\{R(\boldsymbol{A}),R(\boldsymbol{B})\}$.

## 习 题 3.3

1. 设向量 $\boldsymbol{\beta}$ 可由向量组 $\boldsymbol{\alpha}_1,\boldsymbol{\alpha}_2,\cdots,\boldsymbol{\alpha}_m$ 线性表示，但不能由 $\boldsymbol{\alpha}_1,\boldsymbol{\alpha}_2,\cdots,\boldsymbol{\alpha}_{m-1}$ 线性表示，证明：向量组 $\boldsymbol{\alpha}_1,\boldsymbol{\alpha}_2,\cdots,\boldsymbol{\alpha}_m$ 与向量组 $\boldsymbol{\alpha}_1,\boldsymbol{\alpha}_2,\cdots,\boldsymbol{\alpha}_{m-1},\boldsymbol{\beta}$ 等价.

2. 设 $R(\boldsymbol{\alpha}_1,\boldsymbol{\alpha}_2,\boldsymbol{\alpha}_3)=2$，$R(\boldsymbol{\alpha}_2,\boldsymbol{\alpha}_3,\boldsymbol{\alpha}_4)=3$，证明：

(1) 向量 $\boldsymbol{\alpha}_1$ 可由向量组 $\boldsymbol{\alpha}_2,\boldsymbol{\alpha}_3$ 线性表示；

(2) 向量 $\boldsymbol{\alpha}_4$ 不可由向量组 $\boldsymbol{\alpha}_1,\boldsymbol{\alpha}_2,\boldsymbol{\alpha}_3$ 线性表示.

3. 求下列向量组的秩及一个极大线性无关组，并用极大线性无关组线性表示其余向量.

(1) $\boldsymbol{\alpha}_1=\begin{pmatrix}2\\1\\3\\-1\end{pmatrix}$，$\boldsymbol{\alpha}_2=\begin{pmatrix}3\\-1\\2\\0\end{pmatrix}$，$\boldsymbol{\alpha}_3=\begin{pmatrix}1\\3\\4\\-2\end{pmatrix}$，$\boldsymbol{\alpha}_4=\begin{pmatrix}4\\-3\\1\\1\end{pmatrix}$；

(2) $\boldsymbol{\alpha}_1=\begin{pmatrix}1\\2\\3\\-1\end{pmatrix}$，$\boldsymbol{\alpha}_2=\begin{pmatrix}3\\2\\1\\-1\end{pmatrix}$，$\boldsymbol{\alpha}_3=\begin{pmatrix}2\\3\\1\\1\end{pmatrix}$，$\boldsymbol{\alpha}_4=\begin{pmatrix}2\\2\\2\\-1\end{pmatrix}$，$\boldsymbol{\alpha}_5=\begin{pmatrix}5\\5\\2\\0\end{pmatrix}$；

(3) $\boldsymbol{\alpha}_1=\begin{pmatrix}1\\2\\-1\\1\end{pmatrix}$，$\boldsymbol{\alpha}_2=\begin{pmatrix}2\\0\\k\\0\end{pmatrix}$，$\boldsymbol{\alpha}_3=\begin{pmatrix}0\\-4\\5\\-2\end{pmatrix}$，$\boldsymbol{\alpha}_4=\begin{pmatrix}2\\2\\2\\-1\end{pmatrix}$.

4. 设 $R\{\boldsymbol{\alpha}_1,\boldsymbol{\alpha}_2,\cdots,\boldsymbol{\alpha}_m\}=R\{\boldsymbol{\beta}_1,\boldsymbol{\beta}_2,\cdots,\boldsymbol{\beta}_t\}$，且 $\boldsymbol{\alpha}_1,\boldsymbol{\alpha}_2,\cdots,\boldsymbol{\alpha}_m$ 可由 $\boldsymbol{\beta}_1,\boldsymbol{\beta}_2,\cdots,\boldsymbol{\beta}_t$ 线性表示，证明：向量组 $\boldsymbol{\alpha}_1,\boldsymbol{\alpha}_2,\cdots,\boldsymbol{\alpha}_m$ 与向量组 $\boldsymbol{\beta}_1,\boldsymbol{\beta}_2,\cdots,\boldsymbol{\beta}_t$ 等价.

5. 设有两个向量组 $\boldsymbol{\alpha}_1=\begin{pmatrix}1\\2\\-1\\3\end{pmatrix}$，$\boldsymbol{\alpha}_2=\begin{pmatrix}2\\5\\a\\8\end{pmatrix}$，$\boldsymbol{\alpha}_3=\begin{pmatrix}-1\\0\\3\\1\end{pmatrix}$；$\boldsymbol{\beta}_1=\begin{pmatrix}1\\a\\a^2-5\\7\end{pmatrix}$，$\boldsymbol{\beta}_2=\begin{pmatrix}3\\3+a\\3\\11\end{pmatrix}$，

$\boldsymbol{\beta}_3=\begin{pmatrix}0\\1\\6\\2\end{pmatrix}$. 若 $\boldsymbol{\beta}_1$ 可由 $\boldsymbol{\alpha}_1,\boldsymbol{\alpha}_2,\boldsymbol{\alpha}_3$ 线性表示，试判断这两个向量组是否等价？

6. 已知向量组 $\boldsymbol{\beta}_1=\begin{pmatrix}0\\1\\-1\end{pmatrix}$, $\boldsymbol{\beta}_2=\begin{pmatrix}a\\3\\1\end{pmatrix}$, $\boldsymbol{\beta}_3=\begin{pmatrix}b\\1\\0\end{pmatrix}$ 与向量组 $\boldsymbol{\alpha}_1=\begin{pmatrix}1\\2\\-3\end{pmatrix}$, $\boldsymbol{\alpha}_2=\begin{pmatrix}2\\1\\-1\end{pmatrix}$, $\boldsymbol{\alpha}_3=\begin{pmatrix}3\\0\\1\end{pmatrix}$ 具有相同的秩,且 $\boldsymbol{\beta}_3$ 可由 $\boldsymbol{\alpha}_1$, $\boldsymbol{\alpha}_2$, $\boldsymbol{\alpha}_3$ 线性表示,求 $a$, $b$.

# §3.4 向量空间

由 $n$ 维向量组成的集合 $V$ 也叫做向量组,$V$ 中的向量个数可以有限也可以无限. 在 3.2 节和 3.3 节讨论了 $V$ 中向量间的线性关系,以及 $V$ 的重要的特征——秩. 本节将继续讨论 $V$ 的结构问题.

## 3.4.1 基本概念

设 $V$ 是由 $n$ 维向量组成的非空集合,若 $\forall \boldsymbol{\alpha}, \boldsymbol{\beta} \in V$, 以及 $\forall k \in \mathbf{R}$, 有 $\boldsymbol{\alpha}+\boldsymbol{\beta}$, $k\boldsymbol{\alpha} \in V$, 则称 $V$ 对于向量的加法和数乘两种运算封闭.

**定义 3.13** 设 $V$ 是由 $n$ 维向量组成的非空集合,若 $V$ 对于向量的加法和数乘两种运算封闭,则称 $V$ 为 $n$ **维向量空间**.

显然,所有 $n$ 维向量的集合 $R^n$ 是一个向量空间,这个向量空间也叫做 $n$ 维向量空间.

当 $n=1$ 时,一维向量空间 $R^1$ 的几何意义是数轴;

当 $n=2$ 时,二维向量空间 $R^2$ 的几何意义是平面;

当 $n=3$ 时,三维向量空间 $R^3$ 的几何意义是几何空间;

当 $n>3$ 时,$n$ 维向量空间 $R^n$ 没有直观的几何意义.

单个 $n$ 维零向量组成的集合也是一个向量空间,这个向量空间也叫做**零空间**,记作$\{0\}$.

若向量空间 $V\neq\{0\}$,则存在 $\boldsymbol{\alpha}\in V$, $\boldsymbol{\alpha}\neq\mathbf{0}$,于是当 $k$ 取不同的数时就得到 $V$ 中的不同向量 $k\boldsymbol{\alpha}$,所以 $V$ 含有无穷多个向量.

**例 3.14** 判别下列集合

$$V_1=\{(x_1, x_2, \cdots, x_{n-1}, 0)^{\mathrm{T}} \mid x_1, x_2, \cdots, x_{n-1}\in\mathbf{R}\},$$
$$V_2=\{(x_1, x_2, \cdots, x_{n-1}, 1)^{\mathrm{T}} \mid x_1, x_2, \cdots, x_{n-1}\in\mathbf{R}\}$$

是否是向量空间.

**解** $\forall \boldsymbol{\alpha}, \boldsymbol{\beta}\in V_1$, $\forall k\in\mathbf{R}$, 设

$$\boldsymbol{\alpha}=(x_1, x_2, \cdots, x_{n-1}, 0)^{\mathrm{T}},\quad \boldsymbol{\beta}=(y_1, y_2, \cdots, y_{n-1}, 0)^{\mathrm{T}},$$

于是有

$$\boldsymbol{\alpha}+\boldsymbol{\beta}=(x_1+y_1, x_2+y_2, \cdots, x_{n-1}+y_{n-1}, 0)^{\mathrm{T}} \in V_1,$$
$$k\boldsymbol{\alpha}=(kx_1, kx_2, \cdots, kx_{n-1}, 0)^{\mathrm{T}} \in V_1,$$

即 $V_1$ 对向量的加法与数乘两种运算封闭,所以 $V_1$ 是向量空间.

因为 $\boldsymbol{\alpha}=(x_1, x_2, \cdots, x_{n-1}, 1)^{\mathrm{T}} \in V_2$,而 $2\boldsymbol{\alpha}=(2x_1, 2x_2, \cdots, 2x_{n-1}, 2)^{\mathrm{T}} \notin V_2$,所以 $V_2$ 不是向量空间.

**例 3.15** 设 $\boldsymbol{\alpha}_1, \boldsymbol{\alpha}_2, \cdots, \boldsymbol{\alpha}_m$ 是 $n$ 维向量组,则集合

$$V=\{\boldsymbol{\alpha} \mid \boldsymbol{\alpha}=k_1\boldsymbol{\alpha}_1+k_2\boldsymbol{\alpha}_2+\cdots+k_m\boldsymbol{\alpha}_m, k_1, k_2, \cdots, k_m \in \mathbf{R}\}$$

是一个向量空间.

**证明** $\forall \boldsymbol{\alpha}, \boldsymbol{\beta} \in V, \forall k \in \mathbf{R}$, 设

$$\boldsymbol{\alpha}=k_1\boldsymbol{\alpha}_1+k_2\boldsymbol{\alpha}_2+\cdots+k_m\boldsymbol{\alpha}_m, \quad \boldsymbol{\beta}=l_1\boldsymbol{\alpha}_1+l_2\boldsymbol{\alpha}_2+\cdots+l_m\boldsymbol{\alpha}_m,$$

于是有

$$\boldsymbol{\alpha}+\boldsymbol{\beta}=(k_1+l_1)\boldsymbol{\alpha}_1+(k_2+l_2)\boldsymbol{\alpha}_2+\cdots+(k_m+l_m)\boldsymbol{\alpha}_m \in V,$$
$$k\boldsymbol{\alpha}=(kk_1)\boldsymbol{\alpha}_1+(kk_2)\boldsymbol{\alpha}_2+\cdots+(kk_m)\boldsymbol{\alpha}_m \in V,$$

故 $V$ 是向量空间.

通常称例 3.15 中的向量空间为由向量 $\boldsymbol{\alpha}_1, \boldsymbol{\alpha}_2, \cdots, \boldsymbol{\alpha}_m$ **生成的向量空间**,记作 $L(\boldsymbol{\alpha}_1, \boldsymbol{\alpha}_2, \cdots, \boldsymbol{\alpha}_m)$.

**定义 3.14** 设 $V_1, V_2$ 是两个向量空间,若 $V_1 \subseteq V_2$,则称 $V_1$ 是 $V_2$ 的**子空间.**

显然,由 $n$ 维向量组成的向量空间都是 $R^n$ 的子空间.

每一个向量空间 $V$ 都至少有两个子空间:零空间 $\{0\}$ 和 $V$ 本身,这两个子空间称为 $V$ 的**平凡子空间.**

**例 3.16** 若向量组 $\boldsymbol{\beta}_1, \boldsymbol{\beta}_2, \cdots, \boldsymbol{\beta}_s$ 可由向量组 $\boldsymbol{\alpha}_1, \boldsymbol{\alpha}_2, \cdots, \boldsymbol{\alpha}_m$ 线性表示,则 $L(\boldsymbol{\beta}_1, \boldsymbol{\beta}_2, \cdots, \boldsymbol{\beta}_s)$ 是 $L(\boldsymbol{\alpha}_1, \boldsymbol{\alpha}_2, \cdots, \boldsymbol{\alpha}_m)$ 的子空间.

**证明** $\forall \boldsymbol{\gamma} \in L(\boldsymbol{\beta}_1, \boldsymbol{\beta}_2, \cdots, \boldsymbol{\beta}_s)$,则 $\boldsymbol{\gamma}$ 可由 $\boldsymbol{\beta}_1, \boldsymbol{\beta}_2, \cdots, \boldsymbol{\beta}_s$ 线性表示.

又因为 $\boldsymbol{\beta}_1, \boldsymbol{\beta}_2, \cdots, \boldsymbol{\beta}_s$ 可由 $\boldsymbol{\alpha}_1, \boldsymbol{\alpha}_2, \cdots, \boldsymbol{\alpha}_m$ 线性表示,故 $\boldsymbol{\gamma}$ 可由 $\boldsymbol{\alpha}_1, \boldsymbol{\alpha}_2, \cdots, \boldsymbol{\alpha}_m$ 线性表示,所以 $\boldsymbol{\gamma} \in L(\boldsymbol{\alpha}_1, \boldsymbol{\alpha}_2, \cdots, \boldsymbol{\alpha}_m)$,于是 $L(\boldsymbol{\beta}_1, \boldsymbol{\beta}_2, \cdots, \boldsymbol{\beta}_s) \subseteq L(\boldsymbol{\alpha}_1, \boldsymbol{\alpha}_2, \cdots, \boldsymbol{\alpha}_m)$.

故 $L(\boldsymbol{\beta}_1, \boldsymbol{\beta}_2, \cdots, \boldsymbol{\beta}_s)$ 是 $L(\boldsymbol{\alpha}_1, \boldsymbol{\alpha}_2, \cdots, \boldsymbol{\alpha}_m)$ 的子空间.

### 3.4.2 基变换与坐标变换

向量空间 $V$ 实际上就是对向量的加法与数乘两个运算封闭的向量组,由 3.3 节的讨论可知,当 $V \neq \{0\}$ 时,$V$ 一定有极大线性无关组存在,且极大线性无关组不唯一,但每个极大线性无关组所含向量个数相同.

**定义 3.15** 向量空间 $V$ 的一个极大线性无关组称为 $V$ 的一个**基**,基所含的向

量个数称为向量空间 $V$ **维数**，记作 $\dim V$.

当 $V=\{0\}$时，$V$ 没有基，规定零向量空间$\{0\}$的维数为 0.

因此，$\dim V\geqslant 0$，当且仅当 $V=\{0\}$时，$\dim V=0$.

由 3.3 节可知，$n$ 维单位坐标向量组 $\boldsymbol{\varepsilon}_1, \boldsymbol{\varepsilon}_2, \cdots, \boldsymbol{\varepsilon}_n$ 是 $R^n$ 的一个极大线性无关组，所以它是 $n$ 维向量空间 $R^n$ 的一个基，从而 $\dim R^n=n$，$\boldsymbol{\varepsilon}_1, \boldsymbol{\varepsilon}_2, \cdots, \boldsymbol{\varepsilon}_n$ 也叫做 $R^n$ 的自然基.

显然，若 $\boldsymbol{\alpha}_1, \boldsymbol{\alpha}_2, \cdots, \boldsymbol{\alpha}_m$ 是向量空间 $V$ 中的 $m$ 个向量，则 $\boldsymbol{\alpha}_1, \boldsymbol{\alpha}_2, \cdots, \boldsymbol{\alpha}_m$ 是 $V$ 的基的充分必要条件是：

(1) $\boldsymbol{\alpha}_1, \boldsymbol{\alpha}_2, \cdots, \boldsymbol{\alpha}_m$ 线性无关；

(2) $V$ 中的每个向量都可由 $\boldsymbol{\alpha}_1, \boldsymbol{\alpha}_2, \cdots, \boldsymbol{\alpha}_m$ 线性表示.

因此，若 $\boldsymbol{\alpha}_1, \boldsymbol{\alpha}_2, \cdots, \boldsymbol{\alpha}_m$ 是向量空间 $V$ 的基，则 $V=L(\boldsymbol{\alpha}_1, \boldsymbol{\alpha}_2, \cdots, \boldsymbol{\alpha}_m)$.

易知，$\boldsymbol{\varepsilon}_1, \boldsymbol{\varepsilon}_2, \cdots, \boldsymbol{\varepsilon}_{n-1}$ 是例 3.14 中 $V_1$ 的基，所以 $\dim V_1=n-1$.

由于向量组 $\boldsymbol{\alpha}_1, \boldsymbol{\alpha}_2, \cdots, \boldsymbol{\alpha}_m$ 与其极大线性无关组等价，所以，$\boldsymbol{\alpha}_1, \boldsymbol{\alpha}_2, \cdots, \boldsymbol{\alpha}_m$ 的极大线性无关组也是向量空间 $L(\boldsymbol{\alpha}_1, \boldsymbol{\alpha}_2, \cdots, \boldsymbol{\alpha}_m)$ 的基，且有

$$\dim L(\boldsymbol{\alpha}_1, \boldsymbol{\alpha}_2, \cdots, \boldsymbol{\alpha}_m)=R\{\boldsymbol{\alpha}_1, \boldsymbol{\alpha}_2, \cdots, \boldsymbol{\alpha}_m\}.$$

由定义 3.15 可知向量空间 $V$ 的维数实际上就是向量组的秩，因此由定理 3.8 及推论，得到下面的定理与推论.

**定理 3.11** 设 $V$ 是向量空间，若 $\dim V=r$，则 $V$ 中任意 $r+1$ 个向量都线性相关.

**推论** 设 $V$ 是向量空间，若 $\dim V=r$，则 $V$ 中任意 $r$ 个线性无关的向量组都是 $V$ 的一个基.

例如，向量组 $\boldsymbol{\alpha}_1=\begin{pmatrix}1\\1\\1\end{pmatrix}, \boldsymbol{\alpha}_2=\begin{pmatrix}0\\1\\1\end{pmatrix}, \boldsymbol{\alpha}_3=\begin{pmatrix}0\\0\\1\end{pmatrix}$ 线性无关，所以，$\boldsymbol{\alpha}_1, \boldsymbol{\alpha}_2, \boldsymbol{\alpha}_3$ 也是 $R^3$ 的基.

若 $\boldsymbol{\alpha}_1, \boldsymbol{\alpha}_2, \cdots, \boldsymbol{\alpha}_m$ 是向量空间 $V$ 的一个基，则 $V$ 中任一向量 $\boldsymbol{\alpha}$ 可唯一地表示为

$$\boldsymbol{\alpha}=k_1\boldsymbol{\alpha}_1+k_2\boldsymbol{\alpha}_2+\cdots+k_m\boldsymbol{\alpha}_m=(\boldsymbol{\alpha}_1, \boldsymbol{\alpha}_2, \cdots, \boldsymbol{\alpha}_m)\begin{pmatrix}k_1\\k_2\\\vdots\\k_m\end{pmatrix}. \tag{3.2}$$

**定义 3.16** 式(3.2)中的数组 $k_1, k_2, \cdots, k_m$ 称为向量 $\boldsymbol{\alpha}$ 在基 $\boldsymbol{\alpha}_1, \boldsymbol{\alpha}_2, \cdots, \boldsymbol{\alpha}_m$ 下的**坐标**.

$R^n$ 中的向量在 $R^n$ 的自然基下的坐标就是该向量的分量.

例如，$R^3$ 中的向量 $\boldsymbol{\alpha}=\begin{pmatrix}1\\2\\2\end{pmatrix}=\boldsymbol{\varepsilon}_1+2\boldsymbol{\varepsilon}_2+2\boldsymbol{\varepsilon}_3$，所以 $\boldsymbol{\alpha}$ 在 $R^3$ 的自然基 $\boldsymbol{\varepsilon}_1,\boldsymbol{\varepsilon}_2,\boldsymbol{\varepsilon}_3$ 下的坐标是 1，2，2.

但因为 $\boldsymbol{\alpha}=\begin{pmatrix}1\\2\\2\end{pmatrix}=\begin{pmatrix}1\\1\\1\end{pmatrix}+\begin{pmatrix}0\\1\\1\end{pmatrix}+0\begin{pmatrix}0\\0\\1\end{pmatrix}$，所以 $\boldsymbol{\alpha}$ 在 $R^3$ 的基 $\boldsymbol{\alpha}_1=\begin{pmatrix}1\\1\\1\end{pmatrix}$，$\boldsymbol{\alpha}_2=\begin{pmatrix}0\\1\\1\end{pmatrix}$，$\boldsymbol{\alpha}_3=\begin{pmatrix}0\\0\\1\end{pmatrix}$ 下的坐标是 1，1，0.

由此可见，向量空间 $V$ 中的向量在 $V$ 的不同基下的坐标是不同的. 那么，这两个不同的坐标之间有什么关系？下面就来讨论这个问题.

设 $\boldsymbol{\alpha}_1,\boldsymbol{\alpha}_2,\cdots,\boldsymbol{\alpha}_m$ 与 $\boldsymbol{\beta}_1,\boldsymbol{\beta}_2,\cdots,\boldsymbol{\beta}_m$ 是向量空间 $V$ 的两个基，则 $\boldsymbol{\beta}_i$ 可唯一地表示为

$$\boldsymbol{\beta}_i=a_{1i}\boldsymbol{\alpha}_1+a_{2i}\boldsymbol{\alpha}_2+\cdots+a_{mi}\boldsymbol{\alpha}_m=(\boldsymbol{\alpha}_1,\boldsymbol{\alpha}_2,\cdots,\boldsymbol{\alpha}_m)\begin{pmatrix}a_{1i}\\a_{2i}\\\vdots\\a_{mi}\end{pmatrix}\quad(i=1,2,\cdots,m),$$

于是有

$$(\boldsymbol{\beta}_1,\boldsymbol{\beta}_2,\cdots,\boldsymbol{\beta}_m)=(\boldsymbol{\alpha}_1,\boldsymbol{\alpha}_2,\cdots,\boldsymbol{\alpha}_m)\begin{pmatrix}a_{11}&a_{12}&\cdots&a_{1m}\\a_{21}&a_{22}&\cdots&a_{2m}\\\vdots&\vdots&&\vdots\\a_{m1}&a_{m2}&\cdots&a_{mm}\end{pmatrix}.\qquad(3.3)$$

**定义 3.17** 式(3.3)中的矩阵 $\boldsymbol{A}=(a_{ij})_{m\times m}$ 称为基 $\boldsymbol{\alpha}_1,\boldsymbol{\alpha}_2,\cdots,\boldsymbol{\alpha}_m$ 到基 $\boldsymbol{\beta}_1,\boldsymbol{\beta}_2,\cdots,\boldsymbol{\beta}_m$ 的**过渡矩阵**.

显然，过渡矩阵 $\boldsymbol{A}$ 的第 $i$ 列就是 $\boldsymbol{\beta}_i$ 在基 $\boldsymbol{\alpha}_1,\boldsymbol{\alpha}_2,\cdots,\boldsymbol{\alpha}_m$ 下的坐标.

式(3.3)称为基 $\boldsymbol{\alpha}_1,\boldsymbol{\alpha}_2,\cdots,\boldsymbol{\alpha}_m$ 到基 $\boldsymbol{\beta}_1,\boldsymbol{\beta}_2,\cdots,\boldsymbol{\beta}_m$ 的**基变换公式**.

因为 $\boldsymbol{\alpha}_1,\boldsymbol{\alpha}_2,\cdots,\boldsymbol{\alpha}_m$ 与 $\boldsymbol{\beta}_1,\boldsymbol{\beta}_2,\cdots,\boldsymbol{\beta}_m$ 都线性无关，所以由例 3.13 知过渡矩阵 $\boldsymbol{A}=(a_{ij})_{m\times m}$ 是可逆的矩阵. 因此有

$$(\boldsymbol{\alpha}_1,\boldsymbol{\alpha}_2,\cdots,\boldsymbol{\alpha}_m)=(\boldsymbol{\beta}_1,\boldsymbol{\beta}_2,\cdots,\boldsymbol{\beta}_m)\boldsymbol{A}^{-1},$$

即 $\boldsymbol{A}^{-1}$ 是基 $\boldsymbol{\beta}_1,\boldsymbol{\beta}_2,\cdots,\boldsymbol{\beta}_m$ 到基 $\boldsymbol{\alpha}_1,\boldsymbol{\alpha}_2,\cdots,\boldsymbol{\alpha}_m$ 的过渡矩阵.

设 $\boldsymbol{\alpha}$ 是向量空间 $V$ 中的向量，$\boldsymbol{\alpha}$ 在 $V$ 的基 $\boldsymbol{\alpha}_1,\boldsymbol{\alpha}_2,\cdots,\boldsymbol{\alpha}_m$ 下的坐标是 $x_1$，$x_2$，$\cdots$，$x_m$，而 $\boldsymbol{\alpha}$ 在 $V$ 的基 $\boldsymbol{\beta}_1,\boldsymbol{\beta}_2,\cdots,\boldsymbol{\beta}_m$ 下的坐标是 $y_1$，$y_2$，$\cdots$，$y_m$. 则有

$$(\boldsymbol{\alpha}_1,\boldsymbol{\alpha}_2,\cdots,\boldsymbol{\alpha}_m)\begin{pmatrix}x_1\\x_2\\\vdots\\x_m\end{pmatrix}=(\boldsymbol{\beta}_1,\boldsymbol{\beta}_2,\cdots,\boldsymbol{\beta}_m)\begin{pmatrix}y_1\\y_2\\\vdots\\y_m\end{pmatrix}=(\boldsymbol{\alpha}_1,\boldsymbol{\alpha}_2,\cdots,\boldsymbol{\alpha}_m)\boldsymbol{A}\begin{pmatrix}y_1\\y_2\\\vdots\\y_m\end{pmatrix}.$$

于是可得

$$\begin{pmatrix}x_1\\x_2\\\vdots\\x_m\end{pmatrix}=\boldsymbol{A}\begin{pmatrix}y_1\\y_2\\\vdots\\y_m\end{pmatrix}\tag{3.4}$$

或

$$\begin{pmatrix}y_1\\y_2\\\vdots\\y_m\end{pmatrix}=\boldsymbol{A}^{-1}\begin{pmatrix}x_1\\x_2\\\vdots\\x_m\end{pmatrix}.\tag{3.5}$$

式(3.4)或式(3.5)称为**坐标变换公式**.

**例 3.17** 设 $\boldsymbol{\alpha}_1,\boldsymbol{\alpha}_2,\boldsymbol{\alpha}_3$ 是 $R^3$ 的一个基，$\boldsymbol{\beta}_1=\boldsymbol{\alpha}_1+\boldsymbol{\alpha}_2-2\boldsymbol{\alpha}_3$，$\boldsymbol{\beta}_2=\boldsymbol{\alpha}_1-\boldsymbol{\alpha}_2-\boldsymbol{\alpha}_3$，$\boldsymbol{\beta}_3=\boldsymbol{\alpha}_1+\boldsymbol{\alpha}_3$. 证明 $\boldsymbol{\beta}_1,\boldsymbol{\beta}_2,\boldsymbol{\beta}_3$ 是 $R^3$ 的一个基，并求出向量 $\boldsymbol{\gamma}=6\boldsymbol{\alpha}_1-\boldsymbol{\alpha}_2-\boldsymbol{\alpha}_3$ 在基 $\boldsymbol{\beta}_1,\boldsymbol{\beta}_2,\boldsymbol{\beta}_3$ 下的坐标.

**解** 因为

$$(\boldsymbol{\beta}_1,\boldsymbol{\beta}_2,\boldsymbol{\beta}_3)=(\boldsymbol{\alpha}_1,\boldsymbol{\alpha}_2,\boldsymbol{\alpha}_3)\begin{pmatrix}1&1&1\\1&-1&0\\-2&-1&1\end{pmatrix},$$

而

$$\begin{vmatrix}1&1&1\\1&-1&0\\-2&-1&1\end{vmatrix}=-5\neq 0,$$

所以，$\begin{pmatrix}1&1&1\\1&-1&0\\-2&-1&1\end{pmatrix}$ 可逆. 又因为 $\boldsymbol{\alpha}_1,\boldsymbol{\alpha}_2,\boldsymbol{\alpha}_3$ 线性无关，从而 $(\boldsymbol{\alpha}_1,\boldsymbol{\alpha}_2,\boldsymbol{\alpha}_3)$ 可逆，于是 $(\boldsymbol{\beta}_1,\boldsymbol{\beta}_2,\boldsymbol{\beta}_3)$ 也可逆，故 $\boldsymbol{\beta}_1,\boldsymbol{\beta}_2,\boldsymbol{\beta}_3$ 线性无关，由定理 3.11 的推论知 $\boldsymbol{\beta}_1,\boldsymbol{\beta}_2,\boldsymbol{\beta}_3$ 是 $R^3$ 的一个基.

设 $\boldsymbol{\gamma}$ 在基 $\boldsymbol{\beta}_1,\boldsymbol{\beta}_2,\boldsymbol{\beta}_3$ 下的坐标是 $y_1,y_2,y_3$，则由坐标变换公式得

$$\begin{pmatrix}y_1\\y_2\\y_3\end{pmatrix}=\begin{pmatrix}1&1&1\\1&-1&0\\-2&-1&1\end{pmatrix}^{-1}\begin{pmatrix}6\\-1\\-1\end{pmatrix}=\frac{1}{5}\begin{pmatrix}1&2&-1\\1&-3&-1\\3&1&2\end{pmatrix}\begin{pmatrix}6\\-1\\-1\end{pmatrix}=\begin{pmatrix}1\\2\\3\end{pmatrix},$$

即 $\boldsymbol{\gamma}$ 在基 $\boldsymbol{\beta}_1$, $\boldsymbol{\beta}_2$, $\boldsymbol{\beta}_3$ 下的坐标是 1, 2, 3.

## 习 题 3.4

1. 判断下列集合是否是向量空间？为什么？若是向量空间,求出其维数及一个基.

(1) $V_1=\{(\boldsymbol{x}_1, \boldsymbol{x}_2, \cdots, \boldsymbol{x}_n)^{\mathrm{T}} \mid a_1\boldsymbol{x}_1+a_2\boldsymbol{x}_2+\cdots+a_n\boldsymbol{x}_n=0\}$,其中 $a_i(i=1, 2, \cdots, n)$ 为 $\mathbf{R}$ 中固定的数；

(2) $V_2=\{(\boldsymbol{x}_1, \boldsymbol{x}_2, \cdots, \boldsymbol{x}_n)^{\mathrm{T}} \mid a_1\boldsymbol{x}_1+a_2\boldsymbol{x}_2+\cdots+a_n\boldsymbol{x}_n=1\}$,其中 $a_i(i=1, 2, \cdots, n)$ 为 $\mathbf{R}$ 中固定的数.

2. 设 $\boldsymbol{\alpha}_1, \boldsymbol{\alpha}_2, \boldsymbol{\alpha}_3 \in R^n$,若 $k_1\boldsymbol{\alpha}_1+k_2\boldsymbol{\alpha}_2+k_3\boldsymbol{\alpha}_3=0$,且 $k_1k_2\neq 0$,证明：

$$L(\boldsymbol{\alpha}_1, \boldsymbol{\alpha}_3)=L(\boldsymbol{\alpha}_2, \boldsymbol{\alpha}_3).$$

3. 求下列向量生成子空间的维数与一个基.

(1) $\boldsymbol{\alpha}_1=\begin{pmatrix}-1\\3\\4\\7\end{pmatrix}, \boldsymbol{\alpha}_2=\begin{pmatrix}2\\1\\-1\\0\end{pmatrix}, \boldsymbol{\alpha}_3=\begin{pmatrix}1\\2\\1\\3\end{pmatrix}, \boldsymbol{\alpha}_4=\begin{pmatrix}-4\\1\\5\\6\end{pmatrix}$;

(2) $\boldsymbol{\alpha}_1=\begin{pmatrix}2\\1\\3\\-1\end{pmatrix}, \boldsymbol{\alpha}_2=\begin{pmatrix}1\\-1\\3\\-1\end{pmatrix}, \boldsymbol{\alpha}_3=\begin{pmatrix}4\\5\\3\\-1\end{pmatrix}, \boldsymbol{\alpha}_4=\begin{pmatrix}1\\5\\3\\-1\end{pmatrix}$.

4. 设 $\boldsymbol{\alpha}_1=\begin{pmatrix}1\\0\\-1\end{pmatrix}, \boldsymbol{\alpha}_2=\begin{pmatrix}2\\1\\1\end{pmatrix}, \boldsymbol{\alpha}_3=\begin{pmatrix}1\\1\\1\end{pmatrix}; \boldsymbol{\beta}_1=\begin{pmatrix}3\\1\\4\end{pmatrix}, \boldsymbol{\beta}_2=\begin{pmatrix}5\\2\\1\end{pmatrix}, \boldsymbol{\beta}_3=\begin{pmatrix}1\\1\\-6\end{pmatrix}$.

(1) 证明 $\boldsymbol{\alpha}_1, \boldsymbol{\alpha}_2, \boldsymbol{\alpha}_3$ 与 $\boldsymbol{\beta}_1, \boldsymbol{\beta}_2, \boldsymbol{\beta}_3$ 都是 $R^3$ 的基；

(2) 求由基 $\boldsymbol{\alpha}_1, \boldsymbol{\alpha}_2, \boldsymbol{\alpha}_3$ 到基 $\boldsymbol{\beta}_1, \boldsymbol{\beta}_2, \boldsymbol{\beta}_3$ 的过渡矩阵；

(3) 求坐标变换公式；

(4) 求 $\boldsymbol{\alpha}=\begin{pmatrix}8\\3\\0\end{pmatrix}$ 分别在基 $\boldsymbol{\alpha}_1, \boldsymbol{\alpha}_2, \boldsymbol{\alpha}_3$ 与基 $\boldsymbol{\beta}_1, \boldsymbol{\beta}_2, \boldsymbol{\beta}_3$ 下的坐标.

# §3.5 向量的内积

$n$ 维向量空间 $R^n$ 是几何空间 $R^3$ 的推广,但在向量空间中,向量之间的基本运算只有加法与数乘两种. 与几何空间相比较,就会发现向量的度量性质,如长度、夹角等在向量空间中没有得到反映. 然而向量的度量性质在许多向量空间中是很关键的,因此有必要在向量空间中引入度量的概念. 由于在 $n>3$ 时,$n$ 维向量是没有直观的几何意义的,因此要想把几何空间中的度量概念推广到向量空间,只能从几何空间中的度量概念的代数特征入手.

### 3.5.1 向量的内积

我们先回顾一下 $R^3$ 中的长度、夹角等度量概念.

若 $\boldsymbol{\alpha}=(x_1, x_2, x_3)$, $\boldsymbol{\beta}=(y_1, y_2, y_3)\in R^3$，则

$$\boldsymbol{\alpha}\cdot\boldsymbol{\beta}=x_1y_1+x_2y_2+x_3y_3$$

称为 $\boldsymbol{\alpha}$ 与 $\boldsymbol{\beta}$ 的数量积.有了数量积,则向量的长度为

$$\|\boldsymbol{\alpha}\|=\sqrt{\boldsymbol{\alpha}\cdot\boldsymbol{\alpha}}=\sqrt{x_1^2+x_2^2+x_3^2}.$$

当 $\boldsymbol{\alpha}\neq 0$, $\boldsymbol{\beta}\neq 0$ 时，$\boldsymbol{\alpha}$ 与 $\boldsymbol{\beta}$ 的夹角为

$$\theta=\arccos\frac{\boldsymbol{\alpha}\cdot\boldsymbol{\beta}}{\|\boldsymbol{\alpha}\|\ \|\boldsymbol{\beta}\|}.$$

由此可见,在几何空间中向量的长度、夹角等度量概念可以通过向量的数量积表示出来.而向量的数量积有明显的代数特征,因此,要想将几何空间中的度量概念推广到向量空间,应先将 $R^3$ 中的数量积加以推广.

**定义 3.18** 设有 $n$ 维向量

$$\boldsymbol{\alpha}=\begin{pmatrix}x_1\\x_2\\\vdots\\x_n\end{pmatrix},\quad \boldsymbol{\beta}=\begin{pmatrix}y_1\\y_2\\\vdots\\y_n\end{pmatrix},$$

令
$$[\boldsymbol{\alpha}, \boldsymbol{\beta}]=x_1y_1+x_2y_2+\cdots+x_ny_n,$$

则称 $[\boldsymbol{\alpha}, \boldsymbol{\beta}]$ 为 $\boldsymbol{\alpha}$ 与 $\boldsymbol{\beta}$ 的**内积**.

显然,内积是几何空间中向量数量积的推广,也是两个向量之间的一种运算,其结果是一个数.

内积可用矩阵乘法表示为

$$[\boldsymbol{\alpha}, \boldsymbol{\beta}]=x_1y_1+x_2y_2+\cdots+x_ny_n=(x_1, x_2, \cdots, x_n)\begin{pmatrix}y_1\\y_2\\\vdots\\y_n\end{pmatrix}=\boldsymbol{\alpha}^{\mathrm{T}}\boldsymbol{\beta}.$$

由定义 3.18 易得内积以下性质(设 $\boldsymbol{\alpha}, \boldsymbol{\beta}, \boldsymbol{\gamma}$ 是 $n$ 维向量，$k\in\mathbf{R}$)：

(1) $[\boldsymbol{\alpha}, \boldsymbol{\beta}]=[\boldsymbol{\beta}, \boldsymbol{\alpha}]$;

(2) $[k\boldsymbol{\alpha}, \boldsymbol{\beta}]=k[\boldsymbol{\alpha}, \boldsymbol{\beta}]$;

(3) $[\boldsymbol{\alpha}+\boldsymbol{\beta}, \boldsymbol{\gamma}]=[\boldsymbol{\alpha}, \boldsymbol{\gamma}]+[\boldsymbol{\beta}, \boldsymbol{\gamma}]$;

(4) $[\boldsymbol{\alpha}, \boldsymbol{\alpha}]\geqslant 0$,当且仅当 $\boldsymbol{\alpha}=\mathbf{0}$ 时，$[\boldsymbol{\alpha}, \boldsymbol{\alpha}]=0$.

有了内积的概念,我们就可以很容易地定义向量的长度、夹角等度量概念了.

**定义 3.19** 设 $\boldsymbol{\alpha}=\begin{pmatrix}x_1\\x_2\\\vdots\\x_n\end{pmatrix}$，令

$$\|\boldsymbol{\alpha}\|=\sqrt{[\boldsymbol{\alpha},\boldsymbol{\alpha}]}=\sqrt{x_1^2+x_2^2+\cdots+x_n^2},$$

则称 $\|\boldsymbol{\alpha}\|$ 为 $n$ 维向量 $\boldsymbol{\alpha}$ 的**长度(或范数)**.

当 $n=3$ 时，$\|\boldsymbol{\alpha}\|=\sqrt{[\boldsymbol{\alpha},\boldsymbol{\alpha}]}=\sqrt{x_1^2+x_2^2+x_3^2}$，因此 $n$ 维向量长度的概念是 $R^3$ 中长度概念的推广.

当 $\|\boldsymbol{\alpha}\|=1$ 时，称 $\boldsymbol{\alpha}$ 为**单位向量**.

由定义 3.19 易得向量长度的下列性质：

(1) 非负性. $\|\boldsymbol{\alpha}\|\geqslant 0$，当且仅当 $\boldsymbol{\alpha}=0$ 时，$\|\boldsymbol{\alpha}\|=0$.

(2) 齐次性. $\|k\boldsymbol{\alpha}\|=|k|\|\boldsymbol{\alpha}\|$，$k\in\mathbf{R}$.

(3) 柯西-施瓦茨不等式. $|[\boldsymbol{\alpha},\boldsymbol{\beta}]|\leqslant\|\boldsymbol{\alpha}\|\|\boldsymbol{\beta}\|$.

(4) 三角不等式. $\|\boldsymbol{\alpha}+\boldsymbol{\beta}\|\leqslant\|\boldsymbol{\alpha}\|+\|\boldsymbol{\beta}\|$.

对任一 $n$ 维向量 $\boldsymbol{\alpha}$，若 $\boldsymbol{\alpha}\neq\mathbf{0}$，则向量 $\dfrac{\boldsymbol{\alpha}}{\|\boldsymbol{\alpha}\|}$ 是单位向量，因为

$$\left\|\frac{\boldsymbol{\alpha}}{\|\boldsymbol{\alpha}\|}\right\|=\frac{1}{\|\boldsymbol{\alpha}\|}\|\boldsymbol{\alpha}\|=1.$$

上述得到的单位向量 $\dfrac{\boldsymbol{\alpha}}{\|\boldsymbol{\alpha}\|}$，通常称为把向量 $\boldsymbol{\alpha}$ **单位化**.

**定义 3.20** 当 $\boldsymbol{\alpha}\neq\mathbf{0}$，$\boldsymbol{\beta}\neq\mathbf{0}$ 时，

$$\theta=\arccos\frac{[\boldsymbol{\alpha},\boldsymbol{\beta}]}{\|\boldsymbol{\alpha}\|\|\boldsymbol{\beta}\|}$$

称为 $n$ 维向量 $\boldsymbol{\alpha}$ 与 $\boldsymbol{\beta}$ 的**夹角**.

例如，$\boldsymbol{\alpha}=\begin{pmatrix}1\\2\\2\\3\end{pmatrix}$，$\boldsymbol{\beta}=\begin{pmatrix}3\\1\\5\\1\end{pmatrix}$ 的夹角是

$$\theta=\arccos\frac{[\boldsymbol{\alpha},\boldsymbol{\beta}]}{\|\boldsymbol{\alpha}\|\|\boldsymbol{\beta}\|}=\arccos\frac{18}{3\sqrt{2}\times 6}=\arccos\frac{\sqrt{2}}{2}=\frac{\pi}{4}.$$

**定义 3.21** 若两向量 $\boldsymbol{\alpha}$ 与 $\boldsymbol{\beta}$ 的内积等于零，即

$$[\boldsymbol{\alpha},\boldsymbol{\beta}]=0,$$

则称向量 $\boldsymbol{\alpha}$ 与 $\boldsymbol{\beta}$ **正交**,记作 $\boldsymbol{\alpha} \perp \boldsymbol{\beta}$.

显然,零向量与任意向量都正交. 当 $\boldsymbol{\alpha} \neq \mathbf{0}$, $\boldsymbol{\beta} \neq \mathbf{0}$ 时,$\boldsymbol{\alpha} \perp \boldsymbol{\beta} \Leftrightarrow \boldsymbol{\alpha}$ 与 $\boldsymbol{\beta}$ 的夹角是 $\frac{\pi}{2}$.

**例 3.18** 若 $\boldsymbol{\alpha} \perp \boldsymbol{\beta}$, 则 $\|\boldsymbol{\alpha}+\boldsymbol{\beta}\|^2 = \|\boldsymbol{\alpha}\|^2 + \|\boldsymbol{\beta}\|^2$.

**证明** 因为 $\boldsymbol{\alpha} \perp \boldsymbol{\beta}$, 所以 $[\boldsymbol{\alpha}, \boldsymbol{\beta}]=0$,从而有

$$\begin{aligned}\|\boldsymbol{\alpha}+\boldsymbol{\beta}\|^2 &= [\boldsymbol{\alpha}+\boldsymbol{\beta}, \boldsymbol{\alpha}+\boldsymbol{\beta}] = [\boldsymbol{\alpha}, \boldsymbol{\alpha}] + 2[\boldsymbol{\alpha}, \boldsymbol{\beta}] + [\boldsymbol{\beta}, \boldsymbol{\beta}] \\ &= \|\boldsymbol{\alpha}\|^2 + \|\boldsymbol{\beta}\|^2.\end{aligned}$$ ■

例 3.18 说明,勾股定理在向量空间中也成立.

**定义 3.22** 若 $n$ 维向量 $\boldsymbol{\alpha}_1, \boldsymbol{\alpha}_2, \cdots, \boldsymbol{\alpha}_m$ 不含零向量,且 $\boldsymbol{\alpha}_1, \boldsymbol{\alpha}_2, \cdots, \boldsymbol{\alpha}_m$ 中的向量两两正交,则称该向量组为**正交向量组**.

若正交向量组中每个向量都是单位向量,则称该正交向量组为**标准正交向量组**.

**定理 3.12** 正交向量组是线性无关向量组.

**证明** 设 $\boldsymbol{\alpha}_1, \boldsymbol{\alpha}_2, \cdots, \boldsymbol{\alpha}_m$ 是正交向量组,若

$$k_1\boldsymbol{\alpha}_1 + k_2\boldsymbol{\alpha}_2 + \cdots + k_m\boldsymbol{\alpha}_m = 0,$$

则对任意 $\boldsymbol{\alpha}_i$ $(i=1, 2, \cdots, m)$,

$$[\boldsymbol{\alpha}_i, k_1\boldsymbol{\alpha}_1 + k_2\boldsymbol{\alpha}_2 + \cdots + k_m\boldsymbol{\alpha}_m] = [\boldsymbol{\alpha}_i, \mathbf{0}] = 0,$$

于是

$$k_1[\boldsymbol{\alpha}_i, \boldsymbol{\alpha}_1] + k_2[\boldsymbol{\alpha}_i, \boldsymbol{\alpha}_2] + \cdots + k_m[\boldsymbol{\alpha}_i, \boldsymbol{\alpha}_m] = 0,$$

由正交性,得 $k_i[\boldsymbol{\alpha}_i, \boldsymbol{\alpha}_i]=0$,因为 $\boldsymbol{\alpha}_i \neq \mathbf{0}$,所以,$k_i=0$ $(i=1, 2, \cdots, m)$,从而 $\boldsymbol{\alpha}_1, \boldsymbol{\alpha}_2, \cdots, \boldsymbol{\alpha}_m$ 线性无关. ■

由此可见,向量空间中正交向量组所含向量个数不超过向量空间的维数.

### 3.5.2 标准正交基和正交矩阵

**定义 3.23** 设 $\boldsymbol{\alpha}_1, \boldsymbol{\alpha}_2, \cdots, \boldsymbol{\alpha}_m$ 是向量空间 $V$ 的一个基.

(1) 若 $\boldsymbol{\alpha}_1, \boldsymbol{\alpha}_2, \cdots, \boldsymbol{\alpha}_m$ 是正交向量组,则称 $\boldsymbol{\alpha}_1, \boldsymbol{\alpha}_2, \cdots, \boldsymbol{\alpha}_m$ 是 $V$ 的**正交基**;

(2) 若 $\boldsymbol{\alpha}_1, \boldsymbol{\alpha}_2, \cdots, \boldsymbol{\alpha}_m$ 是标准正交向量组,则称 $\boldsymbol{\alpha}_1, \boldsymbol{\alpha}_2, \cdots, \boldsymbol{\alpha}_m$ 是 $V$ 的**标准正交基**.

例如,$n$ 维单位坐标向量组 $\boldsymbol{\varepsilon}_1, \boldsymbol{\varepsilon}_2, \cdots, \boldsymbol{\varepsilon}_n$ 是 $R^n$ 的一个标准正交基.

又如,

$$\boldsymbol{e}_1 = \begin{pmatrix} 0 \\ -\frac{2}{\sqrt{6}} \\ \frac{1}{\sqrt{3}} \end{pmatrix}, \quad \boldsymbol{e}_2 = \begin{pmatrix} \frac{1}{\sqrt{2}} \\ \frac{1}{\sqrt{6}} \\ \frac{1}{\sqrt{3}} \end{pmatrix}, \quad \boldsymbol{e}_3 = \begin{pmatrix} -\frac{1}{\sqrt{2}} \\ \frac{1}{\sqrt{6}} \\ \frac{1}{\sqrt{3}} \end{pmatrix}$$

也是 $R^3$ 的一个标准正交基.

在标准正交基下，向量的坐标可以通过内积简单地表示出来. 设 $\boldsymbol{e}_1, \boldsymbol{e}_2, \cdots, \boldsymbol{e}_r$ 是向量空间 $V$ 的一个标准正交基，$\boldsymbol{\alpha} \in V$，则

$$\boldsymbol{\alpha} = x_1\boldsymbol{e}_1 + x_2\boldsymbol{e}_2 + \cdots + x_r\boldsymbol{e}_r.$$

用 $\boldsymbol{e}_i$ 与上式两边作内积，即得

$$x_i = [\boldsymbol{\alpha}, \boldsymbol{e}_i] \quad (i = 1, 2, \cdots, r).$$

于是

$$\boldsymbol{\alpha} = [\boldsymbol{\alpha}, \boldsymbol{e}_1]\boldsymbol{e}_1 + [\boldsymbol{\alpha}, \boldsymbol{e}_2]\boldsymbol{e}_2 + \cdots + [\boldsymbol{\alpha}, \boldsymbol{e}_r]\boldsymbol{e}_r.$$

另外，若 $\boldsymbol{\beta}$ 也是向量空间 $V$ 中的向量，且

$$\boldsymbol{\beta} = y_1\boldsymbol{e}_1 + y_2\boldsymbol{e}_2 + \cdots + y_r\boldsymbol{e}_r,$$

则

$$[\boldsymbol{\alpha}, \boldsymbol{\beta}] = x_1y_1 + x_2y_2 + \cdots + x_ry_r = \boldsymbol{x}^{\mathrm{T}}\boldsymbol{y},$$

其中，$\boldsymbol{x} = \begin{pmatrix} x_1 \\ x_2 \\ \vdots \\ x_r \end{pmatrix}$，$\boldsymbol{y} = \begin{pmatrix} y_1 \\ y_2 \\ \vdots \\ y_r \end{pmatrix}$.

例如，$\boldsymbol{e}_1, \boldsymbol{e}_2, \boldsymbol{e}_3$ 是 $R^3$ 的标准正交基，$\boldsymbol{\alpha} = 4\boldsymbol{e}_1 - 7\boldsymbol{e}_2 + 4\boldsymbol{e}_3$，则

$$\| \boldsymbol{\alpha} \|^2 = [\boldsymbol{\alpha}, \boldsymbol{\alpha}] = 4^2 + (-7)^2 + 4^2 = 81, \| \boldsymbol{\alpha} \| = 9.$$

可见，采用标准正交基有许多好处，它常常能使问题表达得相当简洁. 但在一般情况下，问题所给出的基往往不一定是标准正交基，这就需要把它正交化、单位化，从而得到标准正交基.

设 $\boldsymbol{\alpha}_1, \boldsymbol{\alpha}_2, \cdots, \boldsymbol{\alpha}_r$ 是向量空间 $V$ 的一个基.

首先把这组基化为正交基，为此取

$$\boldsymbol{\beta}_1 = \boldsymbol{\alpha}_1,$$

再取

$$\boldsymbol{\beta}_2 = \boldsymbol{\alpha}_2 + k_1\boldsymbol{\beta}_1 \text{（} k_1 \text{ 为待定系数），}$$

则 $\boldsymbol{\beta}_2 \neq \boldsymbol{0}$，令 $[\boldsymbol{\beta}_2, \boldsymbol{\beta}_1] = [\boldsymbol{\alpha}_2, \boldsymbol{\beta}_1] + k_1[\boldsymbol{\beta}_1, \boldsymbol{\beta}_1] = 0$，得 $k_1 = -\dfrac{[\boldsymbol{\alpha}_2, \boldsymbol{\beta}_1]}{[\boldsymbol{\beta}_1, \boldsymbol{\beta}_1]}$，所以

$$\boldsymbol{\beta}_2 = \boldsymbol{\alpha}_2 - \frac{[\boldsymbol{\alpha}_2, \boldsymbol{\beta}_1]}{[\boldsymbol{\beta}_1, \boldsymbol{\beta}_1]}\boldsymbol{\beta}_1.$$

类似地，再取 $\boldsymbol{\beta}_3 = \boldsymbol{\alpha}_3 + k_1\boldsymbol{\beta}_1 + k_2\boldsymbol{\beta}_2$（$k_1, k_2$ 是待定系数），$\boldsymbol{\beta}_3 \neq \boldsymbol{0}$，令

$$[\boldsymbol{\beta}_3, \boldsymbol{\beta}_1] = [\boldsymbol{\alpha}_3, \boldsymbol{\beta}_1] + k_1[\boldsymbol{\beta}_1, \boldsymbol{\beta}_1] + k_2[\boldsymbol{\beta}_2, \boldsymbol{\beta}_1] = [\boldsymbol{\alpha}_3, \boldsymbol{\beta}_1] + k_1[\boldsymbol{\beta}_1, \boldsymbol{\beta}_1] = 0,$$

$$[\boldsymbol{\beta}_3, \boldsymbol{\beta}_2] = [\boldsymbol{\alpha}_3, \boldsymbol{\beta}_2] + k_1[\boldsymbol{\beta}_1, \boldsymbol{\beta}_2] + k_2[\boldsymbol{\beta}_2, \boldsymbol{\beta}_2] = [\boldsymbol{\alpha}_3, \boldsymbol{\beta}_2] + k_2[\boldsymbol{\beta}_2, \boldsymbol{\beta}_2] = 0,$$

得

$$k_1=-\frac{[\boldsymbol{\alpha}_3,\boldsymbol{\beta}_1]}{[\boldsymbol{\beta}_1,\boldsymbol{\beta}_1]},\quad k_2=-\frac{[\boldsymbol{\alpha}_3,\boldsymbol{\beta}_2]}{[\boldsymbol{\beta}_2,\boldsymbol{\beta}_2]},$$

所以

$$\boldsymbol{\beta}_3=\boldsymbol{\alpha}_3-\frac{[\boldsymbol{\alpha}_3,\boldsymbol{\beta}_1]}{[\boldsymbol{\beta}_1,\boldsymbol{\beta}_1]}\boldsymbol{\beta}_1-\frac{[\boldsymbol{\alpha}_3,\boldsymbol{\beta}_2]}{[\boldsymbol{\beta}_2,\boldsymbol{\beta}_2]}\boldsymbol{\beta}_2.$$

继续做下去,可得

$$\boldsymbol{\beta}_r=\boldsymbol{\alpha}_r-\frac{[\boldsymbol{\alpha}_r,\boldsymbol{\beta}_1]}{[\boldsymbol{\beta}_1,\boldsymbol{\beta}_1]}\boldsymbol{\beta}_1-\frac{[\boldsymbol{\alpha}_r,\boldsymbol{\beta}_2]}{[\boldsymbol{\beta}_2,\boldsymbol{\beta}_2]}\boldsymbol{\beta}_2-\cdots-\frac{[\boldsymbol{\alpha}_r,\boldsymbol{\beta}_{r-1}]}{[\boldsymbol{\beta}_{r-1},\boldsymbol{\beta}_{r-1}]}\boldsymbol{\beta}_{r-1},$$

从而得到向量空间 $V$ 的一个正交基 $\boldsymbol{\beta}_1,\boldsymbol{\beta}_2,\cdots,\boldsymbol{\beta}_r$.

再令 $\boldsymbol{e}_i=\dfrac{\boldsymbol{\beta}_i}{\|\boldsymbol{\beta}_i\|}$ $(i=1,2,\cdots,r)$,就得到向量空间 $V$ 的一个标准正交基 $\boldsymbol{e}_1$, $\boldsymbol{e}_2,\cdots,\boldsymbol{e}_r$.

上面由基 $\boldsymbol{\alpha}_1,\boldsymbol{\alpha}_2,\cdots,\boldsymbol{\alpha}_r$ 化为正交基 $\boldsymbol{\beta}_1,\boldsymbol{\beta}_2,\cdots,\boldsymbol{\beta}_r$ 的过程称为**施密特正交化过程**.

**例 3.19** 设 $\boldsymbol{\alpha}_1=\begin{pmatrix}1\\1\\1\\1\end{pmatrix}$, $\boldsymbol{\alpha}_2=\begin{pmatrix}3\\3\\-1\\-1\end{pmatrix}$, $\boldsymbol{\alpha}_3=\begin{pmatrix}-2\\0\\6\\8\end{pmatrix}$,试用施密特正交化方法将向量组 $\boldsymbol{\alpha}_1,\boldsymbol{\alpha}_2,\boldsymbol{\alpha}_3$ 正交单位化.

**解** 令 $\boldsymbol{\beta}_1=\boldsymbol{\alpha}_1=\begin{pmatrix}1\\1\\1\\1\end{pmatrix}$,

$$\boldsymbol{\beta}_2=\boldsymbol{\alpha}_2-\frac{[\boldsymbol{\alpha}_2,\boldsymbol{\beta}_1]}{[\boldsymbol{\beta}_1,\boldsymbol{\beta}_1]}\boldsymbol{\beta}_1=\begin{pmatrix}3\\3\\-1\\-1\end{pmatrix}-\frac{4}{4}\begin{pmatrix}1\\1\\1\\1\end{pmatrix}=\begin{pmatrix}2\\2\\-2\\-2\end{pmatrix},$$

$$\boldsymbol{\beta}_3=\boldsymbol{\alpha}_3-\frac{[\boldsymbol{\alpha}_3,\boldsymbol{\beta}_1]}{[\boldsymbol{\beta}_1,\boldsymbol{\beta}_1]}\boldsymbol{\beta}_1-\frac{[\boldsymbol{\alpha}_3,\boldsymbol{\beta}_2]}{[\boldsymbol{\beta}_2,\boldsymbol{\beta}_2]}\boldsymbol{\beta}_2=\begin{pmatrix}-2\\0\\6\\8\end{pmatrix}-\frac{12}{4}\begin{pmatrix}1\\1\\1\\1\end{pmatrix}-\frac{-32}{16}\begin{pmatrix}2\\2\\-2\\-2\end{pmatrix}$$

$$=\begin{pmatrix}-1\\1\\-1\\1\end{pmatrix},$$

再把它们单位化，令

$$e_1=\frac{\boldsymbol{\beta}_1}{\|\boldsymbol{\beta}_1\|}=\frac{1}{2}\begin{pmatrix}1\\1\\1\\1\end{pmatrix},$$

$$e_2=\frac{\boldsymbol{\beta}_2}{\|\boldsymbol{\beta}_2\|}=\frac{1}{2}\begin{pmatrix}1\\1\\-1\\-1\end{pmatrix},$$

$$e_3=\frac{\boldsymbol{\beta}_3}{\|\boldsymbol{\beta}_3\|}=\frac{1}{2}\begin{pmatrix}-1\\1\\-1\\1\end{pmatrix},$$

$e_1, e_2, e_3$ 即为所求.

由施密特正交化过程可知：若线性无关向量组 $\boldsymbol{\alpha}_1, \boldsymbol{\alpha}_2, \cdots, \boldsymbol{\alpha}_r$ 经施密特正交化过程得到正交向量组 $\boldsymbol{\beta}_1, \boldsymbol{\beta}_2, \cdots, \boldsymbol{\beta}_r$，则 $\boldsymbol{\alpha}_1, \boldsymbol{\alpha}_2, \cdots, \boldsymbol{\alpha}_t$ 与 $\boldsymbol{\beta}_1, \boldsymbol{\beta}_2, \cdots, \boldsymbol{\beta}_t$ 等价（$t=1, 2, \cdots, r$）.

现在取向量空间 $R^n$ 的两个标准正交基 $\boldsymbol{\alpha}_1, \boldsymbol{\alpha}_2, \cdots, \boldsymbol{\alpha}_n$ 与 $\boldsymbol{\beta}_1, \boldsymbol{\beta}_2, \cdots, \boldsymbol{\beta}_n$，并设 $\boldsymbol{\alpha}_1, \boldsymbol{\alpha}_2, \cdots, \boldsymbol{\alpha}_n$ 到 $\boldsymbol{\beta}_1, \boldsymbol{\beta}_2, \cdots, \boldsymbol{\beta}_n$ 的过渡矩阵为 $\boldsymbol{A}=(a_{ij})_{n\times n}$，即

$$(\boldsymbol{\beta}_1, \boldsymbol{\beta}_2, \cdots, \boldsymbol{\beta}_n)=(\boldsymbol{\alpha}_1, \boldsymbol{\alpha}_2, \cdots, \boldsymbol{\alpha}_n)\begin{pmatrix}a_{11} & a_{12} & \cdots & a_{1n}\\ a_{21} & a_{22} & \cdots & a_{2n}\\ \vdots & \vdots & & \vdots\\ a_{n1} & a_{n2} & \cdots & a_{nn}\end{pmatrix}.$$

矩阵 $\boldsymbol{A}$ 的各列是 $\boldsymbol{\beta}_1, \boldsymbol{\beta}_2, \cdots, \boldsymbol{\beta}_n$ 在标准正交基 $\boldsymbol{\alpha}_1, \boldsymbol{\alpha}_2, \cdots, \boldsymbol{\alpha}_n$ 下的坐标.

因为 $\boldsymbol{\beta}_1, \boldsymbol{\beta}_2, \cdots, \boldsymbol{\beta}_n$ 是标准正交基，所以

$$[\boldsymbol{\beta}_i, \boldsymbol{\beta}_j]=\begin{cases}1, & i=j,\\ 0, & i\neq j.\end{cases}$$

因此可得

$$a_{1i}a_{1j}+a_{2i}a_{2j}+\cdots+a_{ni}a_{nj}=\begin{cases}1, & i=j,\\ 0, & i\neq j.\end{cases}$$

即得

$$\boldsymbol{A}^{\mathrm{T}}\boldsymbol{A}=\boldsymbol{E}.$$

**定义 3.24** 设 $n$ 阶实矩阵 $\boldsymbol{A}$ 满足 $\boldsymbol{A}^{\mathrm{T}}\boldsymbol{A}=\boldsymbol{E}$，称 $\boldsymbol{A}$ 为**正交矩阵**.

显然，单位矩阵是正交矩阵. 标准正交基到标准正交基的过渡矩阵是正交矩阵.

由定义 3.24 及上面的讨论易得下面结论.

**定理 3.13** 设 $\boldsymbol{A}$ 是 $n$ 阶方阵，则下列各条件等价：

(1) $\boldsymbol{A}$ 是正交矩阵；

(2) $\boldsymbol{A}\boldsymbol{A}^{\mathrm{T}}=\boldsymbol{E}$；

(3) $\boldsymbol{A}^{-1}=\boldsymbol{A}^{\mathrm{T}}$；

(4) $\boldsymbol{A}$ 的列向量组是标准正交向量组；

(5) $\boldsymbol{A}$ 的行向量组是标准正交向量组.

另外，容易证明正交矩阵还具有以下性质：

**定理 3.14** (1)设 $\boldsymbol{A}$ 是正交矩阵，则 $\boldsymbol{A}^{-1}$，$\boldsymbol{A}^{\mathrm{T}}$ 是正交矩阵；

(2) 设 $\boldsymbol{A}$，$\boldsymbol{B}$ 是正交矩阵，则 $\boldsymbol{AB}$ 是正交矩阵；

(3) 设 $\boldsymbol{A}$ 是正交矩阵，则 $|\boldsymbol{A}|=1$ 或 $|\boldsymbol{A}|=-1$.

**例 3.20** 判别下列矩阵是否为正交矩阵.

(1) $\begin{pmatrix} 0 & \frac{1}{\sqrt{2}} & -\frac{1}{\sqrt{2}} \\ -\frac{2}{\sqrt{6}} & \frac{1}{\sqrt{6}} & \frac{1}{\sqrt{6}} \\ \frac{1}{\sqrt{3}} & \frac{1}{\sqrt{3}} & \frac{1}{\sqrt{3}} \end{pmatrix}$； (2) $\begin{pmatrix} 1 & -\frac{1}{2} & \frac{1}{3} \\ -\frac{1}{2} & 1 & \frac{1}{2} \\ \frac{1}{3} & \frac{1}{2} & -1 \end{pmatrix}$.

**解** (1) 是正交矩阵，因为易验证该矩阵的列向量组是标准正交向量组.

(2) 不是正交矩阵，因为该矩阵第 1 列和第 2 列的内积是

$$1\times\left(-\frac{1}{2}\right)+\left(-\frac{1}{2}\right)\times 1+\frac{1}{3}\times\frac{1}{2}=-\frac{5}{6}\neq 0,$$

即该矩阵的列向量组不是标准正交向量组，所以该矩阵不是正交矩阵.

## 习 题 3.5

1. 设 $\boldsymbol{\alpha}=\begin{pmatrix} 1 \\ -2 \\ -1 \\ 1 \end{pmatrix}$，$\boldsymbol{\beta}=\begin{pmatrix} 2 \\ -1 \\ 3 \\ 0 \end{pmatrix}$.

(1) 求 $\boldsymbol{\alpha}$ 与 $\boldsymbol{\beta}$ 的内积$[\boldsymbol{\alpha}, \boldsymbol{\beta}]$；

(2) 求 $\boldsymbol{\alpha}$ 与 $\boldsymbol{\beta}$ 的长度 $\|\boldsymbol{\alpha}\|$，$\|\boldsymbol{\beta}\|$；

(3) 求 $\boldsymbol{\alpha}$ 与 $\boldsymbol{\beta}$ 的夹角 $\theta$.

2. 用施密特正交化方法将下列向量组正交单位化.

(1) $\boldsymbol{\alpha}_1=\begin{pmatrix}1\\2\\-1\end{pmatrix}$，$\boldsymbol{\alpha}_2=\begin{pmatrix}-1\\3\\1\end{pmatrix}$，$\boldsymbol{\alpha}_3=\begin{pmatrix}4\\-1\\0\end{pmatrix}$；

(2) $\boldsymbol{\alpha}_1=\begin{pmatrix}1\\1\\1\\0\end{pmatrix}$，$\boldsymbol{\alpha}_2=\begin{pmatrix}1\\0\\1\\0\end{pmatrix}$，$\boldsymbol{\alpha}_3=\begin{pmatrix}-1\\2\\3\\0\end{pmatrix}$.

3. 判别下列矩阵是否为正交矩阵？并说明理由.

(1) $\begin{pmatrix}\frac{1}{\sqrt{2}} & \frac{1}{\sqrt{2}} & 0 & 0\\ 0 & 0 & \frac{1}{\sqrt{2}} & \frac{1}{\sqrt{2}}\\ \frac{1}{2} & -\frac{1}{2} & -\frac{1}{2} & \frac{1}{2}\\ \frac{1}{2} & -\frac{1}{2} & \frac{1}{2} & -\frac{1}{2}\end{pmatrix}$；　　(2) $\begin{pmatrix}\frac{1}{\sqrt{3}} & \frac{1}{\sqrt{3}} & \frac{1}{\sqrt{3}}\\ 0 & -\frac{1}{\sqrt{2}} & \frac{1}{\sqrt{2}}\\ -\frac{2}{\sqrt{6}} & \frac{1}{\sqrt{6}} & \frac{1}{\sqrt{6}}\end{pmatrix}$.

4. 证明柯西-施瓦茨不等式：设 $\boldsymbol{\alpha}$，$\boldsymbol{\beta}$ 是 $n$ 维向量，则 $|[\boldsymbol{\alpha},\boldsymbol{\beta}]|\leqslant\|\boldsymbol{\alpha}\|\ \|\boldsymbol{\beta}\|$.

5. 设 $\boldsymbol{\alpha}$，$\boldsymbol{\beta}\in R^n$，$\boldsymbol{A}$ 是 $n$ 阶正交矩阵，证明：

(1) $[\boldsymbol{A\alpha},\boldsymbol{A\beta}]=[\boldsymbol{\alpha},\boldsymbol{\beta}]$；

(2) $\|\boldsymbol{A\alpha}\|=\|\boldsymbol{\alpha}\|$；

(3) $\boldsymbol{A\alpha}$ 与 $\boldsymbol{A\beta}$ 的夹角等于 $\boldsymbol{\alpha}$ 与 $\boldsymbol{\beta}$ 的夹角.

6. 证明：若 $\boldsymbol{A}$，$\boldsymbol{B}$ 是正交矩阵，则 $\boldsymbol{AB}$ 也是正交矩阵.

7. 设 $\boldsymbol{\alpha}$ 为 $n$ 维列向量，$\boldsymbol{\alpha}^{\mathrm{T}}\boldsymbol{\alpha}=1$，令 $\boldsymbol{A}=\boldsymbol{E}-2\boldsymbol{\alpha}\boldsymbol{\alpha}^{\mathrm{T}}$，证明：$\boldsymbol{A}$ 是对称正交矩阵.

8. 证明：若 $\boldsymbol{\alpha}_1$，$\boldsymbol{\alpha}_2$，…，$\boldsymbol{\alpha}_n$ 是 $R^n$ 的一组标准正交基，$\boldsymbol{A}$ 是 $n$ 阶正交矩阵，则 $\boldsymbol{A\alpha}_1$，$\boldsymbol{A\alpha}_2$，…，$\boldsymbol{A\alpha}_n$ 也是 $R^n$ 的一组标准正交基.

## 总 习 题 3

**1. 单项选择题**

(1) 设向量组 $\boldsymbol{\alpha}_1$，$\boldsymbol{\alpha}_2$，…，$\boldsymbol{\alpha}_m$ 线性无关，则向量组 $\boldsymbol{\beta}_1$，$\boldsymbol{\beta}_2$，…，$\boldsymbol{\beta}_m$ 线性无关的充分必要条件是(　　).

(A) 向量组 $\boldsymbol{\alpha}_1$，$\boldsymbol{\alpha}_2$，…，$\boldsymbol{\alpha}_m$ 可由向量组 $\boldsymbol{\beta}_1$，$\boldsymbol{\beta}_2$，…，$\boldsymbol{\beta}_m$ 线性表示

(B) 向量组 $\boldsymbol{\beta}_1$，$\boldsymbol{\beta}_2$，…，$\boldsymbol{\beta}_m$ 可由向量组 $\boldsymbol{\alpha}_1$，$\boldsymbol{\alpha}_2$，…，$\boldsymbol{\alpha}_m$ 线性表示

(C) 向量组 $\boldsymbol{\alpha}_1$，$\boldsymbol{\alpha}_2$，…，$\boldsymbol{\alpha}_m$ 与向量组 $\boldsymbol{\beta}_1$，$\boldsymbol{\beta}_2$，…，$\boldsymbol{\beta}_m$ 等价

(D) 向量组 $\boldsymbol{\alpha}_1$，$\boldsymbol{\alpha}_2$，…，$\boldsymbol{\alpha}_m$ 与向量组 $\boldsymbol{\beta}_1$，$\boldsymbol{\beta}_2$，…，$\boldsymbol{\beta}_m$ 的秩相等

(2) 设向量组 $\boldsymbol{\alpha}_1$，$\boldsymbol{\alpha}_2$，$\boldsymbol{\alpha}_3$ 线性无关，则下列向量组中线性无关的是(　　).

(A) $\boldsymbol{\alpha}_1+\boldsymbol{\alpha}_2$，$\boldsymbol{\alpha}_2+\boldsymbol{\alpha}_3$，$\boldsymbol{\alpha}_3-\boldsymbol{\alpha}_1$

(B) $\boldsymbol{\alpha}_1+\boldsymbol{\alpha}_2$，$\boldsymbol{\alpha}_2+\boldsymbol{\alpha}_3$，$\boldsymbol{\alpha}_1+2\boldsymbol{\alpha}_2+\boldsymbol{\alpha}_3$

(C) $\boldsymbol{\alpha}_1+2\boldsymbol{\alpha}_2$，$2\boldsymbol{\alpha}_2+3\boldsymbol{\alpha}_3$，$3\boldsymbol{\alpha}_3+\boldsymbol{\alpha}_1$

(D) $\boldsymbol{\alpha}_1+\boldsymbol{\alpha}_2+\boldsymbol{\alpha}_3$，$2\boldsymbol{\alpha}_1-3\boldsymbol{\alpha}_2+22\boldsymbol{\alpha}_3$，$3\boldsymbol{\alpha}_1+5\boldsymbol{\alpha}_2-5\boldsymbol{\alpha}_3$

(3) 设向量组 $\boldsymbol{\alpha}_1, \boldsymbol{\alpha}_2, \boldsymbol{\alpha}_3$ 线性无关,向量 $\boldsymbol{\beta}_1$ 可由 $\boldsymbol{\alpha}_1, \boldsymbol{\alpha}_2, \boldsymbol{\alpha}_3$ 线性表示,而 $\boldsymbol{\beta}_2$ 不能由 $\boldsymbol{\alpha}_1, \boldsymbol{\alpha}_2, \boldsymbol{\alpha}_3$ 线性表示,则对任意常数 $k$,必有(　　).

(A) $\boldsymbol{\alpha}_1, \boldsymbol{\alpha}_2, \boldsymbol{\alpha}_3, k\boldsymbol{\beta}_1+\boldsymbol{\beta}_2$ 线性无关　　(B) $\boldsymbol{\alpha}_1, \boldsymbol{\alpha}_2, \boldsymbol{\alpha}_3, k\boldsymbol{\beta}_1+\boldsymbol{\beta}_2$ 线性相关

(C) $\boldsymbol{\alpha}_1, \boldsymbol{\alpha}_2, \boldsymbol{\alpha}_3, \boldsymbol{\beta}_1+k\boldsymbol{\beta}_2$ 线性无关　　(D) $\boldsymbol{\alpha}_1, \boldsymbol{\alpha}_2, \boldsymbol{\alpha}_3, \boldsymbol{\beta}_1+k\boldsymbol{\beta}_2$ 线性相关

(4) 设 $\boldsymbol{\alpha}_1=\begin{pmatrix}1\\0\\0\end{pmatrix}, \boldsymbol{\alpha}_2=\begin{pmatrix}0\\0\\1\end{pmatrix}$,则 $\boldsymbol{\beta}=$(　　)时,$\boldsymbol{\beta}$ 可由 $\boldsymbol{\alpha}_1, \boldsymbol{\alpha}_2$ 线性表示.

(A) $\begin{pmatrix}2\\1\\-1\end{pmatrix}$　　(B) $\begin{pmatrix}-3\\0\\4\end{pmatrix}$

(C) $\begin{pmatrix}1\\1\\0\end{pmatrix}$　　(D) $\begin{pmatrix}0\\-1\\0\end{pmatrix}$

(5) 设 $\boldsymbol{\alpha}, \boldsymbol{\beta}, \boldsymbol{\gamma}\in R^n$,在下列表达式中(　　)没有意义.

(A) $[\boldsymbol{\alpha}, \boldsymbol{\beta}]\boldsymbol{\gamma}$　　(B) $[\boldsymbol{\alpha}, \boldsymbol{\beta}]+\boldsymbol{\gamma}$

(C) $\dfrac{\boldsymbol{\gamma}}{[\boldsymbol{\alpha}, \boldsymbol{\beta}]}([\boldsymbol{\alpha}, \boldsymbol{\beta}]\neq 0)$　　(D) $[\boldsymbol{\alpha}+\boldsymbol{\beta}, \boldsymbol{\gamma}]$

**2. 填空题**

(1) 设向量组 $\boldsymbol{\alpha}_1=\begin{pmatrix}a\\0\\c\end{pmatrix}, \boldsymbol{\alpha}_2=\begin{pmatrix}b\\c\\0\end{pmatrix}, \boldsymbol{\alpha}_3=\begin{pmatrix}0\\a\\b\end{pmatrix}$ 线性无关,则 $a, b, c$ 必满足关系式________.

(2) 设三阶矩阵 $\boldsymbol{A}=\begin{pmatrix}1&2&-2\\2&1&2\\3&0&4\end{pmatrix}$,三维向量 $\boldsymbol{\alpha}=\begin{pmatrix}a\\1\\1\end{pmatrix}$,若向量 $\boldsymbol{A\alpha}$ 与 $\boldsymbol{\alpha}$ 线性相关,则 $a=$________.

(3) 已知向量组 $\boldsymbol{\alpha}_1=\begin{pmatrix}1\\2\\-1\\1\end{pmatrix}, \boldsymbol{\alpha}_2=\begin{pmatrix}2\\0\\t\\0\end{pmatrix}, \boldsymbol{\alpha}_3=\begin{pmatrix}0\\-4\\5\\-2\end{pmatrix}$ 的秩为 2,则 $t=$________.

(4) 从 $R^2$ 的基 $\boldsymbol{\alpha}_1=\begin{pmatrix}1\\0\end{pmatrix}, \boldsymbol{\alpha}_2=\begin{pmatrix}1\\-1\end{pmatrix}$ 到基 $\boldsymbol{\beta}_1=\begin{pmatrix}1\\1\end{pmatrix}, \boldsymbol{\beta}_2=\begin{pmatrix}1\\2\end{pmatrix}$ 的过渡矩阵为________.

(5) 设向量 $\boldsymbol{\alpha}=\begin{pmatrix}1\\-1\\2\end{pmatrix}$ 与向量 $\boldsymbol{\beta}=\begin{pmatrix}2\\-2\\x\end{pmatrix}$ 正交,则 $\boldsymbol{x}=$________.

**3. 计算题**

(1) 确定 $a$ 取何值时,向量组 $\boldsymbol{\alpha}_1=\begin{pmatrix}1\\0\\2\end{pmatrix}, \boldsymbol{\alpha}_2=\begin{pmatrix}1\\1\\3\end{pmatrix}, \boldsymbol{\alpha}_3=\begin{pmatrix}1\\-1\\a+2\end{pmatrix}$ 与向量组 $\boldsymbol{\beta}_1=\begin{pmatrix}1\\2\\a+3\end{pmatrix}$,

$\boldsymbol{\beta}_2=\begin{pmatrix}2\\1\\a+6\end{pmatrix}$，$\boldsymbol{\beta}_3=\begin{pmatrix}2\\1\\a+4\end{pmatrix}$有下列关系：

① $\boldsymbol{\alpha}_1$，$\boldsymbol{\alpha}_2$，$\boldsymbol{\alpha}_3$ 可由 $\boldsymbol{\beta}_1$，$\boldsymbol{\beta}_2$，$\boldsymbol{\beta}_3$ 线性表示，但 $\boldsymbol{\beta}_1$，$\boldsymbol{\beta}_2$，$\boldsymbol{\beta}_3$ 不能由 $\boldsymbol{\alpha}_1$，$\boldsymbol{\alpha}_2$，$\boldsymbol{\alpha}_3$ 线性表示；

② $\boldsymbol{\alpha}_1$，$\boldsymbol{\alpha}_2$，$\boldsymbol{\alpha}_3$ 不能由 $\boldsymbol{\beta}_1$，$\boldsymbol{\beta}_2$，$\boldsymbol{\beta}_3$ 线性表示，但 $\boldsymbol{\beta}_1$，$\boldsymbol{\beta}_2$，$\boldsymbol{\beta}_3$ 能由 $\boldsymbol{\alpha}_1$，$\boldsymbol{\alpha}_2$，$\boldsymbol{\alpha}_3$ 线性表示.

(2) 设 $\boldsymbol{\alpha}_1$，$\boldsymbol{\alpha}_2$，$\boldsymbol{\alpha}_3$ 线性无关，问当 $h,k$ 满足什么条件时，$h\boldsymbol{\alpha}_2-\boldsymbol{\alpha}_1$，$k\boldsymbol{\alpha}_3-\boldsymbol{\alpha}_2$，$\boldsymbol{\alpha}_1-\boldsymbol{\alpha}_3$ 也线性无关.

(3) 设 $t_1$，$t_2$，…，$t_r$ 为互不相等的常数，$r\leqslant n$. 讨论向量组 $\boldsymbol{\alpha}_i=(1,\ t_i,\ \cdots,\ t_i^{n-1})^{\mathrm{T}}$，$i=1$，2，…，$r$ 的线性相关性.

(4) 设向量组 $\boldsymbol{\alpha}_1=\begin{pmatrix}1+a\\1\\1\\1\end{pmatrix}$，$\boldsymbol{\alpha}_2=\begin{pmatrix}2\\2+a\\2\\2\end{pmatrix}$，$\boldsymbol{\alpha}_3=\begin{pmatrix}3\\3\\3+a\\3\end{pmatrix}$，$\boldsymbol{\alpha}_4=\begin{pmatrix}4\\4\\4\\4+a\end{pmatrix}$，问 $a$ 为何值时，$\boldsymbol{\alpha}_1$，$\boldsymbol{\alpha}_2$，$\boldsymbol{\alpha}_3$，$\boldsymbol{\alpha}_4$ 线性相关？当 $\boldsymbol{\alpha}_1$，$\boldsymbol{\alpha}_2$，$\boldsymbol{\alpha}_3$，$\boldsymbol{\alpha}_4$ 线性相关时，求其一个极大线性无关组，并将其余向量用该极大线性无关组线性表示.

(5) 设 $\boldsymbol{\alpha}_1=\begin{pmatrix}2\\-1\\2\end{pmatrix}$，$\boldsymbol{\alpha}_2=\begin{pmatrix}1\\0\\1\end{pmatrix}$，$\boldsymbol{\alpha}_3=\begin{pmatrix}-1\\4\\k\end{pmatrix}$.

① $k$ 取何值时，$\boldsymbol{\alpha}_1$，$\boldsymbol{\alpha}_2$，$\boldsymbol{\alpha}_3$ 是 $R^3$ 的基；

② 由 $\boldsymbol{\alpha}_1$，$\boldsymbol{\alpha}_2$，$\boldsymbol{\alpha}_3$ 求出 $R^3$ 的一个标准正交基.

**4. 证明题**

(1) 证明：对任意实数 $a$，向量组

$$\boldsymbol{\alpha}_1=\begin{pmatrix}a\\a\\a\\a\end{pmatrix},\quad \boldsymbol{\alpha}_2=\begin{pmatrix}a\\a+1\\a+2\\a+3\end{pmatrix},\quad \boldsymbol{\alpha}_3=\begin{pmatrix}a\\2a\\3a\\4a\end{pmatrix}$$

线性相关.

(2) 设 $n$ 维向量组 $\boldsymbol{\alpha}_1$，$\boldsymbol{\alpha}_2$，…，$\boldsymbol{\alpha}_n$ 线性无关，若

$$\boldsymbol{\alpha}_{n+1}=k_1\boldsymbol{\alpha}_1+k_2\boldsymbol{\alpha}_2+\cdots+k_n\boldsymbol{\alpha}_n$$

且 $k_i\neq 0(i=1,\ 2,\ \cdots,\ n)$，则 $\boldsymbol{\alpha}_1$，$\boldsymbol{\alpha}_2$，…，$\boldsymbol{\alpha}_n$，$\boldsymbol{\alpha}_{n+1}$ 中任意 $n$ 个向量都线性无关.

(3) 设 $R\{\boldsymbol{\alpha}_1,\ \boldsymbol{\alpha}_2,\ \boldsymbol{\alpha}_3\}=R\{\boldsymbol{\alpha}_1,\ \boldsymbol{\alpha}_2,\ \boldsymbol{\alpha}_3,\ \boldsymbol{\alpha}_4\}=3$，$R\{\boldsymbol{\alpha}_1,\ \boldsymbol{\alpha}_2,\ \boldsymbol{\alpha}_3,\ \boldsymbol{\alpha}_5\}=4$，证明：

$$R\{\boldsymbol{\alpha}_1,\ \boldsymbol{\alpha}_2,\ \boldsymbol{\alpha}_3,\ \boldsymbol{\alpha}_5-\boldsymbol{\alpha}_4\}=4.$$

# 第 4 章　线性方程组

解线性方程组是线性代数主要任务之一，此类问题在科学技术与经济管理领域有着相当广泛的应用，因而有必要系统地讨论线性方程组的一般理论.

本章主要是充分利用矩阵、向量以及行列式的知识，系统地讨论一般线性方程组解的存在性、解法和解的结构等内容.

## §4.1　消　元　法

本节首先介绍线性方程组的基本概念，再利用矩阵初等变换的理论给出解线性方程组的消元法，并讨论线性方程组有解的条件.

### 4.1.1　线性方程组的基本概念

**定义 4.1**　一般线性方程组是指形式为

$$\begin{cases} a_{11}x_1 + a_{12}x_2 + \cdots + a_{1n}x_n = b_1, \\ a_{21}x_1 + a_{22}x_2 + \cdots + a_{2n}x_n = b_2, \\ \cdots\cdots\cdots\cdots\cdots\cdots\cdots\cdots\cdots \\ a_{m1}x_1 + a_{m2}x_2 + \cdots + a_{mn}x_n = b_m \end{cases} \tag{4.1}$$

的方程组，其中 $x_1, x_2, \cdots, x_n$ 代表 $n$ 个**未知量**，$m$ 是方程的个数，$a_{ij}(i=1, 2, \cdots, m; j=1, 2, \cdots, n)$ 称为方程组的系数，$b_j(j=1, 2, \cdots, m)$ 称为**常数项**. 方程组中未知量的个数 $n$ 与方程的个数 $m$ 不一定相等. 系数 $a_{ij}$ 的第一个指标 $i$ 表示它在第 $i$ 个方程，第二个指标 $j$ 表示它是 $x_j$ 的系数.

对线性方程组(4.1)，如果常数项 $b_1, b_2, \cdots, b_m$ 不全为零，则称它为**非齐次线性方程组**；如果常数项 $b_1, b_2, \cdots, b_m$ 全为零，则称它为**齐次线性方程组**.

齐次线性方程组即形式为

$$\begin{cases} a_{11}x_1 + a_{12}x_2 + \cdots + a_{1n}x_n = 0, \\ a_{21}x_1 + a_{22}x_2 + \cdots + a_{2n}x_n = 0, \\ \cdots\cdots\cdots\cdots\cdots\cdots\cdots\cdots\cdots \\ a_{m1}x_1 + a_{m2}x_2 + \cdots + a_{mn}x_n = 0 \end{cases} \tag{4.2}$$

的方程组.

线性方程组(4.2)通常称为线性方程组(4.1)对应的齐次线性方程组.

**定义 4.2** 当 $x_1, x_2, \cdots, x_n$ 分别用 $k_1, k_2, \cdots, k_n$ 代入方程组(4.1) 中的每一个方程后,若能使方程组(4.1) 中每个等式都变成恒等式,则称 $x_1 = k_1, x_2 = k_2, \cdots, x_n = k_n$ 是方程组(4.1) 的一个**解**. 方程组(4.1) 的解的全体称为它的**解集合**. 所谓解方程组实际上就是找出它的全部的解,或者说,求出它的解集合. 如果两个方程组有相同的解集合,则称为这两个方程组**同解**,或称它们为同解的方程组.

对于齐次线性方程组(4.2),$x_1 = x_2 = \cdots = x_n = 0$ 一定是它的解,这个解称为齐次线性方程组(4.2)的**零解**,如果一组不全为零的数是齐次线性方程组(4.2)的解,则称之为齐次线性方程组(4.2)的**非零解**. 齐次线性方程组(4.2)一定有零解,但不一定有非零解.

利用矩阵的乘法,线性方程组(4.1)可以写成矩阵方程的形式:

$$\boldsymbol{Ax} = \boldsymbol{b}, \tag{4.3}$$

齐次线性方程组(4.2)也可以写成以下的形式:

$$\boldsymbol{Ax} = \boldsymbol{0}. \tag{4.4}$$

其中,
$$\boldsymbol{A} = \begin{pmatrix} a_{11} & a_{12} & \cdots & a_{1n} \\ a_{21} & a_{22} & \cdots & a_{2n} \\ \vdots & \vdots & & \vdots \\ a_{m1} & a_{m2} & \cdots & a_{mn} \end{pmatrix}, \boldsymbol{x} = \begin{pmatrix} x_1 \\ x_2 \\ \vdots \\ x_n \end{pmatrix}, \boldsymbol{b} = \begin{pmatrix} b_1 \\ b_2 \\ \vdots \\ b_m \end{pmatrix}, \boldsymbol{0} = \begin{pmatrix} 0 \\ 0 \\ \vdots \\ 0 \end{pmatrix}.$$

矩阵 $\boldsymbol{A}$ 称为线性方程组(4.1)或方程组(4.2)的**系数矩阵**,$\boldsymbol{x}$ 称为**未知量矩阵**,$\boldsymbol{b}$ 称为**常数项矩阵**,矩阵

$$\boldsymbol{B} = (\boldsymbol{A}, \boldsymbol{b}) = \begin{pmatrix} a_{11} & a_{12} & \cdots & a_{1n} & b_1 \\ a_{21} & a_{22} & \cdots & a_{2n} & b_2 \\ \vdots & \vdots & & \vdots & \vdots \\ a_{m1} & a_{m2} & \cdots & a_{mn} & b_m \end{pmatrix}$$

称为线性方程组(4.1)的**增广矩阵**.

若 $x_1 = k_1, x_2 = k_2, \cdots, x_n = k_n$ 是方程组(4.1) 的一个**解**,则

$$\boldsymbol{x} = \begin{pmatrix} k_1 \\ k_2 \\ \vdots \\ k_n \end{pmatrix}$$

称为方程组(4.1)的一个**解向量**,它就是方程(4.3)的一个解.

方程(4.3)是线性方程组(4.1)的变形,今后,它与线性方程组(4.1)将混同使用而不加区分,并都称为线性方程组,解与解向量亦不加区别. 同样地,方程(4.4)

是齐次线性方程组(4.2)的变形,也不加区分,并都称为齐次线性方程组.

例如,线性方程组

$$\begin{cases}-3x_1+2x_2-8x_3=17,\\ 2x_1-5x_2+3x_3=3,\\ x_1+7x_2-5x_3=2\end{cases}$$

的矩阵方程为

$$\boldsymbol{Ax}=\boldsymbol{b},$$

其中, $\boldsymbol{A}=\begin{pmatrix}-3 & 2 & -8\\ 2 & -5 & 3\\ 1 & 7 & -5\end{pmatrix}$, $\boldsymbol{x}=\begin{pmatrix}x_1\\ x_2\\ x_3\end{pmatrix}$, $\boldsymbol{b}=\begin{pmatrix}17\\ 3\\ 2\end{pmatrix}$.

### 4.1.2 消元法

在第1章中,我们复习过中学代数里的用消元法解二元、三元线性方程组.实际上,用这个方法解方程组具有普遍性.下面就来介绍如何用消元法解一般线性方程组.

先看一个例子.

**例 4.1** 解方程组

$$\begin{cases}2x_1-x_2+3x_3=1,\\ 4x_1+2x_2+7x_3=4,\\ 2x_1+x_2+2x_3=5.\end{cases}$$

**解** 第二个方程减去第一个方程的2倍,第三个方程减去第一个方程,就变成

$$\begin{cases}2x_1-x_2+3x_3=1,\\ 4x_2+x_3=2,\\ 2x_2-x_3=4.\end{cases}$$

第二个方程减去第三个方程的2倍,把第二、第三两个方程的次序互换,即得

$$\begin{cases}2x_1-x_2+3x_3=1,\\ 2x_2-x_3=4,\\ 3x_3=-6.\end{cases}$$

第三个方程乘以$\frac{1}{3}$,即得

$$\begin{cases}2x_1 - x_2 + 3x_3 = 1, \\ \quad 2x_2 - x_3 = 4, \\ \qquad x_3 = -2.\end{cases}$$

把 $x_3 = -2$"回代"入第二个方程中解出 $x_2 = 1$，再把 $x_2 = 1$，$x_3 = -2$"回代"入第一个方程中就可以解出 $x_1 = 4$，即可求出原方程组的解为 $x_1 = 4$，$x_2 = 1$，$x_3 = -2$，也可以写成解向量的形式

$$\boldsymbol{x} = \begin{pmatrix} 4 \\ 1 \\ -2 \end{pmatrix}.$$

分析一下消元法，不难看出，它实际上是反复地对方程组进行变换，而所做的变换也只是由以下三种基本的变换所构成，称之为**线性方程组的初等变换**：

(1) 用一个非零的数乘以某一个方程；

(2) 用一个数乘以一个方程再加到另一个方程上；

(3) 互换两个方程的位置.

消元的过程就是反复进行初等变换的过程. 下面证明，对线性方程组进行初等变换后，所得到的方程组与原方程组是同解的.

事实上，对方程组

$$\begin{cases}a_{11}x_1 + a_{12}x_2 + \cdots + a_{1n}x_n = b_1, \\ a_{21}x_1 + a_{22}x_2 + \cdots + a_{2n}x_n = b_2, \\ \cdots\cdots\cdots\cdots\cdots\cdots\cdots\cdots \\ a_{m1}x_1 + a_{m2}x_2 + \cdots + a_{mn}x_n = b_m\end{cases} \tag{4.1}$$

进行第(1)、第(3)种的初等变换，分别相当于用非零数 $k$ 乘以某一方程的两边及交换两个方程的次序，显然不会改变方程组的解. 对第(2)种初等变换来证明. 为简便起见，不妨把数 $k$ 乘以第二个方程再加到第一个方程上，得到新方程组

$$\begin{cases}(a_{11} + ka_{21})x_1 + (a_{12} + ka_{22})x_2 + \cdots + (a_{1n} + ka_{2n})x_n = b_1 + kb_2, \\ a_{21}x_1 + a_{22}x_2 + \cdots + a_{2n}x_n = b_2, \\ \cdots\cdots\cdots\cdots\cdots\cdots\cdots\cdots \\ a_{m1}x_1 + a_{m2}x_2 + \cdots + a_{mn}x_n = b_m.\end{cases} \tag{4.5}$$

现在设 $x_1 = c_1$，$x_2 = c_2$，…，$x_n = c_n$ 是方程组(4.1) 的任一解. 因方程组(4.1) 与方程组(4.5) 的后 $m-1$ 个方程是一样的，所以 $x_1 = c_1$，$x_2 = c_2$，…，$x_n = c_n$ 满足方程组(4.5) 的后 $m-1$ 个方程. 又 $x_1 = c_1$，$x_2 = c_2$，…，$x_n = c_n$ 满足方程组(4.1) 的前两个方程，即有

$$a_{11}c_1+a_{12}c_2+\cdots+a_{1n}c_n=b_1,$$
$$a_{21}c_1+a_{22}c_2+\cdots+a_{2n}c_n=b_2.$$

用 $k$ 乘以上面第二式的两边，再与第一式相加，即为

$$(a_{11}+ka_{21})c_1+(a_{12}+ka_{22})c_2+\cdots+(a_{1n}+ka_{2n})c_n=b_1+kb_2.$$

故 $x_1=c_1$，$x_2=c_2$，…，$x_n=c_n$ 又满足方程组(4.5)的第一个方程，因而是方程组(4.5)的解.

类似可证，方程组(4.5)的任意解也是方程组(4.1)的解. 这就证明了方程组(4.1)与方程组(4.5)是同解的.

从例 4.1 的求解过程中还可以看出，在对方程组实施初等变换时，只是对方程组的系数和常数项进行运算，而未知量并没有加入运算. 事实上，一个线性方程组完全由系数和常数项所决定，而未知量用什么文字代表不是实质性的问题.

对于每一个线性方程组都可以唯一地写出它的增广矩阵. 反之，任给一个增广矩阵，就可以唯一地写出相应的方程组. 因此，对线性方程组进行初等变换，实际上就是对它的增广矩阵进行矩阵的初等行变换.

这样，例 4.1 的求解过程就可以通过对方程组的增广矩阵进行初等行变换来实现，具体过程如下：

$$\boldsymbol{B}=\begin{pmatrix}2&-1&3&1\\4&2&7&4\\2&1&2&5\end{pmatrix}\xrightarrow[r_2-2r_1]{r_3-r_1}\begin{pmatrix}2&-1&3&1\\0&4&1&2\\0&2&-1&4\end{pmatrix}$$
$$\xrightarrow{r_2-2r_3}\begin{pmatrix}2&-1&3&1\\0&0&3&-6\\0&2&-1&4\end{pmatrix}\xrightarrow{r_2\leftrightarrow r_3}\begin{pmatrix}2&-1&3&1\\0&2&-1&4\\0&0&3&-6\end{pmatrix}=\boldsymbol{B}_1.$$

上述最后一个矩阵 $\boldsymbol{B}_1$ 对应的方程组为

$$\begin{cases}2x_1-x_2+3x_3=1,\\ \qquad 2x_2-x_3=4,\\ \qquad\qquad 3x_3=-6.\end{cases}$$

它与原方程组同解，由此得出原方程组的解为 $x_1=4$，$x_2=1$，$x_3=-2$.

如果继续对 $\boldsymbol{B}_1$ 进行初等行变换，化为行最简形矩阵

$$\begin{pmatrix}1&0&0&4\\0&1&0&1\\0&0&1&-2\end{pmatrix},$$

那么，由这个行最简形矩阵对应的方程组，就很容易地求出原方程组的解.

一般地，线性方程组(4.1)的增广矩阵 $\boldsymbol{B}$ 可经过初等行变换，化为行最简形矩阵，不妨设为

$$\begin{pmatrix} 1 & 0 & \cdots & 0 & b_{1,r+1} & \cdots & b_{1n} & d_1 \\ 0 & 1 & \cdots & 0 & b_{2,r+1} & \cdots & b_{2n} & d_2 \\ \vdots & \vdots & & \vdots & \vdots & & \vdots & \vdots \\ 0 & 0 & \cdots & 1 & b_{r,r+1} & \cdots & b_{rn} & d_r \\ 0 & 0 & \cdots & 0 & 0 & \cdots & 0 & d_{r+1} \\ \vdots & \vdots & & \vdots & \vdots & & \vdots & \vdots \\ 0 & 0 & \cdots & 0 & 0 & \cdots & 0 & 0 \end{pmatrix},$$

这个行最简形矩阵对应着一个与原方程组同解的方程组，它的最后一个方程是 $0=d_{r+1}$，因此可根据 $d_{r+1}$ 是否为零判断出原方程组是否有解，显然：

(1) 原方程组无解 $\Leftrightarrow d_{r+1}\neq 0$；

(2) 原方程组有唯一解 $\Leftrightarrow d_{r+1}=0$ 且 $r=n$，此时唯一解为

$$\begin{cases} x_1=d_1, \\ x_2=d_2, \\ \quad\vdots \\ x_n=d_n; \end{cases} \tag{4.6}$$

(3) 原方程组有无穷多解 $\Leftrightarrow d_{r+1}=0$ 且 $r<n$，此时无穷多解为

$$\begin{cases} x_1=d_1-b_{1,r+1}x_{r+1}-b_{1,r+2}x_{r+2}-\cdots-b_{1n}x_n, \\ x_j=d_2-b_{2,r+1}x_{r+1}-b_{3,r+2}x_{r+2}-\cdots-b_{2n}x_n, \\ \cdots\cdots\cdots\cdots\cdots\cdots\cdots\cdots\cdots\cdots\cdots\cdots \\ x_r=d_r-b_{r,r+1}x_{r+1}-b_{r,r+2}x_{r+2}-\cdots-b_{rn}x_n. \end{cases} \tag{4.7}$$

像方程组(4.7)这样含有自由未知量的解称为线性方程组(4.1)的通解，在方程组(4.7)中自由未知量取特定的值得到的解称为线性方程组(4.1)的特解.

在具体求解线性方程组时，消元法是最有效且最基本的方法，其具体步骤可归纳如下：

(1) 写出线性方程组的增广矩阵 $\boldsymbol{B}=(\boldsymbol{A},\ \boldsymbol{b})$；

(2) 对增广矩阵 $\boldsymbol{B}=(\boldsymbol{A},\ \boldsymbol{b})$ 进行初等行变换，把它化为行阶梯形矩阵；

(3) 由行阶梯形矩阵判断方程组解的情况；

(4) 在有解的情形下，把行阶梯形矩阵化为行最简形矩阵，再由行最简形矩阵求出方程组的解.

**例 4.2** 解线性方程组

$$\begin{cases}2x_1 - x_2 - x_3 + x_4 = 2,\\ x_1 + x_2 - 2x_3 + x_4 = 4,\\ 4x_1 - 6x_2 + 2x_3 - 2x_4 = 4,\\ 3x_1 + 6x_2 - 9x_3 + 7x_4 = 9.\end{cases}$$

**解** 对方程组的增广矩阵 $\boldsymbol{B}$ 做初等行变换，即

$$\boldsymbol{B} = \begin{pmatrix}2 & -1 & -1 & 1 & 2\\ 1 & 1 & -2 & 1 & 4\\ 4 & -6 & 2 & -2 & 4\\ 3 & 6 & -9 & 7 & 9\end{pmatrix} \xrightarrow[r_1 \leftrightarrow r_2]{\frac{1}{2}r_3} \begin{pmatrix}1 & 1 & -2 & 1 & 4\\ 2 & -1 & -1 & 1 & 2\\ 2 & -3 & 1 & -1 & 2\\ 3 & 6 & -9 & 7 & 9\end{pmatrix}$$

$$\xrightarrow[r_4 - 3r_1]{\substack{r_2 - 2r_1\\ r_3 - 2r_1}} \begin{pmatrix}1 & 1 & -2 & 1 & 4\\ 0 & -3 & 3 & -1 & -6\\ 0 & -5 & 5 & -3 & -6\\ 0 & 3 & -3 & 4 & -3\end{pmatrix} \xrightarrow{r_2 - r_3} \begin{pmatrix}1 & 1 & -2 & 1 & 4\\ 0 & 2 & -2 & 2 & 0\\ 0 & -5 & 5 & -3 & -6\\ 0 & 3 & -3 & 4 & -3\end{pmatrix}$$

$$\xrightarrow{\frac{1}{2}r_2} \begin{pmatrix}1 & 1 & -2 & 1 & 4\\ 0 & 1 & -1 & 1 & 0\\ 0 & -5 & 5 & -3 & -6\\ 0 & 3 & -3 & 4 & -3\end{pmatrix} \xrightarrow[r_3 + 5r_2]{r_4 - 3r_2} \begin{pmatrix}1 & 1 & -2 & 1 & 4\\ 0 & 1 & -1 & 1 & 0\\ 0 & 0 & 0 & 2 & -6\\ 0 & 0 & 0 & 1 & -3\end{pmatrix}$$

$$\xrightarrow{r_3 - 2r_4} \begin{pmatrix}1 & 1 & -2 & 1 & 4\\ 0 & 1 & -1 & 1 & 0\\ 0 & 0 & 0 & 0 & 0\\ 0 & 0 & 0 & 1 & -3\end{pmatrix} \xrightarrow{r_3 \leftrightarrow r_4} \begin{pmatrix}1 & 1 & -2 & 1 & 4\\ 0 & 1 & -1 & 1 & 0\\ 0 & 0 & 0 & 1 & -3\\ 0 & 0 & 0 & 0 & 0\end{pmatrix}$$

$$\xrightarrow{r_1 - r_2} \begin{pmatrix}1 & 0 & -1 & 0 & 4\\ 0 & 1 & -1 & 1 & 0\\ 0 & 0 & 0 & 1 & -3\\ 0 & 0 & 0 & 0 & 0\end{pmatrix} \xrightarrow{r_2 - r_3} \begin{pmatrix}1 & 0 & -1 & 0 & 4\\ 0 & 1 & -1 & 0 & 3\\ 0 & 0 & 0 & 1 & -3\\ 0 & 0 & 0 & 0 & 0\end{pmatrix} = \boldsymbol{B}_2.$$

在行最简形矩阵 $\boldsymbol{B}_2$ 中，$d_{r+1} = 0$ 且 $r = 3 < 4$，所以原方程组有无穷多解. $\boldsymbol{B}_2$ 所对应的同解方程组为

$$\begin{cases}x_1 - x_3 = 4,\\ x_2 - x_3 = 3,\\ x_4 = -3,\end{cases}$$

取 $x_3$ 为自由未知量，并令 $x_3 = c$，即得原方程组的通解

$$\begin{cases} x_1 = 4 + c, \\ x_2 = 3 + c, \\ x_3 = c, \\ x_4 = -3. \end{cases}$$

上述通解用向量的形式表示，即

$$\boldsymbol{x} = \begin{pmatrix} x_1 \\ x_2 \\ x_3 \\ x_4 \end{pmatrix} = \begin{pmatrix} 4+c \\ 3+c \\ c \\ -3 \end{pmatrix} = \begin{pmatrix} 4 \\ 3 \\ 0 \\ -3 \end{pmatrix} + c\begin{pmatrix} 1 \\ 1 \\ 1 \\ 0 \end{pmatrix},$$

其中，$c$ 为任意常数.

## 习　题　4.1

1. 用消元法解下列线性方程组：

(1) $\begin{cases} 2x_1 + 3x_2 + x_3 = 4, \\ x_1 - 2x_2 + 4x_3 = -5, \\ 3x_1 + 8x_2 - 2x_3 = 13, \\ 4x_1 - x_2 + 9x_3 = -6; \end{cases}$

(2) $\begin{cases} 2x_1 - x_2 + 3x_3 = 1, \\ 4x_1 - 2x_2 + 5x_3 = 4, \\ 2x_1 - x_2 + 4x_3 = 0; \end{cases}$

(3) $\begin{cases} x_1 + 2x_2 + x_3 - x_4 = 0, \\ 3x_1 + 6x_2 - x_3 - 3x_4 = 0, \\ 5x_1 + 10x_2 + x_3 - 5x_4 = 0; \end{cases}$

(4) $\begin{cases} x_1 - 2x_2 + x_3 + 2x_4 = 4, \\ -x_2 - x_3 + 3x_4 = -1, \\ x_1 + 2x_2 - 4x_3 - 9x_4 = 1, \\ 2x_2 - x_3 - 9x_4 = 3. \end{cases}$

2. 三个工厂分别有 3 吨、2 吨和 1 吨的产品要送到两个仓库储藏，两个仓库各储藏产品 4 吨和 2 吨，用 $x_{ij}$ 表示从第 $i$ 个工厂送到第 $j$ 个仓库的产品数（$i=1, 2, 3$；$j=1, 2$），试列出 $x_{ij}$ 所满足的关系式，并求解由此得到的线性方程组.

3. 写出一个以

$$\boldsymbol{x} = c_1\begin{pmatrix} 2 \\ -3 \\ 1 \\ 0 \end{pmatrix} + c_2\begin{pmatrix} -2 \\ 4 \\ 0 \\ 1 \end{pmatrix} \quad (c_1, c_2 \text{ 为任意常数})$$

为全部解的齐次线性方程组.

## §4.2 线性方程组解的讨论

在 4.1 节中看到，线性方程组的消元法可以通过矩阵的初等行变换来实现，同时我们还看到，线性方程组是否有解也可以通过其增广矩阵经过初等行变换，化为行阶梯形矩阵来判断. 在本节将进一步利用系数矩阵和增广矩阵的秩对线性方程组的解进行讨论.

### 4.2.1 线性方程组解的判定

通常称含有 $n$ 个未知量的线性方程组(4.1)或方程组(4.3)为 $n$ 元线性方程组.

利用线性方程组系数矩阵和增广矩阵的秩，可以方便地讨论线性方程组是否有解，以及有解时解是否唯一等问题. 事实上，有以下定理：

**定理 4.1** 设有 $n$ 元线性方程组 $\boldsymbol{Ax}=\boldsymbol{b}$，则：

(1) $\boldsymbol{Ax}=\boldsymbol{b}$ 无解的充分必要条件是 $R(\boldsymbol{A})\neq R(\boldsymbol{A},\boldsymbol{b})$.

(2) $\boldsymbol{Ax}=\boldsymbol{b}$ 有唯一解的充分必要条件是 $R(\boldsymbol{A})=R(\boldsymbol{A},\boldsymbol{b})=n$;

(3) $\boldsymbol{Ax}=\boldsymbol{b}$ 有无穷多解的充分必要条件是 $R(\boldsymbol{A})=R(\boldsymbol{A},\boldsymbol{b})<n$.

**证明** 线性方程组 $\boldsymbol{Ax}=\boldsymbol{b}$ 的增广矩阵 $\boldsymbol{B}$ 可经过初等行变换，化为行最简形矩阵，不妨设为

$$\widetilde{\boldsymbol{B}}=\begin{pmatrix} 1 & 0 & \cdots & 0 & b_{1,r+1} & \cdots & b_{1n} & d_1 \\ 0 & 1 & \cdots & 0 & b_{2,r+1} & \cdots & b_{2n} & d_2 \\ \vdots & \vdots & & \vdots & \vdots & & \vdots & \vdots \\ 0 & 0 & \cdots & 1 & b_{r,r+1} & \cdots & b_{rn} & d_r \\ 0 & 0 & \cdots & 0 & 0 & \cdots & 0 & d_{r+1} \\ \vdots & \vdots & & \vdots & \vdots & & \vdots & \vdots \\ 0 & 0 & \cdots & 0 & 0 & \cdots & 0 & 0 \end{pmatrix}.$$

其中，前 $n$ 列是系数矩阵 $\boldsymbol{A}$ 可经过初等行变换得到的，所以 $R(\boldsymbol{A})=r$.

由 4.1 节的讨论可知：

(1) $\boldsymbol{Ax}=\boldsymbol{b}$ 无解 $\Leftrightarrow \boldsymbol{d}_{r+1}\neq 0$，即 $R(\boldsymbol{A},\boldsymbol{b})=r+1$，即 $R(\boldsymbol{A})\neq R(\boldsymbol{A},\boldsymbol{b})$.

(2) $\boldsymbol{Ax}=\boldsymbol{b}$ 有唯一解 $\Leftrightarrow d_{r+1}=0$ 且 $r=n$，即 $R(\boldsymbol{A})=R(\boldsymbol{A},\boldsymbol{b})=r=n$，且唯一解为式(4.6).

(3) $\boldsymbol{Ax}=\boldsymbol{b}$ 有无穷多解 $\Leftrightarrow d_{r+1}=0$ 且 $r<n$，即 $R(\boldsymbol{A})=R(\boldsymbol{A},\boldsymbol{b})=r<n$，且无穷多解为式(4.7).

**推论** 设具有 $n$ 个方程的 $n$ 元线性方程组 $\boldsymbol{Ax}=\boldsymbol{b}$ 有解，则：

(1) $\boldsymbol{Ax}=\boldsymbol{b}$ 有唯一解的充分必要条件是系数矩阵的行列式 $|\boldsymbol{A}|\neq 0$;

(2) $\boldsymbol{Ax}=\boldsymbol{b}$ 有无穷多解的充分必要条件是系数矩阵的行列式 $|\boldsymbol{A}|=0$.

**例 4.3** 设有线性方程组

$$\begin{cases}(1+\lambda)x_1+x_2+x_3=0,\\ x_1+(1+\lambda)x_2+x_3=3,\\ x_1+x_2+(1+\lambda)x_3=\lambda,\end{cases}$$

问 $\lambda$ 取何值时，此方程组：(1)有唯一解；(2)无解；(3)有无穷多解？并在有无穷多解时求其通解.

**解法 1** 因系数矩阵 $\boldsymbol{A}$ 为方阵，故当 $|\boldsymbol{A}|\neq 0$ 时，方程组有唯一解.

$$|\boldsymbol{A}|=\begin{vmatrix}1+\lambda & 1 & 1\\ 1 & 1+\lambda & 1\\ 1 & 1 & 1+\lambda\end{vmatrix}=(3+\lambda)\lambda^2,$$

因此，当 $\lambda\neq 0$ 且 $\lambda\neq -3$ 时，方程组有唯一解.

当 $\lambda=0$ 时，对增广矩阵 $\boldsymbol{B}=(\boldsymbol{A},\boldsymbol{b})$ 做初等行变换把它化为行阶梯形矩阵，得

$$\boldsymbol{B}=\begin{pmatrix}1&1&1&0\\1&1&1&3\\1&1&1&0\end{pmatrix}\xrightarrow[r_2-r_1]{r_3-r_1}\begin{pmatrix}1&1&1&0\\0&0&0&3\\0&0&0&0\end{pmatrix},$$

可知 $R(\boldsymbol{A})=1$，$R(\boldsymbol{B})=2$，$R(\boldsymbol{A})\neq R(\boldsymbol{B})$，故方程组无解.

当 $\lambda=-3$ 时，

$$\boldsymbol{B}=\begin{pmatrix}-2&1&1&0\\1&-2&1&3\\1&1&-2&-3\end{pmatrix}\xrightarrow{r_3\leftrightarrow r_1}\begin{pmatrix}1&1&-2&-3\\1&-2&1&3\\-2&1&1&0\end{pmatrix}$$

$$\xrightarrow[r_2-r_1]{r_3+2r_1}\begin{pmatrix}1&1&-2&-3\\0&-3&3&6\\0&3&-3&-6\end{pmatrix}\xrightarrow{r_3+r_2}\begin{pmatrix}1&1&-2&-3\\0&-3&3&6\\0&0&0&0\end{pmatrix}$$

$$\xrightarrow{r_2\times\frac{1}{3}}\begin{pmatrix}1&1&-2&-3\\0&-1&1&2\\0&0&0&0\end{pmatrix}\xrightarrow{r_1+r_2}\begin{pmatrix}1&0&-1&-1\\0&-1&1&2\\0&0&0&0\end{pmatrix},$$

可知 $R(\boldsymbol{A})=R(\boldsymbol{B})=2<3$，故方程组有无穷多解，由此便得通解

$$\begin{cases}x_1=x_3-1,\\ x_2=x_3-2\end{cases}\quad(x_3\text{ 可任意取值}),$$

即

$$\begin{pmatrix}x_1\\x_2\\x_3\end{pmatrix}=c\begin{pmatrix}1\\1\\1\end{pmatrix}+\begin{pmatrix}-1\\-2\\0\end{pmatrix}\quad (c\ 为任意常数).$$

**解法 2** 对增广矩阵 $\boldsymbol{B}=(\boldsymbol{A},\ \boldsymbol{b})$ 做初等行变换，把它化为行阶梯形矩阵，有

$$\boldsymbol{B}=\begin{pmatrix}1+\lambda & 1 & 1 & 0\\ 1 & 1+\lambda & 1 & 3\\ 1 & 1 & 1+\lambda & \lambda\end{pmatrix}\xrightarrow{r_1\leftrightarrow r_3}\begin{pmatrix}1 & 1 & 1+\lambda & \lambda\\ 1 & 1+\lambda & 1 & 3\\ 1+\lambda & 1 & 1 & 0\end{pmatrix}$$

$$\xrightarrow[r_2-r_1]{r_3-(1+\lambda)r_1}\begin{pmatrix}1 & 1 & 1+\lambda & \lambda\\ 0 & \lambda & -\lambda & 3-\lambda\\ 0 & -\lambda & -\lambda(2+\lambda) & -\lambda(1+\lambda)\end{pmatrix}$$

$$\xrightarrow{r_1\leftrightarrow r_3}\begin{pmatrix}1 & 1 & 1+\lambda & \lambda\\ 0 & \lambda & -\lambda & 3-\lambda\\ 0 & 0 & -\lambda(3+\lambda) & (1-\lambda)(3+\lambda)\end{pmatrix}.$$

(1) 当 $\lambda\neq 0$ 且 $\lambda\neq -3$ 时，$R(\boldsymbol{A})=R(\boldsymbol{B})=3$，方程组有唯一解；

(2) 当 $\lambda=0$ 时，$R(\boldsymbol{A})=1$，$R(\boldsymbol{B})=2$，$R(\boldsymbol{A})\neq R(\boldsymbol{B})$，方程组无解；

(3) 当 $\lambda=-3$ 时，$R(\boldsymbol{A})=R(\boldsymbol{B})=2<3$，方程组有无穷多解. 这时，

$$\boldsymbol{B}\to\begin{pmatrix}1 & 1 & -2 & -3\\ 0 & -3 & 3 & 6\\ 0 & 0 & 0 & 0\end{pmatrix}\xrightarrow{r_2\times\frac{1}{3}}\begin{pmatrix}1 & 1 & -2 & -3\\ 0 & -1 & 1 & 2\\ 0 & 0 & 0 & 0\end{pmatrix}$$

$$\xrightarrow{r_1+r_2}\begin{pmatrix}1 & 0 & -1 & -1\\ 0 & -1 & 1 & 2\\ 0 & 0 & 0 & 0\end{pmatrix},$$

方程组的通解为

$$\begin{pmatrix}x_1\\x_2\\x_3\end{pmatrix}=c\begin{pmatrix}1\\1\\1\end{pmatrix}+\begin{pmatrix}-1\\-2\\0\end{pmatrix}\quad (c\ 为任意常数).$$

比较解法 1 与解法 2，显见解法 1 较简单. 但解法 1 只适用于系数矩阵为方阵的情形.

对含参数的矩阵做初等变换时，例如在本例中对矩阵 $\boldsymbol{B}$ 做初等变换时，由于 $\lambda+1$，$\lambda+3$ 等因式可以等于 0，故不宜做诸如

$$r_2-\frac{1}{\lambda+1}r_1,\quad r_2\cdot(\lambda+1),\quad r_3\cdot\frac{1}{\lambda+3}$$

这样的变换. 如果做了这种变换，则需对 $\lambda+1=0$(或 $\lambda+3=0$) 的情形另作讨论. 因此,对含参数的矩阵做初等变换较不方便.

由定理 4.1 容易得出下面定理.

**定理 4.2** $n$ 元齐次线性方程组 $\boldsymbol{Ax}=\boldsymbol{0}$ 一定有解，且

(1) $\boldsymbol{Ax}=\boldsymbol{0}$ 只有零解的充分必要条件是 $R(\boldsymbol{A})=n$;

(2) $\boldsymbol{Ax}=\boldsymbol{0}$ 有非零解的充分必要条件是 $R(\boldsymbol{A})<n$.

**推论** 具有 $n$ 个方程的 $n$ 元齐次线性方程组 $\boldsymbol{Ax}=\boldsymbol{0}$ 一定有解，且

(1) $\boldsymbol{Ax}=\boldsymbol{0}$ 只有零解的充分必要条件是系数矩阵的行列式 $|\boldsymbol{A}|\neq 0$;

(2) $\boldsymbol{Ax}=\boldsymbol{0}$ 有非零解的充分必要条件是系数矩阵的行列式 $|\boldsymbol{A}|=0$.

**例 4.4** 判断齐次线性方程组

$$\begin{cases}2x_1-x_2+3x_3=0,\\4x_1+2x_2+5x_3=0,\\2x_1+x_2+2x_3=0\end{cases}$$

的解的情况.

**解** 对系数矩阵 $\boldsymbol{A}$ 做初等行变换,即

$$\boldsymbol{A}=\begin{pmatrix}2&-1&3\\4&2&5\\2&1&2\end{pmatrix}\xrightarrow[r_2-2r_1]{r_3-r_1}\begin{pmatrix}2&-1&3\\0&4&-1\\0&2&-1\end{pmatrix}$$

$$\xrightarrow{r_2-2r_3}\begin{pmatrix}2&-1&3\\0&0&1\\0&2&-1\end{pmatrix}\xrightarrow{r_2\leftrightarrow r_3}\begin{pmatrix}2&-1&3\\0&2&-1\\0&0&1\end{pmatrix}.$$

可见 $R(\boldsymbol{A})=3$, 所以方程组只有零解.

**例 4.5** 问 $\lambda$ 为何值时,齐次线性方程组

$$\begin{cases}(5-\lambda)x+2y+2z=0,\\2x+(6-\lambda)y=0,\\2x+(4-\lambda)z=0\end{cases}$$

有非零解?

**解** 若所给齐次线性方程组有非零解，则其系数矩阵的行列式 $|\boldsymbol{A}|=0$. 而

$$|\boldsymbol{A}|=\begin{vmatrix}5-\lambda&2&2\\2&6-\lambda&0\\2&0&4-\lambda\end{vmatrix}=(5-\lambda)(6-\lambda)(4-\lambda)-4(4-\lambda)-4(6-\lambda)$$

$$=(5-\lambda)(6-\lambda)(4-\lambda)-8(5-\lambda)=(5-\lambda)(2-\lambda)(8-\lambda),$$

由 $|\boldsymbol{A}|=0$,得 $\lambda=2$, $\lambda=5$ 或 $\lambda=8$.

所以，当 $\lambda = 2$，$\lambda = 5$ 或 $\lambda = 8$ 时，所给齐次线性方程组有非零解.

由定理 4.1 与定理 4.2 可知，非齐次线性方程组与齐次线性方程组的解具有如下关系：

**定理 4.3** (1) 设 $n$ 元非齐次线性方程组 $\boldsymbol{Ax} = \boldsymbol{b}$ 有唯一解，则对应的齐次线性方程组 $\boldsymbol{Ax} = \boldsymbol{0}$ 只有零解；

(2) 设 $n$ 元非齐次线性方程组 $\boldsymbol{Ax} = \boldsymbol{b}$ 有无穷多解，则所对应的齐次线性方程组 $\boldsymbol{Ax} = \boldsymbol{0}$ 有非零解.

**证明** (1) 因为 $\boldsymbol{Ax} = \boldsymbol{b}$ 有唯一解，所以由定理 4.1 可知，$R(\boldsymbol{A}) = R(\boldsymbol{A}, \boldsymbol{b}) = n$，再由定理 4.2 可知 $\boldsymbol{Ax} = \boldsymbol{0}$ 只有零解.

(2) 因为 $\boldsymbol{Ax} = \boldsymbol{b}$ 有无穷多解，所以由定理 4.1 可知，$R(\boldsymbol{A}) = R(\boldsymbol{A}, \boldsymbol{b}) < n$，再由定理4.2 可知 $\boldsymbol{Ax} = \boldsymbol{0}$ 有非零解. ■

需要注意的是，当 $\boldsymbol{Ax} = \boldsymbol{0}$ 只有零解时，$\boldsymbol{Ax} = \boldsymbol{b}$ 未必有解；而当 $\boldsymbol{Ax} = \boldsymbol{0}$ 有非零解时，$\boldsymbol{Ax} = \boldsymbol{b}$ 未必有解. 请读者自己举出反例.

### 4.2.2 线性方程组解的性质

**性质 1** 若 $\boldsymbol{x} = \boldsymbol{\xi}_1$，$\boldsymbol{x} = \boldsymbol{\xi}_2$ 为齐次线性方程组 $\boldsymbol{Ax} = \boldsymbol{0}$ 的解，则 $\boldsymbol{x} = \boldsymbol{\xi}_1 + \boldsymbol{\xi}_2$ 也是方程组 $\boldsymbol{Ax} = \boldsymbol{0}$ 的解.

**证明** 因为

$$\boldsymbol{A}(\boldsymbol{\xi}_1 + \boldsymbol{\xi}_2) = \boldsymbol{A}(\boldsymbol{\xi}_1 + \boldsymbol{\xi}_2) = \boldsymbol{0} + \boldsymbol{0} = \boldsymbol{0},$$

所以，$\boldsymbol{x} = \boldsymbol{\xi}_1 + \boldsymbol{\xi}_2$ 也是方程组 $\boldsymbol{Ax} = \boldsymbol{0}$ 的解.

**性质 2** 若 $\boldsymbol{x} = \boldsymbol{\xi}_1$ 为齐次线性方程组 $\boldsymbol{Ax} = \boldsymbol{0}$ 的解，$k$ 为任意常数，则 $\boldsymbol{x} = k\boldsymbol{\xi}_1$ 也是方程组 $\boldsymbol{Ax} = \boldsymbol{0}$ 的解.

**证明** 因为

$$\boldsymbol{A}(k\boldsymbol{\xi}_1) = k(\boldsymbol{A\xi}_1) = k\boldsymbol{0} = \boldsymbol{0},$$

所以，$\boldsymbol{x} = k\boldsymbol{\xi}_1$ 也是方程组 $\boldsymbol{Ax} = \boldsymbol{0}$ 的解.

性质 1 与性质 2 说明，齐次线性方程组 $\boldsymbol{Ax} = \boldsymbol{0}$ 的解向量集合 $S$ 关于向量的加法与数乘运算封闭，即 $S$ 构成向量空间，称之为齐次线性方程组 $\boldsymbol{Ax} = \boldsymbol{0}$ 的**解空间**.

**性质 3** 若 $\boldsymbol{x} = \boldsymbol{\xi}_1$，$\boldsymbol{x} = \boldsymbol{\xi}_2$，…，$\boldsymbol{x} = \boldsymbol{\xi}_t$ 为齐次线性方程组 $\boldsymbol{Ax} = \boldsymbol{0}$ 的解，则它们的线性组合，即 $k_1\boldsymbol{\xi}_1 + k_2\boldsymbol{\xi}_2 + \cdots + k_t\boldsymbol{\xi}_t$（$k_1$，$k_2$，…，$k_t$ 为任意常数）也是方程组 $\boldsymbol{Ax} = \boldsymbol{0}$ 的解.

**证明** 因为

$$\begin{aligned}\boldsymbol{A}(k_1\boldsymbol{\xi}_1 + k_2\boldsymbol{\xi}_2 + \cdots + k_t\boldsymbol{\xi}_t) &= \boldsymbol{A}(k_1\boldsymbol{\xi}_1) + \boldsymbol{A}(k_2\boldsymbol{\xi}_2) + \cdots + \boldsymbol{A}(k_t\boldsymbol{\xi}_t) \\ &= k_1(\boldsymbol{A\xi}_1) + k_2(\boldsymbol{A\xi}_2) + \cdots + k_t(\boldsymbol{A\xi}_t) \\ &= \boldsymbol{0} + \boldsymbol{0} + \cdots + \boldsymbol{0} = \boldsymbol{0},\end{aligned}$$

所以，$k_1\boldsymbol{\xi}_1+k_2\boldsymbol{\xi}_2+\cdots+k_t\boldsymbol{\xi}_t$ 也是方程组 $\boldsymbol{Ax}=\boldsymbol{0}$ 的解.

**性质4** 若 $\boldsymbol{x}=\boldsymbol{\eta}_1$，$\boldsymbol{x}=\boldsymbol{\eta}_2$ 为非齐次线性方程组 $\boldsymbol{Ax}=\boldsymbol{b}$ 的解，则 $\boldsymbol{x}=\boldsymbol{\eta}_1-\boldsymbol{\eta}_2$ 为对应的齐次线性方程组 $\boldsymbol{Ax}=\boldsymbol{0}$ 的解.

**证明** 因为

$$\boldsymbol{A}(\boldsymbol{\eta}_1-\boldsymbol{\eta}_2)=\boldsymbol{A\eta}_1-\boldsymbol{A\eta}_2=\boldsymbol{b}-\boldsymbol{b}=\boldsymbol{0},$$

所以，$\boldsymbol{x}=\boldsymbol{\eta}_1-\boldsymbol{\eta}_2$ 是方程组 $\boldsymbol{Ax}=\boldsymbol{0}$ 的解.

**性质5** 若 $\boldsymbol{x}=\boldsymbol{\eta}$ 为非齐次线性方程组 $\boldsymbol{Ax}=\boldsymbol{b}$ 的解，$\boldsymbol{x}=\boldsymbol{\xi}$ 为对应的齐次线性方程组 $\boldsymbol{Ax}=\boldsymbol{0}$ 的解，则 $\boldsymbol{x}=\boldsymbol{\eta}+\boldsymbol{\xi}$ 仍为方程组 $\boldsymbol{Ax}=\boldsymbol{b}$ 的解.

**证明** 因为

$$\boldsymbol{A}(\boldsymbol{\eta}+\boldsymbol{\xi})=\boldsymbol{A\eta}+\boldsymbol{A\xi}=\boldsymbol{b}+\boldsymbol{0}=\boldsymbol{b},$$

所以，$\boldsymbol{x}=\boldsymbol{\eta}+\boldsymbol{\xi}$ 是方程组 $\boldsymbol{Ax}=\boldsymbol{b}$ 的解.

## 习 题 4.2

1. $\lambda$，$\mu$ 为何值时，下列非齐次线性方程组有唯一解、无解或有无穷多解？并在有无穷多解时求其通解.

(1) $\begin{cases}\lambda x_1+x_2+x_3=1,\\ x_1+\lambda x_2+x_3=\lambda,\\ x_1+x_2+\lambda x_3=\lambda^2;\end{cases}$

(2) $\begin{cases}(2-\lambda)x_1+2x_2-2x_3=1,\\ 2x_1+(5-\lambda)x_2-4x_3=2,\\ -2x_1-4x_2+(5-\lambda)x_3=-\lambda-1;\end{cases}$

(3) $\begin{cases}x_1+x_2-2x_3=3,\\ 2x_1+x_2-6x_3-x_4=4,\\ 3x_1+2x_2+\lambda x_3-x_4=7,\\ x_1-x_2-6x_3+\mu x_4=-2;\end{cases}$

(4) $\begin{cases}x_1+x_2+x_3=1,\\ 3x_1+2x_2+\lambda x_3=2,\\ x_2+3x_3=2,\\ 5x_1+4x_2+2x_3+\mu x_4=3.\end{cases}$

2. 问 $\lambda$，$\mu$ 满足什么条件时，下列齐次线性方程组只有零解？有非零解？并在有非零解时，求其全部解.

(1) $\begin{cases}2x_1-x_2+3x_3=0,\\ 3x_1-4x_2+7x_3=0,\\ x_1-2x_2+\lambda x_3=0;\end{cases}$

(2) $\begin{cases}(1-\lambda)x_1-2x_2+4x_3=0, \\ 2x_1+(3-\lambda)x_2+x_3=0, \\ x_1+x_2+(1-\lambda)x_3=0;\end{cases}$

(3) $\begin{cases}\lambda x_1+x_2+x_3=0, \\ x_1+\mu x_2+x_3=0, \\ x_1+2\mu x_2+x_3=0.\end{cases}$

3. 证明:线性方程组 $x_1-x_2=a_1$, $x_2-x_3=a_2$, $x_3-x_4=a_3$, $x_4-x_5=a_4$, $x_5-x_1=a_5$ 有解的充分必要条件是

$$a_1+a_2+a_3+a_4+a_5=0.$$

4. 设 $\boldsymbol{A}$ 是 $n$ 阶方阵,$\boldsymbol{Ax}=\boldsymbol{0}$ 只有零解,证明:对任意的正整数 $m$, $\boldsymbol{A}^m\boldsymbol{x}=\boldsymbol{0}$ 也只有零解.

# §4.3 线性方程组解的结构

在 4.2 节中,利用矩阵的秩的理论对线性方程组的解及其性质进行了讨论,这一节通过向量组线性相关性及向量空间的理论知识来介绍线性方程组解的结构.

## 4.3.1 基础解系、通解及解空间

**定义 4.3** 设 $\boldsymbol{\xi}_1, \boldsymbol{\xi}_2, \cdots, \boldsymbol{\xi}_t$ 为 $n$ 元齐次线性方程组 $\boldsymbol{Ax}=\boldsymbol{0}$ 的一组解, 若

(1) $\boldsymbol{\xi}_1, \boldsymbol{\xi}_2, \cdots, \boldsymbol{\xi}_t$ 线性无关;

(2) $\boldsymbol{Ax}=\boldsymbol{0}$ 的任意一个解 $\boldsymbol{\beta}$ 都能表示为 $\boldsymbol{\xi}_1, \boldsymbol{\xi}_2, \cdots, \boldsymbol{\xi}_t$ 的线性组合, 即

$$\boldsymbol{\beta}=k_1\boldsymbol{\xi}_1+k_2\boldsymbol{\xi}_2+\cdots+k_t\boldsymbol{\xi}_t \quad (k_1, k_2, \cdots, k_t \text{ 为任意常数}),$$

则 $\boldsymbol{\xi}_1, \boldsymbol{\xi}_2, \cdots, \boldsymbol{\xi}_t$ 称为 $n$ 元齐次线性方程组 $\boldsymbol{Ax}=\boldsymbol{0}$ 的一个**基础解系**.

从定义 4.3 可知, $n$ 元齐次线性方程组 $\boldsymbol{Ax}=\boldsymbol{0}$ 的一个基础解系 $\boldsymbol{\xi}_1, \boldsymbol{\xi}_2, \cdots, \boldsymbol{\xi}_t$ 即为解空间 $S$ 的一个基,因此 $\boldsymbol{\xi}_1, \boldsymbol{\xi}_2, \cdots, \boldsymbol{\xi}_t$ 的线性组合 $k_1\boldsymbol{\xi}_1+k_2\boldsymbol{\xi}_2+\cdots+k_t\boldsymbol{\xi}_t$ 为方程组 $\boldsymbol{Ax}=\boldsymbol{0}$ 的**通解**.

由线性方程组解的性质可知, 若求得 $n$ 元非齐次线性方程组 $\boldsymbol{Ax}=\boldsymbol{b}$ 的一个解 $\boldsymbol{\eta}^*$, 则它的任一解总可表示为

$$\boldsymbol{x}=\boldsymbol{\xi}+\boldsymbol{\eta}^*,$$

其中, $\boldsymbol{\xi}$ 为方程组 $\boldsymbol{Ax}=\boldsymbol{b}$ 所对应的齐次线性方程组 $\boldsymbol{Ax}=\boldsymbol{0}$ 的解.

所以 $n$ 元非齐次线性方程组 $\boldsymbol{Ax}=\boldsymbol{b}$ 的任一解总可表示为

$$\boldsymbol{x}=k_1\boldsymbol{\xi}_1+k_2\boldsymbol{\xi}_2+\cdots+k_t\boldsymbol{\xi}_t+\boldsymbol{\eta}^*,$$

其中, $\boldsymbol{\xi}_1, \boldsymbol{\xi}_2, \cdots, \boldsymbol{\xi}_t$ 是对应齐次线性方程组 $\boldsymbol{Ax}=\boldsymbol{0}$ 的一个基础解系, $k_1, k_2, \cdots, k_t$ 为任意常数.

**定义 4.4** 上述中的 $\boldsymbol{\eta}^*$ 称为 $n$ 元非齐次线性方程组 $\boldsymbol{Ax}=\boldsymbol{b}$ 的一个**特解**,而

$$x = k_1\boldsymbol{\xi}_1 + k_2\boldsymbol{\xi}_2 + \cdots + k_t\boldsymbol{\xi}_t + \boldsymbol{\eta}^* \quad (k_1,\ k_2,\ \cdots,\ k_t \text{ 为任意常数})$$

称为 $n$ 元非齐次线性方程组 $\boldsymbol{Ax} = \boldsymbol{b}$ 的**通解**，其中 $\boldsymbol{\xi}_1,\ \boldsymbol{\xi}_2,\ \cdots,\ \boldsymbol{\xi}_t$ 为其所对应齐次线性方程组 $\boldsymbol{Ax} = \boldsymbol{0}$ 的一个基础解系.

### 4.3.2 齐次线性方程组解的结构

对 $n$ 元齐次线性方程组 $\boldsymbol{Ax} = \boldsymbol{0}$，已经定义了其基础解系及通解这两个概念，知道要求方程组 $\boldsymbol{Ax} = \boldsymbol{0}$ 的通解，只需求出它的一个基础解系.

现在就来证明，$n$ 元齐次线性方程组 $\boldsymbol{Ax} = \boldsymbol{0}$ 的确有基础解系.

**定理 4.4** 对 $n$ 元齐次线性方程组 $\boldsymbol{Ax} = \boldsymbol{0}$，若 $R(\boldsymbol{A}) = r < n$，则该方程组存在基础解系，并且基础解系所含解向量的个数等于 $n - r$.

**证明** 因为 $R(\boldsymbol{A}) = r$，所以对 $\boldsymbol{A}$ 进行初等行变换，不妨设 $\boldsymbol{A}$ 的行最简形矩阵为

$$\widetilde{\boldsymbol{B}} = \begin{pmatrix} 1 & 0 & \cdots & 0 & b_{11} & b_{12} & \cdots & b_{1,\,n-r} \\ 0 & 1 & \cdots & 0 & b_{21} & b_{22} & \cdots & b_{2,\,n-r} \\ \vdots & \vdots & & \vdots & \vdots & \vdots & & \vdots \\ 0 & 0 & \cdots & 1 & b_{r1} & b_{r2} & \cdots & b_{r,\,n-r} \\ 0 & 0 & \cdots & 0 & 0 & 0 & \cdots & 0 \\ \vdots & \vdots & & \vdots & \vdots & \vdots & & \vdots \\ 0 & 0 & \cdots & 0 & 0 & 0 & \cdots & 0 \end{pmatrix},$$

与 $\widetilde{\boldsymbol{B}}$ 对应，即有方程组

$$\begin{cases} x_1 = -b_{11}x_{r+1} - b_{12}x_{r+2} - \cdots - b_{1,\,n-r}x_n, \\ x_2 = -b_{21}x_{r+1} - b_{22}x_{r+2} - \cdots - b_{2,\,n-r}x_n, \\ \cdots\cdots\cdots\cdots\cdots\cdots\cdots\cdots\cdots\cdots \\ x_r = -b_{r1}x_{r+1} - b_{r2}x_{r+2} - \cdots - b_{r,\,n-r}x_n, \end{cases} \tag{4.8}$$

其中，$x_{r+1},\ x_{r+2},\cdots,\ x_n$ 为自由未知量.

已经知道，把自由未知量的任意一组值 $(c_{r+1},\ c_{r+2},\cdots,\ c_n)$ 代入方程组(4.8)，就唯一地确定了方程组(4.8) 的一个解，也就是方程组 $\boldsymbol{Ax} = \boldsymbol{0}$ 的一个解. 换句话说，方程组 $\boldsymbol{Ax} = \boldsymbol{0}$ 的任意两个解，只要自由未知量的值一样，这两个解就完全一样. 特别地，如果在一个解中，自由未知量的值全为零，那么这个解一定就是零解.

在方程组(4.8)中，令自由未知量 $x_{r+1},\ x_{r+2},\ \cdots,\ x_n$ 取下列 $n - r$ 组数:

$$\begin{pmatrix} x_{r+1} \\ x_{r+2} \\ \vdots \\ x_n \end{pmatrix} = \begin{pmatrix} 1 \\ 0 \\ \vdots \\ 0 \end{pmatrix},\ \begin{pmatrix} 0 \\ 1 \\ \vdots \\ 0 \end{pmatrix},\cdots,\ \begin{pmatrix} 0 \\ 0 \\ \vdots \\ 1 \end{pmatrix},$$

就可以得出方程组(4.8),也就是方程组 $\boldsymbol{Ax}=\mathbf{0}$ 的 $n-r$ 个解:

$$\boldsymbol{\xi}_1=\begin{pmatrix}-b_{11}\\ \vdots\\ -b_{r1}\\ 1\\ 0\\ \vdots\\ 0\end{pmatrix},\ \boldsymbol{\xi}_2=\begin{pmatrix}-b_{12}\\ \vdots\\ -b_{r2}\\ 0\\ 1\\ \vdots\\ 0\end{pmatrix},\ \cdots,\ \boldsymbol{\xi}_{n-r}=\begin{pmatrix}-b_{1,n-r}\\ \vdots\\ -b_{r,n-r}\\ 0\\ 0\\ \vdots\\ 1\end{pmatrix}.$$

现在来证明 $\boldsymbol{\xi}_1,\boldsymbol{\xi}_2,\cdots,\boldsymbol{\xi}_{n-r}$ 就是方程组 $\boldsymbol{Ax}=\mathbf{0}$ 的一个基础解系.

首先证明 $\boldsymbol{\xi}_1,\boldsymbol{\xi}_2,\cdots,\boldsymbol{\xi}_{n-r}$ 线性无关.事实上,因为单位坐标向量组

$$\begin{pmatrix}1\\ 0\\ \vdots\\ 0\end{pmatrix},\begin{pmatrix}0\\ 1\\ \vdots\\ 0\end{pmatrix},\cdots,\begin{pmatrix}0\\ 0\\ \vdots\\ 1\end{pmatrix}$$

是线性无关的,所以其接长向量组 $\boldsymbol{\xi}_1,\boldsymbol{\xi}_2,\cdots,\boldsymbol{\xi}_{n-r}$ 也是线性无关的.

再证明方程组 $\boldsymbol{Ax}=\mathbf{0}$ 的任一解都可以由 $\boldsymbol{\xi}_1,\boldsymbol{\xi}_2,\cdots,\boldsymbol{\xi}_{n-r}$ 线性表示.设

$$\boldsymbol{\xi}=(c_1,\cdots,c_r,c_{r+1},c_{r+2},\cdots,c_n)\tag{4.9}$$

是方程组 $\boldsymbol{Ax}=\mathbf{0}$ 的一个解.由于 $\boldsymbol{\xi}_1,\boldsymbol{\xi}_2,\cdots,\boldsymbol{\xi}_{n-r}$ 是方程组 $\boldsymbol{Ax}=\mathbf{0}$ 的解,所以线性组合

$$c_{r+1}\boldsymbol{\xi}_1+c_{r+2}\boldsymbol{\xi}_2+\cdots+c_n\boldsymbol{\xi}_{n-r}\tag{4.10}$$

也是方程组 $\boldsymbol{Ax}=\mathbf{0}$ 的一个解.

比较式(4.9)和式(4.10)的最后 $n-r$ 个分量得知,自由未知量有相同的值,从而这两个解完全一样,即

$$\boldsymbol{\xi}=c_{r+1}\boldsymbol{\xi}_1+c_{r+2}\boldsymbol{\xi}_2+\cdots+c_n\boldsymbol{\xi}_{n-r}.$$

这就是说,任意一个解 $\boldsymbol{\xi}$ 都能表示成 $\boldsymbol{\xi}_1,\boldsymbol{\xi}_2,\cdots,\boldsymbol{\xi}_{n-r}$ 的线性组合.

综合以上两点,我们就证明了 $\boldsymbol{\xi}_1,\boldsymbol{\xi}_2,\cdots,\boldsymbol{\xi}_{n-r}$ 确为方程组 $\boldsymbol{Ax}=\mathbf{0}$ 的一个基础解系,因而齐次线性方程组的确有基础解系.

上述证明中具体给出的这个基础解系是由 $n-r$ 个解向量组成的,至于其他的基础解系,一定与这个基础解系等价,同时它们又都是线性无关的,因而有相同个数的向量. ■

依据定理 4.4 的证明过程,得到:

**定理 4.5** 设 $\boldsymbol{A}$ 为 $m\times n$ 非零矩阵,若 $R(\boldsymbol{A})=r<n$,则齐次线性方程组

$\boldsymbol{Ax}=\mathbf{0}$ 的解空间 $S$ 的维数为 $n-r$.

由此可见，若 $\boldsymbol{\xi}_1, \boldsymbol{\xi}_2, \cdots, \boldsymbol{\xi}_{n-r}$ 是齐次线性方程组 $\boldsymbol{Ax}=\mathbf{0}$ 的一个基础解系，则有

$$\begin{aligned} S &= \{\boldsymbol{x} \mid \boldsymbol{x}=k_1\boldsymbol{\xi}_1+k_2\boldsymbol{\xi}_2+\cdots+k_{n-r}\boldsymbol{\xi}_{n-r},\ k_1, k_2, \cdots, k_{n-r} \text{ 为任意常数}\} \\ &= L(\boldsymbol{\xi}_1, \boldsymbol{\xi}_2, \cdots, \boldsymbol{\xi}_{n-r}), \end{aligned}$$

即 $S$ 为由基础解系 $\boldsymbol{\xi}_1, \boldsymbol{\xi}_2, \cdots, \boldsymbol{\xi}_{n-r}$ 生成的向量空间.

当 $R(\boldsymbol{A})=n$ 时，方程组 $\boldsymbol{Ax}=\mathbf{0}$ 只有零解，没有基础解系(此时解集 $S$ 只含一个零向量)；当 $R(\boldsymbol{A})=r<n$ 时，由定理 4.4 可知方程组 $\boldsymbol{Ax}=\mathbf{0}$ 的基础解系只含 $n-r$ 个向量. 因此，由极大线性无关组的性质可知，方程组 $\boldsymbol{Ax}=\mathbf{0}$ 的任何 $n-r$ 个线性无关的解都可构成它的基础解系. 并由此可知齐次线性方程组的基础解系并不是唯一的，其通解的形式也不是唯一的.

定理 4.4 的证明过程指出了求 $n$ 元齐次线性方程组 $\boldsymbol{Ax}=\mathbf{0}$ 的基础解系及通解的方法. 具体求法如下：

首先，对系数矩阵 $\boldsymbol{A}$ 施行初等行变换(必要时可以重新排列未知量的顺序)，假设得到

$$\boldsymbol{A} \rightarrow \cdots \rightarrow \begin{pmatrix} 1 & \cdots & 0 & b_{11} & \cdots & b_{1,\,n-r} \\ \vdots & & \vdots & \vdots & & \vdots \\ 0 & \cdots & 1 & b_{r1} & \cdots & b_{r,\,n-r} \\ 0 & \cdots & 0 & 0 & \cdots & 0 \\ \vdots & & \vdots & \vdots & & \vdots \\ 0 & \cdots & 0 & 0 & \cdots & 0 \end{pmatrix},$$

对应的齐次线性方程组

$$\begin{cases} x_1+b_{11}x_{r+1}+\cdots+b_{1,\,n-r}x_n=0, \\ x_2+b_{21}x_{r+1}+\cdots+b_{2,\,n-r}x_n=0, \\ \cdots\cdots\cdots\cdots\cdots\cdots\cdots\cdots\cdots\cdots \\ x_r+b_{r1}x_{r+1}+\cdots+b_{r,\,n-r}x_n=0 \end{cases} \tag{4.11}$$

与原方程组 $\boldsymbol{Ax}=\mathbf{0}$ 同解，其中 $x_{r+1}, x_{r+2}, \cdots, x_n$ 为自由未知量.

再次，分别取

$$\begin{pmatrix} x_{r+1} \\ x_{r+2} \\ \vdots \\ x_n \end{pmatrix} = \begin{pmatrix} 1 \\ 0 \\ \vdots \\ 0 \end{pmatrix}, \begin{pmatrix} 0 \\ 1 \\ \vdots \\ 0 \end{pmatrix}, \cdots, \begin{pmatrix} 0 \\ 0 \\ \vdots \\ 1 \end{pmatrix} \quad (\text{共 } n-r \text{ 个}),$$

把上述 $n-r$ 组数分别代入方程组(4.11) 即可得 $\boldsymbol{Ax}=\mathbf{0}$ 的 $n-r$ 个线性无关的解：

$$\boldsymbol{\xi}_1=\begin{pmatrix}-b_{11}\\ \vdots\\ -b_{r1}\\ 1\\ 0\\ \vdots\\ 0\end{pmatrix},\ \boldsymbol{\xi}_2=\begin{pmatrix}-b_{12}\\ \vdots\\ -b_{r2}\\ 0\\ 1\\ \vdots\\ 0\end{pmatrix},\ \cdots,\ \boldsymbol{\xi}_{n-r}=\begin{pmatrix}-b_{1,\,n-r}\\ \vdots\\ -b_{r,\,n-r}\\ 0\\ 0\\ \vdots\\ 1\end{pmatrix},$$

此即所求基础解系.

最后,写出此基础解系的线性组合

$$\boldsymbol{x}=k_1\begin{pmatrix}-b_{11}\\ \vdots\\ -b_{r1}\\ 1\\ 0\\ \vdots\\ 0\end{pmatrix}+k_2\begin{pmatrix}-b_{12}\\ \vdots\\ -b_{r2}\\ 0\\ 1\\ \vdots\\ 0\end{pmatrix}+\cdots+k_{n-r}\begin{pmatrix}-b_{1,\,n-r}\\ \vdots\\ -b_{r,\,n-r}\\ 0\\ 0\\ \vdots\\ 1\end{pmatrix}\quad (k_1,k_2,\cdots,k_{n-r}\text{ 为任意常数}),$$

此即齐次线性方程组 $\boldsymbol{A}\boldsymbol{x}=\boldsymbol{0}$ 的通解.

**例 4.6** 求齐次线性方程组

$$\begin{cases}x_1-x_2+5x_3-x_4=0,\\ x_1+x_2-2x_3+3x_4=0,\\ 3x_1-x_2+8x_3+x_4=0,\\ x_1+3x_2-9x_3+7x_4=0\end{cases}$$

的一个基础解系与通解.

**解** 对齐次线性方程组系数矩阵 $\boldsymbol{A}$ 做初等行变换,化为行最简形矩阵,有

$$\begin{pmatrix}1&-1&5&-1\\1&1&-2&3\\3&-1&8&1\\1&3&-9&7\end{pmatrix}\xrightarrow[r_4-r_1]{\substack{r_2-r_1\\ r_3-3r_1}}\begin{pmatrix}1&-1&5&-1\\0&2&-7&4\\0&2&-7&4\\0&4&-14&8\end{pmatrix}\xrightarrow[r_3-r_2]{r_4-2r_2}\begin{pmatrix}1&-1&5&-1\\0&2&-7&4\\0&0&0&0\\0&0&0&0\end{pmatrix}$$

$$\xrightarrow{\frac{1}{2}r_2}\begin{pmatrix}1&-1&5&-1\\0&1&-\frac{7}{2}&2\\0&0&0&0\\0&0&0&0\end{pmatrix}\xrightarrow{r_1+r_2}\begin{pmatrix}1&0&\frac{3}{2}&1\\0&1&-\frac{7}{2}&2\\0&0&0&0\\0&0&0&0\end{pmatrix},$$

便得同解方程组

$$\begin{cases} x_1 + \frac{3}{2}x_3 + x_4 = 0, \\ x_2 - \frac{7}{2}x_3 + 2x_4 = 0, \end{cases}$$

也可以写为

$$\begin{cases} x_1 = -\frac{3}{2}x_3 - x_4, \\ x_2 = \frac{7}{2}x_3 - 2x_4, \end{cases} \qquad (*)$$

这里，$x_3$，$x_4$ 为自由未知量.

分别令$\begin{pmatrix} x_3 \\ x_4 \end{pmatrix} = \begin{pmatrix} 1 \\ 0 \end{pmatrix}$及$\begin{pmatrix} 0 \\ 1 \end{pmatrix}$，将它们分别代入式( * )中可得

$$\begin{pmatrix} x_1 \\ x_2 \end{pmatrix} = \begin{pmatrix} -\frac{3}{2} \\ \frac{7}{2} \end{pmatrix} \quad 与 \quad \begin{pmatrix} x_1 \\ x_2 \end{pmatrix} = \begin{pmatrix} -1 \\ -2 \end{pmatrix},$$

即得基础解系

$$\boldsymbol{\xi}_1 = \begin{pmatrix} -\frac{3}{2} \\ \frac{7}{2} \\ 1 \\ 0 \end{pmatrix}, \quad \boldsymbol{\xi}_2 = \begin{pmatrix} -1 \\ -2 \\ 0 \\ 1 \end{pmatrix}.$$

并由此写出通解

$$\begin{pmatrix} x_1 \\ x_2 \\ x_3 \\ x_4 \end{pmatrix} = k_1 \begin{pmatrix} -\frac{3}{2} \\ \frac{7}{2} \\ 1 \\ 0 \end{pmatrix} + k_2 \begin{pmatrix} -1 \\ -2 \\ 0 \\ 1 \end{pmatrix} \quad (k_1, k_2 \text{ 为任意常数}).$$

需要说明的是，如果在式( * )中令

$$\begin{pmatrix} x_3 \\ x_4 \end{pmatrix} = \begin{pmatrix} 1 \\ 1 \end{pmatrix} 及 \begin{pmatrix} 1 \\ -1 \end{pmatrix},$$

对应得
$$\begin{pmatrix} x_1 \\ x_2 \end{pmatrix} = \begin{pmatrix} -\frac{5}{2} \\ \frac{3}{2} \end{pmatrix} \text{及} \begin{pmatrix} -\frac{1}{2} \\ \frac{11}{2} \end{pmatrix}.$$

则得到不同基础解系

$$\boldsymbol{\eta}_1 = \begin{pmatrix} -\frac{5}{2} \\ \frac{3}{2} \\ 1 \\ 1 \end{pmatrix}, \quad \boldsymbol{\eta}_2 = \begin{pmatrix} -\frac{1}{2} \\ \frac{11}{2} \\ 1 \\ -1 \end{pmatrix}.$$

并由此写出通解

$$\begin{pmatrix} x_1 \\ x_2 \\ x_3 \\ x_4 \end{pmatrix} = k_1 \begin{pmatrix} -\frac{5}{2} \\ \frac{3}{2} \\ 1 \\ 1 \end{pmatrix} + k_2 \begin{pmatrix} -\frac{1}{2} \\ \frac{11}{2} \\ 1 \\ -1 \end{pmatrix} \quad (k_1, k_2 \text{ 为任意常数}).$$

显然，$\boldsymbol{\xi}_1$，$\boldsymbol{\xi}_2$ 与 $\boldsymbol{\eta}_1$，$\boldsymbol{\eta}_2$ 是等价的，两个通解虽然形式不一样，但都含两个任意常数，且都可表示方程组的任一解.

另外，也可从式( * )写出通解

$$\begin{cases} x_1 = -\frac{3}{2}c_1 - c_2 \\ x_2 = \frac{7}{2}c_1 - 2c_2 \\ x_3 = c_1 \\ x_4 = c_2 \end{cases}, \text{即} \begin{pmatrix} x_1 \\ x_2 \\ x_3 \\ x_4 \end{pmatrix} = c_1 \begin{pmatrix} -\frac{3}{2} \\ \frac{7}{2} \\ 1 \\ 0 \end{pmatrix} + c_2 \begin{pmatrix} -1 \\ -2 \\ 0 \\ 1 \end{pmatrix},$$

从通解的表达式也可得基础解系

$$\boldsymbol{\xi}_1 = \begin{pmatrix} -\frac{3}{2} \\ \frac{7}{2} \\ 1 \\ 0 \end{pmatrix}, \quad \boldsymbol{\xi}_2 = \begin{pmatrix} -1 \\ -2 \\ 0 \\ 1 \end{pmatrix}.$$

**例 4.7** 设 $\boldsymbol{A}_{m\times n}\boldsymbol{B}_{n\times s} = \boldsymbol{O}$，证明：$R(\boldsymbol{A}) + R(\boldsymbol{B}) \leqslant n$.

**证明** 记 $\boldsymbol{B}=(\boldsymbol{\beta}_1, \boldsymbol{\beta}_2, \cdots, \boldsymbol{\beta}_s)$，其中 $\boldsymbol{\beta}_i(i=1, 2, \cdots, s)$ 是矩阵 $\boldsymbol{B}$ 的第 $i$ 个列向量，则由 $\boldsymbol{AB}=\boldsymbol{O}$ 得

$$\boldsymbol{A}(\boldsymbol{\beta}_1, \boldsymbol{\beta}_2, \cdots, \boldsymbol{\beta}_s)=(\boldsymbol{0}, \boldsymbol{0}, \cdots, \boldsymbol{0}),$$

即有

$$\boldsymbol{A\beta}_i=\boldsymbol{0} \quad (i=1, 2, \cdots, s).$$

这表明矩阵 $\boldsymbol{B}$ 的 $s$ 个列向量都是齐次线性方程组 $\boldsymbol{Ax}=\boldsymbol{0}$ 的解向量.

现设 $R(\boldsymbol{A})=r_1$，$R(\boldsymbol{B})=r_2$，则

(1) 当 $r_1=n$ 时，$\boldsymbol{Ax}=\boldsymbol{0}$ 只有零解，故此时 $\boldsymbol{B}=\boldsymbol{O}$，即 $r_1=n$，$r_2=0$，$r_1+r_2=n$，结论成立.

(2) 当 $r_1<n$ 时，$\boldsymbol{Ax}=\boldsymbol{0}$ 的基础解系含有 $n-r_1$ 个解向量，而 $\boldsymbol{B}$ 的列向量组可由这 $n-r_1$ 个解向量线性表示，所以 $\boldsymbol{B}$ 的列向量组的秩 $\leqslant n-r_1$，即 $r_2\leqslant n-r_1$，$r_1+r_2\leqslant n$，结论成立.

总之有
$$R(\boldsymbol{A})+R(\boldsymbol{B})\leqslant n.$$

## 4.3.3 非齐次线性方程组解的结构

由前面的讨论可知，当 $n$ 元非齐次线性方程组 $\boldsymbol{Ax}=\boldsymbol{b}$ 有无穷多解时，它的通解为

$$\boldsymbol{x}=\boldsymbol{\eta}^*+k_1\boldsymbol{\xi}_1+k_2\boldsymbol{\xi}_2+\cdots+k_{n-r}\boldsymbol{\xi}_{n-r},$$

其中，$\boldsymbol{\eta}^*$ 为方程组 $\boldsymbol{Ax}=\boldsymbol{b}$ 的一个特解，$\boldsymbol{\xi}_1$，$\boldsymbol{\xi}_2$，$\cdots$，$\boldsymbol{\xi}_{n-r}$ 为对应齐次线性方程组 $\boldsymbol{Ax}=\boldsymbol{0}$ 的一个基础解系，$k_1$，$k_2$，$\cdots$，$k_{n-r}$ 为任意常数.

也就是说，$n$ 元非齐次线性方程组 $\boldsymbol{Ax}=\boldsymbol{b}$ 的通解 $=n$ 元非齐次线性方程组 $\boldsymbol{Ax}=\boldsymbol{b}$ 的一个特解 $+$ 对应齐次线性方程组 $\boldsymbol{Ax}=\boldsymbol{0}$ 的通解. 所以，结合齐次线性方程组基础解系、通解的求法，我们也可以得到求非齐次线性方程组 $\boldsymbol{Ax}=\boldsymbol{b}$ 通解的方法，具体求法如下：

(1) 对 $n$ 元非齐次线性方程组 $\boldsymbol{Ax}=\boldsymbol{b}$ 的增广矩阵 $\boldsymbol{B}=(\boldsymbol{A}, \boldsymbol{b})$ 施行初等行变换(必要时可以重新排列未知量的顺序)，求出 $R(\boldsymbol{B})$ 及 $R(\boldsymbol{A})$，判断方程组 $\boldsymbol{Ax}=\boldsymbol{b}$ 是否有解；

(2) 在方程组 $\boldsymbol{Ax}=\boldsymbol{b}$ 有解时，解对应的同解方程组，可得 $\boldsymbol{Ax}=\boldsymbol{b}$ 的一个特解 $\boldsymbol{\eta}^*$；

(3) 求出方程组 $\boldsymbol{Ax}=\boldsymbol{b}$ 对应齐次线性方程组 $\boldsymbol{Ax}=\boldsymbol{0}$ 的一个基础解系 $\boldsymbol{\xi}_1$，$\boldsymbol{\xi}_2$，$\cdots$，$\boldsymbol{\xi}_{n-r}$，写出此基础解系的线性组合

$$k_1\boldsymbol{\xi}_1+k_2\boldsymbol{\xi}_2+\cdots+k_{n-r}\boldsymbol{\xi}_{n-r} \quad (k_1, k_2, \cdots, k_{n-r}\text{ 为任意常数}),$$

此即方程组 $\boldsymbol{Ax}=\mathbf{0}$ 的通解；

(4) 最后得出 $n$ 元非齐次线性方程组 $\boldsymbol{Ax}=\boldsymbol{b}$ 的通解为

$$\boldsymbol{x}=k_1\boldsymbol{\xi}_1+k_2\boldsymbol{\xi}_2+\cdots+k_{n-r}\boldsymbol{\xi}_{n-r}+\boldsymbol{\eta}^* \quad (k_1,\ k_2,\ \cdots,\ k_{n-r}\text{ 为任意常数}).$$

**例 4.8** 解非齐次线性方程组

$$\begin{cases} x_1-x_2-x_3+x_4=0, \\ x_1-x_2+x_3-3x_4=1, \\ x_1-x_2-2x_3+3x_4=-\dfrac{1}{2}. \end{cases}$$

**解** 对增广矩阵 $\boldsymbol{B}$ 施行初等行变换，即

$$\boldsymbol{B}=\begin{pmatrix} 1 & -1 & -1 & 1 & 0 \\ 1 & -1 & 1 & -3 & 1 \\ 1 & -1 & -2 & 3 & -\dfrac{1}{2} \end{pmatrix} \xrightarrow[r_2-r_1]{r_3-r_1} \begin{pmatrix} 1 & -1 & -1 & 1 & 0 \\ 0 & 0 & 2 & -4 & 1 \\ 0 & 0 & -1 & 2 & -\dfrac{1}{2} \end{pmatrix}$$

$$\xrightarrow{\frac{r_2}{2}} \begin{pmatrix} 1 & -1 & -1 & 1 & 0 \\ 0 & 0 & 1 & -2 & \dfrac{1}{2} \\ 0 & 0 & -1 & 2 & -\dfrac{1}{2} \end{pmatrix} \xrightarrow[r_3+r_2]{r_1+r_2} \begin{pmatrix} 1 & -1 & 0 & -1 & \dfrac{1}{2} \\ 0 & 0 & 1 & -2 & \dfrac{1}{2} \\ 0 & 0 & 0 & 0 & 0 \end{pmatrix},$$

可见 $R(\boldsymbol{A})=R(\boldsymbol{B})=2<4$，故方程组有解，并有

$$\begin{cases} x_1=x_2+x_4+\dfrac{1}{2}, \\ x_3=2x_4+\dfrac{1}{2}. \end{cases}$$

这里，自由未知量为 $x_2$，$x_4$.

令 $x_2=x_4=0$，则 $x_1=x_3=\dfrac{1}{2}$，即得方程组的一个特解

$$\boldsymbol{\eta}^*=\begin{pmatrix} \dfrac{1}{2} \\ 0 \\ \dfrac{1}{2} \\ 0 \end{pmatrix}.$$

在对应的齐次线性方程组

$$\begin{cases} x_1 = x_2 + x_4, \\ x_3 = 2x_4 \end{cases}$$

中，分别令 $\begin{pmatrix} x_2 \\ x_4 \end{pmatrix} = \begin{pmatrix} 1 \\ 0 \end{pmatrix}$ 及 $\begin{pmatrix} 0 \\ 1 \end{pmatrix}$，

则得 $\begin{pmatrix} x_1 \\ x_3 \end{pmatrix} = \begin{pmatrix} 1 \\ 0 \end{pmatrix}$ 及 $\begin{pmatrix} 1 \\ 2 \end{pmatrix}$，

即得对应齐次线性方程组的基础解系

$$\boldsymbol{\xi}_1 = \begin{pmatrix} 1 \\ 1 \\ 0 \\ 0 \end{pmatrix}, \quad \boldsymbol{\xi}_2 = \begin{pmatrix} 1 \\ 0 \\ 2 \\ 1 \end{pmatrix},$$

于是所求非齐次线性方程组的通解为

$$\begin{pmatrix} x_1 \\ x_2 \\ x_3 \\ x_4 \end{pmatrix} = k_1 \begin{pmatrix} 1 \\ 1 \\ 0 \\ 0 \end{pmatrix} + k_2 \begin{pmatrix} 1 \\ 0 \\ 2 \\ 1 \end{pmatrix} + \begin{pmatrix} \frac{1}{2} \\ 0 \\ \frac{1}{2} \\ 0 \end{pmatrix} \quad (k_1, k_2 \text{ 为任意常数}).$$

**例 4.9** 设四元非齐次线性方程组 $\boldsymbol{Ax} = \boldsymbol{b}$ 的系数矩阵 $\boldsymbol{A}$ 的秩为 3，已知它的三个解向量为 $\boldsymbol{\eta}_1, \boldsymbol{\eta}_2, \boldsymbol{\eta}_3$，其中

$$\boldsymbol{\eta}_1 = \begin{pmatrix} 3 \\ -4 \\ 1 \\ 2 \end{pmatrix}, \quad \boldsymbol{\eta}_2 + \boldsymbol{\eta}_3 = \begin{pmatrix} 4 \\ 6 \\ 8 \\ 0 \end{pmatrix},$$

求该方程组的通解.

**解** 根据题意，方程组 $\boldsymbol{Ax} = \boldsymbol{b}$ 对应的齐次方程组 $\boldsymbol{Ax} = \boldsymbol{0}$ 的基础解系含 $4-3=1$ 个解向量，于是 $\boldsymbol{Ax} = \boldsymbol{0}$ 的任何一个非零解都可作为其基础解系. 显然

$$\boldsymbol{\eta}_1 - \frac{1}{2}(\boldsymbol{\eta}_2 + \boldsymbol{\eta}_3) = \begin{pmatrix} 1 \\ -7 \\ -3 \\ 2 \end{pmatrix} \neq \boldsymbol{0}$$

是 $\boldsymbol{Ax} = \boldsymbol{0}$ 的非零解，可作为其基础解系. 故方程组 $\boldsymbol{Ax} = \boldsymbol{b}$ 的通解为

$$\boldsymbol{x}=\boldsymbol{\eta}_1+c\left[\boldsymbol{\eta}_1-\frac{1}{2}(\boldsymbol{\eta}_2+\boldsymbol{\eta}_3)\right]=\begin{pmatrix}3\\-4\\1\\2\end{pmatrix}+c\begin{pmatrix}1\\-7\\-3\\2\end{pmatrix}\quad(c\text{ 为任意常数}).$$

在本章最后,利用线性方程组的理论讨论向量组的线性相关性.

设有 $n$ 维向量组 $\boldsymbol{\alpha}_1, \boldsymbol{\alpha}_2, \cdots, \boldsymbol{\alpha}_m$,其中

$$\boldsymbol{\alpha}_i=\begin{pmatrix}a_{i1}\\a_{i2}\\\vdots\\a_{in}\end{pmatrix}\quad(i=1, 2, \cdots, m),$$

要判断 $\boldsymbol{\alpha}_1, \boldsymbol{\alpha}_2, \cdots, \boldsymbol{\alpha}_m$ 是否线性相关,就是看方程

$$x_1\boldsymbol{\alpha}_1+x_2\boldsymbol{\alpha}_2+\cdots+x_m\boldsymbol{\alpha}_m=\mathbf{0}\tag{4.12}$$

有无非零解.式(4.12)按分量写出来就是

$$\begin{cases}a_{11}x_1+a_{21}x_2+\cdots+a_{m1}x_m=0,\\a_{12}x_1+a_{22}x_2+\cdots+a_{m2}x_m=0,\\\cdots\cdots\cdots\cdots\cdots\cdots\cdots\cdots\cdots\\a_{1n}x_1+a_{2n}x_2+\cdots+a_{mn}x_m=0.\end{cases}\tag{4.13}$$

因此得到:

(1) 向量组 $\boldsymbol{\alpha}_1, \boldsymbol{\alpha}_2, \cdots, \boldsymbol{\alpha}_m$ 线性相关的充分必要条件是齐次线性方程组(4.13)有非零解.

(2) 向量组 $\boldsymbol{\alpha}_1, \boldsymbol{\alpha}_2, \cdots, \boldsymbol{\alpha}_m$ 线性无关的充分必要条件是齐次线性方程组(4.13)只有零解.

**例 4.10** 判断向量组 $\boldsymbol{\alpha}_1=\begin{pmatrix}2\\-1\\3\\1\end{pmatrix}, \boldsymbol{\alpha}_2=\begin{pmatrix}4\\-2\\5\\4\end{pmatrix}, \boldsymbol{\alpha}_3=\begin{pmatrix}2\\-1\\4\\-1\end{pmatrix}$ 的线性相关性.

**解** 设数 $x_1, x_2, x_3$,使得

$$x_1\boldsymbol{\alpha}_1+x_2\boldsymbol{\alpha}_2+x_3\boldsymbol{\alpha}_3=\mathbf{0},$$

即得齐次线性方程组

$$\begin{cases}2x_1+4x_2+2x_3=0,\\-x_1-2x_2-x_3=0,\\3x_1+5x_2+4x_3=0,\\x_1+4x_2-x_3=0.\end{cases}$$

对系数矩阵 $\boldsymbol{A}$ 做初等行变换,可得

$$\boldsymbol{A}=\begin{pmatrix}2&4&2\\-1&-2&-1\\3&5&4\\1&4&-1\end{pmatrix}\xrightarrow{r_1\leftrightarrow r_4}\begin{pmatrix}1&4&-1\\-1&-2&-1\\3&5&4\\2&4&2\end{pmatrix}$$

$$\xrightarrow[r_4-2r_1]{\substack{r_2+r_1\\ r_3-3r_1}}\begin{pmatrix}1&4&-1\\0&2&-2\\0&-7&7\\0&-4&4\end{pmatrix}\xrightarrow[r_4+4r_2]{\substack{r_2\times\frac{1}{2}\\ r_3+7r_2}}\begin{pmatrix}1&4&-1\\0&1&-1\\0&0&0\\0&0&0\end{pmatrix}.$$

因此 $R(\boldsymbol{A})=2$,从而齐次线性方程组有非零解,故 $\boldsymbol{\alpha}_1,\boldsymbol{\alpha}_2,\boldsymbol{\alpha}_3$ 线性相关.

**例 4.11** 设向量组 $\boldsymbol{\alpha}_1,\boldsymbol{\alpha}_2,\boldsymbol{\alpha}_3$ 线性无关,证明:向量组 $\boldsymbol{\alpha}_1-2\boldsymbol{\alpha}_2-3\boldsymbol{\alpha}_3,\boldsymbol{\alpha}_1+\boldsymbol{\alpha}_2+2\boldsymbol{\alpha}_3,\boldsymbol{\alpha}_1-\boldsymbol{\alpha}_2+\boldsymbol{\alpha}_3$ 也线性无关.

**证明** 设数 $x_1,x_2,x_3$,使得

$$x_1(\boldsymbol{\alpha}_1-2\boldsymbol{\alpha}_2-3\boldsymbol{\alpha}_3)+x_2(\boldsymbol{\alpha}_1+\boldsymbol{\alpha}_2+2\boldsymbol{\alpha}_3)+x_3(\boldsymbol{\alpha}_1-\boldsymbol{\alpha}_2+\boldsymbol{\alpha}_3)=0,$$

即有

$$(x_1+x_2+x_3)\boldsymbol{\alpha}_1+(-2x_1+x_2-x_3)\boldsymbol{\alpha}_2+(-3x_1+2x_2+x_3)\boldsymbol{\alpha}_3=0.$$

由于 $\boldsymbol{\alpha}_1,\boldsymbol{\alpha}_2,\boldsymbol{\alpha}_3$ 线性无关,因此得齐次线性方程组

$$\begin{cases}x_1+x_2+x_3=0,\\-2x_1+x_2-x_3=0,\\-3x_1+2x_2+x_3=0.\end{cases}$$

而系数矩阵的行列式

$$\begin{vmatrix}1&1&1\\-2&1&-1\\-3&2&1\end{vmatrix}=7\neq0,$$

所以齐次线性方程组只有零解:

$$x_1=x_2=x_3=0.$$

故向量组 $\boldsymbol{\alpha}_1-2\boldsymbol{\alpha}_2-3\boldsymbol{\alpha}_3,\boldsymbol{\alpha}_1+\boldsymbol{\alpha}_2+2\boldsymbol{\alpha}_3,\boldsymbol{\alpha}_1-\boldsymbol{\alpha}_2+\boldsymbol{\alpha}_3$ 线性无关.

## 习 题 4.3

1. 求下列齐次线性方程组的一个基础解系:

(1) $\begin{cases} x_1-8x_2+10x_3+2x_4=0, \\ 2x_1+4x_2+5x_3-x_4=0, \\ 3x_1+8x_2+6x_3-2x_4=0; \end{cases}$

(2) $\begin{cases} 2x_1-3x_2-2x_3+x_4=0, \\ 3x_1+5x_2+4x_3-2x_4=0, \\ 8x_1+7x_2+6x_3-3x_4=0; \end{cases}$

(3) $\begin{cases} x_1-x_2+x_3-x_4=0, \\ x_1-x_2-x_3+x_4=0, \\ 2x_1-2x_2-4x_3+4x_4=0; \end{cases}$

(4) $\begin{cases} x_1+x_2-3x_3-x_4=0, \\ 3x_1-x_2-3x_3+4x_4=0, \\ x_1+5x_2-9x_3-8x_4=0. \end{cases}$

2. 设 $\boldsymbol{\alpha}_1$，$\boldsymbol{\alpha}_2$ 是某个齐次线性方程组的基础解系，证明：$\boldsymbol{\alpha}_1+\boldsymbol{\alpha}_2$，$2\boldsymbol{\alpha}_1-\boldsymbol{\alpha}_2$ 也是该线性方程组的基础解系.

3. 设 $\boldsymbol{A}=\begin{pmatrix} 2 & -2 & 1 & 3 \\ 9 & -5 & 2 & 8 \end{pmatrix}$，求一个 $4\times 2$ 矩阵 $\boldsymbol{B}$，使 $\boldsymbol{AB}=\boldsymbol{0}$，且 $R(\boldsymbol{B})=2$.

4. 求一个齐次线性方程组，使它的基础解系由下列向量组成：

$$\boldsymbol{\xi}_1=\begin{pmatrix} 0 \\ 1 \\ 2 \\ 3 \end{pmatrix},\ \boldsymbol{\xi}_2=\begin{pmatrix} 3 \\ 2 \\ 1 \\ 0 \end{pmatrix}.$$

5. 求下列非齐次线性方程组的通解，并用对应齐次线性方程组的基础解系表示其通解：

(1) $\begin{cases} x_1+x_2=5, \\ 2x_1+x_2+x_3+2x_4=1, \\ 5x_1+3x_2+2x_3+2x_4=0; \end{cases}$

(2) $\begin{cases} x_1-5x_2+2x_3-3x_4=11, \\ 5x_1+3x_2+6x_3-x_4=-1, \\ 2x_1+4x_2+2x_3+x_4=-6; \end{cases}$

(3) $\begin{cases} x_1-x_2-x_3+x_4=0, \\ x_1-5x_2+x_3-3x_4=1, \\ 2x_1-2x_2-4x_3+6x_4=1; \end{cases}$

(4) $\begin{cases} x_1+x_2+x_3+x_4+x_5=2, \\ 2x_1+3x_2+x_3+x_4-3x_5=0, \\ x_1+2x_3+2x_4+6x_5=6, \\ 4x_1+5x_2+3x_3+3x_4-x_5=4. \end{cases}$

6. 设四元非齐次线性方程组 $\boldsymbol{Ax}=\boldsymbol{b}$ 的系数矩阵 $\boldsymbol{A}$ 的秩为 2，已知它的三个解向量为 $\boldsymbol{\eta}_1$，$\boldsymbol{\eta}_2$，$\boldsymbol{\eta}_3$，其中

$$\boldsymbol{\eta}_1=\begin{pmatrix}4\\3\\2\\1\end{pmatrix},\ \boldsymbol{\eta}_2=\begin{pmatrix}1\\3\\5\\1\end{pmatrix},\ \boldsymbol{\eta}_3=\begin{pmatrix}-2\\6\\3\\2\end{pmatrix},$$

求该方程组的通解.

7. 设 $\boldsymbol{A}$ 是实矩阵,证明:$R(\boldsymbol{A}^{\mathrm{T}}\boldsymbol{A})=R(\boldsymbol{A})$.

8. 设 $\boldsymbol{A}$ 为实矩阵,证明:线性方程组 $\boldsymbol{A}^{\mathrm{T}}\boldsymbol{A}\boldsymbol{x}=\boldsymbol{A}^{\mathrm{T}}\boldsymbol{b}$ 一定有解.

9. 设矩阵 $\boldsymbol{A}=\begin{pmatrix}1&2&1&2\\0&1&t&t\\1&t&0&1\end{pmatrix}$,齐次线性方程组 $\boldsymbol{A}\boldsymbol{x}=\boldsymbol{0}$ 的基础解系含有两个线性无关的解向量,试求方程组 $\boldsymbol{A}\boldsymbol{x}=\boldsymbol{0}$ 的全部解.

10. 设 $\boldsymbol{A}=\begin{pmatrix}2&1&1&2\\0&1&3&1\\1&\lambda&\mu&1\end{pmatrix}$, $\boldsymbol{b}=\begin{pmatrix}0\\1\\0\end{pmatrix}$, $\boldsymbol{\eta}=\begin{pmatrix}1\\-1\\1\\-1\end{pmatrix}$,如果 $\boldsymbol{\eta}$ 是方程组 $\boldsymbol{A}\boldsymbol{x}=\boldsymbol{b}$ 的一个解,试求方程组 $\boldsymbol{A}\boldsymbol{x}=\boldsymbol{b}$ 的全部解.

11. 若 $\boldsymbol{\eta}_1, \boldsymbol{\eta}_2, \cdots, \boldsymbol{\eta}_s$ 为非齐次线性方程组 $\boldsymbol{A}\boldsymbol{x}=\boldsymbol{b}$ 的 $s$ 个解,$k_1, k_2, \cdots, k_s$ 为常数,且 $k_1+k_2+\cdots+k_s=1$,证明:$k_1\boldsymbol{\eta}_1+k_2\boldsymbol{\eta}_2+\cdots+k_s\boldsymbol{\eta}_s$ 也是方程组 $\boldsymbol{A}\boldsymbol{x}=\boldsymbol{b}$ 的解.

12. 设 $\boldsymbol{\eta}^*$ 是非齐次线性方程组 $\boldsymbol{A}\boldsymbol{x}=\boldsymbol{b}$ 的一个解,$\boldsymbol{\xi}_1, \boldsymbol{\xi}_2, \cdots, \boldsymbol{\xi}_{n-r}$ 是对应齐次线性方程组的一个基础解系,证明:

(1) $\boldsymbol{\eta}^*, \boldsymbol{\xi}_1, \boldsymbol{\xi}_2, \cdots, \boldsymbol{\xi}_{n-r}$ 线性无关;

(2) $\boldsymbol{\eta}^*, \boldsymbol{\eta}^*+\boldsymbol{\xi}_1, \cdots, \boldsymbol{\eta}^*+\boldsymbol{\xi}_{n-r}$ 线性无关.

13. 设非齐次线性方程组 $\boldsymbol{A}\boldsymbol{x}=\boldsymbol{b}$ 的系数矩阵 $\boldsymbol{A}$ 的秩为 $r$, $\boldsymbol{\eta}_1, \boldsymbol{\eta}_2, \cdots, \boldsymbol{\eta}_{n-r+1}$ 是它的 $n-r+1$ 个线性无关的解,试证:它的任一解可表示为

$$\boldsymbol{x}=k_1\boldsymbol{\eta}_1+k_2\boldsymbol{\eta}_2+\cdots+k_{n-r+1}\boldsymbol{\eta}_{n-r+1},$$

其中 $k_1+k_2+\cdots+k_{n-r+1}=1$.

14. 设 $\boldsymbol{\beta}_1=\boldsymbol{\alpha}_1, \boldsymbol{\beta}_2=\boldsymbol{\alpha}_1+\boldsymbol{\alpha}_2, \cdots, \boldsymbol{\beta}_r=\boldsymbol{\alpha}_1+\boldsymbol{\alpha}_2+\cdots+\boldsymbol{\alpha}_r$,若向量组 $\boldsymbol{\alpha}_1, \boldsymbol{\alpha}_2, \cdots, \boldsymbol{\alpha}_r$ 线性无关,证明:向量组 $\boldsymbol{\beta}_1, \boldsymbol{\beta}_2, \cdots, \boldsymbol{\beta}_r$ 也线性无关.

## 总 习 题 4

**1. 单项选择题**

(1) $n$ 元非齐次线性方程组 $\boldsymbol{A}\boldsymbol{x}=\boldsymbol{b}$ 与其对应的齐次线性方程组 $\boldsymbol{A}\boldsymbol{x}=\boldsymbol{0}$ 满足(　　).

(A) 若 $\boldsymbol{A}\boldsymbol{x}=\boldsymbol{0}$ 有唯一解,则 $\boldsymbol{A}\boldsymbol{x}=\boldsymbol{b}$ 也有唯一解

(B) 若 $\boldsymbol{A}\boldsymbol{x}=\boldsymbol{b}$ 有无穷多解,则 $\boldsymbol{A}\boldsymbol{x}=\boldsymbol{0}$ 也有无穷多解

(C) 若 $\boldsymbol{A}\boldsymbol{x}=\boldsymbol{0}$ 有无穷多解,则 $\boldsymbol{A}\boldsymbol{x}=\boldsymbol{b}$ 只有零解

(D) 若 $\boldsymbol{A}\boldsymbol{x}=\boldsymbol{0}$ 有唯一解,则 $\boldsymbol{A}\boldsymbol{x}=\boldsymbol{b}$ 无解

(2) 要使 $\boldsymbol{\xi}_1=\begin{pmatrix}1\\0\\2\end{pmatrix}$，$\boldsymbol{\xi}_2=\begin{pmatrix}0\\1\\-1\end{pmatrix}$ 是线性方程组 $\boldsymbol{Ax}=\boldsymbol{0}$ 的解，只要系数矩阵 $\boldsymbol{A}$ 为（　　）.

(A) $(-2\quad 1\quad 1)$

(B) $\begin{pmatrix}2&0&-1\\0&1&1\end{pmatrix}$

(C) $\begin{pmatrix}-1&0&2\\0&1&-1\end{pmatrix}$

(D) $\begin{pmatrix}0&1&-1\\4&-2&2\\0&1&1\end{pmatrix}$

(3) 设 $\boldsymbol{A}$ 为 $m\times n$ 矩阵，且 $R(\boldsymbol{A})=n-1$，$\boldsymbol{\alpha}_1$，$\boldsymbol{\alpha}_2$ 是 $\boldsymbol{Ax}=\boldsymbol{0}$ 的两个不同的解向量，$k$ 为任意的常数，则 $\boldsymbol{Ax}=\boldsymbol{0}$ 的通解为（　　）.

(A) $k\boldsymbol{\alpha}_1$

(B) $k\boldsymbol{\alpha}_2$

(C) $k(\boldsymbol{\alpha}_1-\boldsymbol{\alpha}_2)$

(D) $k(\boldsymbol{\alpha}_1+\boldsymbol{\alpha}_2)$

(4) 设有齐次线性方程组 $\boldsymbol{Ax}=\boldsymbol{0}$ 和 $\boldsymbol{Bx}=\boldsymbol{0}$，其中 $\boldsymbol{A}$, $\boldsymbol{B}$ 为 $m\times n$ 矩阵，现有四个命题：

① 若 $\boldsymbol{Ax}=\boldsymbol{0}$ 的解均是 $\boldsymbol{Bx}=\boldsymbol{0}$ 的解，则 $R(\boldsymbol{A})\geqslant R(\boldsymbol{B})$

② 若 $R(\boldsymbol{A})\geqslant R(\boldsymbol{B})$，则 $\boldsymbol{Ax}=\boldsymbol{0}$ 的解均是 $\boldsymbol{Bx}=\boldsymbol{0}$ 的解

③ 若 $\boldsymbol{Ax}=\boldsymbol{0}$ 与 $\boldsymbol{Bx}=\boldsymbol{0}$ 同解，则 $R(\boldsymbol{A})=R(\boldsymbol{B})$

④ 若 $R(\boldsymbol{A})=R(\boldsymbol{B})$，则 $\boldsymbol{Ax}=\boldsymbol{0}$ 与 $\boldsymbol{Bx}=\boldsymbol{0}$ 同解

以上命题中正确的是（　　）.

(A) ①②　　(B) ①③　　(C) ②④　　(D) ③④

(5) 设 $n$ 阶矩阵 $\boldsymbol{A}$ 的伴随矩阵 $\boldsymbol{A}^*\neq\boldsymbol{0}$，若 $\boldsymbol{\xi}_1$，$\boldsymbol{\xi}_2$，$\boldsymbol{\xi}_3$，$\boldsymbol{\xi}_4$ 是非齐次线性方程组 $\boldsymbol{Ax}=\boldsymbol{b}$ 的互不相等的解，则对应的齐次线性方程组 $\boldsymbol{Ax}=\boldsymbol{0}$ 的基础解系（　　）.

(A) 不存在

(B) 仅含一个非零解向量

(C) 含有两个线性无关的解向量

(D) 含有三个线性无关的解向量

**2. 填空题**

(1) 设线性方程组 $\begin{cases}x_1-2x_2+2x_3=0,\\2x_1-x_2+\lambda x_3=0,\\x_1+2x_2-x_3=0\end{cases}$ 的系数矩阵为 $\boldsymbol{A}$，且存在三阶矩阵 $\boldsymbol{B}\neq\boldsymbol{O}$，使得 $\boldsymbol{AB}=\boldsymbol{O}$，则 $\lambda=$________.

(2) 设 n 阶矩阵 $\boldsymbol{A}$ 的各行元素之和均为零，且 $R(\boldsymbol{A})=n-1$，则线性方程组 $\boldsymbol{Ax}=\boldsymbol{0}$ 的通解为________.

(3) 设方程组 $\begin{pmatrix}a&1&1\\1&a&1\\1&1&a\end{pmatrix}\begin{pmatrix}x_1\\x_2\\x_3\end{pmatrix}=\begin{pmatrix}1\\1\\-2\end{pmatrix}$ 有无穷多解，则 $a=$________.

(4) 设三阶非零矩阵 $\boldsymbol{A}$ 的每个列向量都是齐次线性方程组 $\begin{cases}x_1+x_2-2x_3=0,\\2x_1-x_2+ax_3=0,\\3x_1+x_2-x_3=0\end{cases}$ 的解，则 $a=$________.

(5) 设 $\boldsymbol{A}$ 为四阶方阵，$R(\boldsymbol{A})=2$，则 $\boldsymbol{A}^*x=\boldsymbol{0}$ 的基础解系所含解向量个数为________.

**3. 计算题**

(1) 设 $\boldsymbol{A}$ 是 $m\times 3$ 矩阵，且 $R(\boldsymbol{A})=1$，如果非齐次线性方程组 $\boldsymbol{Ax}=\boldsymbol{b}$ 的三个解向量 $\boldsymbol{\eta}_1$，$\boldsymbol{\eta}_2$，$\boldsymbol{\eta}_3$ 满足

$$\boldsymbol{\eta}_1+\boldsymbol{\eta}_2=\begin{pmatrix}1\\2\\3\end{pmatrix},\ \boldsymbol{\eta}_2+\boldsymbol{\eta}_3=\begin{pmatrix}0\\-1\\1\end{pmatrix},\ \boldsymbol{\eta}_3+\boldsymbol{\eta}_1=\begin{pmatrix}1\\0\\-1\end{pmatrix},$$

求非齐次线性方程组 $\boldsymbol{Ax}=\boldsymbol{b}$ 的通解.

(2) 设 $\boldsymbol{\alpha}_1$，$\boldsymbol{\alpha}_2$，$\boldsymbol{\alpha}_3$，$\boldsymbol{\alpha}_4$ 均为四维列向量，且 $\boldsymbol{\alpha}_2$，$\boldsymbol{\alpha}_3$，$\boldsymbol{\alpha}_4$ 线性无关，$\boldsymbol{\alpha}_1=2\boldsymbol{\alpha}_2-3\boldsymbol{\alpha}_3$，如果 $\boldsymbol{A}=(\boldsymbol{\alpha}_1,\boldsymbol{\alpha}_2,\boldsymbol{\alpha}_3,\boldsymbol{\alpha}_4)$，$\boldsymbol{\beta}=\boldsymbol{\alpha}_1+2\boldsymbol{\alpha}_2+3\boldsymbol{\alpha}_3+4\boldsymbol{\alpha}_4$，求线性方程组 $\boldsymbol{Ax}=\boldsymbol{\beta}$ 的通解.

(3) 确定常数 $a$，使向量组 $\boldsymbol{\alpha}_1=\begin{pmatrix}1\\1\\a\end{pmatrix}$，$\boldsymbol{\alpha}_2=\begin{pmatrix}1\\a\\1\end{pmatrix}$，$\boldsymbol{\alpha}_3=\begin{pmatrix}a\\1\\1\end{pmatrix}$ 可由向量组 $\boldsymbol{\beta}_1=\begin{pmatrix}1\\1\\a\end{pmatrix}$，$\boldsymbol{\beta}_2=\begin{pmatrix}-2\\a\\4\end{pmatrix}$，$\boldsymbol{\beta}_3=\begin{pmatrix}-2\\a\\a\end{pmatrix}$ 线性表示，但向量组 $\boldsymbol{\beta}_1$，$\boldsymbol{\beta}_2$，$\boldsymbol{\beta}_3$ 不能由向量组 $\boldsymbol{\alpha}_1$，$\boldsymbol{\alpha}_2$，$\boldsymbol{\alpha}_3$ 线性表示.

(4) 设四元齐次线性方程组(Ⅰ)为

$$\begin{cases}2x_1+3x_2-x_3=0,\\x_1+2x_2+x_3-x_4=0,\end{cases}$$

且另一个四元齐次线性方程组(Ⅱ)的一个基础解系为

$$\boldsymbol{\alpha}_1=\begin{pmatrix}2\\-1\\a+2\\1\end{pmatrix},\ \boldsymbol{\alpha}_2=\begin{pmatrix}-1\\2\\4\\a+8\end{pmatrix}.$$

① 求线性方程组(Ⅰ)的一个基础解系；

② 当 $a$ 为何值时，方程组(Ⅰ)与(Ⅱ)有非零的公共解？在有非零公共解时，求出全部非零公共解.

**4. 证明题**

(1) 设向量组 $\boldsymbol{\alpha}_1$，$\boldsymbol{\alpha}_2$，$\boldsymbol{\alpha}_3$ 是齐次线性方程组 $\boldsymbol{Ax}=\boldsymbol{0}$ 的一个基础解系，证明：向量组 $\boldsymbol{\alpha}_1+\boldsymbol{\alpha}_2$，$\boldsymbol{\alpha}_2+\boldsymbol{\alpha}_3$，$\boldsymbol{\alpha}_3+\boldsymbol{\alpha}_1$ 也是该方程组的一个基础解系.

(2) 设 $\boldsymbol{A}$ 为 $m\times n$ 矩阵，$\boldsymbol{\eta}_1$，$\boldsymbol{\eta}_2$ 为非齐次线性方程组 $\boldsymbol{Ax}=\boldsymbol{b}$ 的两个不同解，$\boldsymbol{\xi}$ 为对应的齐次线性方程组 $\boldsymbol{Ax}=\boldsymbol{0}$ 的一个非零解，证明：

① 向量组 $\boldsymbol{\eta}_1$，$\boldsymbol{\eta}_1-\boldsymbol{\eta}_2$ 线性无关；

② 若 $R(\boldsymbol{A})=n-1$，则向量组 $\boldsymbol{\xi}$，$\boldsymbol{\eta}_1$，$\boldsymbol{\eta}_2$ 线性相关.

(3) 证明：平面上三条不同的直线

$$ax+by+c=0,\quad bx+cy+a=0,\quad cx+ay+b=0$$

相交于一点的充分必要条件是 $a+b+c=0$.

# 第 5 章　特征值与特征向量

工程技术中的一些问题，常归结为求矩阵的特征值与特征向量的问题；在经济理论及其应用的研究中，也经常要讨论有关矩阵的特征值的问题；数学中的一些学科也都要用到矩阵的特征值的理论.

本章主要讨论矩阵的特征值与特征向量的理论，讨论矩阵的对角化问题，研究实对称矩阵对角化的方法.

## §5.1　矩阵的特征值与特征向量

本节介绍矩阵的特征值与特征向量的概念、求解方法和主要性质.

### 5.1.1　特征值与特征向量的概念

**定义 5.1**　设 $\boldsymbol{A}$ 是 $n$ 阶矩阵，若对于数 $\lambda$，存在 $n$ 维非零列向量 $\boldsymbol{\xi}$，使得

$$\boldsymbol{A\xi} = \lambda\boldsymbol{\xi} \tag{5.1}$$

成立，则称数 $\lambda$ 为矩阵 $\boldsymbol{A}$ 的一个**特征值**，非零向量 $\boldsymbol{\xi}$ 称为 $\boldsymbol{A}$ 的属于特征值 $\lambda$ 的一个**特征向量**.

显然式(5.1)可以等价地写成

$$(\lambda\boldsymbol{E}-\boldsymbol{A})\boldsymbol{\xi}=\boldsymbol{0}, \tag{5.2}$$

而式(5.2)存在非零列向量的充分必要条件是

$$|\lambda\boldsymbol{E}-\boldsymbol{A}| = 0, \tag{5.3}$$

即

$$\begin{vmatrix} \lambda-a_{11} & -a_{12} & \cdots & -a_{1n} \\ -a_{21} & \lambda-a_{22} & \cdots & -a_{2n} \\ \vdots & \vdots & & \vdots \\ -a_{n1} & -a_{n2} & \cdots & \lambda-a_{nn} \end{vmatrix} = 0.$$

**定义 5.2**　设 $\lambda$ 是一个未知量，矩阵 $\lambda\boldsymbol{E}-\boldsymbol{A}$ 称为 $\boldsymbol{A}$ 的**特征矩阵**，行列式 $|\lambda\boldsymbol{E}-\boldsymbol{A}|$ 称为矩阵 $\boldsymbol{A}$ 的**特征多项式**，方程 $|\lambda\boldsymbol{E}-\boldsymbol{A}|=0$ 称为 $\boldsymbol{A}$ 的**特征方程**，它的根称为 $\boldsymbol{A}$ 的**特征根**，$\boldsymbol{A}$ 的特征根即为 $\boldsymbol{A}$ 的特征值.

特征方程在复数范围内恒有解，其个数为方程的次数(重根按重数计算)，因此，$n$ 阶方阵 $\boldsymbol{A}$ 在复数范围内有 $n$ 个特征值.

若 $\boldsymbol{\xi}$ 是 $\boldsymbol{A}$ 的属于特征值 $\lambda$ 的特征向量，则 $\boldsymbol{\xi}$ 的任何一个非零倍数 $k\boldsymbol{\xi}$ $(k\neq 0)$ 也是 $\boldsymbol{A}$ 的属于特征值 $\lambda$ 的特征向量. 这是因为从式(5.1)可以推出

$$\boldsymbol{A}(k\boldsymbol{\xi}) = \lambda(k\boldsymbol{\xi}).$$

进一步，若 $\boldsymbol{\xi}_1, \boldsymbol{\xi}_2, \cdots, \boldsymbol{\xi}_s$ 为 $\boldsymbol{A}$ 的属于特征值 $\lambda$ 的特征向量，则 $\boldsymbol{\xi}_1, \boldsymbol{\xi}_2, \cdots, \boldsymbol{\xi}_s$ 的非零线性组合

$$k_1\boldsymbol{\xi}_1 + k_2\boldsymbol{\xi}_2 + \cdots + k_s\boldsymbol{\xi}_s \quad (k_1, k_2, \cdots, k_s \text{ 不同时为 } 0)$$

也是 $\boldsymbol{A}$ 的属于特征值 $\lambda$ 的特征向量.

以上说明特征向量不是被特征值所唯一决定. 相反，特征值却是被特征向量所唯一决定的，因为一个特征向量只能属于一个特征值. 事实上，若设 $\boldsymbol{\xi}$ 是 $\boldsymbol{A}$ 的属于特征值 $\lambda_1, \lambda_2$ $(\lambda_1 \neq \lambda_2)$ 的特征向量，即有

$$\boldsymbol{A\xi} = \lambda_1\boldsymbol{\xi}, \quad \boldsymbol{A\xi} = \lambda_2\boldsymbol{\xi},$$

其中 $\boldsymbol{\xi} \neq \boldsymbol{0}$，则

$$(\lambda_1 - \lambda_2)\boldsymbol{\xi} = \boldsymbol{0}.$$

由 $\lambda_1 - \lambda_2 \neq 0$，得 $\boldsymbol{\xi} = \boldsymbol{0}$，矛盾！故结论成立.

### 5.1.2 特征值与特征向量的求解方法

根据上述定义和讨论，即可得出 $n$ 阶矩阵 $\boldsymbol{A}$ 的特征值和特征向量的求法：

(1) 计算 $\boldsymbol{A}$ 的特征多项式 $|\lambda\boldsymbol{E} - \boldsymbol{A}|$，求出特征方程 $|\lambda\boldsymbol{E} - \boldsymbol{A}| = 0$ 的全部根，即 $\boldsymbol{A}$ 的全部特征值；

(2) 对每个求出的特征值 $\lambda_i$，求齐次线性方程组

$$(\lambda_i\boldsymbol{E} - \boldsymbol{A})\boldsymbol{x} = \boldsymbol{0}$$

的一个基础解系 $\boldsymbol{\xi}_1, \boldsymbol{\xi}_2, \cdots, \boldsymbol{\xi}_s$，则

$$k_1\boldsymbol{\xi}_1 + k_2\boldsymbol{\xi}_2 + \cdots + k_s\boldsymbol{\xi}_s \quad (k_1, k_2 \cdots, k_s \text{ 不同时为 } 0)$$

即是 $\boldsymbol{A}$ 的属于特征值 $\lambda_i$ 的全部特征向量.

**例 5.1** 求矩阵 $\boldsymbol{A} = \begin{pmatrix} -1 & 1 & 0 \\ -4 & 3 & 0 \\ 1 & 0 & 2 \end{pmatrix}$ 的特征值与特征向量.

**解** $\boldsymbol{A}$ 的特征多项式为

$$|\lambda\boldsymbol{E} - \boldsymbol{A}| = \begin{vmatrix} \lambda+1 & -1 & 0 \\ 4 & \lambda-3 & 0 \\ -1 & 0 & \lambda-2 \end{vmatrix} = (\lambda-2)(\lambda-1)^2,$$

所以，$\boldsymbol{A}$ 的特征值为 $\lambda_1 = 2$，$\lambda_2 = \lambda_3 = 1$.

当 $\lambda_1 = 2$ 时，解方程 $(2\boldsymbol{E} - \boldsymbol{A})\boldsymbol{x} = \boldsymbol{0}$，由

$$2\boldsymbol{E} - \boldsymbol{A} = \begin{pmatrix} 3 & -1 & 0 \\ 4 & -1 & 0 \\ -1 & 0 & 0 \end{pmatrix} \to \begin{pmatrix} 1 & 0 & 0 \\ 0 & 1 & 0 \\ 0 & 0 & 0 \end{pmatrix}$$

得同解方程组

$$\begin{cases} x_1 = 0, \\ x_2 = 0. \end{cases}$$

求得基础解系为

$$\boldsymbol{\xi}_1 = \begin{pmatrix} 0 \\ 0 \\ 1 \end{pmatrix}.$$

所以，$k_1\boldsymbol{\xi}_1 (k_1 \neq 0)$ 是 $\boldsymbol{A}$ 的属于特征值 $\lambda_1 = 2$ 的全部特征向量.

当 $\lambda_2 = \lambda_3 = 1$ 时，解方程 $(\boldsymbol{E} - \boldsymbol{A})\boldsymbol{x} = \boldsymbol{0}$，由

$$\boldsymbol{E} - \boldsymbol{A} = \begin{pmatrix} 2 & -1 & 0 \\ 4 & -2 & 0 \\ -1 & 0 & -1 \end{pmatrix} \to \begin{pmatrix} 1 & 0 & 1 \\ 0 & 1 & 2 \\ 0 & 0 & 0 \end{pmatrix}$$

得同解方程组

$$\begin{cases} x_1 = -x_3, \\ x_2 = -2x_3. \end{cases}$$

求得基础解系为

$$\boldsymbol{\xi}_2 = \begin{pmatrix} -1 \\ -2 \\ 1 \end{pmatrix}.$$

所以，$k_2\boldsymbol{\xi}_2 (k_2 \neq 0)$ 是 $\boldsymbol{A}$ 的属于特征值 $\lambda_2 = \lambda_3 = 1$ 的全部特征向量.

**例 5.2** 求矩阵 $\boldsymbol{A} = \begin{pmatrix} -2 & 1 & 1 \\ 0 & 2 & 0 \\ -4 & 1 & 3 \end{pmatrix}$ 的特征值与特征向量.

**解** $|\lambda\boldsymbol{E} - \boldsymbol{A}| = \begin{vmatrix} \lambda + 2 & -1 & -1 \\ 0 & \lambda - 2 & 0 \\ 4 & -1 & \lambda - 3 \end{vmatrix} = (\lambda + 1)(\lambda - 2)^2$,

所以,$\boldsymbol{A}$ 的特征值为 $\lambda_1=-1,\ \lambda_2=\lambda_3=2$.

当 $\lambda_1=-1$ 时,解方程 $(-\boldsymbol{E}-\boldsymbol{A})\boldsymbol{x}=\boldsymbol{0}$, 由

$$-\boldsymbol{E}-\boldsymbol{A}=\begin{pmatrix}1 & -1 & -1\\ 0 & -3 & 0\\ 4 & -1 & -4\end{pmatrix}\to\begin{pmatrix}1 & 0 & -1\\ 0 & 1 & 0\\ 0 & 0 & 0\end{pmatrix}$$

得同解方程组

$$\begin{cases}x_1=x_3,\\ x_2=0.\end{cases}$$

求得基础解系为

$$\boldsymbol{\xi}_1=\begin{pmatrix}1\\0\\1\end{pmatrix}.$$

所以,属于 $\lambda_1=-1$ 的全部特征向量为 $k_1\boldsymbol{\xi}_1(k_1\neq 0)$.

当 $\lambda_2=\lambda_3=2$ 时,解方程 $(2\boldsymbol{E}-\boldsymbol{A})\boldsymbol{x}=\boldsymbol{0}$, 由

$$2\boldsymbol{E}-\boldsymbol{A}=\begin{pmatrix}4 & -1 & -1\\ 0 & 0 & 0\\ 4 & -1 & -1\end{pmatrix}\to\begin{pmatrix}4 & -1 & -1\\ 0 & 0 & 0\\ 0 & 0 & 0\end{pmatrix}$$

得同解方程组

$$4x_1=x_2+x_3.$$

求得基础解系为

$$\boldsymbol{\xi}_2=\begin{pmatrix}0\\1\\-1\end{pmatrix},\quad \boldsymbol{\xi}_3=\begin{pmatrix}1\\0\\4\end{pmatrix}.$$

所以,属于 $\lambda_2=\lambda_3=2$ 的全部特征向量为 $k_2\boldsymbol{\xi}_2+k_3\boldsymbol{\xi}_3(k_2,\ k_3$ 不同时为 0).

### 5.1.3 特征值与特征向量的主要性质

**性质 1** $n$ 阶矩阵 $\boldsymbol{A}$ 与它的转置矩阵 $\boldsymbol{A}^{\mathrm{T}}$ 的特征值相同.

**证明** 因为

$$|\lambda\boldsymbol{E}-\boldsymbol{A}^{\mathrm{T}}|=|(\lambda\boldsymbol{E}-\boldsymbol{A})^{\mathrm{T}}|=|\lambda\boldsymbol{E}-\boldsymbol{A}|,$$

所以 $\boldsymbol{A}$ 与 $\boldsymbol{A}^{\mathrm{T}}$ 的特征多项式相同,从而它们的特征值相同.

**性质 2** 设 $n$ 阶矩阵 $\boldsymbol{A}=(a_{ij})$ 的特征值为 $\lambda_1,\lambda_2,\cdots,\lambda_n$,则有:

(1) $\lambda_1+\lambda_2+\cdots+\lambda_n=a_{11}+a_{22}+\cdots+a_{nn}$;

(2) $\lambda_1\lambda_2\cdots\lambda_n=|\boldsymbol{A}|$.

**证明** 将 $\boldsymbol{A}$ 的特征多项式

$$|\lambda\boldsymbol{E}-\boldsymbol{A}|=\begin{vmatrix}\lambda-a_{11} & -a_{12} & \cdots & -a_{1n}\\ -a_{21} & \lambda-a_{22} & \cdots & -a_{2n}\\ \vdots & \vdots & & \vdots\\ -a_{n1} & -a_{n2} & \cdots & \lambda-a_{nn}\end{vmatrix}$$

按定义展开,除了主对角线上 $n$ 个元素的乘积以外,其他各项均不含有 $\lambda^n$ 与 $\lambda^{n-1}$,而

$$(\lambda-a_{11})(\lambda-a_{22})\cdots(\lambda-a_{nn})=\lambda^n-(a_{11}+a_{22}+\cdots+a_{nn})\lambda^{n-1}+\cdots,$$

在 $|\lambda\boldsymbol{E}-\boldsymbol{A}|$ 中令 $\lambda=0$,即得特征多项式的常数项为

$$|-\boldsymbol{A}|=(-1)^n|\boldsymbol{A}|.$$

由 $n$ 次代数方程的根与系数的关系知,有

$$\lambda_1+\lambda_2+\cdots+\lambda_n=a_{11}+a_{22}+\cdots+a_{nn};$$
$$\lambda_1\lambda_2\cdots\lambda_n=|\boldsymbol{A}|.$$

即矩阵 $\boldsymbol{A}$ 的 $n$ 个特征值的和等于 $\boldsymbol{A}$ 的主对角线上 $n$ 个元素的和,$n$ 个特征值的积等于 $\boldsymbol{A}$ 的行列式 $|\boldsymbol{A}|$. ■

由性质 2 可得以下推论:

**推论** $n$ 阶矩阵 $\boldsymbol{A}$ 可逆的充分必要条件是 $\boldsymbol{A}$ 的任一特征值不为零.

**性质 3** 设 $\lambda$ 是 $n$ 阶矩阵 $\boldsymbol{A}$ 的特征值,则 $\lambda^2$ 是 $\boldsymbol{A}^2$ 的特征值;当 $\boldsymbol{A}$ 可逆时,$\frac{1}{\lambda}$ 是 $\boldsymbol{A}^{-1}$ 的特征值.

**证明** 因 $\lambda$ 是 $\boldsymbol{A}$ 的特征值,则有 $\boldsymbol{\xi}\neq\boldsymbol{0}$,使 $\boldsymbol{A\xi}=\lambda\boldsymbol{\xi}$. 于是

$$\boldsymbol{A}^2\boldsymbol{\xi}=\boldsymbol{A}(\boldsymbol{A\xi})=\boldsymbol{A}(\lambda\boldsymbol{\xi})=\lambda(\boldsymbol{A\xi})=\lambda^2\boldsymbol{\xi},$$

所以,$\lambda^2$ 是 $\boldsymbol{A}^2$ 的特征值.

当 $\boldsymbol{A}$ 可逆时,由 $\boldsymbol{A\xi}=\lambda\boldsymbol{\xi}$,有 $\boldsymbol{\xi}=\lambda\boldsymbol{A}^{-1}\boldsymbol{\xi}$,因 $\boldsymbol{\xi}\neq\boldsymbol{0}$,知 $\lambda\neq0$,故

$$\boldsymbol{A}^{-1}\boldsymbol{\xi}=\frac{1}{\lambda}\boldsymbol{\xi},$$

所以,$\frac{1}{\lambda}$ 是 $\boldsymbol{A}^{-1}$ 的特征值. ■

根据性质 3,类似可得以下推论:

**推论 1** 设 $\lambda$ 是 $n$ 阶可逆矩阵 $\boldsymbol{A}$ 的特征值,则 $\frac{|\boldsymbol{A}|}{\lambda}$ 是 $\boldsymbol{A}^*$ 的特征值.

按性质3类推，不难证明以下推论：

**推论2** 设$\lambda$是$\boldsymbol{A}$的特征值，则$\lambda^m$是$\boldsymbol{A}^m$的特征值；$\varphi(\lambda)$是$\varphi(\boldsymbol{A})$的特征值，其中$\varphi(x)$是$\lambda$的多项式，$\varphi(\boldsymbol{A})$是矩阵$\boldsymbol{A}$的多项式.

**例5.3** 设三阶矩阵$\boldsymbol{A}$的特征值为1，−1，2，求$|\boldsymbol{A}^*+3\boldsymbol{A}-2\boldsymbol{E}|$.

**解** 因$\boldsymbol{A}$的特征值都不为0，知$\boldsymbol{A}$可逆，且$|\boldsymbol{A}|=1\times(-1)\times 2=-2$，所以，$\boldsymbol{A}^*$的特征值为

$$\frac{-2}{1},\ \frac{-2}{-1},\ \frac{-2}{2},\quad 即 -2,\ 2,\ -1.$$

从而$\boldsymbol{A}^*+3\boldsymbol{A}-2\boldsymbol{E}$的特征值为−1，−3，3，于是

$$|\boldsymbol{A}^*+3\boldsymbol{A}-2\boldsymbol{E}|=(-1)\times(-3)\times 3=9.$$

**定理5.1** 设$\boldsymbol{\xi}_1$，$\boldsymbol{\xi}_2$是方阵$\boldsymbol{A}$的属于两个不同特征值$\lambda_1$，$\lambda_2$的特征向量，则$\boldsymbol{\xi}_1$，$\boldsymbol{\xi}_2$线性无关.

**证明** 设有常数$k_1$，$k_2$，使

$$k_1\boldsymbol{\xi}_1+k_2\boldsymbol{\xi}_2=\boldsymbol{0}. \tag{5.4}$$

则$\boldsymbol{A}(k_1\boldsymbol{\xi}_1+k_2\boldsymbol{\xi}_2)=\boldsymbol{0}$，即$k_1(\boldsymbol{A\xi}_1)+k_2(\boldsymbol{A\xi}_2)=\boldsymbol{0}$，或

$$\lambda_1k_1\boldsymbol{\xi}_1+\lambda_2k_2\boldsymbol{\xi}_2=\boldsymbol{0}, \tag{5.5}$$

式(5.5)$-\lambda_2\times$式(5.4)，得

$$(\lambda_1-\lambda_2)k_1\boldsymbol{\xi}_1=\boldsymbol{0}.$$

由于$\lambda_1-\lambda_2\neq 0$，$\boldsymbol{\xi}_1\neq\boldsymbol{0}$，从而$k_1=0$.

同理可得$k_2=0$，故$\boldsymbol{\xi}_1$，$\boldsymbol{\xi}_2$是线性无关的. ■

仿此证法，用数学归纳法可证得下面定理5.2：

**定理5.2** 设$\boldsymbol{\xi}_1$，$\boldsymbol{\xi}_2$，…，$\boldsymbol{\xi}_m$是$n$阶矩阵$\boldsymbol{A}$的属于互不相同的特征值$\lambda_1$，$\lambda_2$，…，$\lambda_m$的特征向量，则$\boldsymbol{\xi}_1$，$\boldsymbol{\xi}_2$，…，$\boldsymbol{\xi}_m$线性无关.

定理5.2说明，属于矩阵不同特征值的特征向量是线性无关的. 另外，定理5.2还可以进一步推广为定理5.3：

**定理5.3** 设$\lambda_1$，$\lambda_2$，…，$\lambda_m$是$n$阶矩阵$\boldsymbol{A}$的互不相同特征值，而$\boldsymbol{\xi}_{i1}$，$\boldsymbol{\xi}_{i2}$，…，$\boldsymbol{\xi}_{ik_i}$是$\boldsymbol{A}$的属于特征值$\lambda_i(i=1,2,\cdots,m)$的线性无关的特征向量，则向量组$\boldsymbol{\xi}_{11}$，$\boldsymbol{\xi}_{12}$，…，$\boldsymbol{\xi}_{1k_1}$，$\boldsymbol{\xi}_{21}$，$\boldsymbol{\xi}_{22}$，…，$\boldsymbol{\xi}_{2k_2}$，…，$\boldsymbol{\xi}_{m1}$，$\boldsymbol{\xi}_{m2}$，…，$\boldsymbol{\xi}_{mk_m}$也线性无关.

这个定理说明，对于一个矩阵，求出属于每个互不相同特征值的线性无关的特征向量，把它们合在一起还是线性无关的.

**证明** 设$a_{11}\boldsymbol{\xi}_{11}+\cdots+a_{1k_1}\boldsymbol{\xi}_{1k_1}+a_{21}\boldsymbol{\xi}_{21}+\cdots+a_{2k_2}\boldsymbol{\xi}_{2k_2}+\cdots+a_{m1}\boldsymbol{\xi}_{m1}+\cdots+$

$a_{mk_m}\xi_{mk_m}=\mathbf{0}$,记 $\eta_i=a_{i1}\xi_{i1}+a_{i2}\xi_{i2}+\cdots+a_{ik_i}\xi_{ik_i}$, $i=1, 2, \cdots, m$, 则

$$\boldsymbol{\eta}_1+\boldsymbol{\eta}_2+\cdots+\boldsymbol{\eta}_m=\mathbf{0},$$

这说明 $\boldsymbol{\eta}_1, \boldsymbol{\eta}_2, \cdots, \boldsymbol{\eta}_m$ 线性相关.

假若有某个 $\boldsymbol{\eta}_i\neq\mathbf{0}$,则 $\boldsymbol{\eta}_i$ 是 $\boldsymbol{A}$ 的属于特征值 $\lambda_i$ 的特征向量. 而 $\lambda_1, \lambda_2, \cdots, \lambda_m$ 是互不相同的,由定理 5.2 知 $\boldsymbol{\eta}_1, \boldsymbol{\eta}_2, \cdots, \boldsymbol{\eta}_m$ 必线性无关,矛盾!所以,所有的 $\boldsymbol{\eta}_i=\mathbf{0}$, $i=1, 2, \cdots, m$, 即

$$a_{i1}\boldsymbol{\xi}_{i1}+a_{i2}\boldsymbol{\xi}_{i2}+\cdots+a_{ik_i}\boldsymbol{\xi}_{ik_i}=\mathbf{0}.$$

而 $\boldsymbol{\xi}_{i1}, \boldsymbol{\xi}_{i2}, \cdots, \boldsymbol{\xi}_{ik_i}$ 线性无关,从而有

$$a_{i1}=a_{i2}=\cdots=a_{ik_i}=0,\ i=1, 2, \cdots, m.$$

故向量组 $\boldsymbol{\xi}_{11}, \boldsymbol{\xi}_{12}, \cdots, \boldsymbol{\xi}_{1k_1}, \boldsymbol{\xi}_{21}, \boldsymbol{\xi}_{22}, \cdots, \boldsymbol{\xi}_{2k_2}, \cdots, \boldsymbol{\xi}_{m1}, \boldsymbol{\xi}_{m2}, \cdots, \boldsymbol{\xi}_{mk_m}$ 线性无关.

**例 5.4** 设 $\lambda_1, \lambda_2$ 是方阵 $\boldsymbol{A}$ 的两个不同的特征值,$\boldsymbol{\xi}_1, \boldsymbol{\xi}_2$ 是 $\boldsymbol{A}$ 的分别属于 $\lambda_1, \lambda_2$ 的特征向量,证明 $\boldsymbol{\xi}_1+\boldsymbol{\xi}_2$ 不是 $\boldsymbol{A}$ 的特征向量.

**证明** 按题设有 $\boldsymbol{A}\boldsymbol{\xi}_1=\lambda_1\boldsymbol{\xi}_1$, $\boldsymbol{A}\boldsymbol{\xi}_2=\lambda_2\boldsymbol{\xi}_2$, 故

$$\boldsymbol{A}(\boldsymbol{\xi}_1+\boldsymbol{\xi}_2)=\lambda_1\boldsymbol{\xi}_1+\lambda_2\boldsymbol{\xi}_2.$$

用反证法,假设 $\boldsymbol{\xi}_1+\boldsymbol{\xi}_2$ 是 $\boldsymbol{A}$ 的特征向量,则有数 $\lambda$, 使

$$\boldsymbol{A}(\boldsymbol{\xi}_1+\boldsymbol{\xi}_2)=\lambda(\boldsymbol{\xi}_1+\boldsymbol{\xi}_2).$$

于是

$$\lambda(\boldsymbol{\xi}_1+\boldsymbol{\xi}_2)=\lambda_1\boldsymbol{\xi}_1+\lambda_2\boldsymbol{\xi}_2,$$

即 $(\lambda-\lambda_1)\boldsymbol{\xi}_1+(\lambda-\lambda_2)\boldsymbol{\xi}_2=\mathbf{0}$.

按定理 5.1, $\boldsymbol{\xi}_1, \boldsymbol{\xi}_2$ 线性无关, 故由上式得 $\lambda-\lambda_1=\lambda-\lambda_2=0$,即 $\lambda_1=\lambda_2$,这与题设 $\lambda_1\neq\lambda_2$ 矛盾. 因此,$\boldsymbol{\xi}_1+\boldsymbol{\xi}_2$ 不是 $\boldsymbol{A}$ 的特征向量.

## 习 题 5.1

1. 求下列矩阵的特征值和特征向量:

(1) $\begin{pmatrix}-2&0&0\\2&0&2\\3&1&1\end{pmatrix}$; (2) $\begin{pmatrix}3&2&-1\\-2&-2&2\\3&6&-1\end{pmatrix}$; (3) $\begin{pmatrix}0&0&1\\0&1&0\\1&0&0\end{pmatrix}$;

(4) $\begin{pmatrix}1&2&2\\2&1&2\\2&2&1\end{pmatrix}$; (5) $\begin{pmatrix}1&-2&-4\\-2&4&-2\\-4&-2&1\end{pmatrix}$; (6) $\begin{pmatrix}1&1&1&1\\1&1&-1&-1\\1&-1&1&-1\\1&-1&-1&1\end{pmatrix}$.

2. 证明下列各题：

(1) 设 $\boldsymbol{A}$ 是幂等矩阵(即满足 $\boldsymbol{A}^2=\boldsymbol{A}$)，则 $\boldsymbol{A}$ 的特征值只能取 0 或 1；

(2) 设 $\boldsymbol{A}$ 是正交矩阵，则 $\boldsymbol{A}$ 的实特征值的绝对值为 1.

3. 设三阶矩阵 $\boldsymbol{A}$ 的特征值为 $-1$，0，2，求 $|\boldsymbol{A}^2-\boldsymbol{A}+\boldsymbol{E}|$.

4. 设三阶矩阵 $\boldsymbol{A}$ 的特征值为 1，2，$-3$，求 $|\boldsymbol{A}^*+3\boldsymbol{A}+2\boldsymbol{E}|$.

# §5.2 相似矩阵

如果一个矩阵 $\boldsymbol{A}$ 能与另一个较简单的矩阵 $\boldsymbol{B}$ 建立某种关系，同时，它们又有很多共同的性质，那么就可以通过研究这个较简单矩阵 $\boldsymbol{B}$ 的性质来获得矩阵 $\boldsymbol{A}$ 的性质.

本节的主要目的是利用特征值与特征向量的理论讨论矩阵的相似关系，讨论矩阵的对角化问题.

## 5.2.1 相似矩阵

**定义 5.3** 设 $\boldsymbol{A}$，$\boldsymbol{B}$ 是 $n$ 阶矩阵，若存在 $n$ 阶可逆矩阵 $\boldsymbol{P}$，使得

$$\boldsymbol{P}^{-1}\boldsymbol{AP}=\boldsymbol{B},$$

则称 $\boldsymbol{A}$ 与 $\boldsymbol{B}$ **相似**. 对 $\boldsymbol{A}$ 进行运算 $\boldsymbol{P}^{-1}\boldsymbol{AP}$ 称为对 $\boldsymbol{A}$ 进行**相似变换**，可逆矩阵 $\boldsymbol{P}$ 称为把 $\boldsymbol{A}$ 变成 $\boldsymbol{B}$ 的**相似变换矩阵**.

显然，若 $\boldsymbol{A}$ 与 $\boldsymbol{B}$ 相似，则 $\boldsymbol{B}$ 也与 $\boldsymbol{A}$ 相似. 所以常说 $\boldsymbol{A}$，$\boldsymbol{B}$ 相似，也就是指对 $\boldsymbol{A}$，$\boldsymbol{B}$ 中的任一个矩阵总可以找到可逆矩阵 $\boldsymbol{P}$，通过相似变换化为另一个矩阵.

另外，容易得到，若 $\boldsymbol{A}$ 与 $\boldsymbol{B}$ 相似，$\boldsymbol{B}$ 与 $\boldsymbol{C}$ 相似，则 $\boldsymbol{A}$ 与 $\boldsymbol{C}$ 也相似.

利用定义 5.3，可以证明相似矩阵具有以下基本性质：

(1) 相似矩阵的转置矩阵也相似；

(2) 相似矩阵的幂也相似；

(3) 相似矩阵的多项式也相似；

(4) 相似矩阵的秩相等；

(5) 相似矩阵的行列式相等；

(6) 相似矩阵具有相同的可逆性，当它们都可逆时，它们的逆矩阵也相似.

一般来说，不同的矩阵具有不同的特征多项式(或者说具有不同的特征值). 但对于相似的矩阵，有以下定理：

**定理 5.4** 设 $n$ 阶矩阵 $\boldsymbol{A}$，$\boldsymbol{B}$ 相似，则 $\boldsymbol{A}$ 与 $\boldsymbol{B}$ 的特征多项式相同，从而 $\boldsymbol{A}$ 与 $\boldsymbol{B}$ 的特征值相同.

**证明** 因 $\boldsymbol{A}$，$\boldsymbol{B}$ 相似，故有可逆矩阵 $\boldsymbol{P}$，使 $\boldsymbol{P}^{-1}\boldsymbol{AP}=\boldsymbol{B}$. 从而

$$\begin{aligned}|\lambda\boldsymbol{E}-\boldsymbol{B}|&=|\boldsymbol{P}^{-1}(\lambda\boldsymbol{E})\boldsymbol{P}-\boldsymbol{P}^{-1}\boldsymbol{AP}|=|\boldsymbol{P}^{-1}(\lambda\boldsymbol{E}-\boldsymbol{A})\boldsymbol{P}|\\&=|\boldsymbol{P}^{-1}||\lambda\boldsymbol{E}-\boldsymbol{A}||\boldsymbol{P}|=|\lambda\boldsymbol{E}-\boldsymbol{A}|.\end{aligned}$$

即 $\boldsymbol{A}$ 与 $\boldsymbol{B}$ 的特征多项式相同,从而 $\boldsymbol{A}$ 与 $\boldsymbol{B}$ 的特征值相同. ■

对角矩阵是矩阵中的最简单的一种,它的特征值就是其主对角线上的元素. 由此,根据定理 5.4 可得以下推论:

**推论** 设 $n$ 阶矩阵 $\boldsymbol{A}$ 与对角矩阵

$$\boldsymbol{\Lambda}=\begin{pmatrix}\lambda_1 & & & \\ & \lambda_2 & & \\ & & \ddots & \\ & & & \lambda_n\end{pmatrix}$$

相似,则 $\lambda_1, \lambda_2, \cdots, \lambda_n$ 即是 $\boldsymbol{A}$ 的 $n$ 个特征值.

若矩阵 $\boldsymbol{A}$ 与对角矩阵 $\boldsymbol{\Lambda}$ 相似,即有可逆矩阵 $\boldsymbol{P}$,使 $\boldsymbol{P}^{-1}\boldsymbol{A}\boldsymbol{P}=\boldsymbol{\Lambda}$ 或 $\boldsymbol{A}=\boldsymbol{P}\boldsymbol{\Lambda}\boldsymbol{P}^{-1}$,则

$$\boldsymbol{A}^m=\boldsymbol{P}\boldsymbol{\Lambda}^m\boldsymbol{P}^{-1},\quad \varphi(\boldsymbol{A})=\boldsymbol{P}\varphi(\boldsymbol{\Lambda})\boldsymbol{P}^{-1},$$

其中,$m$ 为正整数,$\varphi(\boldsymbol{A})$是 $\boldsymbol{A}$ 的多项式.

而对于对角矩阵 $\boldsymbol{\Lambda}$,有

$$\boldsymbol{\Lambda}^m=\begin{pmatrix}\lambda_1^m & & & \\ & \lambda_2^m & & \\ & & \ddots & \\ & & & \lambda_k^m\end{pmatrix},\quad \varphi(\boldsymbol{\Lambda})=\begin{pmatrix}\varphi(\lambda_1) & & & \\ & \varphi(\lambda_2) & & \\ & & \ddots & \\ & & & \varphi(\lambda_k)\end{pmatrix},$$

由此可方便地计算 $\boldsymbol{A}^m$ 及 $\boldsymbol{A}$ 的多项式 $\varphi(\boldsymbol{A})$.

$n$ 阶矩阵 $\boldsymbol{A}$, $\boldsymbol{B}$ 相似,是反映这两个矩阵之间的一种重要关系. 由于相似的矩阵的特征值相同,而对角矩阵是矩阵中最简单的一种,它们的特征值就是其主对角线上的元素,所以研究矩阵的特征值、行列式或秩等,均可转化为研究它们的相似对角形矩阵. 那么,矩阵与对角矩阵相似的条件是什么? 这是接下来要讨论的问题.

## 5.2.2 矩阵的相似对角化

**定义 5.4** 若 $n$ 阶矩阵 $\boldsymbol{A}$ 与对角矩阵 $\boldsymbol{\Lambda}$ 相似,则称 $\boldsymbol{A}$ 是**可相似对角化**的,简称 $\boldsymbol{A}$ **可对角化**,并称 $\boldsymbol{\Lambda}$ 是 $\boldsymbol{A}$ 的**相似标准形**.

下面要讨论的问题是:对 $n$ 阶矩阵 $\boldsymbol{A}$,寻求相似变换矩阵 $\boldsymbol{P}$,使 $\boldsymbol{P}^{-1}\boldsymbol{A}\boldsymbol{P}$ 为对角矩阵.

事实上,有以下定理:

**定理 5.5** $n$ 阶矩阵 $\boldsymbol{A}$ 可对角化的充分必要条件为 $\boldsymbol{A}$ 有 $n$ 个线性无关的特征向量.

**证明** 若 $n$ 阶矩阵 $\boldsymbol{A}$ 与对角矩阵 $\boldsymbol{\Lambda}$ 相似,则存在可逆矩阵 $\boldsymbol{P}$,使

$$P^{-1}AP = \Lambda = \begin{pmatrix} \lambda_1 & & & \\ & \lambda_2 & & \\ & & \ddots & \\ & & & \lambda_n \end{pmatrix}.$$

把 $P$ 用其列向量表示为

$$P = (\xi_1, \xi_2, \cdots, \xi_n),$$

因为 $P$ 可逆，所以 $\xi_i (i=1, 2, \cdots, n)$ 都是非零向量，并且 $\xi_1, \xi_2, \cdots, \xi_n$ 线性无关.

由 $P^{-1}AP=\Lambda$，得 $AP=P\Lambda$，即

$$A(\xi_1, \xi_2, \cdots, \xi_n) = (\xi_1, \xi_2, \cdots, \xi_n)\begin{pmatrix} \lambda_1 & & & \\ & \lambda_2 & & \\ & & \ddots & \\ & & & \lambda_n \end{pmatrix}$$

$$= (\lambda_1\xi_1, \lambda_2\xi_2, \cdots, \lambda_n\xi_n),$$

于是有

$$A\xi_i = \lambda_i\xi_i \quad (i=1, 2, \cdots, n).$$

可见 $\lambda_i$ 是 $A$ 的特征值，而 $P$ 的列向量 $\xi_i$ 就是 $A$ 的属于特征值 $\lambda_i$ 的特征向量 $(i=1, 2, \cdots, n)$，即 $\xi_1, \xi_2, \cdots, \xi_n$ 是 $A$ 的 $n$ 个线性无关的特征向量.

反过来，设 $\xi_1, \xi_2, \cdots, \xi_n$ 是 $A$ 的 $n$ 个线性无关的特征向量，它们依次属于特征值 $\lambda_1, \lambda_2, \cdots, \lambda_n$，则有

$$A\xi_i = \lambda_i\xi_i \quad (i=1, 2, \cdots, n).$$

令 $P=(\xi_1, \xi_2, \cdots, \xi_n)$，因为 $\xi_1, \xi_2, \cdots, \xi_n$ 线性无关，所以 $P$ 可逆.

于是有

$$AP = A(\xi_1, \xi_2, \cdots, \xi_n) = (\lambda_1\xi_1, \lambda_2\xi_2, \cdots, \lambda_n\xi_n)$$

$$= (\xi_1, \xi_2, \cdots, \xi_n)\begin{pmatrix} \lambda_1 & & & \\ & \lambda_2 & & \\ & & \ddots & \\ & & & \lambda_n \end{pmatrix} = P\Lambda.$$

从而得

$$P^{-1}AP = \Lambda,$$

即矩阵 $A$ 与对角矩阵 $\Lambda$ 相似. ■

由于属于 $n$ 阶矩阵 $A$ 的不同特征值的特征向量线性无关，因此，若 $A$ 的 $n$ 个特征值互不相同，则 $A$ 可对角化. 即有如下推论：

**推论** 若 $n$ 阶矩阵 $\boldsymbol{A}$ 的 $n$ 个特征值互不相同，则 $\boldsymbol{A}$ 可对角化.

需要指出的是，定理 5.5 的证明过程实际上已经给出了把矩阵对角化的方法，回过头来对例 5.1 和例 5.2 中的矩阵进行说明.

在例 5.1 中，三阶矩阵

$$\boldsymbol{A}=\begin{pmatrix}-1&1&0\\-4&3&0\\1&0&2\end{pmatrix}$$

有特征值：$\lambda_1=2$，$\lambda_2=\lambda_3=1$，其中，$\lambda_2=\lambda_3=1$ 是 $\boldsymbol{A}$ 的二重特征值. 对于 $\boldsymbol{A}$，找不到三个线性无关的特征向量，所以 $\boldsymbol{A}$ 不可对角化.

而在例 5.2 中，三阶矩阵

$$\boldsymbol{A}=\begin{pmatrix}-2&1&1\\0&2&0\\-4&1&3\end{pmatrix}$$

有特征值：$\lambda_1=-1$，$\lambda_2=\lambda_3=2$，其中，$\lambda_2=\lambda_3=2$ 是 $\boldsymbol{A}$ 的二重特征值. 对于 $\boldsymbol{A}$，找到三个线性无关的特征向量

$$\boldsymbol{\xi}_1=\begin{pmatrix}1\\0\\1\end{pmatrix},\quad \boldsymbol{\xi}_2=\begin{pmatrix}0\\1\\-1\end{pmatrix},\quad \boldsymbol{\xi}_3=\begin{pmatrix}1\\0\\4\end{pmatrix},$$

所以 $\boldsymbol{A}$ 可对角化，且有

$$\boldsymbol{P}^{-1}\boldsymbol{A}\boldsymbol{P}=\begin{pmatrix}-1&&\\&2&\\&&2\end{pmatrix},$$

其中

$$\boldsymbol{P}=(\boldsymbol{\xi}_1,\boldsymbol{\xi}_2,\boldsymbol{\xi}_3)=\begin{pmatrix}1&0&1\\0&1&0\\1&-1&4\end{pmatrix}.$$

例 5.1 和例 5.2 中的三阶矩阵都有重特征值，但例 5.1 中的矩阵不可对角化，而例 5.2 中的矩阵可对角化，这是因为前者没有三个线性无关的特征向量，后者有三个线性无关的特征向量.

一个 $n$ 阶矩阵，若它有重特征值，则它应具备什么条件才有 $n$ 个线性无关的特征向量呢？对此不作一般性的讨论，我们给出下面的一个结论.

**定理 5.6** $n$ 阶矩阵 $\boldsymbol{A}$ 可对角化的充分必要条件是属于 $\boldsymbol{A}$ 的每个特征值的线性无关的特征向量的个数恰好等于该特征值的重数，即对 $\boldsymbol{A}$ 的每个 $k_i$ 重特征值

$\lambda_i$,矩阵 $\lambda_i \boldsymbol{E}-\boldsymbol{A}$ 的秩等于 $n-k_i$.

定理 5.6 的证明从略,读者可以用例 5.1 和例 5.2 中的矩阵对定理 5.6 的正确性进行验证.

**例 5.5** 设
$$\boldsymbol{A}=\begin{pmatrix}0&0&1\\1&1&a\\1&0&0\end{pmatrix},$$
问 $a$ 为何值时,矩阵 $\boldsymbol{A}$ 可对角化?

**解**
$$|\lambda \boldsymbol{E}-\boldsymbol{A}|=\begin{vmatrix}\lambda&0&-1\\-1&\lambda-1&-a\\-1&0&\lambda\end{vmatrix}=(\lambda+1)(\lambda-1)^2,$$
得 $\boldsymbol{A}$ 的特征值:$\lambda_1=-1,\ \lambda_2=\lambda_3=1$.

对应单根 $\lambda_1=-1$,解方程 $(-\boldsymbol{E}-\boldsymbol{A})\boldsymbol{x}=\boldsymbol{0}$ 可求得恰有一个线性无关的特征向量,故矩阵 $\boldsymbol{A}$ 可对角化的充分必要条件是对应重根 $\lambda_2=\lambda_3=1$,有两个线性无关的特征向量,即方程 $(\boldsymbol{E}-\boldsymbol{A})\boldsymbol{x}=\boldsymbol{0}$ 的系数矩阵 $\boldsymbol{E}-\boldsymbol{A}$ 的秩 $R(\boldsymbol{E}-\boldsymbol{A})=3-2=1$.

由
$$\boldsymbol{E}-\boldsymbol{A}=\begin{pmatrix}1&0&-1\\-1&0&-a\\-1&0&1\end{pmatrix}\to\begin{pmatrix}1&0&-1\\0&0&-a-1\\0&0&0\end{pmatrix},$$
要 $R(\boldsymbol{E}-\boldsymbol{A})=1$,得 $-a-1=0$,即 $a=-1$.

因此,当 $a=-1$ 时,矩阵 $\boldsymbol{A}$ 可对角化.

从以上的讨论知道,并非每一个矩阵都可对角化,那么如何判断 $n$ 阶矩阵 $\boldsymbol{A}$ 是否可对角化?可以采用如下具体步骤:

(1) 求出 $\boldsymbol{A}$ 的全部特征值.设所有互不相等的特征值为 $\lambda_1,\lambda_2,\cdots,\lambda_m$,其相应的重数分别为 $k_1,k_2,\cdots,k_m(k_1+k_2+\cdots+k_m=n)$.

(2) 对每个特征值 $\lambda_i$,解齐次线性方程组
$$(\lambda_i\boldsymbol{E}-\boldsymbol{A})\boldsymbol{X}=\boldsymbol{0},$$
可得属于特征值 $\lambda_i$ 的线性无关特征向量,设为 $\boldsymbol{\xi}_{i1},\boldsymbol{\xi}_{i2},\cdots,\boldsymbol{\xi}_{is_i}(i=1,2,\cdots,m)$.

(3) 若 $s_1+s_2+\cdots+s_m=n$,则 $\boldsymbol{A}$ 可对角化,否则 $\boldsymbol{A}$ 不可对角化.

(4) 当 $\boldsymbol{A}$ 可对角化时,把 $n$ 个线性无关的特征向量当作矩阵 $\boldsymbol{P}$ 的列向量,即令
$$\boldsymbol{P}=(\boldsymbol{\xi}_{11},\boldsymbol{\xi}_{12},\cdots,\boldsymbol{\xi}_{1s_1},\boldsymbol{\xi}_{21},\boldsymbol{\xi}_{22},\cdots,\boldsymbol{\xi}_{2s_2},\cdots,\boldsymbol{\xi}_{m1},\boldsymbol{\xi}_{m2},\cdots,\boldsymbol{\xi}_{ms_m}),$$
则
$$\boldsymbol{P}^{-1}\boldsymbol{A}\boldsymbol{P}=\mathrm{diag}(\lambda_1,\cdots,\lambda_1,\lambda_2,\cdots,\lambda_2,\cdots,\lambda_m,\cdots,\lambda_m)$$

成为对角矩阵，其主对角线上的元素恰好是 $\boldsymbol{A}$ 的所有互不相等的特征值，并且 $\boldsymbol{P}$ 的列向量顺序与对角元素顺序对应.

**例 5.6** 判断矩阵

$$\boldsymbol{A}=\begin{pmatrix}1&-2&2\\-2&-2&4\\2&4&-2\end{pmatrix}$$

可否对角化，若能的话，将它对角化.

**解** 由

$$|\lambda\boldsymbol{E}-\boldsymbol{A}|=\begin{vmatrix}\lambda-1&2&-2\\2&\lambda+2&-4\\-2&-4&\lambda+2\end{vmatrix}\xlongequal{r_3+r_2}\begin{vmatrix}\lambda-1&2&-2\\2&\lambda+2&-4\\0&\lambda-2&\lambda-2\end{vmatrix}$$

$$\xlongequal{c_2-c_3}\begin{vmatrix}\lambda-1&4&-2\\2&\lambda+6&-4\\0&0&\lambda-2\end{vmatrix}=(\lambda-2)^2(\lambda+7),$$

求得 $\boldsymbol{A}$ 的特征值为 $\lambda_1=-7$, $\lambda_2=2$(二重).

当 $\lambda_1=-7$ 时，解方程 $(-7\boldsymbol{E}-\boldsymbol{A})\boldsymbol{x}=\boldsymbol{0}$ 可得一个线性无关特征向量(基础解系)为

$$\boldsymbol{\xi}_1=\begin{pmatrix}-1\\-2\\2\end{pmatrix}.$$

当 $\lambda_2=2$(二重)时，解方程 $(2\boldsymbol{E}-\boldsymbol{A})\boldsymbol{x}=\boldsymbol{0}$，可得两个线性无关特征向量(基础解系)为

$$\boldsymbol{\xi}_2=\begin{pmatrix}2\\0\\1\end{pmatrix},\quad \boldsymbol{\xi}_3=\begin{pmatrix}0\\1\\1\end{pmatrix}.$$

由于 $\boldsymbol{\xi}_1$, $\boldsymbol{\xi}_2$, $\boldsymbol{\xi}_3$ 线性无关，即 $\boldsymbol{A}$ 有三个线性无关的特征向量，所以，$\boldsymbol{A}$ 可对角化.

令
$$\boldsymbol{P}=(\boldsymbol{\xi}_1,\boldsymbol{\xi}_2,\boldsymbol{\xi}_3)=\begin{pmatrix}-1&2&0\\-2&0&1\\2&1&1\end{pmatrix},$$

则
$$\boldsymbol{P}^{-1}\boldsymbol{A}\boldsymbol{P}=\begin{pmatrix}-7&&\\&2&\\&&2\end{pmatrix}.$$

## 习 题 5.2

1. 设 $\boldsymbol{A}, \boldsymbol{B}$ 是 $n$ 阶矩阵，且 $\boldsymbol{A}$ 可逆，证明：$\boldsymbol{AB}$ 与 $\boldsymbol{BA}$ 相似.

2. 设 $f(\lambda)$ 是 $n$ 阶矩阵 $\boldsymbol{A}$ 的特征多项式，证明：若 $\boldsymbol{A}$ 与对角矩阵相似，则 $f(\boldsymbol{A}) = \boldsymbol{O}$.

3. 设矩阵 $\boldsymbol{A} = \begin{pmatrix} -2 & 0 & 0 \\ 2 & a & 2 \\ 3 & 1 & 1 \end{pmatrix}$ 与 $\boldsymbol{\Lambda} = \begin{pmatrix} -1 & 0 & 0 \\ 0 & 2 & 0 \\ 0 & 0 & b \end{pmatrix}$ 相似，求 $a$, $b$；并求一个可逆矩阵 $\boldsymbol{P}$，使 $\boldsymbol{P}^{-1}\boldsymbol{AP} = \boldsymbol{\Lambda}$.

4. 设 $\boldsymbol{A} = \begin{pmatrix} 2 & 0 & 1 \\ 3 & 1 & a \\ 4 & 0 & 5 \end{pmatrix}$，问 $a$ 为何值时，矩阵 $\boldsymbol{A}$ 可对角化?

5. 设矩阵 $\boldsymbol{A} = \begin{pmatrix} 1 & 2 & -3 \\ -1 & 4 & -3 \\ 1 & a & 5 \end{pmatrix}$ 的特征方程有一个二重根，求 $a$ 的值，并讨论 $\boldsymbol{A}$ 是否可对角化.

6. 已知 $\boldsymbol{A}$ 是 $n$ 阶矩阵，设存在正整数 $k$，使 $\boldsymbol{A}^k = \boldsymbol{O}$（称这样的矩阵为幂零矩阵）. 证明：

(1) $|\boldsymbol{A}+\boldsymbol{E}| = 1$；

(2) $\boldsymbol{A}$ 可对角化的充分必要条件是 $\boldsymbol{A} = \boldsymbol{O}$.

7. 设 $\boldsymbol{A} = \begin{pmatrix} 1 & 2 & 0 \\ 0 & 2 & 0 \\ -2 & -1 & -1 \end{pmatrix}$，求 $\boldsymbol{A}^{100}$.

8. 在某国，每年有比例为 $p$ 的农村居民移居城镇，有比例为 $q$ 的城镇居民移居农村. 假设该国总人数不变，且上述人口迁移的规律也不变. 把 $n$ 年后农村人口和城镇人口占总人数的比例依次记为 $x_n$ 和 $y_n$（$x_n + y_n = 1$）.

(1) 求 $\begin{pmatrix} x_{n+1} \\ y_{n+1} \end{pmatrix}$ 与 $\begin{pmatrix} x_n \\ y_n \end{pmatrix}$ 的关系式并写成矩阵形式：$\begin{pmatrix} x_{n+1} \\ y_{n+1} \end{pmatrix} = \boldsymbol{A}\begin{pmatrix} x_n \\ y_n \end{pmatrix}$；

(2) 设目前农村人口与城镇人口相等，即 $\begin{pmatrix} x_0 \\ y_0 \end{pmatrix} = \begin{pmatrix} \frac{1}{2} \\ \frac{1}{2} \end{pmatrix}$，求 $\begin{pmatrix} x_n \\ y_n \end{pmatrix}$.

## §5.3 实对称矩阵的对角化

在 5.2 节，讨论了一般矩阵的对角化问题. 已经知道，并不是任何矩阵都可以对角化，但是有一类矩阵一定可以对角化，这就是实对称矩阵.

实对称矩阵是一类十分重要的矩阵，它们具有许多一般矩阵所没有的特殊性质. 本节专门讨论实对称矩阵的对角化问题.

### 5.3.1 实对称矩阵的性质

实对称矩阵具有以下特殊性质：

**性质 1** 实对称矩阵的特征值都是实数.

**证明** 设复数 $\lambda$ 是实对称矩阵 $\boldsymbol{A}$ 的特征值，复向量 $\boldsymbol{\xi}$ 是 $\boldsymbol{A}$ 的属于特征值 $\lambda$ 的特征向量，并记 $\boldsymbol{\xi}=\begin{pmatrix}x_1\\x_2\\\vdots\\x_n\end{pmatrix}$，则有

$$\boldsymbol{A\xi}=\lambda\boldsymbol{\xi}，其中\ \boldsymbol{\xi}\neq 0.$$

上式两边取共轭，得

$$\boldsymbol{A}\overline{\boldsymbol{\xi}}=\overline{\boldsymbol{A}}\,\overline{\boldsymbol{\xi}}=\overline{\boldsymbol{A\xi}}=\overline{\lambda\boldsymbol{\xi}}=\overline{\lambda}\,\overline{\boldsymbol{\xi}},$$

上式左右两边再取转置，因为 $\boldsymbol{A}^{\mathrm{T}}=\boldsymbol{A}$，得

$$\overline{\boldsymbol{\xi}}^{\mathrm{T}}\boldsymbol{A}=\overline{\lambda}\,\overline{\boldsymbol{\xi}}^{\mathrm{T}},$$

于是有

$$\overline{\boldsymbol{\xi}}^{\mathrm{T}}\boldsymbol{A\xi}=\overline{\lambda}\,\overline{\boldsymbol{\xi}}^{\mathrm{T}}\boldsymbol{\xi},$$

即
$$\lambda\,\overline{\boldsymbol{\xi}}^{\mathrm{T}}\boldsymbol{\xi}=\overline{\lambda}\,\overline{\boldsymbol{\xi}}^{\mathrm{T}}\boldsymbol{\xi},$$

从而
$$(\lambda-\overline{\lambda})\,\overline{\boldsymbol{\xi}}^{\mathrm{T}}\boldsymbol{\xi}=0.$$

但因 $\boldsymbol{\xi}\neq 0$，所以

$$\overline{\boldsymbol{\xi}}^{\mathrm{T}}\boldsymbol{\xi}=\sum_{i=1}^{n}\overline{x}_i x_i=\sum_{i=1}^{n}|x_i|^2\neq 0,$$

故 $\lambda-\overline{\lambda}=0$，即 $\lambda=\overline{\lambda}$，这说明 $\lambda$ 是实数. ■

显然，对实对称矩阵 $\boldsymbol{A}$，因其特征值 $\lambda_i$ 是实数，故齐次线性方程组

$$(\lambda_i\boldsymbol{E}-\boldsymbol{A})\boldsymbol{x}=\boldsymbol{0}$$

是实系数方程组，它有实的基础解系，所以，$\boldsymbol{A}$ 属于特征值 $\lambda_i$ 的特征向量可以取为实向量.

**性质 2** 属于实对称矩阵的不同特征值的特征向量是正交的.

**证明** 设 $\boldsymbol{\xi}_1$，$\boldsymbol{\xi}_2$ 是实对称矩阵 $\boldsymbol{A}$ 的属于两个不同特征值 $\lambda_1$，$\lambda_2$ 的特征向量，则有

$$\boldsymbol{A\xi}_1=\lambda_1\boldsymbol{\xi}_1，\boldsymbol{A\xi}_2=\lambda_2\boldsymbol{\xi}_2，其中\ \lambda_1\neq\lambda_2.$$

因为 $\boldsymbol{A}^{\mathrm{T}}=\boldsymbol{A}$，所以有

$$\begin{aligned}\lambda_1\boldsymbol{\xi}_1^{\mathrm{T}}\boldsymbol{\xi}_2&=(\lambda_1\boldsymbol{\xi}_1)^{\mathrm{T}}\boldsymbol{\xi}_2=(\boldsymbol{A}\boldsymbol{\xi}_1)^{\mathrm{T}}\boldsymbol{\xi}_2=\boldsymbol{\xi}_1^{\mathrm{T}}\boldsymbol{A}^{\mathrm{T}}\boldsymbol{\xi}_2\\&=\boldsymbol{\xi}_1^{\mathrm{T}}(\boldsymbol{A}\boldsymbol{\xi}_2)=\boldsymbol{\xi}_1^{\mathrm{T}}(\lambda_2\boldsymbol{\xi}_2)=\lambda_2\boldsymbol{\xi}_1^{\mathrm{T}}\boldsymbol{\xi}_2,\end{aligned}$$

即

$$(\lambda_1-\lambda_2)\boldsymbol{\xi}_1^{\mathrm{T}}\boldsymbol{\xi}_2=0.$$

但 $\lambda_1\neq\lambda_2$，故得

$$\boldsymbol{\xi}_1^{\mathrm{T}}\boldsymbol{\xi}_2=[\boldsymbol{\xi}_1,\boldsymbol{\xi}_2]=0,$$

即向量 $\boldsymbol{\xi}_1$ 与向量 $\boldsymbol{\xi}_2$ 正交.

**定理 5.7** 设 $\lambda$ 是 $n$ 阶实对称矩阵 $\boldsymbol{A}$ 的 $k$ 重特征值，则矩阵 $\lambda\boldsymbol{E}-\boldsymbol{A}$ 的秩 $R(\lambda\boldsymbol{E}-\boldsymbol{A})=n-k$，从而对于特征值 $\lambda$，恰有 $k$ 个属于 $\lambda$ 的线性无关的特征向量.

定理 5.7 的证明从略.

**定理 5.8** 实对称矩阵一定可以对角化.

**证明** 设 $n$ 阶实对称矩阵 $\boldsymbol{A}$ 的互不相等的特征值为 $\lambda_1,\lambda_2,\cdots,\lambda_m$，它们的重数分别为 $k_1,k_2,\cdots,k_m(k_1+k_2+\cdots+k_m=n)$，由性质 1 知 $\lambda_i(i=1,2,\cdots,m)$ 都是实数.

根据定理 5.7，对于特征值 $\lambda_i(i=1,2,\cdots,m)$，恰有 $k_i$ 个属于 $\lambda_i$ 的线性无关的特征向量

$$\boldsymbol{\xi}_{i1},\boldsymbol{\xi}_{i2},\cdots,\boldsymbol{\xi}_{ik_i}\quad(i=1,2,\cdots,m).$$

把所有这些特征向量合在一起，由 $k_1+k_2+\cdots+k_m=n$ 知，这样的特征向量共有 $n$ 个，而且根据定理 5.2，这 $n$ 个特征向量必线性无关，故 $\boldsymbol{A}$ 可对角化. ■

在定理 5.8 中，如果把属于特征值 $\lambda_i$ 的 $k_i(i=1,2,\cdots,m)$ 个线性无关的特征向量

$$\boldsymbol{\xi}_{i1},\boldsymbol{\xi}_{i2},\cdots,\boldsymbol{\xi}_{ik_i}\quad(i=1,2,\cdots,m)$$

正交单位化，得到 $k_i$ 个两两正交的单位特征向量

$$\boldsymbol{\eta}_{i1},\boldsymbol{\eta}_{i2},\cdots,\boldsymbol{\eta}_{ik_i}\quad(i=1,2,\cdots,m).$$

把所有这些特征向量合在一起，由 $k_1+k_2+\cdots+k_m=n$ 知，这样的特征向量共有 $n$ 个，而且根据性质 2，这 $n$ 个单位特征向量还是两两正交的，以它们为列向量构成正交矩阵 $\boldsymbol{T}$，则有

$$\boldsymbol{T}^{-1}\boldsymbol{A}\boldsymbol{T}=\boldsymbol{\Lambda},$$

而 $\boldsymbol{\Lambda}$ 的主对角线上的元素含有 $k_i$ 个 $\lambda_i(i=1,2,\cdots,m)$，恰是 $\boldsymbol{A}$ 的 $n$ 个特征值.

根据以上讨论，可得以下定理：

**定理 5.9** 对 $n$ 阶实对称矩阵 $\boldsymbol{A}$，必有正交矩阵 $\boldsymbol{T}$，使

$$T^{-1}AT = \Lambda,$$

其中,$\Lambda$ 是以 $A$ 的 $n$ 个特征值为主对角线上元素的对角矩阵.

### 5.3.2 实对称矩阵的对角化方法

由以上的结论可知,对于实对称矩阵 $A$ 来说,不仅可以找到可逆矩阵 $P$,使 $P^{-1}AP$ 为对角矩阵,而且还可以找到正交矩阵 $T$,使 $T^{-1}AT$ 为对角矩阵(此时称 $A$ 可正交相似对角化).

与将一般矩阵对角化的方法类似,求正交矩阵 $T$,将实对称矩阵 $A$ 正交相似对角化,可按以下具体步骤进行:

(1) 求出 $A$ 的全部互不相等的特征值 $\lambda_1, \lambda_2, \cdots, \lambda_m$;

(2) 对每个特征值 $\lambda_i$,由 $(\lambda_i E - A)x = 0$ 求出基础解系,即得 $\lambda_i$ 的特征向量 $\xi_{i1}, \xi_{i2}, \cdots, \xi_{ik_i} (i = 1, 2, \cdots, m)$;

(3) 将属于每个 $\lambda_i$ 的特征向量 $\xi_{i1}, \xi_{i2}, \cdots, \xi_{ik_i}$ 先正交化,再单位化(可用施密特正交化方法),便可得到 $n$ 个两两正交的单位特征向量 $\eta_1, \eta_2, \cdots, \eta_n$;

(4) 以 $\eta_1, \eta_2, \cdots, \eta_n$ 为列向量构成正交矩阵 $T = (\eta_1, \eta_2, \cdots, \eta_n)$, 则有

$$T^{-1}AT = \mathrm{diag}(\lambda_1, \cdots, \lambda_1, \lambda_2, \cdots, \lambda_2, \cdots, \lambda_m, \cdots, \lambda_m),$$

其中,对角矩阵中 $\lambda_1, \lambda_2, \cdots, \lambda_m$ 的顺序与特征向量 $\eta_1, \eta_2, \cdots, \eta_n$ 的排列顺序一致.

需要注意的是,当 $n$ 阶实对称矩阵 $A$ 有 $n$ 个互不相同特征值 $\lambda_1, \lambda_2, \cdots, \lambda_n$ 时,只需将对应特征向量 $\xi_1, \xi_2, \cdots, \xi_n$ 单位化,得

$$\eta_1 = \frac{\xi_1}{\|\xi_1\|}, \eta_2 = \frac{\xi_2}{\|\xi_2\|}, \cdots, \eta_n = \frac{\xi_n}{\|\xi_n\|},$$

令 $T = (\eta_1, \eta_2, \cdots, \eta_n)$, $T$ 即为所求正交矩阵.

**例 5.7** 设
$$A = \begin{pmatrix} 2 & -2 & 0 \\ -2 & 1 & -2 \\ 0 & -2 & 0 \end{pmatrix},$$

求一个正交矩阵 $T$,使得 $T^{-1}AT$ 为对角矩阵.

**解** 由

$$|\lambda E - A| = \begin{vmatrix} \lambda - 2 & 2 & 0 \\ 2 & \lambda - 1 & 2 \\ 0 & 2 & \lambda \end{vmatrix} = (\lambda + 2)(\lambda - 1)(\lambda - 4),$$

求得 $A$ 的特征值为 $\lambda_1 = -2, \lambda_2 = 1, \lambda_3 = 4$.

当 $\lambda_1=-2$ 时,解方程 $(-2\boldsymbol{E}-\boldsymbol{A})\boldsymbol{x}=\boldsymbol{0}$, 由

$$-2\boldsymbol{E}-\boldsymbol{A}=\begin{pmatrix}-4 & 2 & 0\\ 2 & -3 & 2\\ 0 & 2 & -2\end{pmatrix}\rightarrow\begin{pmatrix}2 & 0 & -1\\ 0 & 1 & -1\\ 0 & 0 & 0\end{pmatrix},$$

得基础解系 $\boldsymbol{\xi}_1=\begin{pmatrix}1\\2\\2\end{pmatrix}$,将 $\boldsymbol{\xi}_1$ 单位化,得 $\boldsymbol{\eta}_1=\frac{1}{3}\begin{pmatrix}1\\2\\2\end{pmatrix}$.

当 $\lambda_2=1$ 时,解方程 $(\boldsymbol{E}-\boldsymbol{A})\boldsymbol{x}=\boldsymbol{0}$, 由

$$\boldsymbol{E}-\boldsymbol{A}=\begin{pmatrix}-1 & 2 & 0\\ 2 & 0 & 2\\ 0 & 2 & 1\end{pmatrix}\rightarrow\begin{pmatrix}1 & 0 & 1\\ 0 & 2 & 1\\ 0 & 0 & 0\end{pmatrix},$$

得基础解系 $\boldsymbol{\xi}_2=\begin{pmatrix}-2\\-1\\2\end{pmatrix}$,将 $\boldsymbol{\xi}_2$ 单位化,得 $\boldsymbol{\eta}_2=\frac{1}{3}\begin{pmatrix}-2\\-1\\2\end{pmatrix}$.

当 $\lambda_3=4$ 时,解方程 $(4\boldsymbol{E}-\boldsymbol{A})\boldsymbol{x}=\boldsymbol{0}$, 由

$$4\boldsymbol{E}-\boldsymbol{A}=\begin{pmatrix}2 & 2 & 0\\ 2 & 3 & 2\\ 0 & 2 & 4\end{pmatrix}\rightarrow\begin{pmatrix}1 & 0 & -2\\ 0 & 1 & 2\\ 0 & 0 & 0\end{pmatrix},$$

得基础解系 $\boldsymbol{\xi}_3=\begin{pmatrix}2\\-2\\1\end{pmatrix}$,将 $\boldsymbol{\xi}_2$ 单位化,得 $\boldsymbol{\eta}_2=\frac{1}{3}\begin{pmatrix}2\\-2\\1\end{pmatrix}$.

将 $\boldsymbol{\eta}_1, \boldsymbol{\eta}_2, \boldsymbol{\eta}_3$ 构成正交矩阵,即令

$$\boldsymbol{T}=(\boldsymbol{\eta}_1, \boldsymbol{\eta}_2, \boldsymbol{\eta}_3)=\frac{1}{3}\begin{pmatrix}1 & -2 & 2\\ 2 & -1 & -2\\ 2 & 2 & 1\end{pmatrix},$$

有

$$\boldsymbol{T}^{-1}\boldsymbol{A}\boldsymbol{T}=\begin{pmatrix}-2 & & \\ & 1 & \\ & & 4\end{pmatrix}.$$

**例 5.8** 设

$$\boldsymbol{A}=\begin{pmatrix}0 & 1 & -1\\ 1 & 0 & -1\\ -1 & -1 & 0\end{pmatrix},$$

求一个正交矩阵 $\boldsymbol{T}$,使得 $\boldsymbol{T}^{-1}\boldsymbol{A}\boldsymbol{T}$ 为对角矩阵.

**解** 由

$$|\lambda\boldsymbol{E}-\boldsymbol{A}|=\begin{vmatrix}\lambda & -1 & 1\\ -1 & \lambda & 1\\ 1 & 1 & \lambda\end{vmatrix}=(\lambda-2)(\lambda+1)^2,$$

求得 $\boldsymbol{A}$ 的特征值为 $\lambda_1=2$，$\lambda_2=\lambda_3=-1$.

当 $\lambda_1=2$ 时，解方程 $(2\boldsymbol{E}-\boldsymbol{A})\boldsymbol{x}=\boldsymbol{0}$，由

$$2\boldsymbol{E}-\boldsymbol{A}=\begin{pmatrix}2 & -1 & 1\\ -1 & 2 & 1\\ 1 & 1 & 2\end{pmatrix}\to\begin{pmatrix}1 & 0 & 1\\ 0 & 1 & 1\\ 0 & 0 & 0\end{pmatrix},$$

得基础解系 $\boldsymbol{\alpha}_1=\begin{pmatrix}-1\\-1\\1\end{pmatrix}$，将 $\boldsymbol{\alpha}_1$ 单位化，得 $\boldsymbol{\eta}_1=\dfrac{1}{\sqrt{3}}\begin{pmatrix}-1\\-1\\1\end{pmatrix}$.

当 $\lambda_2=\lambda_3=-1$ 时，解方程 $(-\boldsymbol{E}-\boldsymbol{A})\boldsymbol{x}=\boldsymbol{0}$，由

$$-\boldsymbol{E}-\boldsymbol{A}=\begin{pmatrix}-1 & -1 & 1\\ -1 & -1 & 1\\ 1 & 1 & -1\end{pmatrix}\to\begin{pmatrix}1 & 1 & -1\\ 0 & 0 & 0\\ 0 & 0 & 0\end{pmatrix},$$

得基础解系 $\boldsymbol{\alpha}_2=\begin{pmatrix}-1\\1\\0\end{pmatrix}$，$\boldsymbol{\alpha}_3=\begin{pmatrix}1\\0\\1\end{pmatrix}$.

将 $\boldsymbol{\alpha}_2$，$\boldsymbol{\alpha}_3$ 正交化：

取 $$\boldsymbol{\xi}_2=\boldsymbol{\alpha}_2,\quad \boldsymbol{\xi}_3=\boldsymbol{\alpha}_3-\frac{[\boldsymbol{\alpha}_3,\boldsymbol{\xi}_2]}{[\boldsymbol{\xi}_2,\boldsymbol{\xi}_2]}\boldsymbol{\xi}_2=\begin{pmatrix}1\\0\\1\end{pmatrix}+\frac{1}{2}\begin{pmatrix}-1\\1\\0\end{pmatrix}=\frac{1}{2}\begin{pmatrix}1\\1\\2\end{pmatrix}.$$

再将 $\boldsymbol{\xi}_2$，$\boldsymbol{\xi}_3$ 单位化，得 $\boldsymbol{\eta}_2=\dfrac{1}{\sqrt{2}}\begin{pmatrix}-1\\1\\0\end{pmatrix}$，$\boldsymbol{\eta}_3=\dfrac{1}{\sqrt{6}}\begin{pmatrix}1\\1\\2\end{pmatrix}$.

将 $\boldsymbol{\eta}_1$，$\boldsymbol{\eta}_2$，$\boldsymbol{\eta}_3$ 构成正交矩阵，即令

$$\boldsymbol{T}=(\boldsymbol{\eta}_1,\boldsymbol{\eta}_2,\boldsymbol{\eta}_3)=\begin{pmatrix}-\dfrac{1}{\sqrt{3}} & -\dfrac{1}{\sqrt{2}} & \dfrac{1}{\sqrt{6}}\\ -\dfrac{1}{\sqrt{3}} & \dfrac{1}{\sqrt{2}} & \dfrac{1}{\sqrt{6}}\\ \dfrac{1}{\sqrt{3}} & 0 & \dfrac{2}{\sqrt{6}}\end{pmatrix},$$

有
$$T^{-1}AT=\begin{pmatrix}2 & & \\ & -1 & \\ & & -1\end{pmatrix}.$$

## 习 题 5.3

1. 证明:实反对称矩阵的特征值是零或纯虚数.

2. 试求一个正交的相似变换矩阵,将下列实对称矩阵化为对角矩阵:

(1) $\begin{pmatrix}1 & -2 & 0\\ -2 & 2 & -2\\ 0 & -2 & 3\end{pmatrix}$; (2) $\begin{pmatrix}4 & 0 & 0\\ 0 & 3 & 1\\ 0 & 1 & 3\end{pmatrix}$; (3) $\begin{pmatrix}1 & 2 & 4\\ 2 & -2 & 2\\ 4 & 2 & 1\end{pmatrix}$;

(4) $\begin{pmatrix}2 & 2 & -2\\ 2 & 5 & -4\\ -2 & -4 & 5\end{pmatrix}$; (5) $\begin{pmatrix}1 & 1 & 1\\ 1 & 1 & 1\\ 1 & 1 & 1\end{pmatrix}$; (6) $\begin{pmatrix}0 & 1 & 1 & -1\\ 1 & 0 & -1 & 1\\ 1 & -1 & 0 & 1\\ -1 & 1 & 1 & 0\end{pmatrix}$.

3. 将矩阵 $A=\begin{pmatrix}-1 & 0 & 2\\ 0 & 1 & 2\\ 2 & 2 & 0\end{pmatrix}$ 用两种方法对角化.

(1) 求一个可逆矩阵 $P$, 使得 $P^{-1}AP$ 为对角矩阵;

(2) 求一个正交矩阵 $T$, 使得 $T^{-1}AT$ 为对角矩阵.

4. 设实对称矩阵 $A=\begin{pmatrix}a & 1 & 1\\ 1 & a & -1\\ 1 & -1 & a\end{pmatrix}$, 求可逆矩阵 $P$, 使 $P^{-1}AP$ 为对角矩阵,并计算 $|A-E|$ 的值.

5. 设 $A$ 为三阶实对称矩阵,满足 $A^2+2A=O$, 且 $R(A)=2$, 求 $A$ 的全部特征值.

6. 设三阶矩阵 $A$ 的特征值为 $\lambda_1=-2$, $\lambda_2=1$, $\lambda_3=2$; 对应的特征向量依次为
$$\xi_1=\begin{pmatrix}1\\1\\1\end{pmatrix},\ \xi_2=\begin{pmatrix}1\\1\\0\end{pmatrix},\ \xi_3=\begin{pmatrix}0\\1\\1\end{pmatrix},$$
求矩阵 $A$.

7. 设三阶实对称矩阵 $A$ 的特征值 $\lambda_1=-1$, $\lambda_2=0$, $\lambda_3=1$; 属于 $\lambda_1$, $\lambda_2$ 的特征向量依次为
$$\xi_1=\begin{pmatrix}2\\1\\-2\end{pmatrix},\ \xi_2=\begin{pmatrix}2\\-2\\1\end{pmatrix},$$
求一个正交矩阵 $T$, 使得 $T^{-1}AT$ 为对角矩阵.

8. 设三阶实对称矩阵 $A$ 的特征值 $\lambda_1=-1$, $\lambda_2=\lambda_3=1$; 属于特征值 $\lambda_1=-1$ 的特征向量为 $\xi_1=\begin{pmatrix}0\\1\\1\end{pmatrix}$, 求矩阵 $A$.

# 总习题 5

**1. 单项选择题**

(1) 矩阵 $A=\begin{pmatrix}1&1&1&1\\1&1&1&1\\1&1&1&1\\1&1&1&1\end{pmatrix}$ 的非零特征值为(    ).

(A) 1　　(B) 2　　(C) 3　　(D) 4

(2) 设 $A$ 为 $n$ 阶实对称矩阵，$\alpha$ 是 $A$ 的属于特征值 $\lambda$ 的特征向量，$P$ 为 $n$ 阶可逆矩阵，则矩阵 $P^{-1}A^{\mathrm{T}}P$ 的属于特征值 $\lambda$ 的特征向量是(    ).

(A) $P^{-1}\alpha$　　(B) $P^{\mathrm{T}}\alpha$　　(C) $P\alpha$　　(D) $(P^{\mathrm{T}})^{-1}\alpha$

(3) 设 $\lambda=2$ 是可逆矩阵 $A$ 的一个特征值，则矩阵 $\left(\frac{1}{3}A^2\right)^{-1}$ 有一个特征值等于(    ).

(A) $\frac{4}{3}$　　(B) $\frac{3}{4}$　　(C) $\frac{1}{2}$　　(D) $\frac{1}{4}$

(4) 已知 $\lambda_1$，$\lambda_2$ 是矩阵 $A$ 的两个不同的特征值，对应的特征向量分别为 $\alpha_1$，$\alpha_2$，则 $\alpha_1$，$A(\alpha_1+\alpha_2)$ 线性无关的充分必要条件是(    ).

(A) $\lambda_1\neq 0$　　(B) $\lambda_2\neq 0$　　(C) $\lambda_1=0$　　(D) $\lambda_2=0$

(5) 设矩阵 $B=\begin{pmatrix}0&0&1\\0&1&0\\1&0&0\end{pmatrix}$，矩阵 $A$ 与 $B$ 相似，则 $R(2E-A)+R(E-A)=$(    ).

(A) 2　　(B) 3　　(C) 4　　(D) 5

**2. 填空题**

(1) 设 $A$ 为 $n$ 阶矩阵，若方程 $Ax=0$ 有非零解，则 $A$ 必有一个特征值为________.

(2) 设 $\lambda$ 为可逆矩阵 $A$ 的一个特征值，则 $(A^*)^2+E$ 必有特征值________.

(3) 若四阶矩阵 $A$ 与 $B$ 相似，$A$ 的特征值为 $\frac{1}{2}$，$\frac{1}{3}$，$\frac{1}{4}$，$\frac{1}{5}$，则行列式 $|B^{-1}-E|=$________.

(4) 设 $n$ 阶方阵 $A$ 与 $B$ 相似，且 $B^2=E$，则 $A^2+B^2=$ ______ .

(5) 设 $A$ 为三阶实对称矩阵，$\lambda_0$ 为 $A$ 的二重特征值，则 $R(\lambda_0E-A)=$________.

**3. 计算题**

(1) 设 $A=\begin{pmatrix}-1&2&2\\2&-1&-2\\2&-2&-1\end{pmatrix}$.

① 试求矩阵 $A$ 的特征值；

② 利用①小题的结果，求矩阵 $E+A^{-1}$ 的特征值.

(2) 设矩阵 $A=\begin{pmatrix}2&1&1\\1&2&1\\1&1&a\end{pmatrix}$ 可逆，向量 $\alpha=\begin{pmatrix}1\\b\\1\end{pmatrix}$ 是 $A^*$ 的一个特征向量，$\lambda$ 是 $\alpha$ 对应的特征

值，试求 $a$，$b$ 和 $\lambda$ 的值.

(3) 已知 $\boldsymbol{\xi}=\begin{pmatrix}1\\1\\-1\end{pmatrix}$ 是矩阵 $\boldsymbol{A}=\begin{pmatrix}2&-1&2\\5&a&3\\-1&b&-2\end{pmatrix}$ 的一个特征向量.

① 试确定参数 $a$，$b$ 及特征向量 $\boldsymbol{\xi}$ 所对应的特征值；

② 问 $\boldsymbol{A}$ 能否相似于对角矩阵？说明理由.

(4) 设矩阵 $\boldsymbol{A}=\begin{pmatrix}1&-1&1\\x&4&y\\-3&-3&5\end{pmatrix}$，已知 $\boldsymbol{A}$ 有三个线性无关的特征向量，$\lambda=2$ 是 $\boldsymbol{A}$ 的二重特征值. 试求可逆矩阵 $\boldsymbol{P}$，使得 $\boldsymbol{P}^{-1}\boldsymbol{AP}$ 为对角矩阵.

(5) 设矩阵 $\boldsymbol{A}=\begin{pmatrix}3&2&-2\\-k&-1&k\\4&2&-3\end{pmatrix}$. 问当 $k$ 为何值时，存在可逆矩阵 $\boldsymbol{P}$，使得 $\boldsymbol{P}^{-1}\boldsymbol{AP}$ 为对角矩阵？并求出 $\boldsymbol{P}$ 和相应的对角矩阵.

(6) 设 $n$ 阶矩阵 $\boldsymbol{A}=\begin{pmatrix}1&b&\cdots&b\\b&1&\cdots&b\\\vdots&\vdots&&\vdots\\-b&-b&\cdots&1\end{pmatrix}$，其中 $b\neq 0$.

① 求 $\boldsymbol{A}$ 的特征值和特征向量；

② 求可逆矩阵 $\boldsymbol{P}$，使得 $\boldsymbol{P}^{-1}\boldsymbol{AP}$ 为对角矩阵.

**4. 证明题**

(1) 设 $\boldsymbol{A}$ 是正交矩阵，且 $|\boldsymbol{A}|=-1$，证明：$\lambda=-1$ 是 $\boldsymbol{A}$ 的一个特征值.

(2) 设 $n$ 阶矩阵 $\boldsymbol{A}$，$\boldsymbol{B}$ 满足 $R(\boldsymbol{A})+R(\boldsymbol{B})<n$，证明：$\boldsymbol{A}$ 与 $\boldsymbol{B}$ 有公共的特征值，有公共的特征向量.

(3) 设实对称矩阵 $\boldsymbol{A}$，$\boldsymbol{B}$ 的特征值相同，证明：存在正交矩阵 $\boldsymbol{T}$，使得 $\boldsymbol{T}^{-1}\boldsymbol{AT}=\boldsymbol{B}$.

# 第6章　二　次　型

在解析几何中，经常要将二次曲线或二次曲面的方程化为只含平方项的标准形，便于识别其类型并研究其性质.

例如，对二次曲线

$$ax^2+bxy+cy^2=1,$$

可以选择适当的坐标旋转变换

$$\begin{cases}x=x'\cos\theta-y'\sin\theta,\\ y=x'\sin\theta+y'\cos\theta,\end{cases}$$

把方程化为标准形式

$$mx'^2+ny'^2=1.$$

这类问题具有普遍性，在许多理论问题和实际问题中常会遇到，本章将把这类问题一般化，讨论 $n$ 元二次型的化简问题，并研究二次型的正定性.

## §6.1　二次型及其矩阵表示

本节先介绍二次型的概念及其矩阵表示，然后研究矩阵的合同关系.

### 6.1.1　二次型的概念

**定义 6.1**　含有 $n$ 个变量 $x_1, x_2, \cdots, x_n$ 的二次齐次函数

$$\begin{aligned}f(x_1, x_2, \cdots, x_n)=&a_{11}x_1^2+a_{22}x_2^2+\cdots+a_{nn}x_n^2+2a_{12}x_1x_2+\cdots+2a_{1n}x_1x_n\\&+2a_{23}x_2x_3+\cdots+2a_{2n}x_2x_n+\cdots+2a_{n-1,n}x_{n-1}x_n\end{aligned}\tag{6.1}$$

称为**二次型**. 当 $a_{ij}$ 为复数时，$f$ 称为**复二次型**；当 $a_{ij}$ 为实数时，$f$ 称为**实二次型**.

例如，$f(x_1, x_2, x_3)=2x_1^2+4x_2^2+5x_3^2-4x_1x_3$，$f(x_1, x_2, x_3)=x_1x_2+x_1x_3+x_2x_3$ 都为实二次型；而 $f(x, y)=x^2+\mathrm{i}y^2(\mathrm{i}=\sqrt{-1})$ 是一个复二次型.

在式(6.1)中，取 $a_{ij}=a_{ji}$，则 $2a_{ij}x_ix_j=a_{ij}x_ix_j+a_{ji}x_jx_i$，于是，式(6.1)可化为

$$\begin{aligned}f(x_1, x_2, \cdots, x_n)=&a_{11}x_1^2+a_{12}x_1x_2+\cdots+a_{1n}x_1x_n\\&+a_{21}x_2x_1+a_{22}x_2^2+\cdots+a_{2n}x_2x_n\\&+\cdots+a_{n1}x_nx_1+a_{n2}x_nx_2+\cdots+a_{nn}x_n^2\end{aligned}$$

$$
\begin{aligned}
&= \sum_{i=1}^{n}\sum_{j=1}^{n} a_{ij}x_i x_j \\
&= x_1(a_{11}x_1 + a_{12}x_2 + \cdots + a_{1n}x_n) \\
&\quad + x_2(a_{21}x_1 + a_{22}x_2 + \cdots + a_{2n}x_n) \\
&\quad + \cdots + x_n(a_{n1}x_1 + a_{n2}x_2 + \cdots + a_{nn}x_n) \\
&= (x_1, x_2, \cdots, x_n)\begin{pmatrix} a_{11}x_1 + a_{12}x_2 + \cdots + a_{1n}x_n \\ a_{21}x_1 + a_{22}x_2 + \cdots + a_{2n}x_n \\ \cdots\cdots\cdots\cdots\cdots\cdots \\ a_{n1}x_1 + a_{n2}x_2 + \cdots + a_{nn}x_n \end{pmatrix} \\
&= (x_1, x_2, \cdots, x_n)\begin{pmatrix} a_{11} & a_{12} & \cdots & a_{1n} \\ a_{21} & a_{22} & \cdots & a_{2n} \\ \vdots & \vdots & & \vdots \\ a_{n1} & a_{n2} & \cdots & a_{nn} \end{pmatrix}\begin{pmatrix} x_1 \\ x_2 \\ \vdots \\ x_n \end{pmatrix} \\
&= \boldsymbol{x}^{\mathrm{T}}\boldsymbol{A}\boldsymbol{x}.
\end{aligned}
$$

其中 $$\boldsymbol{x} = \begin{pmatrix} x_1 \\ x_2 \\ \vdots \\ x_n \end{pmatrix}, \quad \boldsymbol{A} = \begin{pmatrix} a_{11} & a_{12} & \cdots & a_{1n} \\ a_{21} & a_{22} & \cdots & a_{2n} \\ \vdots & \vdots & & \vdots \\ a_{n1} & a_{n2} & \cdots & a_{nn} \end{pmatrix}.$$

称 $f(x_1, x_2, \cdots, x_n) = \boldsymbol{x}^{\mathrm{T}}\boldsymbol{A}\boldsymbol{x}$ 为二次型的**矩阵形式**,常简记为 $f(\boldsymbol{x}) = \boldsymbol{x}^{\mathrm{T}}\boldsymbol{A}\boldsymbol{x}$. 其中,$\boldsymbol{A}$ 是对称矩阵,称为该**二次型的矩阵**.

应该看到,二次型 $f(\boldsymbol{x}) = \boldsymbol{x}^{\mathrm{T}}\boldsymbol{A}\boldsymbol{x}$ 的矩阵$\boldsymbol{A}$ 的元素,当 $i \neq j$ 时,$a_{ij} = a_{ji}$ 正是它的 $x_i x_j$ 项的系数的一半,而 $a_{ii}$ 是 $x_i^2$ 的系数,因此,二次型 $f(\boldsymbol{x}) = \boldsymbol{x}^{\mathrm{T}}\boldsymbol{A}\boldsymbol{x}$ 与其对称矩阵$\boldsymbol{A}$之间有一一对应关系. 因此,把二次型 $f(\boldsymbol{x}) = \boldsymbol{x}^{\mathrm{T}}\boldsymbol{A}\boldsymbol{x}$ 称为**对称矩阵$\boldsymbol{A}$ 的二次型**,对称矩阵 $\boldsymbol{A}$ 的秩称为**二次型 $f(\boldsymbol{x}) = \boldsymbol{x}^{\mathrm{T}}\boldsymbol{A}\boldsymbol{x}$ 的秩**.

例如,二次型

$$f(x_1, x_2, x_3) = 3x_1^2 + 2x_1x_2 + \sqrt{2}x_1x_3 - x_2^2 - 4x_2x_3 + 5x_3^2$$

对应的实对称矩阵为

$$\begin{pmatrix} 3 & 1 & \frac{\sqrt{2}}{2} \\ 1 & -1 & -2 \\ \frac{\sqrt{2}}{2} & -2 & 5 \end{pmatrix}.$$

反之，实对称矩阵 $\boldsymbol{A}=\begin{pmatrix} 3 & 1 & \frac{\sqrt{2}}{2} \\ 1 & -1 & -2 \\ \frac{\sqrt{2}}{2} & -2 & 5 \end{pmatrix}$ 所对应的二次型是

$$\boldsymbol{x}^{\mathrm{T}}\boldsymbol{A}\boldsymbol{x}=(x_1,\ x_2,\ x_3)\begin{pmatrix} 3 & 1 & \frac{\sqrt{2}}{2} \\ 1 & -1 & -2 \\ \frac{\sqrt{2}}{2} & -2 & 5 \end{pmatrix}\begin{pmatrix} x_1 \\ x_2 \\ x_3 \end{pmatrix}$$

$$=3x_1^2+2x_1x_2+\sqrt{2}x_1x_3-x_2^2-4x_2x_3+5x_3^2.$$

需要指出的是，对任意的

$$\boldsymbol{x}=\begin{pmatrix} x_1 \\ x_2 \\ \vdots \\ x_n \end{pmatrix},\quad \boldsymbol{A}=\begin{pmatrix} a_{11} & a_{12} & \cdots & a_{1n} \\ a_{21} & a_{22} & \cdots & a_{2n} \\ \vdots & \vdots & & \vdots \\ a_{n1} & a_{n2} & \cdots & a_{nn} \end{pmatrix},$$

$f(\boldsymbol{x})=\boldsymbol{x}^{\mathrm{T}}\boldsymbol{A}\boldsymbol{x}$ 是二次型，而其矩阵是 $\dfrac{\boldsymbol{A}+\boldsymbol{A}^{\mathrm{T}}}{2}$.

本书中所说二次型 $f(\boldsymbol{x})=\boldsymbol{x}^{\mathrm{T}}\boldsymbol{A}\boldsymbol{x}$，除非特别说明，都是指 $f(\boldsymbol{x})=\boldsymbol{x}^{\mathrm{T}}\boldsymbol{A}\boldsymbol{x}(\boldsymbol{A}^{\mathrm{T}}=\boldsymbol{A})$.

### 6.1.2 合同矩阵

与在几何中一样，在处理许多问题时也经常希望通过变量之间的变换来简化有关的二次型. 为此，引入如下定义.

**定义 6.2** 关系式

$$\begin{cases} x_1=c_{11}y_1+c_{12}y+\cdots+c_{1n}y_n, \\ x_2=c_{21}y_1+c_{22}y+\cdots+c_{2n}y_n, \\ \cdots\cdots\cdots\cdots\cdots\cdots\cdots\cdots \\ x_n=c_{n1}y_1+c_{n2}y+\cdots+c_{nn}y_n \end{cases}$$

称为由变量 $x_1,\ x_2,\ \cdots,\ x_n$ 到变量 $y_1,\ y_2,\ \cdots,\ y_n$ 的**线性变换**，并简记为 $\boldsymbol{x}=\boldsymbol{C}\boldsymbol{y}$. 系数矩阵

$$\boldsymbol{C}=\begin{pmatrix} c_{11} & c_{12} & \cdots & c_{1n} \\ c_{21} & c_{22} & \cdots & c_{2n} \\ \vdots & \vdots & & \vdots \\ c_{n1} & c_{n2} & \cdots & c_{nn} \end{pmatrix}$$

称为**线性变换矩阵**. 如果 $\boldsymbol{C}$ 可逆,则称该线性变换为**可逆线性变换**.

对一般二次型 $f(\boldsymbol{x})=\boldsymbol{x}^{\mathrm{T}}\boldsymbol{A}\boldsymbol{x}$,问题是,寻求可逆线性变换 $\boldsymbol{x}=\boldsymbol{C}\boldsymbol{y}$, 将二次型化为标准形.

需要说明的是,本章所求的可逆线性变换只限于实系数范围.

将 $\boldsymbol{x}=\boldsymbol{C}\boldsymbol{y}$ 代入 $f(\boldsymbol{x})=\boldsymbol{x}^{\mathrm{T}}\boldsymbol{A}\boldsymbol{x}$, 得到

$$f(\boldsymbol{x})=\boldsymbol{x}^{\mathrm{T}}\boldsymbol{A}\boldsymbol{x}=(\boldsymbol{C}\boldsymbol{y})^{\mathrm{T}}\boldsymbol{A}(\boldsymbol{C}\boldsymbol{y})=\boldsymbol{y}^{\mathrm{T}}(\boldsymbol{C}^{\mathrm{T}}\boldsymbol{A}\boldsymbol{C})\boldsymbol{y},$$

这里, $\boldsymbol{y}^{\mathrm{T}}(\boldsymbol{C}^{\mathrm{T}}\boldsymbol{A}\boldsymbol{C})\boldsymbol{y}$ 是关于 $y_1, y_2, \cdots, y_n$ 的二次型,对应的矩阵为 $\boldsymbol{C}^{\mathrm{T}}\boldsymbol{A}\boldsymbol{C}$.

关于 $\boldsymbol{A}$ 与 $\boldsymbol{C}^{\mathrm{T}}\boldsymbol{A}\boldsymbol{C}$ 的关系,给出下列定义:

**定义 6.3** 设 $\boldsymbol{A}, \boldsymbol{B}$ 为两个 $n$ 阶矩阵,如果存在 $n$ 阶可逆矩阵 $\boldsymbol{C}$,使得 $\boldsymbol{C}^{\mathrm{T}}\boldsymbol{A}\boldsymbol{C}=\boldsymbol{B}$,则称**矩阵 $\boldsymbol{A}$ 合同于矩阵 $\boldsymbol{B}$**,或称 **$\boldsymbol{A}$ 与 $\boldsymbol{B}$ 合同.**

矩阵的合同有如下基本性质:

(1) 反身性. 对任意方阵 $\boldsymbol{A}$, $\boldsymbol{A}$ 与 $\boldsymbol{A}$ 合同.

这是因为 $\boldsymbol{E}^{\mathrm{T}}\boldsymbol{A}\boldsymbol{E}=\boldsymbol{A}$.

(2) 对称性. 若 $\boldsymbol{A}$ 与 $\boldsymbol{B}$ 合同,则 $\boldsymbol{B}$ 与 $\boldsymbol{A}$ 合同.

这是因为若 $\boldsymbol{C}^{\mathrm{T}}\boldsymbol{A}\boldsymbol{C}=\boldsymbol{B}$,则$(\boldsymbol{C}^{-1})^{\mathrm{T}}\boldsymbol{B}\boldsymbol{C}^{-1}=\boldsymbol{A}$.

(3) 传递性. 若 $\boldsymbol{A}$ 与 $\boldsymbol{B}$ 合同,且 $\boldsymbol{B}$ 与 $\boldsymbol{C}$ 合同,则 $\boldsymbol{A}$ 与 $\boldsymbol{C}$ 合同.

这是因为若 $\boldsymbol{C}_1^{\mathrm{T}}\boldsymbol{A}\boldsymbol{C}_1=\boldsymbol{B}$, $\boldsymbol{C}_2^{\mathrm{T}}\boldsymbol{B}\boldsymbol{C}_2=\boldsymbol{C}$,则$(\boldsymbol{C}_1\boldsymbol{C}_2)^{\mathrm{T}}\boldsymbol{A}(\boldsymbol{C}_1\boldsymbol{C}_2)=\boldsymbol{C}$. ■

另外,若 $\boldsymbol{A}$ 为对称阵,则 $\boldsymbol{B}=\boldsymbol{C}^{\mathrm{T}}\boldsymbol{A}\boldsymbol{C}$ 也为对称阵,且 $R(\boldsymbol{B})=R(\boldsymbol{A})$.

事实上, $\boldsymbol{B}^{\mathrm{T}}=(\boldsymbol{C}^{\mathrm{T}}\boldsymbol{A}\boldsymbol{C})^{\mathrm{T}}=\boldsymbol{C}^{\mathrm{T}}\boldsymbol{A}^{\mathrm{T}}\boldsymbol{C}=\boldsymbol{C}^{\mathrm{T}}\boldsymbol{A}\boldsymbol{C}=\boldsymbol{B}$,即 $\boldsymbol{B}$ 为对称矩阵,又因 $\boldsymbol{B}=\boldsymbol{C}^{\mathrm{T}}\boldsymbol{A}\boldsymbol{C}$,而 $\boldsymbol{C}$ 可逆,从而 $\boldsymbol{C}^{\mathrm{T}}$ 也可逆,由矩阵秩的性质即知, $R(\boldsymbol{B})=R(\boldsymbol{A})$.

由此可见,二次型 $f(\boldsymbol{x})=\boldsymbol{x}^{\mathrm{T}}\boldsymbol{A}\boldsymbol{x}$ 的矩阵$\boldsymbol{A}$ 与经过可逆线性变换 $\boldsymbol{x}=\boldsymbol{C}\boldsymbol{y}$ 得到的二次型的矩阵 $\boldsymbol{B}=\boldsymbol{C}^{\mathrm{T}}\boldsymbol{A}\boldsymbol{C}$ 是合同的, 且二次型的秩不变.

## 习 题 6.1

1. 证明: $\begin{pmatrix} a_1 & 0 & 0 \\ 0 & a_2 & 0 \\ 0 & 0 & a_3 \end{pmatrix}$ 与 $\begin{pmatrix} a_2 & 0 & 0 \\ 0 & a_3 & 0 \\ 0 & 0 & a_1 \end{pmatrix}$ 合同.

2. 写出下列二次型的矩阵表示:

(1) $f(x_1, x_2, x_3)=-4x_1x_2+2x_1x_3+2x_2x_3$ ;

(2) $f(x, y, z)=x^2+4xy+4y^2+2xz+z^2+4yz$ ;

(3) $f(x_1, x_2, x_3, x_4)=x_1^2+x_2^2+x_3^2+x_4^2-2x_1x_2+4x_1x_3-2x_1x_4+6x_2x_3-4x_2x_4$ .

3. 证明:对任意 $n$ 维列向量 $\boldsymbol{x}$ 和任意 $n$ 阶矩阵 $\boldsymbol{A}$, $f(\boldsymbol{x})=\boldsymbol{x}^{\mathrm{T}}\boldsymbol{A}\boldsymbol{x}$ 是二次型,且其矩阵为 $\dfrac{\boldsymbol{A}+\boldsymbol{A}^{\mathrm{T}}}{2}$. 并写出下列二次型的矩阵:

(1) $f(\boldsymbol{x}) = \boldsymbol{x}^{\mathrm{T}}\begin{pmatrix} 2 & 1 \\ 3 & 1 \end{pmatrix}\boldsymbol{x}$;　　(2) $f(\boldsymbol{x}) = \boldsymbol{x}^{\mathrm{T}}\begin{pmatrix} 1 & 2 & 3 \\ 4 & 5 & 6 \\ 7 & 8 & 9 \end{pmatrix}\boldsymbol{x}$.

4. 设二次型 $f(x_1, x_2, x_3) = x_1^2 + x_2^2 + x_3^2 + 2ax_1x_2 + 2x_1x_3 + 2bx_2x_3$ 的秩为 2,求 $a$, $b$ 满足的条件.

5. (1) 设 $\boldsymbol{A}$ 是一个 $n$ 阶矩阵,证明:$\boldsymbol{A}$ 是反对称矩阵的充分必要条件是对任一个 $n$ 维列向量 $\boldsymbol{x}$,都有 $\boldsymbol{x}^{\mathrm{T}}\boldsymbol{A}\boldsymbol{x} = \boldsymbol{0}$.

(2) 设 $\boldsymbol{A}$ 是一个 $n$ 阶对称矩阵,证明:如果对任一个 $n$ 维列向量 $\boldsymbol{x}$,都有 $\boldsymbol{x}^{\mathrm{T}}\boldsymbol{A}\boldsymbol{x} = \boldsymbol{0}$,那么 $\boldsymbol{A} = \boldsymbol{O}$.

(3) 设 $\boldsymbol{A}$, $\boldsymbol{B}$ 是 $n$ 阶对称矩阵,证明:如果对任一个 $n$ 维列向量 $\boldsymbol{x}$,都有 $\boldsymbol{x}^{\mathrm{T}}\boldsymbol{A}\boldsymbol{x} = \boldsymbol{x}^{\mathrm{T}}\boldsymbol{B}\boldsymbol{x}$,那么 $\boldsymbol{A} = \boldsymbol{B}$.

# §6.2　化二次型为标准形和规范形

在本节,讨论用可逆线性变换化简二次型的问题. 可以认为,二次型中最简单的一种是只含平方项的二次型.

## 6.2.1　化二次型为标准形

**定义 6.4**　只含有平方项的二次型

$$f = b_1y_1^2 + b_2y_2^2 + \cdots + b_ny_n^2$$

称为二次型的**标准形**.

要研究用可逆线性变换 $\boldsymbol{x} = \boldsymbol{C}\boldsymbol{y}$ 把二次型 $f(\boldsymbol{x}) = \boldsymbol{x}^{\mathrm{T}}\boldsymbol{A}\boldsymbol{x}$ 化为标准形的方法.

由 6.1 节讨论知,二次型 $f(\boldsymbol{x}) = \boldsymbol{x}^{\mathrm{T}}\boldsymbol{A}\boldsymbol{x}$ 在可逆线性变换 $\boldsymbol{x} = \boldsymbol{C}\boldsymbol{y}$ 下,可化为 $\boldsymbol{y}^{\mathrm{T}}(\boldsymbol{C}^{\mathrm{T}}\boldsymbol{A}\boldsymbol{C})\boldsymbol{y}$. 如果 $\boldsymbol{C}^{\mathrm{T}}\boldsymbol{A}\boldsymbol{C}$ 为对角矩阵 $\boldsymbol{B} = \mathrm{diag}(b_1, b_2, \cdots, b_n)$,则 $f(\boldsymbol{x}) = \boldsymbol{x}^{\mathrm{T}}\boldsymbol{A}\boldsymbol{x}$ 就可化为标准形 $b_1y_1^2 + b_2y_2^2 + \cdots + b_ny_n^2$,其标准形中的系数恰好为对角矩阵 $\boldsymbol{B}$ 的主对角线上的元素,因此,上面的问题归结为 $\boldsymbol{A}$ 能否合同于一个对角矩阵的问题.

**1. 用配方法化二次型为标准形**

对一般二次型 $f(\boldsymbol{x}) = \boldsymbol{x}^{\mathrm{T}}\boldsymbol{A}\boldsymbol{x}$,利用拉格朗日配方法可证得下列结论.

**定理 6.1**　任一二次型都可以通过可逆线性变换化为标准形.

定理 6.1 的证明从略.

拉格朗日配方法的步骤是:

(1) 若二次型含有 $x_i$ 的平方项,则先把含有 $x_i$ 的乘积项集中,然后配方,再对其余的变量进行同样过程直到所有变量都配成平方项为止,经过可逆线性变换,就得到标准形;

(2) 若二次型中不含有平方项，但是 $a_{ij}\neq 0(i\neq j)$，则先做可逆线性变换

$$\begin{cases}x_i=y_i+y_j,\\ x_j=y_i-y_j,\\ x_k=y_k\quad(k=1,2,\cdots,n\text{ 且 }k\neq i,j),\end{cases}$$

化二次型为含有平方项的二次型，然后再按(1)中方法配方.

将定理 6.1 用矩阵的语言描述可得以下定理：

**定理 6.2** 对任一对称矩阵 $\boldsymbol{A}$，存在可逆矩阵 $\boldsymbol{C}$，使 $\boldsymbol{B}=\boldsymbol{C}^{\mathrm{T}}\boldsymbol{A}\boldsymbol{C}$ 为对角矩阵. 即任一对称矩阵都与一个对角矩阵合同.

**例 6.1** 化二次型 $f(x_1,x_2,x_3)=x_1^2+2x_2^2+5x_3^2+2x_1x_2+2x_1x_3+6x_2x_3$ 为标准形，并求所用的变换矩阵.

**解** 由于 $f(x_1,x_2,x_3)$ 含有 $x_1$ 的平方项，配方可得

$$\begin{aligned}f(x_1,x_2,x_3)&=x_1^2+2x_1x_2+2x_1x_3+2x_2^2+5x_3^2+6x_2x_3\\&=(x_1+x_2+x_3)^2+x_2^2+4x_3^2+4x_2x_3\\&=(x_1+x_2+x_3)^2+(x_2+2x_3)^2.\end{aligned}$$

$$\text{令}\begin{cases}y_1=x_1+x_2+x_3,\\ y_2=x_2+2x_3,\\ y_3=x_3,\end{cases}\qquad\text{即}\begin{cases}x_1=y_1-y_2+y_3,\\ x_2=y_2-2y_3,\\ x_3=y_3,\end{cases}$$

或

$$\begin{pmatrix}x_1\\x_2\\x_3\end{pmatrix}=\begin{pmatrix}1&-1&1\\0&1&-2\\0&0&1\end{pmatrix}\begin{pmatrix}y_1\\y_2\\y_3\end{pmatrix},$$

就把 $f(x_1,x_2,x_3)$ 化为标准形 $f=y_1^2+y_2^2$，所用变换矩阵为

$$\boldsymbol{C}=\begin{pmatrix}1&-1&1\\0&1&-2\\0&0&1\end{pmatrix}\quad(|\boldsymbol{C}|=1\neq 0).$$

**例 6.2** 化二次型 $f(x_1,x_2,x_3)=2x_1x_2+2x_1x_3-6x_2x_3$ 为标准形，并求所用的变换矩阵.

**解** 由于所给二次型中不含平方项，所以令

$$\begin{cases}x_1=y_1+y_2,\\ x_2=y_1-y_2,\\ x_3=y_3,\end{cases}\quad\text{即}\begin{pmatrix}x_1\\x_2\\x_3\end{pmatrix}=\begin{pmatrix}1&1&0\\1&-1&0\\0&0&1\end{pmatrix}\begin{pmatrix}y_1\\y_2\\y_3\end{pmatrix},$$

代入 $f(x_1,x_2,x_3)=2x_1x_2+2x_1x_3-6x_2x_3$ 中，可得

$$f=2y_1^2-2y_2^2-4y_1y_3+8y_2y_3.$$

再配方,得

$$f=2(y_1-y_3)^2-2(y_2-2y_3)^2+6y_3^2.$$

$$令\begin{cases}z_1=y_1-y_3,\\z_2=y_2-2y_3,\\z_3=y_3,\end{cases}\quad 即\begin{cases}y_1=z_1+z_3,\\y_2=z_2+2z_3,\\y_3=z_3,\end{cases}$$

或

$$\begin{pmatrix}y_1\\y_2\\y_3\end{pmatrix}=\begin{pmatrix}1&0&1\\0&1&2\\0&0&1\end{pmatrix}\begin{pmatrix}z_1\\z_2\\z_3\end{pmatrix},$$

就把 $f(x_1,x_2,x_3)$ 化为标准形 $f=2z_1^2-2z_2^2+6z_3^2$,所用变换矩阵为

$$\boldsymbol{C}=\begin{pmatrix}1&1&0\\1&-1&0\\0&0&1\end{pmatrix}\begin{pmatrix}1&0&1\\0&1&2\\0&0&1\end{pmatrix}=\begin{pmatrix}1&1&3\\1&-1&-1\\0&0&1\end{pmatrix}\quad(|\boldsymbol{C}|=-2\neq 0).$$

**2. 用初等变换化二次型为标准形**

设有可逆线性变换为 $\boldsymbol{x}=\boldsymbol{Cy}$,它把二次型 $f(\boldsymbol{x})=\boldsymbol{x}^{\mathrm{T}}\boldsymbol{Ax}$ 化为标准形 $\boldsymbol{y}^{\mathrm{T}}\boldsymbol{By}$,则 $\boldsymbol{C}^{\mathrm{T}}\boldsymbol{AC}=\boldsymbol{B}$.

已知任一可逆矩阵均可表示为若干个初等矩阵的乘积,即存在初等矩阵 $\boldsymbol{P}_1$, $\boldsymbol{P}_2$, …, $\boldsymbol{P}_s$,使 $\boldsymbol{C}=\boldsymbol{P}_1\boldsymbol{P}_2\cdots\boldsymbol{P}_s$, 于是

$$\boldsymbol{C}^{\mathrm{T}}=\boldsymbol{P}_s^{\mathrm{T}}\cdots\boldsymbol{P}_2^{\mathrm{T}}\boldsymbol{P}_1^{\mathrm{T}},$$

$$\boldsymbol{C}^{\mathrm{T}}\boldsymbol{AC}=\boldsymbol{P}_s^{\mathrm{T}}\cdots\boldsymbol{P}_2^{\mathrm{T}}\boldsymbol{P}_1^{\mathrm{T}}\boldsymbol{AP}_1\boldsymbol{P}_2\cdots\boldsymbol{P}_s=\boldsymbol{B}.$$

由此可见,对 $2n\times n$ 矩阵 $\begin{pmatrix}\boldsymbol{A}\\\boldsymbol{E}\end{pmatrix}$ 进行相应于左乘 $\boldsymbol{P}_s^{\mathrm{T}}\cdots\boldsymbol{P}_2^{\mathrm{T}}\boldsymbol{P}_1^{\mathrm{T}}$ 的初等行变换,再对 $\boldsymbol{A}$ 进行相应于右乘 $\boldsymbol{P}_1$, $\boldsymbol{P}_2$, …, $\boldsymbol{P}_s$ 的初等列变换,则矩阵 $\boldsymbol{A}$ 变为对角矩阵 $\boldsymbol{B}$,而单位矩阵 $\boldsymbol{E}$ 就变为所要求的可逆矩阵 $\boldsymbol{C}$.

**例 6.3** 用初等变换法化二次型 $f(x_1,x_2,x_3)=x_1^2+4x_2^2+x_3^2+2x_1x_2+10x_1x_3+6x_2x_3$ 为标准形.

**解** $f(x_1,x_2,x_3)$ 的矩阵为 $\boldsymbol{A}=\begin{pmatrix}1&1&5\\1&4&3\\5&3&1\end{pmatrix}$,对矩阵 $\begin{pmatrix}\boldsymbol{A}\\\boldsymbol{E}\end{pmatrix}$ 进行初等变换,有

$$\begin{pmatrix} A \\ E \end{pmatrix} = \begin{pmatrix} 1 & 1 & 5 \\ 1 & 4 & 3 \\ 5 & 3 & 1 \\ 1 & 0 & 0 \\ 0 & 1 & 0 \\ 0 & 0 & 1 \end{pmatrix} \xrightarrow{r_2 - r_1} \begin{pmatrix} 1 & 1 & 5 \\ 0 & 3 & -2 \\ 5 & 3 & 1 \\ 1 & 0 & 0 \\ 0 & 1 & 0 \\ 0 & 0 & 1 \end{pmatrix} \xrightarrow[c_2 - c_1]{} \begin{pmatrix} 1 & 0 & 5 \\ 0 & 3 & -2 \\ 5 & -2 & 1 \\ 1 & -1 & 0 \\ 0 & 1 & 0 \\ 0 & 0 & 1 \end{pmatrix}$$

$$\xrightarrow{r_3 - 5r_1} \begin{pmatrix} 1 & 0 & 5 \\ 0 & 3 & -2 \\ 0 & -2 & -24 \\ 1 & -1 & 0 \\ 0 & 1 & 0 \\ 0 & 0 & 1 \end{pmatrix} \xrightarrow[c_3 - 5c_1]{} \begin{pmatrix} 1 & 0 & 0 \\ 0 & 3 & -2 \\ 0 & -2 & -24 \\ 1 & -1 & -5 \\ 0 & 1 & 0 \\ 0 & 0 & 1 \end{pmatrix}$$

$$\xrightarrow{r_3 + \frac{2}{3}r_2} \begin{pmatrix} 1 & 0 & 0 \\ 0 & 3 & -2 \\ 0 & 0 & -\frac{76}{3} \\ 1 & -1 & -5 \\ 0 & 1 & 0 \\ 0 & 0 & 1 \end{pmatrix} \xrightarrow[c_3 + \frac{2}{3}c_2]{} \begin{pmatrix} 1 & 0 & 0 \\ 0 & 3 & 0 \\ 0 & 0 & -\frac{76}{3} \\ 1 & -1 & -\frac{17}{3} \\ 0 & 1 & \frac{2}{3} \\ 0 & 0 & 1 \end{pmatrix}.$$

由此可确定可逆矩阵 $C = \begin{pmatrix} 1 & -1 & -\frac{17}{3} \\ 0 & 1 & \frac{2}{3} \\ 0 & 0 & 1 \end{pmatrix}$，易验证 $C^{\mathrm{T}}AC = \Lambda = \begin{pmatrix} 1 & & \\ & 3 & \\ & & -\frac{76}{3} \end{pmatrix}$，

因此二次型 $f(x_1, x_2, x_3)$ 经可逆线性变换 $x = Cy$，即

$$\begin{pmatrix} x_1 \\ x_2 \\ x_3 \end{pmatrix} = \begin{pmatrix} 1 & -1 & -\frac{17}{3} \\ 0 & 1 & \frac{2}{3} \\ 0 & 0 & 1 \end{pmatrix} \begin{pmatrix} y_1 \\ y_2 \\ y_3 \end{pmatrix}$$

化为标准形
$$f = y_1^2 + 3y_2^2 - \frac{76}{3}y_3^2.$$

**3. 用正交变换化二次型为标准形**

在前面已经知道，对实二次型 $f(x) = x^{\mathrm{T}}Ax$ 来说，要使之经可逆线性变换 $x =$

$\boldsymbol{C}\boldsymbol{y}$ 变成标准形，即要使 $\boldsymbol{C}^{\mathrm{T}}\boldsymbol{A}\boldsymbol{C}$ 成为对角矩阵. 因此，主要问题是，对于实对称矩阵 $\boldsymbol{A}$，寻求可逆矩阵 $\boldsymbol{C}$，使 $\boldsymbol{C}^{\mathrm{T}}\boldsymbol{A}\boldsymbol{C}$ 成为对角矩阵.

由定理 5.9 知，对 $n$ 阶实对称矩阵 $\boldsymbol{A}$，必有正交矩阵 $\boldsymbol{P}$，使 $\boldsymbol{P}^{-1}\boldsymbol{A}\boldsymbol{P}=\boldsymbol{P}^{\mathrm{T}}\boldsymbol{A}\boldsymbol{P}=\boldsymbol{\Lambda}$，其中，$\boldsymbol{\Lambda}$ 是以 $\boldsymbol{A}$ 的 $n$ 个特征值为主对角线上元素的对角矩阵. 把此结论应用于二次型，则有以下定理：

**定理 6.3** 任给实二次型 $f(\boldsymbol{x})=\boldsymbol{x}^{\mathrm{T}}\boldsymbol{A}\boldsymbol{x}$，总有正交变换 $\boldsymbol{x}=\boldsymbol{P}\boldsymbol{y}$（$\boldsymbol{P}$ 为正交矩阵），使之化为标准形

$$f=\lambda_1 y_1^2+\lambda_2 y_2^2+\cdots+\lambda_n y_n^2,$$

其中，$\lambda_1, \lambda_2, \cdots, \lambda_n$ 是 $f$ 的矩阵 $\boldsymbol{A}=(a_{ij})_{n\times n}$ 的特征值.

用正交变换化二次型为标准形，可按如下步骤进行：

(1) 将二次型写成矩阵形式，求出其矩阵 $\boldsymbol{A}$；

(2) 求出 $\boldsymbol{A}$ 的所有特征值 $\lambda_1, \lambda_2, \cdots, \lambda_n$；

(3) 求出 $\boldsymbol{A}$ 的属于各特征值的线性无关的特征向量 $\boldsymbol{\xi}_1, \boldsymbol{\xi}_2, \cdots, \boldsymbol{\xi}_n$；

(4) 将特征向量 $\boldsymbol{\xi}_1, \boldsymbol{\xi}_2, \cdots, \boldsymbol{\xi}_n$ 正交单位化，得 $\boldsymbol{\eta}_1, \boldsymbol{\eta}_2, \cdots, \boldsymbol{\eta}_n$；

(5) 记 $\boldsymbol{P}=(\boldsymbol{\eta}_1, \boldsymbol{\eta}_2, \cdots, \boldsymbol{\eta}_n)$，做正交变换 $\boldsymbol{x}=\boldsymbol{P}\boldsymbol{y}$，则得 $f$ 的标准形

$$f=\lambda_1 y_1^2+\lambda_2 y_2^2+\cdots+\lambda_n y_n^2.$$

**例 6.4** 将二次型 $f(x_1, x_2, x_3)=17x_1^2+14x_2^2+14x_3^2-4x_1x_2-4x_1x_3-8x_2x_3$ 通过正交变换 $\boldsymbol{x}=\boldsymbol{P}\boldsymbol{y}$ 化为标准形.

**解** (1) 写出对应的二次型矩阵

$$\boldsymbol{A}=\begin{pmatrix}17 & -2 & -2\\ -2 & 14 & -4\\ -2 & -4 & 14\end{pmatrix}.$$

(2) 求二次型矩阵的特征值

由

$$|\lambda\boldsymbol{E}-\boldsymbol{A}|=\begin{vmatrix}\lambda-17 & 2 & 2\\ 2 & \lambda-14 & 4\\ 2 & 4 & \lambda-14\end{vmatrix}=(\lambda-18)^2(\lambda-9)$$

得 $\boldsymbol{A}$ 的特征值 $\lambda_1=9, \lambda_2=\lambda_3=18$.

(3) 求对应的特征向量

对于 $\lambda_1=9$，解方程 $(9\boldsymbol{E}-\boldsymbol{A})\boldsymbol{x}=\boldsymbol{0}$，由

$$9\boldsymbol{E}-\boldsymbol{A}=\begin{pmatrix}-8 & 2 & 2\\ 2 & -5 & 4\\ 2 & 4 & -5\end{pmatrix}\to\begin{pmatrix}2 & 0 & -1\\ 0 & 1 & -1\\ 0 & 0 & 0\end{pmatrix}$$

得基础解系 $\boldsymbol{\alpha}_1=\begin{pmatrix}1\\2\\2\end{pmatrix}$.

对于 $\lambda_2=\lambda_3=18$,解方程$(18\boldsymbol{E}-\boldsymbol{A})\boldsymbol{x}=\boldsymbol{0}$, 由

$$18\boldsymbol{E}-\boldsymbol{A}=\begin{pmatrix}1&2&2\\2&4&4\\2&4&4\end{pmatrix}\to\begin{pmatrix}1&2&2\\0&0&0\\0&0&0\end{pmatrix}$$

得基础解系 $\boldsymbol{\alpha}_2=\begin{pmatrix}-2\\1\\0\end{pmatrix}$, $\boldsymbol{\alpha}_3=\begin{pmatrix}-2\\0\\1\end{pmatrix}$.

(4) 将特征向量正交化

取 $\boldsymbol{\xi}_1=\boldsymbol{\alpha}_1$, $\boldsymbol{\xi}_2=\boldsymbol{\alpha}_2$, $\boldsymbol{\xi}_3=\boldsymbol{\alpha}_3-\dfrac{[\boldsymbol{\alpha}_3,\boldsymbol{\xi}_2]}{[\boldsymbol{\xi}_2,\boldsymbol{\xi}_2]}\boldsymbol{\xi}_2$, 得正交向量组

$$\boldsymbol{\xi}_1=\begin{pmatrix}1\\2\\2\end{pmatrix},\quad \boldsymbol{\xi}_2=\begin{pmatrix}-2\\1\\0\end{pmatrix},\quad \boldsymbol{\xi}_3=\begin{pmatrix}-\frac{2}{5}\\-\frac{4}{5}\\1\end{pmatrix}.$$

将其单位化, 令 $\boldsymbol{\eta}_i=\dfrac{\boldsymbol{\xi}_i}{\|\boldsymbol{\xi}_i\|}$ $(i=1,2,3)$, 得

$$\boldsymbol{\eta}_1=\begin{pmatrix}\frac{1}{3}\\\frac{2}{3}\\\frac{2}{3}\end{pmatrix},\quad \boldsymbol{\eta}_2=\begin{pmatrix}-\frac{2}{\sqrt{5}}\\\frac{1}{\sqrt{5}}\\0\end{pmatrix},\quad \boldsymbol{\eta}_3=\begin{pmatrix}-\frac{2}{\sqrt{45}}\\-\frac{4}{\sqrt{45}}\\\frac{5}{\sqrt{45}}\end{pmatrix}.$$

(5) 做正交矩阵 $\boldsymbol{P}=(\boldsymbol{\eta}_1,\boldsymbol{\eta}_2,\boldsymbol{\eta}_3)=\begin{pmatrix}\frac{1}{3}&-\frac{2}{\sqrt{5}}&-\frac{2}{\sqrt{45}}\\\frac{2}{3}&\frac{1}{\sqrt{5}}&-\frac{4}{\sqrt{45}}\\\frac{2}{3}&0&\frac{5}{\sqrt{45}}\end{pmatrix}$, 于是所求正交变换为

$$\begin{pmatrix} x_1 \\ x_2 \\ x_3 \end{pmatrix} = \begin{pmatrix} \frac{1}{3} & -\frac{2}{\sqrt{5}} & -\frac{2}{\sqrt{45}} \\ \frac{2}{3} & \frac{1}{\sqrt{5}} & -\frac{4}{\sqrt{45}} \\ \frac{2}{3} & 0 & \frac{5}{\sqrt{45}} \end{pmatrix} \begin{pmatrix} y_1 \\ y_2 \\ y_3 \end{pmatrix},$$

在此变换下,原二次型化为标准形

$$f = 9y_1^2 + 18y_2^2 + 18y_3^2.$$

**例 6.5** 求一个正交变换 $\boldsymbol{x} = \boldsymbol{P}\boldsymbol{y}$,化二次型

$$f(x_1, x_2, x_3) = x_1^2 + 4x_2^2 + x_3^2 - 4x_1x_2 - 8x_1x_3 - 4x_2x_3$$

为标准形.

**解** 二次型的矩阵为

$$\boldsymbol{A} = \begin{pmatrix} 1 & -2 & -4 \\ -2 & 4 & -2 \\ -4 & -2 & 1 \end{pmatrix}.$$

因为 $|\lambda\boldsymbol{E} - \boldsymbol{A}| = \begin{vmatrix} \lambda-1 & 2 & 4 \\ 2 & \lambda-4 & 2 \\ 4 & 2 & \lambda-1 \end{vmatrix} = (\lambda-5)^2(\lambda+4)$,

所以,$\boldsymbol{A}$ 的特征值为 $\lambda_1 = -4$, $\lambda_2 = \lambda_3 = 5$.

对于 $\lambda_1 = -4$,解方程 $(-4\boldsymbol{E} - \boldsymbol{A})\boldsymbol{x} = \boldsymbol{0}$,由

$$-4\boldsymbol{E} - \boldsymbol{A} = \begin{pmatrix} -5 & 2 & 4 \\ 2 & -8 & 2 \\ 4 & 2 & -5 \end{pmatrix} \to \begin{pmatrix} 1 & 0 & -1 \\ 0 & 2 & -1 \\ 0 & 0 & 0 \end{pmatrix},$$

得一个基础解系为 $\boldsymbol{\alpha}_1 = \begin{pmatrix} 2 \\ 1 \\ 2 \end{pmatrix}$,单位化得 $\boldsymbol{\eta}_1 = \begin{pmatrix} \frac{2}{3} \\ \frac{1}{3} \\ \frac{2}{3} \end{pmatrix}$.

对于 $\lambda_2 = \lambda_3 = 5$,解方程 $(5\boldsymbol{E} - \boldsymbol{A})\boldsymbol{x} = \boldsymbol{0}$,由

$$5\boldsymbol{E} - \boldsymbol{A} = \begin{pmatrix} 4 & 2 & 4 \\ 2 & 1 & 2 \\ 4 & 2 & 4 \end{pmatrix} \to \begin{pmatrix} 1 & \frac{1}{2} & 1 \\ 0 & 0 & 0 \\ 0 & 0 & 0 \end{pmatrix},$$

得一个基础解系为 $\boldsymbol{\alpha}_2=\begin{pmatrix}1\\-2\\0\end{pmatrix}$，$\boldsymbol{\alpha}_3=\begin{pmatrix}1\\0\\-1\end{pmatrix}$.

将 $\boldsymbol{\alpha}_2$，$\boldsymbol{\alpha}_3$ 正交化：取 $\boldsymbol{\xi}_2=\boldsymbol{\alpha}_2=\begin{pmatrix}1\\-2\\0\end{pmatrix}$，

$$\boldsymbol{\xi}_3=\boldsymbol{\alpha}_3-\frac{[\boldsymbol{\alpha}_3,\boldsymbol{\xi}_2]}{[\boldsymbol{\xi}_2,\boldsymbol{\xi}_2]}\boldsymbol{\xi}_2=\begin{pmatrix}1\\0\\-1\end{pmatrix}-\frac{1}{5}\begin{pmatrix}1\\-2\\0\end{pmatrix}=\begin{pmatrix}\frac{4}{5}\\\frac{2}{5}\\-1\end{pmatrix},$$

再将 $\boldsymbol{\xi}_2$，$\boldsymbol{\xi}_3$ 单位化，得

$$\boldsymbol{\eta}_2=\begin{pmatrix}\frac{1}{\sqrt{5}}\\-\frac{2}{\sqrt{5}}\\0\end{pmatrix},\ \boldsymbol{\eta}_3=\begin{pmatrix}\frac{4}{3\sqrt{5}}\\\frac{2}{3\sqrt{5}}\\-\frac{5}{3\sqrt{5}}\end{pmatrix}.$$

将 $\boldsymbol{\eta}_1$，$\boldsymbol{\eta}_2$，$\boldsymbol{\eta}_3$ 构成正交矩阵

$$\boldsymbol{P}=(\boldsymbol{\eta}_1,\boldsymbol{\eta}_2,\boldsymbol{\eta}_3)=\begin{pmatrix}\frac{2}{3}&\frac{1}{\sqrt{5}}&\frac{4}{3\sqrt{5}}\\\frac{1}{3}&-\frac{2}{\sqrt{5}}&\frac{2}{3\sqrt{5}}\\\frac{2}{3}&0&-\frac{5}{3\sqrt{5}}\end{pmatrix},$$

则做正交变换 $\boldsymbol{x}=\boldsymbol{P}\boldsymbol{y}$，二次型化为标准形：

$$f=-4y_1^2+5y_2^2+5y_3^2.$$

### 6.2.2 惯性定理

从以上的讨论知道，在化二次型为标准形的过程中，可逆线性变换 $\boldsymbol{x}=\boldsymbol{P}\boldsymbol{y}$ 不唯一，对应的标准形也不唯一，但标准形中非零系数个数是相等的，都等于二次型的秩. 如果限定可逆线性变换为实变换，则二次型的标准形的正系数个数是不变的，从而负系数个数也是不变的，这就是下述的惯性定理.

**定理 6.4(惯性定理)** 设实二次型 $f(\boldsymbol{x})=\boldsymbol{x}^{\mathrm{T}}\boldsymbol{A}\boldsymbol{x}$，它的秩为 $r$，有两个可逆线

性变换

$$\boldsymbol{x} = \boldsymbol{P}\boldsymbol{y} \quad 及 \quad \boldsymbol{x} = \boldsymbol{Q}\boldsymbol{z},$$

分别化二次型为标准形

$$f = t_1 y_1^2 + t_2 y_2^2 + \cdots + t_r y_r^2 \quad (t_i \neq 0,\ i = 1,\ 2,\ \cdots,\ r)$$

及

$$f = k_1 z_1^2 + k_2 z_2^2 + \cdots + k_r z_r^2 \quad (k_i \neq 0,\ i = 1,\ 2,\ \cdots,\ r),$$

则 $t_1$，$t_2$，$\cdots$，$t_r$ 中正数的个数与 $k_1$，$k_2$，$\cdots$，$k_r$ 中正数的个数相等.

定理 6.4 的证明从略.

实二次型的标准形中正系数的个数称为二次型的**正惯性指数**,负系数的个数称为二次型的**负惯性指数**,正惯性指数与负惯性指数的差称为二次型的**符号差**.

显然,二次型的标准形中,非零系数的个数就是二次型的秩.

例如,一个二次型的标准形是 $2y_1^2 - y_2^2 + 3y_3^2$,则该二次型的正惯性指数等于 2,负惯性指数等于 1,符号差等于 1,秩等于 3.

### 6.2.3 化二次型为规范形

将二次型 $f(\boldsymbol{x}) = \boldsymbol{x}^{\mathrm{T}}\boldsymbol{A}\boldsymbol{x}$ 化为平方项之代数和形式后,如有必要可重新安排变量的次序(相当于作一次可逆线性变换),使这个标准形为

$$d_1 x_1^2 + \cdots + d_p x_p^2 - d_{p+1} x_{p+1}^2 - \cdots - d_r x_r^2.$$

其中,$d_i > 0\ (i = 1,\ 2,\ \cdots,\ r)$.

在实数范围内,通过如下的可逆线性变换

$$\begin{cases} x_i = \dfrac{1}{\sqrt{d_i}} y_i & (i = 1,\ 2,\ \cdots,\ r), \\ x_j = y_j & (j = r+1,\ r+2,\ \cdots,\ n), \end{cases}$$

则可将二次型 $d_1 x_1^2 + \cdots + d_p x_p^2 - d_{p+1} x_{p+1}^2 - \cdots - d_r x_r^2$ 化为

$$y_1^2 + \cdots + y_p^2 - y_{p+1}^2 - \cdots - y_r^2.$$

这种形式的二次型称为二次型 $f(\boldsymbol{x}) = \boldsymbol{x}^{\mathrm{T}}\boldsymbol{A}\boldsymbol{x}\ (\boldsymbol{A}^{\mathrm{T}} = \boldsymbol{A})$ 的**规范形**,我们有下面定理:

**定理 6.5** 任何实二次型都可通过可逆线性变换化为规范形,且规范形是由二次型本身决定的唯一形式,与所做的可逆线性变换无关.

显然,规范形中的正项个数 $p$ 就是实二次型的正惯性指数,负项个数 $r-p$ 是二次型的负惯性指数,它们的差 $p-(r-p) = 2p-r$ 是这个二次型的符号差,$r$ 是二次型的秩.

由定理 6.5 可知,实二次型的正惯性指数和负惯性指数是被二次型本身唯一确定的.

**例 6.6** 化二次型 $f(x_1, x_2, x_3)=2x_1x_2-6x_2x_3+2x_1x_3$ 为规范形.

**解** 由例 6.2 知,二次型 $f(x_1, x_2, x_3)=2x_1x_2-6x_2x_3+2x_1x_3$ 可化为标准形

$$f=2z_1^2-2z_2^2+6z_3^2,$$

故令 $\begin{cases} w_1=\sqrt{2}z_1, \\ w_2=\sqrt{2}z_2, \\ w_3=\sqrt{6}z_3, \end{cases}$ 即 $\begin{cases} z_1=\dfrac{1}{\sqrt{2}}w_1, \\ z_2=\dfrac{1}{\sqrt{2}}w_2, \\ z_3=\dfrac{1}{\sqrt{6}}w_3, \end{cases}$

则 $f$ 可化为规范形

$$f=w_1^2-w_2^2+w_3^2.$$

**例 6.7** 化二次型

$$\begin{aligned} f(x_1, x_2, x_3)=x_1^2+2x_1x_2+2x_1x_3 \\ +2x_2^2+8x_2x_3+5x_3^2 \end{aligned}$$

为规范形,并求其正惯性指数.

**解** 先将含有 $x_1$ 的项配方,得

$$\begin{aligned} f(x_1, x_2, x_3) &= x_1^2+2x_1(x_2+x_3)+(x_2+x_3)^2 \\ &\quad -(x_2+x_3)^2+2x_2^2+8x_2x_3+5x_3^2 \\ &= (x_1+x_2+x_3)^2+x_2^2+6x_2x_3+4x_3^2, \end{aligned}$$

再将后三项中含有 $x_2$ 的项配方,有

$$\begin{aligned} f(x_1, x_2, x_3) &= (x_1+x_2+x_3)^2+x_2^2+6x_2x_3+9x_3^2-5x_3^2 \\ &= (x_1+x_2+x_3)^2+(x_2+3x_3)^2-5x_3^2, \end{aligned}$$

令 $\begin{cases} y_1=x_1+x_2+x_3, \\ y_2=x_2+3x_3, \\ y_3=\sqrt{5}x_3, \end{cases}$

记 $\boldsymbol{y}=\begin{pmatrix} y_1 \\ y_2 \\ y_3 \end{pmatrix}, \quad \boldsymbol{x}=\begin{pmatrix} x_1 \\ x_2 \\ x_3 \end{pmatrix}, \quad \boldsymbol{B}=\begin{pmatrix} 1 & 1 & 1 \\ 0 & 1 & 3 \\ 0 & 0 & \sqrt{5} \end{pmatrix},$

则 $\boldsymbol{y}=\boldsymbol{B}\boldsymbol{x}$.

于是，经过可逆线性变换 $\boldsymbol{x}=\boldsymbol{B}^{-1}\boldsymbol{y}$，二次型 $f$ 化为规范形

$$f=y_1^2+y_2^2-y_3^2,$$

且 $f$ 的正惯性指数是 2.

## 习 题 6.2

1. 用拉格朗日配方法化下列二次型为标准形：

(1) $2x_1x_2-2x_3x_4$ ；　　(2) $x_1^2-2x_2^2+2x_1x_3-2x_2x_3$.

2. 用初等变换法化下列二次型为标准形：

(1) $x_1x_2-4x_1x_3+6x_2x_3$ ；　　(2) $2x_1^2+3x_2^2+3x_3^2+4x_2x_3$.

3. 求一个正交变换，化下列二次型为标准形：

(1) $x_1^2+2x_2^2+5x_3^2+4x_2x_3$；　　(2) $x_1^2+x_3^2+2x_1x_2-2x_2x_3$；

(3) $2x_1x_2+2x_1x_3-2x_1x_4-2x_2x_3+2x_2x_4+2x_3x_4$.

4. 求一个正交变换，把二次曲面的方程

$$3x^2+4xy+5y^2-4xz+5z^2-10yz=1$$

化成标准方程.

5. 化下列二次型为规范形：

(1) $x_1^2+3x_2^2+5x_3^2+2x_1x_2-4x_1x_3$；

(2) $2x_1^2+x_2^2+4x_3^2+2x_1x_2-2x_2x_3$.

# §6.3 正定二次型

在实二次型中，正定二次型占有特殊的地位. 本节主要讨论正定二次型的概念和判别方法.

## 6.3.1 正定二次型的概念

**定义 6.5** 设 $f(\boldsymbol{x})=\boldsymbol{x}^{\mathrm{T}}\boldsymbol{A}\boldsymbol{x}$ 是实二次型.

(1) 如果对任何非零列向量 $\boldsymbol{x}$，都有

$$\boldsymbol{x}^{\mathrm{T}}\boldsymbol{A}\boldsymbol{x}>0\quad(\text{或 } \boldsymbol{x}^{\mathrm{T}}\boldsymbol{A}\boldsymbol{x}<0)$$

成立，则称 $f(\boldsymbol{x})=\boldsymbol{x}^{\mathrm{T}}\boldsymbol{A}\boldsymbol{x}$ 为**正定(负定)二次型**，矩阵 $\boldsymbol{A}$ 称为**正定矩阵(负定矩阵)**.

(2) 如果对任何非零列向量 $\boldsymbol{x}$，都有

$$\boldsymbol{x}^{\mathrm{T}}\boldsymbol{A}\boldsymbol{x}\geqslant 0\quad(\text{或 } \boldsymbol{x}^{\mathrm{T}}\boldsymbol{A}\boldsymbol{x}\leqslant 0)$$

成立，且有非零列向量 $\boldsymbol{x}_0$，使 $\boldsymbol{x}_0^{\mathrm{T}}\boldsymbol{A}\boldsymbol{x}_0=0$，则称 $f(\boldsymbol{x})=\boldsymbol{x}^{\mathrm{T}}\boldsymbol{A}\boldsymbol{x}$ 为**半正定(半负定)二次型**，矩阵 $\boldsymbol{A}$ 称为**半正定矩阵(半负定矩阵)**.

(3) 如果 $f(\boldsymbol{x})=\boldsymbol{x}^{\mathrm{T}}\boldsymbol{A}\boldsymbol{x}$ 既不是半正定又不是半负定,则称 $f(\boldsymbol{x})=\boldsymbol{x}^{\mathrm{T}}\boldsymbol{A}\boldsymbol{x}$ 为**不定二次型**.

例如,对二次型 $f(x_1, x_2, \cdots, x_n)=x_1^2+x_2^2+\cdots+x_n^2$,当 $\boldsymbol{x}=(x_1, x_2, \cdots, x_n)^{\mathrm{T}}\neq 0$ 时,显然有

$$f(x_1, x_2, \cdots, x_n)>0,$$

所以这个二次型是正定的,其矩阵 $\boldsymbol{E}_n$ 是正定矩阵.

设有二次型 $f(x_1, x_2, x_3)=-x_1^2-2x_1x_2+4x_1x_3-x_2^2+4x_2x_3-4x_3^2$,将其改写成

$$f(x_1, x_2, x_3)=-(x_1+x_2-2x_3)^2\leqslant 0,$$

当 $x_1+x_2-2x_3=0$ 时,$f(x_1, x_2, x_3)=0$,故 $f(x_1, x_2, x_3)$ 是半负定,其对应的矩阵

$$\begin{pmatrix}-1 & -1 & 2\\ -1 & -1 & 2\\ 2 & 2 & -4\end{pmatrix}$$

是半负定矩阵.

而二次型 $f(x_1, x_2)=x_1^2-2x_2^2$ 是不定二次型,因其符号有时正有时负,如

$$f(1, 1)=-1<0,\ f(2, 1)>0.$$

### 6.3.2 正定二次型的判别法

**定理 6.6** $n$ 元实二次型 $f(\boldsymbol{x})=\boldsymbol{x}^{\mathrm{T}}\boldsymbol{A}\boldsymbol{x}$ 为正定二次型的充分必要条件是它的正惯性指数等于 $n$.

**证明** 根据惯性定理,设可逆线性变换 $\boldsymbol{x}=\boldsymbol{C}\boldsymbol{y}$,使

$$f(\boldsymbol{x})=f(\boldsymbol{C}\boldsymbol{y})=\sum_{i=1}^{n}k_iy_i^2.$$

先证明充分性. 设 $k_i>0\ (i=1, 2, \cdots, n)$. 对任何非零列向量 $\boldsymbol{x}$,则 $\boldsymbol{y}=\boldsymbol{C}^{-1}\boldsymbol{x}\neq\boldsymbol{0}$,故

$$f(\boldsymbol{x})=\sum_{i=1}^{n}k_iy_i^2>0.$$

再证必要性. 用反证法.

假设有某个 $k_i\leqslant 0$,则当 $y=\boldsymbol{\varepsilon}_i$(单位坐标向量)时,$f(\boldsymbol{C}\boldsymbol{\varepsilon}_i)=k_i\leqslant 0$. 显然 $\boldsymbol{C}\boldsymbol{\varepsilon}_i\neq 0$,这与 $f$ 为正定相矛盾. 这就证明了 $k_i>0\ (i=1, 2, \cdots, n)$. ■

二次型的正定性与其矩阵的正定性之间具有一一对应关系. 因此,二次型的正

定性判别可转化为实对称矩阵的正定性判别.

定理 6.6 说明,实二次型为正定二次型的充分必要条件是它对应的实对称矩阵与对角矩阵合同,而且该对应矩阵的主对角线上的元素全为正数.

另外,由定理 6.6 还可得出以下推论:

**推论** $n$ 阶实对称矩阵 $\boldsymbol{A}$ 为正定矩阵的充分必要条件是 $\boldsymbol{A}$ 的所有特征值全为正数.

**证明** 由定理 6.3, 对二次型 $f(\boldsymbol{x})=\boldsymbol{x}^{\mathrm{T}}\boldsymbol{A}\boldsymbol{x}$,有正交变换 $\boldsymbol{x}=\boldsymbol{P}\boldsymbol{y}$, 使

$$f(\boldsymbol{x})=\boldsymbol{x}^{\mathrm{T}}\boldsymbol{A}\boldsymbol{x}=\lambda_1 y_1^2+\lambda_2 y_2^2+\cdots+\lambda_n y_n^2,$$

其中,$\lambda_1, \lambda_2, \cdots, \lambda_n$ 为 $\boldsymbol{A}$ 的特征值.

所以由定理 6.6 知,$\boldsymbol{A}$ 为正定矩阵的充分必要条件是 $\boldsymbol{A}$ 的所有特征值全为正数.

**定理 6.7** 实对称矩阵 $\boldsymbol{A}$ 为正定矩阵的充分必要条件是存在可逆矩阵 $\boldsymbol{C}$, 使 $\boldsymbol{A}=\boldsymbol{C}^{\mathrm{T}}\boldsymbol{C}$,即 $\boldsymbol{A}$ 与单位矩阵 $\boldsymbol{E}$ 合同.

**证明** 设 $\boldsymbol{A}$ 为正定矩阵,由定理 5.9 可得,存在正交矩阵 $\boldsymbol{P}$,使

$$\boldsymbol{A}=\boldsymbol{P}^{\mathrm{T}}\boldsymbol{\Lambda}\boldsymbol{P},$$

其中,$\boldsymbol{\Lambda}=\operatorname{diag}(\lambda_1, \lambda_2, \cdots, \lambda_n)$,而 $\lambda_1, \lambda_2, \cdots, \lambda_n$ 是 $\boldsymbol{A}$ 的全部特征值,且由定理 6.6 的推论知 $\lambda_1, \lambda_2, \cdots, \lambda_n$ 全大于零.

令 $\boldsymbol{C}=\operatorname{diag}(\sqrt{\lambda_1}, \sqrt{\lambda_2}, \cdots, \sqrt{\lambda_n})\boldsymbol{P}$,则 $\boldsymbol{C}$ 可逆,且 $\boldsymbol{A}=\boldsymbol{C}^{\mathrm{T}}\boldsymbol{C}$.

反之, 设 $\boldsymbol{A}=\boldsymbol{C}^{\mathrm{T}}\boldsymbol{C}$($\boldsymbol{C}$ 可逆),则对任何非零列向量 $\boldsymbol{x}$,令 $\boldsymbol{y}=\boldsymbol{C}\boldsymbol{x}=\begin{pmatrix} y_1 \\ y_2 \\ \vdots \\ y_n \end{pmatrix}$,则 $\boldsymbol{y}$ 也是非零列向量,且有

$$f(\boldsymbol{x})=\boldsymbol{x}^{\mathrm{T}}\boldsymbol{A}\boldsymbol{x}=\boldsymbol{x}^{\mathrm{T}}(\boldsymbol{C}^{\mathrm{T}}\boldsymbol{C})\boldsymbol{x}=(\boldsymbol{C}\boldsymbol{x})^{\mathrm{T}}(\boldsymbol{C}\boldsymbol{x})=\boldsymbol{y}^{\mathrm{T}}\boldsymbol{y},$$

其中, $\boldsymbol{y}^{\mathrm{T}}\boldsymbol{y}=y_1^2+y_2^2+\cdots+y_n^2>0$,故 $f(\boldsymbol{x})>0$,所以 $\boldsymbol{A}$ 为正定矩阵.

**推论** 若实对称矩阵 $\boldsymbol{A}$ 为正定矩阵,则 $|\boldsymbol{A}|>0$.

**证明** 由定理 6.7 知,存在可逆矩阵 $\boldsymbol{C}$,使

$$\boldsymbol{A}=\boldsymbol{C}^{\mathrm{T}}\boldsymbol{C},$$

上式两边取行列式,就有

$$|\boldsymbol{A}|=|\boldsymbol{C}^{\mathrm{T}}\boldsymbol{C}|=|\boldsymbol{C}^{\mathrm{T}}||\boldsymbol{C}|=|\boldsymbol{C}|^2>0.$$ ■

下面再介绍一种判别正定二次型的方法,用这种方法常能较方便地判别二次型的正定性.

**定义 6.6** $n$ 阶矩阵 $\boldsymbol{A}=(a_{ij})$ 的子式

$$P_k=\begin{vmatrix} a_{11} & a_{12} & \cdots & a_{1k} \\ a_{21} & a_{22} & \cdots & a_{2k} \\ \vdots & \vdots & & \vdots \\ a_{k1} & a_{k2} & \cdots & a_{kk} \end{vmatrix} \quad (k=1,\ 2,\ \cdots,\ n)$$

称为 $\boldsymbol{A}$ 的 $k$ **阶顺序主子式**.

**定理 6.8** $n$ 阶矩阵 $\boldsymbol{A}=(a_{ij})$ 为正定矩阵的充分必要条件是 $\boldsymbol{A}$ 的所有顺序主子式全大于零，即 $P_k>0\ (k=1,\ 2,\ \cdots,\ n)$.

定理 6.8 称为**霍尔维茨定理**，其证明从略.

显然，若二次型 $f(\boldsymbol{x})=\boldsymbol{x}^{\mathrm{T}}\boldsymbol{A}\boldsymbol{x}$ 为正定二次型，则 $-f(\boldsymbol{x})=\boldsymbol{x}^{\mathrm{T}}(-\boldsymbol{A})\boldsymbol{x}$ 为负定二次型；反之，若 $f(\boldsymbol{x})=\boldsymbol{x}^{\mathrm{T}}\boldsymbol{A}\boldsymbol{x}$ 为负定二次型，则 $-f(\boldsymbol{x})=\boldsymbol{x}^{\mathrm{T}}(-\boldsymbol{A})\boldsymbol{x}$ 为正定二次型. 所以，从判别正定二次型的充分必要条件，可得判别负定二次型的以下四个等价命题：

(1) $n$ 元实二次型 $f(\boldsymbol{x})=\boldsymbol{x}^{\mathrm{T}}\boldsymbol{A}\boldsymbol{x}$ 为负定二次型；

(2) $f(\boldsymbol{x})=\boldsymbol{x}^{\mathrm{T}}\boldsymbol{A}\boldsymbol{x}$ 的负惯性指数等于 $n$；

(3) $f(\boldsymbol{x})=\boldsymbol{x}^{\mathrm{T}}\boldsymbol{A}\boldsymbol{x}$ 的矩阵 $\boldsymbol{A}$ 的所有特征值全为负数；

(4) $f(\boldsymbol{x})=\boldsymbol{x}^{\mathrm{T}}\boldsymbol{A}\boldsymbol{x}$ 的矩阵 $\boldsymbol{A}$ 的奇数阶顺序主子式为负，而偶数阶顺序主子式为正，即

$$(-1)^k P_k>0 \quad (k=1,\ 2,\ \cdots,\ n),$$

其中，$P_k$ 是 $\boldsymbol{A}$ 的 $k$ 阶顺序主子式.

**例 6.8** 判别二次型

$$f(x_1,\ x_2,\ x_3)=2x_1^2+2x_2^2+x_3^2-2x_1x_2+2x_2x_3$$

的正定性.

**解** 因为二次型 $f(x_1,\ x_2,\ x_3)$ 的矩阵为

$$\boldsymbol{A}=\begin{pmatrix} 2 & -1 & 0 \\ -1 & 2 & 1 \\ 0 & 1 & 1 \end{pmatrix},$$

而其各阶顺序主子式为

$$P_1=2>0,\ P_2=\begin{vmatrix} 2 & -1 \\ -1 & 2 \end{vmatrix}=3>0,\ P_3=|\boldsymbol{A}|=\begin{vmatrix} 2 & -1 & 0 \\ -1 & 2 & 1 \\ 0 & 1 & 1 \end{vmatrix}=1>0,$$

所以，$f(x_1,\ x_2,\ x_3)$ 为正定的.

**例 6.9** 当 $\lambda$ 取何值时，二次型

$$f(x_1, x_2, x_3) = x_1^2 + 2x_2^2 + 3x_3^2 + 2x_1x_2 - 2x_1x_3 + 2\lambda x_2x_3$$

为正定.

**解** 二次型 $f(x_1, x_2, x_3)$的矩阵为

$$\boldsymbol{A} = \begin{pmatrix} 1 & 1 & -1 \\ 1 & 2 & \lambda \\ -1 & \lambda & 3 \end{pmatrix},$$

因 $f(x_1, x_2, x_3)$为正定二次型，故 $\boldsymbol{A}$ 的所有顺序主子式全大于零，即

$$P_1 = 1 > 0, \ P_2 = \begin{vmatrix} 1 & 1 \\ 1 & 2 \end{vmatrix} = 1 > 0, \ P_3 = |\boldsymbol{A}| = -(\lambda^2 + 2\lambda - 1) > 0,$$

解得 $-\sqrt{2} - 1 < \lambda < \sqrt{2} - 1$，即为所求.

最后我们给出了二次型的规范形与其正定性之间的关系，即下面的定理.

**定理 6.9** 设秩为 $r$ 的 $n$ 元实二次型 $f(\boldsymbol{x}) = \boldsymbol{x}^{\mathrm{T}}\boldsymbol{A}\boldsymbol{x}$ 的规范形为

$$z_1^2 + z_2^2 + \cdots + z_p^2 - z_{p+1}^2 - \cdots - z_r^2,$$

则：

(1) $f(\boldsymbol{x}) = \boldsymbol{x}^{\mathrm{T}}\boldsymbol{A}\boldsymbol{x}$ 为负定二次型的充分必要条件是 $p = 0$ 且 $r = n$(即负定二次型的规范形为 $f = -z_1^2 - z_2^2 - \cdots - z_n^2$).

(2) $f(\boldsymbol{x}) = \boldsymbol{x}^{\mathrm{T}}\boldsymbol{A}\boldsymbol{x}$ 为半正定二次型的充分必要条件是 $p = r < n$(即半正定二次型的规范形为 $f = z_1^2 + z_2^2 + \cdots + z_r^2, \ r < n$)

(3) $f(\boldsymbol{x}) = \boldsymbol{x}^{\mathrm{T}}\boldsymbol{A}\boldsymbol{x}$ 为半负定二次型的充分必要条件是 $p = 0, \ r < n$(即半负定二次型的规范形为 $f = -z_1^2 - z_2^2 - \cdots - z_r^2, \ r < n$).

(4) $f(\boldsymbol{x}) = \boldsymbol{x}^{\mathrm{T}}\boldsymbol{A}\boldsymbol{x}$ 为不定二次型的充分必要条件是 $0 < p < r \leqslant n$(即不定二次型的规范形为 $f = z_1^2 + z_2^2 + \cdots + z_p^2 - z_{p+1}^2 - \cdots - z_r^2$).

## 习 题 6.3

1. 判别下列二次型的正定性：

(1) $f(x_1, x_2, x_3) = x_1^2 + 3x_2^2 + 9x_3^2 - 2x_1x_2 + 4x_1x_3$；

(2) $f(x_1, x_2, x_3) = x_1^2 + 2x_2^2 - 3x_3^2 + 4x_1x_2 + 2x_2x_3$；

(3) $f(x_1, x_2, x_3, x_4) = x_1^2 + 3x_2^2 + 9x_3^2 + 19x_4^2 - 2x_1x_2 + 4x_1x_3 + 2x_1x_4 - 6x_2x_4 - 12x_3x_4$.

2. $t$ 满足什么条件时，下列二次型是正定二次型？

(1) $f(x_1, x_2, x_3) = x_1^2 + x_2^2 + 5x_3^2 + 2tx_1x_2 - 2x_1x_3 + 4x_2x_3$；

(2) $f(x_1, x_2, x_3) = x_1^2 + 2x_2^2 + 3x_3^2 - 2tx_1x_2 + 2x_2x_3$.

3. 证明:如果 $\boldsymbol{A}$ 是正定矩阵,那么

(1) $k\boldsymbol{A}$ $(k>0)$ 是正定矩阵;

(2) $\boldsymbol{A}^{-1}$ 是正定矩阵;

(3) $\boldsymbol{A}^{*}$ 是正定矩阵;

(4) $\boldsymbol{A}$ 的主对角线上元素都大于零.

4. 证明:如果 $\boldsymbol{A}$, $\boldsymbol{B}$ 是 $n$ 阶正定矩阵,那么 $\boldsymbol{A}+\boldsymbol{B}$ 也是正定矩阵.

5. 设 $\boldsymbol{A}$ 是 $n$ 阶正定矩阵,证明: $|\boldsymbol{A}+\boldsymbol{E}|>1$.

6. 设 $\boldsymbol{A}$ 是实对称矩阵,且 $\boldsymbol{A}^2-5\boldsymbol{A}+6\boldsymbol{E}=\boldsymbol{O}$, 证明: $\boldsymbol{A}$ 是正定矩阵.

7. 设 $\boldsymbol{A}$ 是正定矩阵,证明:存在正定矩阵 $\boldsymbol{B}$, 使得 $\boldsymbol{A}=\boldsymbol{B}^2$.

## 总 习 题 6

**1. 单项选择题**

(1) 对于二次型 $f(\boldsymbol{x})=\boldsymbol{x}^{\mathrm{T}}\boldsymbol{A}\boldsymbol{x}$, 下列各结论中正确的是(　　).

(A) 化 $f(\boldsymbol{x})$ 为标准形的非退化线性变换是唯一的

(B) 化 $f(\boldsymbol{x})$ 为规范形的非退化线性变换是唯一的

(C) $f(\boldsymbol{x})$ 的标准形是唯一的

(D) $f(\boldsymbol{x})$ 的规范形是唯一的

(2) $n$ 阶实对称矩阵 $\boldsymbol{A}$ 为正定矩阵的充分必要条件是(　　).

(A) $|\boldsymbol{A}|>0$

(B) 存在 $n$ 阶矩阵 $\boldsymbol{C}$, 使 $\boldsymbol{A}=\boldsymbol{C}^{\mathrm{T}}\boldsymbol{C}$

(C) $\boldsymbol{A}$ 的特征值全大于零

(D) 存在 $n$ 维向量 $\boldsymbol{\alpha}\neq 0$, 使 $\boldsymbol{\alpha}^{\mathrm{T}}\boldsymbol{A}\boldsymbol{\alpha}>0$

(3) 二次型 $f(x_1, x_2, x_3)=x_2^2+x_3^2$ 是(　　)二次型.

(A) 正定　　(B) 负定　　(C) 不定　　(D) 半正定

(4) 设 $\boldsymbol{A}=\begin{pmatrix}1 & 2\\ 2 & 1\end{pmatrix}$, 则在实数域上与 $\boldsymbol{A}$ 合同的矩阵是(　　).

(A) $\begin{pmatrix}-2 & 1\\ 1 & -2\end{pmatrix}$　　(B) $\begin{pmatrix}2 & -1\\ -1 & 2\end{pmatrix}$

(C) $\begin{pmatrix}2 & 1\\ 1 & 2\end{pmatrix}$　　(D) $\begin{pmatrix}1 & -2\\ -2 & 1\end{pmatrix}$

(5) 设 $\boldsymbol{A}=\begin{pmatrix}1 & 1 & 1 & 1\\ 1 & 1 & 1 & 1\\ 1 & 1 & 1 & 1\\ 1 & 1 & 1 & 1\end{pmatrix}$, $\boldsymbol{B}=\begin{pmatrix}4 & 0 & 0 & 0\\ 0 & 0 & 0 & 0\\ 0 & 0 & 0 & 0\\ 0 & 0 & 0 & 0\end{pmatrix}$, 则 $\boldsymbol{A}$ 与 $\boldsymbol{B}$ (　　).

(A) 合同且相似　　(B) 合同但不相似

(C) 不合同但相似　　(D) 不合同且不相似

**2. 填空题**

(1) 二次型 $f(x_1, x_2, x_3)=(x_1+x_2)^2+(x_2-x_3)^2+(x_3+x_1)^2$ 的秩为________.

(2) 设二次型 $f(x_1, x_2, x_3)=2x_1^2+x_2^2+x_3^2+2x_1x_2+tx_2x_3$ 是正定二次型,则 $t$ 的取值范围是________.

(3) 设二次型 $f(\boldsymbol{x})=\boldsymbol{x}^{\mathrm{T}}\boldsymbol{A}\boldsymbol{x}$ 的秩为 1,$\boldsymbol{A}$ 的各行元素之和为 3,则 $f(\boldsymbol{x})=\boldsymbol{x}^{\mathrm{T}}\boldsymbol{A}\boldsymbol{x}$ 在正交变换 $x=Py$ 下的标准形为________.

(4) 二次型 $f(x_1, x_2, x_3)=x_1^2+3x_2^2+x_3^2+2x_1x_2+2x_1x_3+2x_2x_3$ 的正惯性指数为________.

(5) 设实二次型

$$f(x_1, x_2, x_3)=a(x_1^2+x_2^2+x_3^2)+4x_1x_2+4x_1x_3+4x_2x_3$$

经正交变换 $\boldsymbol{x}=\boldsymbol{P}\boldsymbol{y}$ 可化成标准形 $f=6y_1^2$,则 $a=$ ________.

**3. 计算题**

(1) 设二次型

$$f(x_1, x_2, x_3)=2x_1^2+3x_2^2+3x_3^2+2ax_2x_3\,(a>0)$$

通过正交变换化为标准形 $f=y_1^2+2y_2^2+5y_3^2$,求参数 $a$ 及所用的正交变换矩阵.

(2) 设二次型 $f(x_1, x_2, x_3)=x_1^2+x_2^2+x_3^2+2\boldsymbol{\alpha}x_1x_2+2\boldsymbol{\beta}x_2x_3+2x_1x_3$ 经正交变换 $\boldsymbol{x}=\boldsymbol{P}\boldsymbol{y}$ 化成 $f=y_2^2+2y_3^2$,$\boldsymbol{P}$ 是三阶正交矩阵,试求常数 $\boldsymbol{\alpha}$, $\boldsymbol{\beta}$.

(3) 设二次型 $f(x_1, x_2, x_3)=\boldsymbol{x}^{\mathrm{T}}\boldsymbol{A}\boldsymbol{x}=ax_1^2+2x_2^2-2x_3^2+2bx_1x_3\,(b>0)$,其中二次型的矩阵 $\boldsymbol{A}$ 的特征值之和为 1,特征值之积为 $-12$.

① 求 $a$, $b$ 的值;

② 利用正交变换将二次型 $f$ 化为标准形,并写出所用的正交变换和对应的正交矩阵.

(4) 设有 $n$ 元实二次型

$$f(x_1, x_2, \cdots, x_n)=(x_1+a_1x_2)^2+(x_2+a_2x_3)^2+\cdots+(x_{n-1}+a_{n-1}x_n)^2+(x_n+a_nx_1)^2,$$

其中 $a_i\,(i=1, 2, \cdots, n)$ 为实数,试问:当 $a_1, a_2, \cdots, a_n$ 满足何种条件时,$f(x_1, x_2, \cdots, x_n)$ 为正定二次型.

(5) 设矩阵 $\boldsymbol{A}=\begin{pmatrix}1&0&1\\0&2&0\\1&0&1\end{pmatrix}$,$\boldsymbol{B}=(k\boldsymbol{E}+\boldsymbol{A})^2$,其中 $k$ 为实数,求对角矩阵 $\boldsymbol{\Lambda}$,使 $B$ 与 $\boldsymbol{\Lambda}$ 相似,并讨论 $k$ 为何值时,$B$ 为正定矩阵.

**4. 证明题**

(1) 设 $\boldsymbol{A}$ 为 $m\times n$ 实矩阵,证明:矩阵 $\boldsymbol{E}+\boldsymbol{A}^{\mathrm{T}}\boldsymbol{A}$ 为正定矩阵.

(2) 设 $\boldsymbol{A}$, $\boldsymbol{B}$ 分别为 $m$, $n$ 阶正定矩阵,证明:$\begin{pmatrix}\boldsymbol{A}&\boldsymbol{O}\\\boldsymbol{O}&\boldsymbol{B}\end{pmatrix}$ 是正定矩阵.

(3) 证明:实二次型 $f(\boldsymbol{x})=\boldsymbol{x}^{\mathrm{T}}\boldsymbol{A}\boldsymbol{x}$ 为半正定二次型的充分必要条件是 $f(\boldsymbol{x})=\boldsymbol{x}^{\mathrm{T}}\boldsymbol{A}\boldsymbol{x}$ 的正惯性指数等于它的秩.

# 第 7 章　线性空间与线性变换

作为线性代数不可或缺的重要内容，线性空间与线性变换是线性代数中两个较为抽象的概念. 线性空间是第 3 章介绍的向量空间的推广，而线性变换则是研究线性空间中元素间各种联系并保持其线性运算的一个主要工具.

本章讨论实数域上的线性空间的定义，线性空间的基、维数、坐标等概念及基本性质；讨论线性变换的定义及其性质以及线性变换的矩阵表示等.

## §7.1　线性空间定义与性质

本节介绍线性空间的定义与基本性质.

### 7.1.1　线性空间的定义

在第 3 章介绍的 $n$ 维向量空间是定义了线性运算(加法和数乘)，并满足下列八条运算规律的由 $n$ 维向量组成的非空集合 $V$.

$\forall \boldsymbol{\alpha}, \boldsymbol{\beta}, \boldsymbol{\gamma} \in V, \forall k, l \in \mathbf{R}$.

(1) 加法交换律：$\boldsymbol{\alpha}+\boldsymbol{\beta}=\boldsymbol{\beta}+\boldsymbol{\alpha}$；

(2) 加法结合律：$(\boldsymbol{\alpha}+\boldsymbol{\beta})+\boldsymbol{\gamma}=\boldsymbol{\alpha}+(\boldsymbol{\beta}+\boldsymbol{\gamma})$；

(3) 零元律：$V$ 中存在零元素 $\mathbf{0}$，使得 $\mathbf{0}+\boldsymbol{\alpha}=\boldsymbol{\alpha}$；

(4) 负元律：存在 $\boldsymbol{\beta} \in V$，使得 $\boldsymbol{\alpha}+\boldsymbol{\beta}=\mathbf{0}$；

(5) 数乘对向量加法的分配律：$k(\boldsymbol{\alpha}+\boldsymbol{\beta})=k\boldsymbol{\alpha}+k\boldsymbol{\beta}$；

(6) 数乘对数加法的分配律：$(k+l)\boldsymbol{\alpha}=k\boldsymbol{\alpha}+l\boldsymbol{\alpha}$；

(7) 数乘对数乘法的结合律：$(kl)\boldsymbol{\alpha}=k(l\boldsymbol{\alpha})$；

(8) 单位数乘不变律：$1\boldsymbol{\alpha}=\boldsymbol{\alpha}$.

在实际问题中，有许多集合也具有 $n$ 维向量空间的特点，由此推广出抽象线性空间的概念.

**定义 7.1**　设 $V$ 是一个非空集合，$\mathbf{R}$ 为实数域. 如果对于任意两个元素 $\boldsymbol{\alpha}$，$\boldsymbol{\beta} \in V$，总有唯一的一个元素 $\boldsymbol{\gamma} \in V$ 与之对应，称为 $\boldsymbol{\alpha}+\boldsymbol{\beta}$ 的和，记作 $\boldsymbol{\gamma}=\boldsymbol{\alpha}+\boldsymbol{\beta}$；又对于任一数 $\lambda \in \mathbf{R}$ 与任一元素 $\boldsymbol{\alpha} \in V$，总有唯一的一个元素 $\boldsymbol{\delta} \in V$ 与之对应，称为 $\lambda$ 与 $\boldsymbol{\alpha}$ 的数量乘积(简称数乘)，记作 $\boldsymbol{\delta}=\lambda\boldsymbol{\alpha}$. 并且这两种运算满足上述八条运算律，则称 $V$ 为实数域 $\mathbf{R}$ 上的**线性空间**.

显然，$n$ 维向量空间是线性空间，线性空间是 $n$ 维向量空间的推广，因此也称线性空间中的元素为向量.

定义 7.1 中的条件 $\boldsymbol{\gamma}=\boldsymbol{\alpha}+\boldsymbol{\beta}\in V$ 和 $\boldsymbol{\delta}=\lambda\boldsymbol{\alpha}\in V$，也叫作 $V$ 对加法和数乘运算封闭.

**例 7.1** 设 $V=\{\mathbf{0}\}$ 只包含一个元素，对于实数域 $\mathbf{R}$，定义

$$\mathbf{0}+\mathbf{0}=\mathbf{0},\quad k\mathbf{0}=\mathbf{0}\quad (k\in\mathbf{R}),$$

可以验证上述运算满足上述八条运算规律，$\mathbf{0}$ 就是 $V$ 的零元素，因此 $V=\{\mathbf{0}\}$ 是 $\mathbf{R}$ 上线性空间，称为零空间.

**例 7.2** 记实系数多项式全体为 $R[x]$，次数小于 $n$ 的实系数多项式与零多项式的全体为 $R[x]_n$，即

$$R[x]=\{a_m x^m+\cdots+a_1x+a_0\mid a_m,\ \cdots,\ a_1,\ a_0\in\mathbf{R},\ m\text{ 是非负整数}\},$$

$$R[x]_n=\{a_{n-1}x^{n-1}+\cdots+a_1x+a_0\mid a_{n-1},\ \cdots,\ a_1,\ a_0\in\mathbf{R}\},$$

对于通常的多项式的加法与数乘运算，$R[x]$ 与 $R[x]_n$ 构成 $\mathbf{R}$ 上线性空间.

但是 $n$ 次实系数多项式的全体

$$V=\{a_nx^n+\cdots+a_1x_1+a_0\mid a_n,\ \cdots,\ a_1,\ a_0\in\mathbf{R},\text{且 } a_n\neq 0\}$$

对于通常的多项式加法和数乘运算不构成线性空间. 这是因为两个 $n$ 次多项式的和未必是 $n$ 次多项式，即 $V$ 关于线性运算不封闭.

**例 7.3** 集合 $C[a,\ b]=\{f(x)\mid f(x)\text{ 是}[a,\ b]\text{ 上的连续函数}\}$，对于通常的函数加法及数乘函数的乘法构成 $\mathbf{R}$ 上线性空间.

**例 7.4** 实数域 $\mathbf{R}$ 上所有 $m\times n$ 矩阵集合

$$R^{m\times n}=\{\mathbf{A}=(a_{ij})_{m\times n}\mid a_{ij}\in\mathbf{R},\ i=1,\ 2,\ \cdots,\ m;\ j=1,\ 2,\ \cdots,\ n\}$$

对于通常矩阵的加法和数乘运算构成 $\mathbf{R}$ 上线性空间. $R^{m\times n}$ 的零元素是零矩阵，$R^{m\times n}$ 中元素 $\mathbf{A}$ 的负元素是 $\mathbf{A}$ 的负矩阵 $-\mathbf{A}$.

**例 7.5** $n$ 维向量空间 $R^n$ 对于通常的向量加法及如下定义的数乘

$$\lambda\circ\boldsymbol{\alpha}=\lambda\circ(x_1,\ x_2,\ \cdots,\ x_n)^{\mathrm{T}}=(0,\ 0,\ \cdots,\ 0)^{\mathrm{T}},\ \lambda\in\mathbf{R},\ \boldsymbol{\alpha}\in R^n$$

不构成线性空间. 这是因为虽然 $R^n$ 对加法和数乘封闭，但 $1\circ\boldsymbol{\alpha}=\mathbf{0}$ 不满足运算律(8).

**例 7.6** 正实数的全体记作 $\mathbf{R}^+$，在其中定义加法及数乘运算为

$$a\oplus b=ab,\quad \lambda\circ a=a^{\lambda}(\lambda\in\mathbf{R},\ a,\ b\in\mathbf{R}^+).$$

容易验证 $\mathbf{R}^+$ 对上述加法与数乘运算构成 $\mathbf{R}$ 上线性空间. 应注意的是，$\mathbf{R}^+$ 的零元素是正实数 1，$\mathbf{R}^+$ 中元素 $a$ 的负元素是正实数 $a^{-1}$.

上述例子表明：

(1) 线性空间中的元素虽然也叫向量，但不一定是有序数组.

(2) 线性空间中的零向量一般不是数 0，负向量一般不是负数.

(3) 线性空间的应用很广泛，它能使许多不同的研究对象统一为线性空间中的向量来研究.

(4) 检验一个集合是否构成 $\mathbf{R}$ 上线性空间，一般方法是：首先判断集合是否非空，其次运算是否封闭，最后检验是否满足八条运算律.

### 7.1.2 线性空间的性质

设 $V$ 是 $\mathbf{R}$ 上线性空间，则有以下性质.

**性质 1** $V$ 中的零向量是唯一的.

**证明** 设 $\mathbf{0}_1$, $\mathbf{0}_2$ 是 $V$ 中的两个零向量，则 $\forall \boldsymbol{\alpha} \in V$，有 $\mathbf{0}_1 + \boldsymbol{\alpha} = \boldsymbol{\alpha}$, $\mathbf{0}_2 + \boldsymbol{\alpha} = \boldsymbol{\alpha}$，于是特别有 $\mathbf{0}_1 + \mathbf{0}_2 = \mathbf{0}_2$, $\mathbf{0}_2 + \mathbf{0}_1 = \mathbf{0}_1$，又 $\mathbf{0}_1 + \mathbf{0}_2 = \mathbf{0}_2 + \mathbf{0}_1$，所以 $\mathbf{0}_1 = \mathbf{0}_2$，即零向量唯一.

$V$ 中唯一的零向量记为 $\mathbf{0}$.

**性质 2** $V$ 中任意向量 $\boldsymbol{\alpha}$ 的负向量是唯一的.

**证明** 设 $\boldsymbol{\beta}$, $\boldsymbol{\gamma}$ 是 $\boldsymbol{\alpha}$ 的负向量，则 $\boldsymbol{\alpha} + \boldsymbol{\beta} = \mathbf{0}$, $\boldsymbol{\alpha} + \boldsymbol{\gamma} = \mathbf{0}$，于是

$$\begin{aligned}\boldsymbol{\beta} &= \boldsymbol{\beta} + \mathbf{0} = \boldsymbol{\beta} + (\boldsymbol{\alpha} + \boldsymbol{\gamma}) = (\boldsymbol{\beta} + \boldsymbol{\alpha}) + \boldsymbol{\gamma} = (\boldsymbol{\alpha} + \boldsymbol{\beta}) + \boldsymbol{\gamma} \\ &= \mathbf{0} + \boldsymbol{\gamma} = \boldsymbol{\gamma} + \mathbf{0} = \boldsymbol{\gamma},\end{aligned}$$

所以 $\boldsymbol{\alpha}$ 的负向量唯一.

$\boldsymbol{\alpha}$ 的唯一负向量记为 $-\boldsymbol{\alpha}$. 利用负向量可以定义向量的减法：

$$\boldsymbol{\alpha} - \boldsymbol{\beta} = \boldsymbol{\alpha} + (-\boldsymbol{\beta}),$$

且易证，$\boldsymbol{\alpha} + \boldsymbol{\beta} = \boldsymbol{\gamma} \Leftrightarrow \boldsymbol{\alpha} = \boldsymbol{\gamma} - \boldsymbol{\beta}$.

**性质 3** $\forall \boldsymbol{\alpha} \in V, \forall \lambda \in \mathbf{R}$，有 $0\boldsymbol{\alpha} = \mathbf{0}$, $(-1)\boldsymbol{\alpha} = -\boldsymbol{\alpha}$, $\lambda\mathbf{0} = \mathbf{0}$.

**证明** 因为 $\boldsymbol{\alpha} + 0\boldsymbol{\alpha} = 1\boldsymbol{\alpha} + 0\boldsymbol{\alpha} = (1+0)\boldsymbol{\alpha} = 1\boldsymbol{\alpha} = \boldsymbol{\alpha}$，所以 $0\boldsymbol{\alpha} = \mathbf{0}$.

因为 $\boldsymbol{\alpha} + (-1)\boldsymbol{\alpha} = 1\boldsymbol{\alpha} + (-1)\boldsymbol{\alpha} = [1 + (-1)]\boldsymbol{\alpha} = 0\boldsymbol{\alpha} = \mathbf{0}$，所以 $(-1)\boldsymbol{\alpha} = -\boldsymbol{\alpha}$.

$$\begin{aligned}\lambda\mathbf{0} &= \lambda[\boldsymbol{\alpha} + (-\boldsymbol{\alpha})] = \lambda[\boldsymbol{\alpha} + (-1)\boldsymbol{\alpha}] \\ &= \lambda\boldsymbol{\alpha} + \lambda[(-1)\boldsymbol{\alpha}] = \lambda\boldsymbol{\alpha} + (-\lambda)\boldsymbol{\alpha} \\ &= [\lambda + (-\lambda)]\boldsymbol{\alpha} = 0\boldsymbol{\alpha} = \mathbf{0}.\end{aligned}$$

**性质 4** $\forall \boldsymbol{\alpha} \in V, \forall \lambda \in \mathbf{R}$，如果 $\lambda\boldsymbol{\alpha} = \mathbf{0}$，则 $\lambda = 0$ 或 $\boldsymbol{\alpha} = \mathbf{0}$.

**证明** 若 $\lambda \neq 0$，则 $\boldsymbol{\alpha} = 1\boldsymbol{\alpha} = \left(\frac{1}{\lambda}\lambda\right)\boldsymbol{\alpha} = \frac{1}{\lambda}(\lambda\boldsymbol{\alpha}) = \frac{1}{\lambda}\mathbf{0} = \mathbf{0}$.

**推论 1** 如果 $\boldsymbol{\alpha} \neq \mathbf{0}$，则当 $\lambda \neq \mu$ 时，有 $\lambda\boldsymbol{\alpha} \neq \mu\boldsymbol{\alpha}$.

**推论 2** 如果 $V$ 含有非零向量，则 $V$ 是无限集.

### 7.1.3 线性空间中向量的线性关系

**定义 7.2** 设 $\boldsymbol{\alpha}_1, \boldsymbol{\alpha}_2, \cdots, \boldsymbol{\alpha}_m, \boldsymbol{\beta}$ 是 $\mathbf{R}$ 上线性空间 $V$ 中的向量，若存在 $\mathbf{R}$ 中一组

数 $k_1$, $k_2$, …, $k_m$,使得 $\boldsymbol{\beta}=k_1\boldsymbol{\alpha}_1+k_2\boldsymbol{\alpha}_2+\cdots+k_m\boldsymbol{\alpha}_m$,则称 $\boldsymbol{\beta}$ 可由 $\boldsymbol{\alpha}_1$, $\boldsymbol{\alpha}_2$, …, $\boldsymbol{\alpha}_m$ 线性表示,或称 $\boldsymbol{\beta}$ 是 $\boldsymbol{\alpha}_1$, $\boldsymbol{\alpha}_2$, …, $\boldsymbol{\alpha}_m$ 的线性组合.

**定义 7.3** 设有 $\mathbf{R}$ 上线性空间 $V$ 中的两个向量组(Ⅰ)和(Ⅱ),若(Ⅰ)中每个向量都可由(Ⅱ)线性表示,则称(Ⅰ)可由(Ⅱ)线性表示.

若向量组(Ⅰ)和(Ⅱ)可互相线性表示,则称向量组(Ⅰ)与(Ⅱ)等价.

**定义 7.4** 设 $\boldsymbol{\alpha}_1$, $\boldsymbol{\alpha}_2$, …, $\boldsymbol{\alpha}_m$ 是 $\mathbf{R}$ 上线性空间 $V$ 中的向量,若存在 $\mathbf{R}$ 中一组不全为零的数 $k_1$, $k_2$, …, $k_m$,使得 $k_1\boldsymbol{\alpha}_1+k_2\boldsymbol{\alpha}_2+\cdots+k_m\boldsymbol{\alpha}_m=\mathbf{0}$,则称 $\boldsymbol{\alpha}_1$, $\boldsymbol{\alpha}_2$, …, $\boldsymbol{\alpha}_m$ 线性相关,否则称 $\boldsymbol{\alpha}_1$, $\boldsymbol{\alpha}_2$, …, $\boldsymbol{\alpha}_m$ 线性无关.

以上概念都是读者已熟悉的,它们是逐字逐句地重复 $n$ 维向量中相应的概念. 不仅如此,在第 3 章中,从这些定义出发所得到的概念与结论也都可以搬到 $\mathbf{R}$ 上线性空间 $V$ 中来,以后我们将直接引用这些概念与结论.

### 7.1.4 线性空间的子空间

第 3 章中介绍过 $n$ 维向量空间子空间的概念,现把它推广到一般的线性空间.

**定义 7.5** 设 $V$ 是 $\mathbf{R}$ 上线性空间,$W$ 是 $V$ 的非空子集,如果 $W$ 对于 $V$ 中所定义的加法与数乘两种运算也构成 $\mathbf{R}$ 上线性空间,则称 $W$ 为 $V$ 的线性子空间(简称**子空间**).

**例 7.7** 在线性空间 $V$ 中,由单个零向量组成的子集 $W=\{0\}$ 和 $V$ 都是 $V$ 的子空间. 前者称为零子空间. 这两个子空间称为 $V$ 的平凡子空间,而 $V$ 的其他子空间(如果还有的话),则称为非平凡子空间.

**例 7.8** $n$ 元齐次线性方程组 $\boldsymbol{Ax}=\mathbf{0}$ 的解空间是 $n$ 维线性空间 $R^n$ 的子空间.

**例 7.9** $R[x]_n$ 是 $R[x]$ 的子空间.

显然,线性空间 $V$ 的非空子集 $W$ 作为 $V$ 的一部分,$V$ 中的运算对于 $W$ 而言,运算律(1),(2),(5),(6),(7),(8)是满足的,因此要使 $W$ 为 $V$ 的子空间,只要 $W$ 对运算封闭且满足运算律(3),(4)即可. 但由线性空间的性质可知,如果 $W$ 对运算封闭,则即能满足运算律(3),(4). 且 $W$ 的零向量就是 $V$ 的零向量,$W$ 中向量 $\boldsymbol{\alpha}$ 的负向量就是 $V$ 中向量 $\boldsymbol{\alpha}$ 的负向量 $-\boldsymbol{\alpha}$. 因此有以下定理.

**定理 7.1** 设 $V$ 是 $\mathbf{R}$ 上线性空间,$W$ 是 $V$ 的非空子集,则下列条件等价:

(1) $W$ 为 $V$ 的线性子空间;

(2) $\forall\boldsymbol{\alpha},\boldsymbol{\beta}\in W$, $\forall k\in\mathbf{R}$,有 $\boldsymbol{\alpha}+\boldsymbol{\beta}$, $k\boldsymbol{\alpha}\in W$;

(3) $\forall\boldsymbol{\alpha},\boldsymbol{\beta}\in W$, $\forall k, l\in\mathbf{R}$,有 $k\boldsymbol{\alpha}+l\boldsymbol{\beta}\in W$.

**例 7.10** 设 $\boldsymbol{\alpha}_1$, $\boldsymbol{\alpha}_2$, …, $\boldsymbol{\alpha}_m$ 是线性空间 $V$ 的一组向量,证明 $V$ 的子集

$$W=\{k_1\boldsymbol{\alpha}_1+k_2\boldsymbol{\alpha}_2+\cdots+k_m\boldsymbol{\alpha}_m\mid k_i\in\mathbf{R},\ i=1,2,\cdots,m\}$$

是 $V$ 的子空间.

**证明** 首先,因为 $\mathbf{0}=0\boldsymbol{\alpha}_1+0\boldsymbol{\alpha}_2+\cdots+0\boldsymbol{\alpha}_m\in W$,所以 $W$ 非空.

其次，$\forall \boldsymbol{\alpha}, \boldsymbol{\beta} \in W$，$\forall \lambda \in \mathbf{R}$,则

$$\boldsymbol{\alpha} = k_1\boldsymbol{\alpha}_1 + k_2\boldsymbol{\alpha}_2 + \cdots + k_m\boldsymbol{\alpha}_m \quad (k_i \in \mathbf{R},\ i = 1, 2, \cdots, m),$$
$$\boldsymbol{\beta} = l_1\boldsymbol{\alpha}_1 + l_2\boldsymbol{\alpha}_2 + \cdots + l_m\boldsymbol{\alpha}_m \quad (l_i \in \mathbf{R},\ i = 1, 2, \cdots, m).$$

于是

$$\boldsymbol{\alpha} + \boldsymbol{\beta} = (k_1 + l_1)\boldsymbol{\alpha}_1 + (k_2 + l_2)\boldsymbol{\alpha}_2 + \cdots + (k_m + l_m)\boldsymbol{\alpha}_m,$$
$$\lambda\boldsymbol{\alpha} = (\lambda k_1)\boldsymbol{\alpha}_1 + (\lambda k_2)\boldsymbol{\alpha}_2 + \cdots + (\lambda k_m)\boldsymbol{\alpha}_m.$$

由 $k_i + l_i$，$\lambda k_i \in \mathbf{R}(i = 1, 2, \cdots, m)$ 知 $\boldsymbol{\alpha} + \boldsymbol{\beta}$，$\lambda\boldsymbol{\alpha} \in W$,故 $W$ 是 $V$ 的子空间.

通常称例 7.10 中的子空间 $W$ 为由向量组 $\boldsymbol{\alpha}_1, \boldsymbol{\alpha}_2, \cdots, \boldsymbol{\alpha}_m$ 生成的子空间,记作

$$W = L(\boldsymbol{\alpha}_1, \boldsymbol{\alpha}_2, \cdots, \boldsymbol{\alpha}_m).$$

## 习 题 7.1

1. 证明在实数域 $\mathbf{R}$ 上线性空间 $V$ 中,下列算律成立：$\forall \boldsymbol{\alpha}, \boldsymbol{\beta} \in V$，$\forall k, l \in \mathbf{R}$.

(1) $k(\boldsymbol{\alpha} - \boldsymbol{\beta}) = k\boldsymbol{\alpha} - k\boldsymbol{\beta}$；

(2) $(k - l)\boldsymbol{\alpha} = k\boldsymbol{\alpha} - l\boldsymbol{\alpha}$；

(3) 若 $k\boldsymbol{\alpha} = \boldsymbol{\beta}$ 且 $k \neq 0$,则 $\boldsymbol{\alpha} = k^{-1}\boldsymbol{\beta}$;

(4) 若 $k\boldsymbol{\alpha} = l\boldsymbol{\alpha}$ 且 $\boldsymbol{\alpha} \neq \mathbf{0}$,则 $k = l$;

(5) $k\boldsymbol{\alpha} + l\boldsymbol{\beta} = l\boldsymbol{\alpha} + k\boldsymbol{\beta} \Leftrightarrow k = l$ 或 $\boldsymbol{\alpha} = \boldsymbol{\beta}$.

2. 判断下列向量是否线性相关：

(1) $R^{2\times 2}$ 中的向量：$\boldsymbol{\alpha}_1 = \begin{pmatrix} 1 & 0 \\ 0 & 1 \end{pmatrix}$，$\boldsymbol{\alpha}_2 = \begin{pmatrix} 1 & 1 \\ 0 & 0 \end{pmatrix}$，$\boldsymbol{\alpha}_3 = \begin{pmatrix} 1 & 1 \\ 1 & 0 \end{pmatrix}$，$\boldsymbol{\alpha}_4 = \begin{pmatrix} 1 & 1 \\ 1 & 1 \end{pmatrix}$.

(2) $R[x]$ 中的向量：$\boldsymbol{\alpha}_1 = 1$，$\boldsymbol{\alpha}_2 = 1 + 2x$，$\boldsymbol{\alpha}_3 = x + 4x^2$.

3. 判断下列集合是否是 $R^{n\times n}$ 的子空间：

(1) $V_1 = \{\mathbf{A} \in R^{n\times n} \mid \mathbf{A}^{\mathrm{T}} = \mathbf{A}\}$；

(2) $V_2 = \{\mathbf{A} \in R^{n\times n} \mid \mathbf{A}^{\mathrm{T}} = -\mathbf{A}\}$；

(3) $V_3 = \{\mathbf{A} \in R^{n\times n} \mid |\mathbf{A}| = 0\}$；

(4) $V_4 = \{\mathbf{A} \in R^{n\times n} \mid |\mathbf{A}| \neq 0\}$；

(5) $V_5 = \{\mathbf{A} = (a_{ij}) \in R^{n\times n} \mid a_{ij} = 0(i > j)\}$；

(6) $V_6 = \{\mathbf{A} = (a_{ij}) \in R^{n\times n} \mid a_{ij} = 0(i < j)\}$；

(7) $V_7 = \{\mathbf{A} = (a_{ij}) \in R^{n\times n} \mid a_{ij} = 0(i \neq j)\}$；

(8) $V_8 = \{\mathbf{A} = (a_{ij}) \in R^{n\times n} \mid a_{11} = a_{22} = \cdots = a_{nn}\}$；

(9) $V_9 = \{\mathbf{A} = (a_{ij}) \in R^{n\times n} \mid \sum\limits_{i=1}^{n} a_{ii} = 0\}$.

4. 证明：$n$ 维向量空间 $R^n$ 对于通常的向量加法及如下定义的数乘

$$\lambda\circ\boldsymbol{\alpha}=\lambda\circ(x_1,\ x_2,\ \cdots,\ x_n)^{\mathrm{T}}=(\lambda x_1,\ 0,\ \cdots,\ 0)^{\mathrm{T}},\ \lambda\in\mathbf{R},\ \boldsymbol{\alpha}\in R^n$$

不构成线性空间.

5. 证明:两个子空间的交仍是子空间.

# §7.2 维数、基与坐标

## 7.2.1 线性空间的维数与基

在第 3 章中介绍过,$n$ 维向量空间 $R^n$ 中,线性无关的向量组最多由 $n$ 个向量组成,而任意 $n+1$ 个向量都是线性相关的. 那么,在线性空间中,最多能有多少个线性无关的向量? 显然,这是线性空间的一个重要属性.

**定义 7.6** 如果在线性空间 $V$ 中有 $n$ 个线性无关的向量,而无更多数目的线性无关的向量,则称 $V$ 是 $n$ 维的,记作 $\dim V=n$;如果在线性空间 $V$ 中可以找到任意多个线性无关的向量,则称 $V$ 是无限维的,记作 $\dim V=\infty$.

规定零空间的维数为零.

当 $\dim V=n$ 是自然数时,称 $V$ 是有限维线性空间;当 $\dim V=\infty$ 时,称 $V$ 是无限维线性空间.

**定义 7.7** 在 $n$ 维线性空间 $V$ 中,$n$ 个线性无关的向量称为 $V$ 的一个**基**.

由定义 7.6 和定义 7.7 来看,在给出线性空间 $V$ 的一个基之前,必须先确定 $V$ 的维数. 但实际上,这两个问题是可以同时解决的.

**定理 7.2** 如果在线性空间 $V$ 中有 $n$ 个线性无关的向量 $\boldsymbol{\alpha}_1,\ \boldsymbol{\alpha}_2\cdots,\ \boldsymbol{\alpha}_n$,且 $V$ 中任意向量都可以由它们线性表示,则 $\dim V=n$,而 $\boldsymbol{\alpha}_1,\ \boldsymbol{\alpha}_2,\ \cdots,\ \boldsymbol{\alpha}_n$ 是 $V$ 的一个基.

**证明** 由于 $\boldsymbol{\alpha}_1,\ \boldsymbol{\alpha}_2,\ \cdots,\ \boldsymbol{\alpha}_n$ 线性无关,所以 $\dim V\geqslant n$. 对线性空间 $V$ 中任意 $n+1$ 个向量 $\boldsymbol{\alpha}_1,\ \boldsymbol{\alpha}_2,\ \cdots,\ \boldsymbol{\alpha}_{n+1}$,由定理 7.2 的条件及第 3 章结论,可知 $\boldsymbol{\alpha}_1,\ \boldsymbol{\alpha}_2,\ \cdots,\ \boldsymbol{\alpha}_{n+1}$ 线性相关,从而所有向量个数多于 $n$ 的向量组都线性相关,所以 $\dim V\leqslant n$,故 $\dim V=n$,而由定义 7.7 可知 $\boldsymbol{\alpha}_1,\ \boldsymbol{\alpha}_2,\ \cdots,\ \boldsymbol{\alpha}_n$ 是 $V$ 的一个基.

由第 3 章知 $R^n$ 的维数 $\dim R^n=n$,而 $\boldsymbol{\varepsilon}_1,\ \boldsymbol{\varepsilon}_2,\ \cdots,\ \boldsymbol{\varepsilon}_n$ 是 $R^n$ 的一个基(自然基).

在第 4 章中,我们知道,$n$ 元齐次线性方程组 $\boldsymbol{Ax}=\boldsymbol{0}$ 的解空间的维数是 $n-R(\boldsymbol{A})$,而基础解系是解空间的一个基.

**例 7.11** 求 $R[x]_n$ 的维数和一个基.

**解** 因为 $k_0 1+k_1x+k_2x^2+\cdots+k_{n-1}x^{n-1}=0$ 时,必须 $k_0=k_1=k_2=\cdots=k_{n-1}=0$,所以 $1,\ x,\ x^2,\ \cdots,\ x^{n-1}$ 是 $R[x]_n$ 中 $n$ 个线性无关的向量,且 $R[x]_n$ 中任意向量 $f(x)$ 都可表示为

$$f(x)=a_0 1+a_1x+\cdots+a_{n-1}x^{n-1},$$

所以，$\dim R[x]_n = n$，而 $1, x, x^2, \cdots, x^{n-1}$ 是 $R[x]_n$ 的一个基.

因为对任意的 $n$，$R[x]$ 的向量组 $1, x, x^2, \cdots, x^{n-1}$ 都线性无关，所以 $R[x]$ 中有任意多个线性无关向量，所以 $\dim R[x] = \infty$.

**例 7.12** 求 $R^{m\times n}$ 的维数和一个基.

**解** 用 $\boldsymbol{E}_{ij}$ 表示第 $i$ 行第 $j$ 元素为 1、其余元素为 0 的 $m\times n$ 矩阵，则由 $\sum\limits_{j=1}^{n}\sum\limits_{i=1}^{m} k_{ij}\boldsymbol{E}_{ij} = \boldsymbol{O}$，可得 $k_{ij} = 0(i = 1, 2, \cdots, m;\ j = 1, 2, \cdots, n)$，所以 $\boldsymbol{E}_{ij}(i = 1, 2, \cdots, m;\ j = 1, 2, \cdots, n)$ 是 $R^{m\times n}$ 中 $mn$ 个线性无关的向量，且 $R^{m\times n}$ 中任意向量 $\boldsymbol{A} = (a_{ij})_{m\times n}$ 都可表示为

$$\boldsymbol{A} = \sum_{j=1}^{n}\sum_{i=1}^{m} a_{ij}\boldsymbol{E}_{ij}.$$

所以，$\dim R^{m\times n} = mn$，而 $\boldsymbol{E}_{ij}(i = 1, 2, \cdots, m;\ j = 1, 2, \cdots, n)$ 是 $R^{m\times n}$ 的一个基.

**例 7.13** 由向量组 $\boldsymbol{\alpha}_1, \boldsymbol{\alpha}_2, \cdots, \boldsymbol{\alpha}_m$ 生成的子空间 $L(\boldsymbol{\alpha}_1, \boldsymbol{\alpha}_2, \cdots, \boldsymbol{\alpha}_m)$ 的维数等于向量组 $\boldsymbol{\alpha}_1, \boldsymbol{\alpha}_2, \cdots, \boldsymbol{\alpha}_m$ 的秩，而向量组 $\boldsymbol{\alpha}_1, \boldsymbol{\alpha}_2, \cdots, \boldsymbol{\alpha}_m$ 的极大线性无关组是它的基.

特别地，若 $\boldsymbol{\alpha}_1, \boldsymbol{\alpha}_2, \cdots, \boldsymbol{\alpha}_n$ 是 $n$ 维线性空间 $V$ 的基，则 $V = L(\boldsymbol{\alpha}_1, \boldsymbol{\alpha}_2, \cdots, \boldsymbol{\alpha}_n)$.

### 7.2.2 $n$ 维线性空间向量的坐标

根据线性空间的基的定义，$n$ 维线性空间 $V$ 中的每一个向量 $\boldsymbol{\alpha}$ 都可以由 $V$ 的一个基 $\boldsymbol{\alpha}_1, \boldsymbol{\alpha}_2, \cdots, \boldsymbol{\alpha}_n$ 线性表示，且表示法是唯一的. 于是有：

**定义 7.8** 设 $\boldsymbol{\alpha}_1, \boldsymbol{\alpha}_2, \cdots, \boldsymbol{\alpha}_n$ 是 $n$ 维线性空间 $V$ 的一个基，对任意向量 $\boldsymbol{\alpha}\in V$ 总有且仅有一组有序数 $x_1, x_2, \cdots, x_n$，使得

$$\boldsymbol{\alpha} = x_1\boldsymbol{\alpha}_1 + x_2\boldsymbol{\alpha}_2 + \cdots + x_n\boldsymbol{\alpha}_n = (\boldsymbol{\alpha}_1, \boldsymbol{\alpha}_2, \cdots, \boldsymbol{\alpha}_n)\begin{pmatrix} x_1 \\ x_2 \\ \vdots \\ x_n \end{pmatrix},$$

则称这组有序数 $x_1, x_2, \cdots, x_n$ 为向量 $\boldsymbol{\alpha}$ 在基 $\boldsymbol{\alpha}_1, \boldsymbol{\alpha}_2, \cdots, \boldsymbol{\alpha}_n$ 下的**坐标**，记作 $(x_1, x_2, \cdots, x_n)^{\mathrm{T}}$.

由第 3 章知，$R^n$ 中的任意向量 $\boldsymbol{\alpha} = (a_1, a_2, \cdots, a_n)^{\mathrm{T}}$，在自然基 $\boldsymbol{\varepsilon}_1, \boldsymbol{\varepsilon}_2, \cdots, \boldsymbol{\varepsilon}_n$ 下的坐标是 $(a_1, a_2, \cdots, a_n)^{\mathrm{T}}$.

**例 7.14** $R[x]_n$ 中的向量 $f(x) = a_0 + a_1x + \cdots + a_{n-1}x^{n-1}$，在基 $1, x, x^2, \cdots, x^{n-1}$ 下的坐标是 $(a_0, a_2, \cdots, a_{n-1})^{\mathrm{T}}$.

**例 7.15** $R^{2\times 2}$ 中向量 $\boldsymbol{A} = \begin{pmatrix} a_{11} & a_{12} \\ a_{21} & a_{22} \end{pmatrix}$，可用 $R^{2\times 2}$ 的基 $\boldsymbol{E}_{11}, \boldsymbol{E}_{12}, \boldsymbol{E}_{21}, \boldsymbol{E}_{22}$ 表示为

$$\boldsymbol{A}=a_{11}\boldsymbol{E}_{11}+a_{12}\boldsymbol{E}_{12}+a_{21}\boldsymbol{E}_{21}+a_{22}\boldsymbol{E}_{22},$$

所以 $\boldsymbol{A}$ 在基 $\boldsymbol{E}_{11}$, $\boldsymbol{E}_{12}$, $\boldsymbol{E}_{21}$, $\boldsymbol{E}_{22}$ 下的坐标是 $(a_{11}, a_{12}, a_{21}, a_{22})^{\mathrm{T}}$.

**例 7.16** 证明：$x^3$, $x^3+x$, $x^2+1$, $x+1$ 是 $R[x]_4$ 的一个基，并求多项式 $x^2+2x+3$ 在这个基下的坐标.

**证明** 设

$$k_1x^3+k_2(x^3+x)+k_3(x^2+1)+k_4(x+1)=0,$$

则

$$(k_1+k_2)x^3+k_3x^2+(k_2+k_4)x+k_3+k_4=0,$$

从而有

$$k_1+k_2=k_3=k_2+k_4=k_3+k_4=0,$$

所以 $k_1=k_2=k_3=k_4=0$，因此 $x^3$, $x^3+x$, $x^2+1$, $x+1$ 是 $R[x]_4$ 四个线性无关的向量. 又 $\dim R[x]_4=4$，故 $x^3$, $x^3+x$, $x^2+1$, $x+1$ 是 $R[x]_4$ 的一个基.

因为 $x^2+2x+3=(x^2+1)+2(x+1)$，所以 $x^2+2x+3$ 在基 $x^3$, $x^3+x$, $x^2+1$, $x+1$ 下的坐标是 $(0, 0, 1, 2)^{\mathrm{T}}$.

**定理 7.3** 设 $\boldsymbol{\alpha}_1, \boldsymbol{\alpha}_2, \cdots, \boldsymbol{\alpha}_n$ 是 $n$ 维线性空间 $V$ 的一个基，$\boldsymbol{\alpha}, \boldsymbol{\beta}\in V$, $\lambda\in\mathbf{R}$，如果 $\boldsymbol{\alpha}$, $\boldsymbol{\beta}$ 在基 $\boldsymbol{\alpha}_1, \boldsymbol{\alpha}_2, \cdots, \boldsymbol{\alpha}_n$ 下的坐标分别是 $(x_1, x_2, \cdots, x_n)^{\mathrm{T}}$ 和 $(y_1, y_2, \cdots, y_n)^{\mathrm{T}}$，则 $\boldsymbol{\alpha}+\boldsymbol{\beta}$，$\lambda\boldsymbol{\alpha}$ 在基 $\boldsymbol{\alpha}_1, \boldsymbol{\alpha}_2, \cdots, \boldsymbol{\alpha}_n$ 下坐标分别是

$$(x_1+y_1, x_2+y_2, \cdots, x_n+y_n)^{\mathrm{T}} \quad 与 \quad (\lambda x_1, \lambda x_2, \cdots, \lambda x_n)^{\mathrm{T}}.$$

**证明** 因为 $(x_1, x_2, \cdots, x_n)^{\mathrm{T}}$ 和 $(y_1, y_2, \cdots, y_n)^{\mathrm{T}}$ 分别是 $\boldsymbol{\alpha}$, $\boldsymbol{\beta}$ 在基 $\boldsymbol{\alpha}_1, \boldsymbol{\alpha}_2, \cdots, \boldsymbol{\alpha}_n$ 下的坐标，所以

$$\boldsymbol{\alpha}=x_1\boldsymbol{\alpha}_1+x_2\boldsymbol{\alpha}_2+\cdots+x_n\boldsymbol{\alpha}_n, \quad \boldsymbol{\beta}=y_1\boldsymbol{\alpha}_1+y_2\boldsymbol{\alpha}_2+\cdots+y_n\boldsymbol{\alpha}_n.$$

于是

$$\begin{aligned}\boldsymbol{\alpha}+\boldsymbol{\beta}&=(x_1+y_1)\boldsymbol{\alpha}_1+(x_2+y_2)\boldsymbol{\alpha}_2+\cdots+(x_n+y_n)\boldsymbol{\alpha}_n,\\ \lambda\boldsymbol{\alpha}&=(\lambda x_1)\boldsymbol{\alpha}_1+(\lambda x_2)\boldsymbol{\alpha}_2+\cdots+(\lambda x_n)\boldsymbol{\alpha}_n.\end{aligned}$$

故 $\boldsymbol{\alpha}+\boldsymbol{\beta}$, $\lambda\boldsymbol{\alpha}$ 在基 $\boldsymbol{\alpha}_1, \boldsymbol{\alpha}_2, \cdots, \boldsymbol{\alpha}_n$ 下的坐标分别是

$$(x_1+y_1, x_2+y_2, \cdots, x_n+y_n)^{\mathrm{T}} \quad 与 \quad (\lambda x_1, \lambda x_2, \cdots, \lambda x_n)^{\mathrm{T}}.$$

### 7.2.3 线性空间的同构

设 $A$, $B$ 是两个非空集合，$\sigma$ 是一个法则，如果对 $A$ 中每一个元素 $a$，通过法则 $\sigma$ 都有 $B$ 中唯一确定的元素 $b$ 与之对应，则称 $\sigma$ 是 $A$ 到 $B$ 的一个映射，记作

$$\sigma:A\to B \quad 或 \quad \sigma(a)=b \ (a\in A).$$

称 $b$ 为 $a$ 在 $\sigma$ 下的像，而称 $a$ 为 $b$ 在 $\sigma$ 下的一个原像.

设 $\sigma$，$\tau$ 都是 $A$ 到 $B$ 的映射，若 $\forall a\in A$，都有 $\sigma(a)=\tau(a)$，则称 $\sigma$ 与 $\tau$ 相等，记作 $\sigma=\tau$.

对 $A$ 到 $B$ 的一个映射 $\sigma$，若对任意 $b\in B$，都存在 $a\in A$，使得 $\sigma(a)=b$，则称 $\sigma$ 是 $A$ 到 $B$ 的一个满射；若对 $a_1$，$a_2\in A$，当 $a_1\neq a_2$ 时有 $\sigma(a_1)\neq\sigma(a_2)$，则 $\sigma$ 是 $A$ 到 $B$ 的一个单射；若 $\sigma$ 既是满射又是单射，则 $\sigma$ 是 $A$ 到 $B$ 的一个双射(或称一一对应).

**定义 7.9** 设 $V$，$U$ 是两个 $\mathbf{R}$ 上线性空间，$\sigma$ 是 $V$ 到 $U$ 的一个双射，若对任意 $\boldsymbol{\alpha}$，$\boldsymbol{\beta}\in V$，任意 $\lambda\in\mathbf{R}$，有 $\sigma(\boldsymbol{\alpha}+\boldsymbol{\beta})=\sigma(\boldsymbol{\alpha})+\sigma(\boldsymbol{\beta})$ 与 $\sigma(\lambda\boldsymbol{\alpha})=\lambda\sigma(\boldsymbol{\alpha})$ 成立，则称 $\sigma$ 是 $V$ 到 $U$ 的一个同构映射. 此时也称 $V$ 与 $U$ **同构**，记作 $V\overset{\sigma}{\cong}U$(或 $V\cong U$).

**例 7.17** 设 $V$ 是 $\mathbf{R}$ 上 $n$ 维线性空间，$\boldsymbol{\alpha}_1$，$\boldsymbol{\alpha}_2$，…，$\boldsymbol{\alpha}_n$ 是 $V$ 的一个基，则 $\forall\boldsymbol{\alpha}\in V$，有 $\boldsymbol{\alpha}=x_1\boldsymbol{\alpha}_1+x_2\boldsymbol{\alpha}_2+\cdots+x_n\boldsymbol{\alpha}_n$. 定义 $\sigma(\boldsymbol{\alpha})=(x_1,\ x_2,\ \cdots,\ x_n)^{\mathrm{T}}$，由向量坐标的定义及定义7.9可知 $\sigma$ 是 $V$ 到 $R^n$ 的同构映射，即 $V\cong R^n$.

易证线性空间的同构关系具有：

(1) 反身性：每个线性空间都与自身同构；

(2) 对称性：若 $V\cong U$，则 $U\cong V$；

(3) 传递性：若 $V\cong U$，$U\cong W$，则 $V\cong W$.

$\mathbf{R}$ 上线性空间 $V$ 到 $U$ 的一个同构映射 $\sigma$ 具有如下性质：

**性质 1** $\sigma(\mathbf{0})=\mathbf{0}$.

**性质 2** $\forall\boldsymbol{\alpha}\in V$，有 $\sigma(-\boldsymbol{\alpha})=-\sigma(\boldsymbol{\alpha})$.

**性质 3** $\sigma(k_1\boldsymbol{\alpha}_1+k_2\boldsymbol{\alpha}_2+\cdots+k_m\boldsymbol{\alpha}_m)=k_1\sigma(\boldsymbol{\alpha}_1)+k_2\sigma(\boldsymbol{\alpha}_2)+\cdots+k_m\sigma(\boldsymbol{\alpha}_m)$.

**性质 4** $V$ 中向量组 $\boldsymbol{\alpha}_1$，$\boldsymbol{\alpha}_2$，…，$\boldsymbol{\alpha}_m$ 线性相关 $\Leftrightarrow\sigma(\boldsymbol{\alpha}_1)$，$\sigma(\boldsymbol{\alpha}_2)$，…，$\sigma(\boldsymbol{\alpha}_m)$ 线性相关.

由以上性质可推得同构的线性空间有相同的维数，由例 7.17 可知，$\mathbf{R}$ 上 $n$ 维线性空间都与 $R^n$ 同构，于是由同构的对称性与传递性可得下列定理.

**定理 7.4** $\mathbf{R}$ 上两个有限维线性空间同构的充分必要条件是它们有相同的维数.

## 习 题 7.2

1. 判断下列向量组能否作为 $R[x]_3$ 的基：

(1) $x+1$，$x^2+x$，$x^2+3x+2$；

(2) $1$，$x-1$，$(x-1)^2$.

2. 求下列线性空间的维数和一个基.

(1) $V_1 = \{\boldsymbol{A} \in R^{n\times n} \mid \boldsymbol{A}^{\mathrm{T}} = \boldsymbol{A}\}$；

(2) $V_2 = \{\boldsymbol{A} \in R^{n\times n} \mid \boldsymbol{A}^{\mathrm{T}} = -\boldsymbol{A}\}$；

(3) $V_3 = \{\boldsymbol{A} = (a_{ij}) \in R^{n\times n} \mid a_{ij} = 0(i > j)\}$；

(4) $V_4 = \{\boldsymbol{A} = (a_{ij}) \in R^{n\times n} \mid a_{ij} = 0(i < j)\}$；

(5) $V_5 = \{\boldsymbol{A} = (a_{ij}) \in R^{n\times n} \mid a_{ij} = 0(i \neq j)\}$；

(6) $V_6 = \{\boldsymbol{A} = (a_{ij}) \in R^{n\times n} \mid a_{11} = a_{22} = \cdots = a_{nn}\}$.

3. 在线性空间 $V$ 中求向量 $\boldsymbol{\alpha}$ 在所给基下的坐标.

(1) $V = R^{2\times 2}$，$\boldsymbol{\alpha} = \begin{pmatrix} 2 & 3 \\ 4 & -7 \end{pmatrix}$；基：$\boldsymbol{\alpha}_1 = \begin{pmatrix} 1 & 0 \\ 0 & 0 \end{pmatrix}$，$\boldsymbol{\alpha}_2 = \begin{pmatrix} 0 & 1 \\ 0 & 0 \end{pmatrix}$，$\boldsymbol{\alpha}_3 = \begin{pmatrix} 0 & 0 \\ 1 & 0 \end{pmatrix}$，$\boldsymbol{\alpha}_4 = \begin{pmatrix} 0 & 0 \\ 0 & 1 \end{pmatrix}$.

(2) $V = R^3$，$\boldsymbol{\alpha} = (1, 2, -2)^{\mathrm{T}}$；基：$\boldsymbol{\alpha}_1 = (1, 1, 1)^{\mathrm{T}}$，$\boldsymbol{\alpha}_2 = (1, 1, -1)^{\mathrm{T}}$，$\boldsymbol{\alpha}_3 = (1, -1, 1)^{\mathrm{T}}$.

4. 已知 $\boldsymbol{\alpha}_1, \boldsymbol{\alpha}_2, \boldsymbol{\alpha}_3$ 是三维线性空间 $V$ 的一个基，而 $\boldsymbol{\beta}_1 = \boldsymbol{\alpha}_1$，$\boldsymbol{\beta}_2 = \boldsymbol{\alpha}_1 + \boldsymbol{\alpha}_2$，$\boldsymbol{\beta}_3 = \boldsymbol{\alpha}_1 + \boldsymbol{\alpha}_2 + \boldsymbol{\alpha}_3$.

(1) 证明：$\boldsymbol{\beta}_1, \boldsymbol{\beta}_2, \boldsymbol{\beta}_3$ 也是 $V$ 的一个基；

(2) 若 $V$ 中的向量 $\boldsymbol{\alpha}$ 在基 $\boldsymbol{\alpha}_1, \boldsymbol{\alpha}_2, \boldsymbol{\alpha}_3$ 下的坐标为 $(3, 2, 1)^{\mathrm{T}}$，求 $\boldsymbol{\alpha}$ 在基 $\boldsymbol{\beta}_1, \boldsymbol{\beta}_2, \boldsymbol{\beta}_3$ 下的坐标.

5. 写出线性空间 $R^{2\times 2}$ 到 $R^2$ 的一个同构映射，并给予证明.

## §7.3 基变换与坐标变换

**R** 上 $n$ 维线性空间 $V$ 的基是不唯一的，例如可以证明 $\boldsymbol{e}_1 = (1, 0, 0, \cdots, 0)^{\mathrm{T}}$，$\boldsymbol{e}_2 = (1, 1, 0, \cdots, 0)^{\mathrm{T}}$，$\cdots$，$\boldsymbol{e}_n = (1, 1, 1, \cdots, 1)^{\mathrm{T}}$ 也是 $R^n$ 的一个基，它显然与 $R^n$ 的自然基是不一样的. 那么，**R** 上 $n$ 维线性空间 $V$ 不同基之间有怎样的关系呢？而线性空间中的向量在不同基下坐标之间又有怎样的关系呢？下面就来讨论这两个关系.

### 7.3.1 基变换公式与过渡矩阵

设 $\boldsymbol{\alpha}_1, \boldsymbol{\alpha}_2, \cdots, \boldsymbol{\alpha}_n$ 与 $\boldsymbol{\beta}_1, \boldsymbol{\beta}_2, \cdots, \boldsymbol{\beta}_n$ 是 $n$ 维线性空间 $V$ 的两个基，且有

$$\begin{cases} \boldsymbol{\beta}_1 = a_{11}\boldsymbol{\alpha}_1 + a_{21}\boldsymbol{\alpha}_2 + \cdots + a_{n1}\boldsymbol{\alpha}_n, \\ \boldsymbol{\beta}_2 = a_{12}\boldsymbol{\alpha}_1 + a_{22}\boldsymbol{\alpha}_2 + \cdots + a_{n2}\boldsymbol{\alpha}_n, \\ \cdots\cdots\cdots\cdots\cdots\cdots\cdots\cdots \\ \boldsymbol{\beta}_n = a_{1n}\boldsymbol{\alpha}_1 + a_{2n}\boldsymbol{\alpha}_2 + \cdots + a_{nn}\boldsymbol{\alpha}_n. \end{cases} \tag{7.1}$$

式(7.1)可用矩阵形式表示为

$$(\boldsymbol{\beta}_1, \boldsymbol{\beta}_2, \cdots, \boldsymbol{\beta}_n) = (\boldsymbol{\alpha}_1, \boldsymbol{\alpha}_2, \cdots, \boldsymbol{\alpha}_n)\boldsymbol{A}, \tag{7.2}$$

其中 $\boldsymbol{A}=\begin{pmatrix} a_{11} & a_{12} & \cdots & a_{1n} \\ a_{21} & a_{22} & \cdots & a_{2n} \\ \vdots & \vdots & & \vdots \\ a_{n1} & a_{n2} & \cdots & a_{nn} \end{pmatrix}$,可以证明矩阵 $\boldsymbol{A}$ 是可逆的. 于是由式(7.2)得

$$(\boldsymbol{\alpha}_1, \boldsymbol{\alpha}_2, \cdots, \boldsymbol{\alpha}_n) = (\boldsymbol{\beta}_1, \boldsymbol{\beta}_2, \cdots, \boldsymbol{\beta}_n)\boldsymbol{A}^{-1}. \tag{7.3}$$

**定义 7.10** 式(7.2)称为**基变换公式**,矩阵 $\boldsymbol{A}$ 称为由基 $\boldsymbol{\alpha}_1, \boldsymbol{\alpha}_2, \cdots, \boldsymbol{\alpha}_n$ 到基 $\boldsymbol{\beta}_1, \boldsymbol{\beta}_2, \cdots, \boldsymbol{\beta}_n$ 的**过渡矩阵**.

显然,过渡矩阵 $\boldsymbol{A}$ 的第 $j$ 列 $(1 \leqslant j \leqslant n)$ 是 $\boldsymbol{\beta}_j$ 在基 $\boldsymbol{\alpha}_1, \boldsymbol{\alpha}_2, \cdots, \boldsymbol{\alpha}_n$ 下的坐标.

**例 7.18** 设 $R^3$ 的两个基为

(Ⅰ) $\boldsymbol{\alpha}_1 = (1, 0, 1)^{\mathrm{T}}, \boldsymbol{\alpha}_2 = (1, 1, -1)^{\mathrm{T}}, \boldsymbol{\alpha}_3 = (0, 1, 0)^{\mathrm{T}}$;

(Ⅱ) $\boldsymbol{\beta}_1 = (1, -2, 1)^{\mathrm{T}}, \boldsymbol{\beta}_2 = (1, 2, -1)^{\mathrm{T}}, \boldsymbol{\beta}_3 = (0, 1, -2)^{\mathrm{T}}$.

求由基(Ⅰ)到基(Ⅱ)的过渡矩阵.

**解法 1** 因为

$$\begin{cases} \boldsymbol{\beta}_1 = \boldsymbol{\alpha}_1 - 2\boldsymbol{\alpha}_3, \\ \boldsymbol{\beta}_2 = \boldsymbol{\alpha}_2 + \boldsymbol{\alpha}_3, \\ \boldsymbol{\beta}_3 = -\boldsymbol{\alpha}_1 + \boldsymbol{\alpha}_2, \end{cases}$$

所以基(Ⅰ)到基(Ⅱ)的过渡矩阵为

$$\boldsymbol{A} = \begin{pmatrix} 1 & 0 & -1 \\ 0 & 1 & 1 \\ -2 & 1 & 0 \end{pmatrix}.$$

**解法 2** 取 $R^3$ 的自然基 $\boldsymbol{\varepsilon}_1 = (1, 0, 0)^{\mathrm{T}}, \boldsymbol{\varepsilon}_2 = (0, 1, 0)^{\mathrm{T}}, \boldsymbol{\varepsilon}_3 = (0, 0, 1)^{\mathrm{T}}$,则有

$$(\boldsymbol{\alpha}_1, \boldsymbol{\alpha}_2, \boldsymbol{\alpha}_3) = (\boldsymbol{\varepsilon}_1, \boldsymbol{\varepsilon}_2, \boldsymbol{\varepsilon}_3)\boldsymbol{B};$$
$$(\boldsymbol{\beta}_1, \boldsymbol{\beta}_2, \boldsymbol{\beta}_3) = (\boldsymbol{\varepsilon}_1, \boldsymbol{\varepsilon}_2, \boldsymbol{\varepsilon}_3)\boldsymbol{C}.$$

其中

$$\boldsymbol{B} = \begin{pmatrix} 1 & 1 & 0 \\ 0 & 1 & 1 \\ 1 & -1 & 0 \end{pmatrix}, \quad \boldsymbol{C} = \begin{pmatrix} 1 & 1 & 0 \\ -2 & 2 & 1 \\ 1 & -1 & -2 \end{pmatrix},$$

于是有

$$(\boldsymbol{\beta}_1, \boldsymbol{\beta}_2, \boldsymbol{\beta}_3) = (\boldsymbol{\alpha}_1, \boldsymbol{\alpha}_2, \boldsymbol{\alpha}_3)\boldsymbol{B}^{-1}\boldsymbol{C},$$

所以基(Ⅰ)到基(Ⅱ)的过渡矩阵为

$$A = B^{-1}C = \begin{pmatrix} 1 & 0 & -1 \\ 0 & 1 & 1 \\ -2 & 1 & 0 \end{pmatrix}.$$

**例 7.19** 设 $R[x]_3$ 的两个基为

（Ⅰ）$\boldsymbol{\alpha}_1 = 1$，$\boldsymbol{\alpha}_2 = x-1$，$\boldsymbol{\alpha}_3 = (x-1)^2$；

（Ⅱ）$\boldsymbol{\beta}_1 = 2$，$\boldsymbol{\beta}_2 = x-2$，$\boldsymbol{\beta}_3 = (x-2)^2$.

求由基（Ⅰ）到基（Ⅱ）的过渡矩阵.

**解法 1** 因为

$$\begin{cases} \boldsymbol{\beta}_1 = 2\boldsymbol{\alpha}_1, \\ \boldsymbol{\beta}_2 = -\boldsymbol{\alpha}_1 + \boldsymbol{\alpha}_2, \\ \boldsymbol{\beta}_3 = \boldsymbol{\alpha}_1 - 2\boldsymbol{\alpha}_2 + \boldsymbol{\alpha}_3, \end{cases}$$

所以基（Ⅰ）到基（Ⅱ）的过渡矩阵为

$$A = \begin{pmatrix} 2 & -1 & 1 \\ 0 & 1 & -2 \\ 0 & 0 & 1 \end{pmatrix}.$$

**解法 2** 取 $R[x]_3$ 的另一个基 $\boldsymbol{\varepsilon}_1 = 1$，$\boldsymbol{\varepsilon}_2 = x$，$\boldsymbol{\varepsilon}_3 = x^2$，则有

$$(\boldsymbol{\alpha}_1, \boldsymbol{\alpha}_2, \boldsymbol{\alpha}_3) = (\boldsymbol{\varepsilon}_1, \boldsymbol{\varepsilon}_2, \boldsymbol{\varepsilon}_3)\boldsymbol{B}, \quad (\boldsymbol{\beta}_1, \boldsymbol{\beta}_2, \boldsymbol{\beta}_3) = (\boldsymbol{\varepsilon}_1, \boldsymbol{\varepsilon}_2, \boldsymbol{\varepsilon}_3)\boldsymbol{C}.$$

其中

$$B = \begin{pmatrix} 1 & -1 & 1 \\ 0 & 1 & -2 \\ 0 & 0 & 1 \end{pmatrix}, \quad C = \begin{pmatrix} 2 & -2 & 4 \\ 0 & 1 & -4 \\ 0 & 0 & 1 \end{pmatrix}.$$

于是有

$$(\boldsymbol{\beta}_1, \boldsymbol{\beta}_2, \boldsymbol{\beta}_3) = (\boldsymbol{\alpha}_1, \boldsymbol{\alpha}_2, \boldsymbol{\alpha}_3)\boldsymbol{B}^{-1}\boldsymbol{C}.$$

所以基（Ⅰ）到基（Ⅱ）的过渡矩阵为

$$A = B^{-1}C = \begin{pmatrix} 2 & -1 & 1 \\ 0 & 1 & -2 \\ 0 & 0 & 1 \end{pmatrix}.$$

### 7.3.2 坐标变换公式

**定理 7.5** 设 $\boldsymbol{\alpha}_1, \boldsymbol{\alpha}_2, \cdots, \boldsymbol{\alpha}_n$ 与 $\boldsymbol{\beta}_1, \boldsymbol{\beta}_2, \cdots, \boldsymbol{\beta}_n$ 是 $n$ 维线性空间 $V$ 的两个基，$V$ 中向量 $\boldsymbol{\alpha}$ 在这两个基下的坐标分别为 $(x_1, x_2, \cdots, x_n)^{\mathrm{T}}$ 和 $(y_1, y_2, \cdots, y_n)^{\mathrm{T}}$，则

$$\begin{pmatrix} x_1 \\ x_2 \\ \vdots \\ x_n \end{pmatrix} = \boldsymbol{A} \begin{pmatrix} y_1 \\ y_2 \\ \vdots \\ y_n \end{pmatrix} \quad 或 \quad \begin{pmatrix} y_1 \\ y_2 \\ \vdots \\ y_n \end{pmatrix} = \boldsymbol{A}^{-1} \begin{pmatrix} x_1 \\ x_2 \\ \vdots \\ x_n \end{pmatrix}, \tag{7.4}$$

其中 $\boldsymbol{A}$ 为由基 $\boldsymbol{\alpha}_1, \boldsymbol{\alpha}_2, \cdots, \boldsymbol{\alpha}_n$ 到基 $\boldsymbol{\beta}_1, \boldsymbol{\beta}_2, \cdots, \boldsymbol{\beta}_n$ 的过渡矩阵.

**证明** 因为

$$\boldsymbol{\alpha} = (\boldsymbol{\alpha}_1, \boldsymbol{\alpha}_2, \cdots, \boldsymbol{\alpha}_n) \begin{pmatrix} x_1 \\ x_2 \\ \vdots \\ x_n \end{pmatrix},$$

且

$$\boldsymbol{\alpha} = (\boldsymbol{\beta}_1, \boldsymbol{\beta}_2, \cdots, \boldsymbol{\beta}_n) \begin{pmatrix} y_1 \\ y_2 \\ \vdots \\ y_n \end{pmatrix} = (\boldsymbol{\alpha}_1, \boldsymbol{\alpha}_2, \cdots, \boldsymbol{\alpha}_n) \boldsymbol{A} \begin{pmatrix} y_1 \\ y_2 \\ \vdots \\ y_n \end{pmatrix},$$

所以有式(7.4)成立.

式(7.4)称为**坐标变换公式**.

**例 7.20** 在例 7.18 的条件下,求:

(1) 向量 $\boldsymbol{\eta} = 3\boldsymbol{\beta}_1 + 2\boldsymbol{\beta}_3$ 在基(Ⅰ)下的坐标;

(2) $\boldsymbol{\xi} = (4, 1, -2)^{\mathrm{T}}$ 在基(Ⅱ)下的坐标.

**解** (1)设 $\boldsymbol{\eta}$ 在基(Ⅰ)下的坐标为 $(x_1, x_2, x_3)^{\mathrm{T}}$. 因为已知 $\boldsymbol{\eta}$ 在基(Ⅱ)下的坐标为$(3, 0, 2)^{\mathrm{T}}$,所以由坐标变换公式(7.4)得

$$\begin{pmatrix} x_1 \\ x_2 \\ x_3 \end{pmatrix} = \boldsymbol{A} \begin{pmatrix} 3 \\ 0 \\ 2 \end{pmatrix} = \begin{pmatrix} 1 & 0 & -1 \\ 0 & 1 & 1 \\ -2 & 1 & 0 \end{pmatrix} \begin{pmatrix} 3 \\ 0 \\ 2 \end{pmatrix} = \begin{pmatrix} 1 \\ 2 \\ -6 \end{pmatrix}.$$

(2) 取 $\boldsymbol{R}^3$ 自然基 $\boldsymbol{\varepsilon}_1 = (1, 0, 0)^{\mathrm{T}}, \boldsymbol{\varepsilon}_2 = (0, 1, 0)^{\mathrm{T}}, \boldsymbol{\varepsilon}_3 = (0, 0, 1)^{\mathrm{T}}$,则有

$$(\boldsymbol{\beta}_1, \boldsymbol{\beta}_2, \boldsymbol{\beta}_3) = (\boldsymbol{\varepsilon}_1, \boldsymbol{\varepsilon}_2, \boldsymbol{\varepsilon}_3)\boldsymbol{C},$$

其中 $\boldsymbol{C} = \begin{pmatrix} 1 & 1 & 0 \\ -2 & 2 & 1 \\ 1 & -1 & -2 \end{pmatrix}$,而 $\boldsymbol{\xi} = 4\boldsymbol{\varepsilon}_1 + \boldsymbol{\varepsilon}_2 - 2\boldsymbol{\varepsilon}_3$,所以 $\boldsymbol{\xi}$ 在基 $\boldsymbol{\varepsilon}_1, \boldsymbol{\varepsilon}_2, \boldsymbol{\varepsilon}_3$ 下的坐标是

$$(4, 1, -2)^{\mathrm{T}}.$$

于是 $\boldsymbol{\xi}$ 在基(Ⅱ)下的坐标为

$$\begin{pmatrix} y_1 \\ y_2 \\ y_3 \end{pmatrix} = \boldsymbol{C}^{-1}\begin{pmatrix} 4 \\ 1 \\ -2 \end{pmatrix} = \begin{pmatrix} 1 & 1 & 0 \\ -2 & 2 & 1 \\ 1 & -1 & -2 \end{pmatrix}^{-1}\begin{pmatrix} 4 \\ 1 \\ -2 \end{pmatrix} = \begin{pmatrix} 2 \\ 2 \\ 1 \end{pmatrix}.$$

## 习　题　7.3

1. 在 $R^3$ 中,求由基 $\boldsymbol{\alpha}_1, \boldsymbol{\alpha}_2, \boldsymbol{\alpha}_3$ 到基 $\boldsymbol{\beta}_1, \boldsymbol{\beta}_2, \boldsymbol{\beta}_3$ 的过渡矩阵,并求向量 $\boldsymbol{\xi}$ 在所指基下的坐标:

(1) $\begin{cases} \boldsymbol{\alpha}_1 = (1, 2, -1)^{\mathrm{T}}, \\ \boldsymbol{\alpha}_2 = (0, -1, 3)^{\mathrm{T}}, \\ \boldsymbol{\alpha}_3 = (1, -1, 0)^{\mathrm{T}}, \end{cases}$ $\begin{cases} \boldsymbol{\beta}_1 = (2, 1, 5)^{\mathrm{T}}, \\ \boldsymbol{\beta}_2 = (-2, 3, 1)^{\mathrm{T}}, \\ \boldsymbol{\beta}_3 = (1, 3, 2)^{\mathrm{T}}, \end{cases}$

$\boldsymbol{\xi} = (1, 0, 0)^{\mathrm{T}}$ 在基 $\boldsymbol{\alpha}_1, \boldsymbol{\alpha}_2, \boldsymbol{\alpha}_3$ 下的坐标;

(2) $\begin{cases} \boldsymbol{\alpha}_1 = (1, 0, -1)^{\mathrm{T}}, \\ \boldsymbol{\alpha}_2 = (1, 1, -1)^{\mathrm{T}}, \\ \boldsymbol{\alpha}_3 = (1, -1, 1)^{\mathrm{T}}, \end{cases}$ $\begin{cases} \boldsymbol{\beta}_1 = (1, 1, 0)^{\mathrm{T}}, \\ \boldsymbol{\beta}_2 = (0, 0, 2)^{\mathrm{T}}, \\ \boldsymbol{\beta}_3 = (0, 3, 2)^{\mathrm{T}}, \end{cases}$

$\boldsymbol{\xi} = (5, 8, 2)^{\mathrm{T}}$ 在基 $\boldsymbol{\beta}_1, \boldsymbol{\beta}_2, \boldsymbol{\beta}_3$ 下的坐标.

2. 设 $\boldsymbol{\alpha}_1, \boldsymbol{\alpha}_2, \boldsymbol{\alpha}_3$ 是三维线性空间 $V$ 的一个基.

(1) 证明:$\boldsymbol{\alpha}_1, \frac{1}{2}\boldsymbol{\alpha}_2, \frac{1}{3}\boldsymbol{\alpha}_3$ 与 $\boldsymbol{\alpha}_1 + \boldsymbol{\alpha}_2, \boldsymbol{\alpha}_2 + \boldsymbol{\alpha}_3, \boldsymbol{\alpha}_3 + \boldsymbol{\alpha}_1$ 也是 $V$ 的一组基.

(2) 求由基 $\boldsymbol{\alpha}_1, \frac{1}{2}\boldsymbol{\alpha}_2, \frac{1}{3}\boldsymbol{\alpha}_3$ 到基 $\boldsymbol{\alpha}_1 + \boldsymbol{\alpha}_2, \boldsymbol{\alpha}_2 + \boldsymbol{\alpha}_3, \boldsymbol{\alpha}_3 + \boldsymbol{\alpha}_1$ 的过渡矩阵.

3. 设 $R[x]_3$ 的两个基为

(Ⅰ) $\boldsymbol{\alpha}_1 = 1, \boldsymbol{\alpha}_2 = x, \boldsymbol{\alpha}_3 = x^2$;

(Ⅱ) $\boldsymbol{\beta}_1 = 1, \boldsymbol{\beta}_2 = 1 - x, \boldsymbol{\beta}_3 = (1 - x)^2$.

(1) 求由基(Ⅰ)到基(Ⅱ)的过渡矩阵;

(2) 求 $R[x]_3$ 中的向量 $\boldsymbol{\alpha} = 3 - 2x - x^2$ 分别在基(Ⅰ)与基(Ⅱ)下的坐标.

4. 设 $R^{2\times 2}$ 的两个基为

(Ⅰ) $\boldsymbol{\alpha}_1 = \begin{pmatrix} 1 & 0 \\ 0 & 0 \end{pmatrix}, \boldsymbol{\alpha}_2 = \begin{pmatrix} 1 & 1 \\ 0 & 0 \end{pmatrix}, \boldsymbol{\alpha}_3 = \begin{pmatrix} 1 & 1 \\ 1 & 0 \end{pmatrix}, \boldsymbol{\alpha}_4 = \begin{pmatrix} 1 & 1 \\ 1 & 1 \end{pmatrix}$;

(Ⅱ) $\boldsymbol{\beta}_1 = \begin{pmatrix} 1 & 0 \\ 1 & 1 \end{pmatrix}, \boldsymbol{\beta}_2 = \begin{pmatrix} 0 & 1 \\ 1 & 1 \end{pmatrix}, \boldsymbol{\beta}_3 = \begin{pmatrix} 1 & 1 \\ 1 & 0 \end{pmatrix}, \boldsymbol{\beta}_4 = \begin{pmatrix} 1 & 1 \\ 0 & 1 \end{pmatrix}$.

(1) 求由基(Ⅰ)到基(Ⅱ)的过渡矩阵;

(2) 求在基(Ⅰ)与基(Ⅱ)下有相同坐标的矩阵.

5. 设 $\boldsymbol{\alpha}_1, \boldsymbol{\alpha}_2, \cdots, \boldsymbol{\alpha}_n$ 是 $n$ 维线性空间 $V$ 的一个基,且

$$\boldsymbol{\beta}_1 = \boldsymbol{\alpha}_1, \boldsymbol{\beta}_2 = \boldsymbol{\alpha}_1 + \boldsymbol{\alpha}_2, \cdots, \boldsymbol{\beta}_n = \boldsymbol{\alpha}_1 + \boldsymbol{\alpha}_2 + \cdots + \boldsymbol{\alpha}_n.$$

(1) 证明:$\boldsymbol{\beta}_1, \boldsymbol{\beta}_2, \cdots, \boldsymbol{\beta}_n$ 也是 $V$ 的一个基;

(2) 若 $\boldsymbol{\alpha}$ 在基 $\boldsymbol{\alpha}_1, \boldsymbol{\alpha}_2, \cdots, \boldsymbol{\alpha}_n$ 下的坐标是 $(n, n-1, \cdots, 2, 1)^{\mathrm{T}}$,求 $\boldsymbol{\alpha}$ 在基 $\boldsymbol{\beta}_1, \boldsymbol{\beta}_2, \cdots, \boldsymbol{\beta}_n$ 下的坐标.

## §7.4 线性变换

集合 **A** 到自身的映射称为 **A** 的变换. 本节主要讨论线性空间的线性变换.

### 7.4.1 线性变换的定义

**定义 7.11** 设 $V$ 是实数域 $\mathbf{R}$ 上线性空间，$\sigma$ 是 $V$ 的一个变换，如果 $\forall \boldsymbol{\alpha}, \boldsymbol{\beta} \in V$，$\forall \lambda \in \mathbf{R}$，有：

(1) $\sigma(\boldsymbol{\alpha}+\boldsymbol{\beta}) = \sigma(\boldsymbol{\alpha}) + \alpha(\boldsymbol{\beta})$；

(2) $\sigma(\lambda\boldsymbol{\alpha}) = \lambda\sigma(\boldsymbol{\alpha})$.

则称 $\sigma$ 为线性空间 $V$ 的一个**线性变换**.

**例 7.21** 定义 $\mathbf{R}$ 上线性空间 $V$ 的数乘变换：$\sigma_k(\boldsymbol{\alpha}) = k\boldsymbol{\alpha}(\forall \boldsymbol{\alpha} \in V)$，其中 $k$ 是 $\mathbf{R}$ 中某个数. 则 $\sigma_k$ 是 $V$ 的一个线性变换.

**证明** 因为 $\forall \boldsymbol{\alpha}, \boldsymbol{\beta} \in V$，$\forall \lambda \in \mathbf{R}$，有

$$\sigma_k(\boldsymbol{\alpha}+\boldsymbol{\beta}) = k(\boldsymbol{\alpha}+\boldsymbol{\beta}) = k\boldsymbol{\alpha} + k\boldsymbol{\beta} = \sigma_k(\boldsymbol{\alpha}) + \sigma_k(\boldsymbol{\beta}),$$
$$\sigma_k(\lambda\boldsymbol{\alpha}) = k(\lambda\boldsymbol{\alpha}) = \lambda(k\boldsymbol{\alpha}) = \lambda\sigma_k(\boldsymbol{\alpha}).$$

所以，数乘变换 $\sigma_k$ 是 $V$ 的一个线性变换.

特别地，当 $k=1$ 时，$\sigma_1(\boldsymbol{\alpha}) = 1\boldsymbol{\alpha} = \boldsymbol{\alpha}(\forall \boldsymbol{\alpha} \in V)$，此时记 $\varepsilon = \sigma_1$，称 $\varepsilon$ 为 $V$ 的恒等变换(或称单位变换).

当 $k=0$ 时，$\sigma_0(\boldsymbol{\alpha}) = 0\boldsymbol{\alpha} = \mathbf{0}(\forall \boldsymbol{\alpha} \in V)$，此时记 $\theta = \sigma_0$，称 $\theta$ 为 $V$ 的零变换.

**例 7.22** 证明：$\mathbf{R}$ 上线性空间 $R[x](R[x]_n)$ 的微商变换

$$D(f(x)) = f'(x)(\forall f(x) \in R[x] \text{ 或 } R[x]_n)$$

是线性变换.

**证明** 因为 $\forall f(x), g(x) \in R[x](R[x]_n)$，$\forall \lambda \in \mathbf{R}$，有

$$D[f(x)+g(x)] = [f(x)+g(x)]' = f'(x)+g'(x) = D[f(x)]+D[g(x)],$$
$$D[\lambda f(x)] = [\lambda f(x)]' = \lambda f'(x) = \lambda D[f(x)].$$

所以，微分变换 $D$ 是线性变换.

**例 7.23** 证明：$\mathbf{R}$ 上线性空间 $C[a, b]$ 的积分变换

$$J[f(x)] = \int_a^x f(x)\mathrm{d}x(\forall f(x) \in C[a, b])$$

是线性变换.

**证明** 因为 $\forall f(x), g(x) \in C[a, b]$，$\forall \lambda \in \mathbf{R}$，有

$$J[f(x)+g(x)]=\int_a^x[f(x)+g(x)]\mathrm{d}x=\int_a^x f(x)\mathrm{d}x+\int_a^x g(x)\mathrm{d}x$$
$$=J[f(x)]+J[g(x)],$$
$$J[\lambda f(x)]=\int_a^x\lambda f(x)\mathrm{d}x=\lambda\int_a^x f(x)\mathrm{d}x=\lambda J[f(x)].$$

所以,积分变换 $J$ 是线性变换.

**例 7.24** 在 **R** 上线性空间 $R[x]$($R[x]_n$) 中,若令变换 $T$ 为

$$T[f(x)]=1(\forall f(x)\in R[x] \text{ 或 } R[x]_n),$$

则 $T$ 不是 $R[x]$($R[x]_n$) 的线性变换.

事实上,由 $f(x)$, $g(x)\in R[x]$ 或 $R[x]_n$,有

$$T[f(x)+g(x)]=1 \quad \text{及} \quad T[f(x)]+T[g(x)]=1+1=2,$$

故

$$T[f(x)+g(x)]\neq T[f(x)]+T[g(x)].$$

所以, $T$ 不是 $R[x]$($R[x]_n$) 的线性变换.

**定理 7.6** 实数域 **R** 上线性空间 $V$ 的变换 $\sigma$ 是线性变换的充分必要条件是 $\forall \boldsymbol{\alpha}, \boldsymbol{\beta}\in V$, $\forall k, l\in \mathbf{R}$,有

$$\sigma(k\boldsymbol{\alpha}+l\boldsymbol{\beta})=k\sigma(\boldsymbol{\alpha})+l\sigma(\boldsymbol{\beta}).$$

### 7.4.2 线性变换的性质

实数域 **R** 上线性空间 $V$ 的线性变换 $\sigma$ 具有以下基本性质:

**性质 1** $\sigma(\mathbf{0})=\mathbf{0}$.

**证明** $\sigma(\mathbf{0})=\sigma(0\boldsymbol{\alpha})=0\sigma(\boldsymbol{\alpha})=\mathbf{0}$.

**性质 2** $\sigma(-\boldsymbol{\alpha})=-\sigma(\boldsymbol{\alpha})$.

**证明** $\sigma(-\boldsymbol{\alpha})=\sigma[(-1)\boldsymbol{\alpha}]=(-1)\sigma(\boldsymbol{\alpha})=-\sigma(\boldsymbol{\alpha})$.

**性质 3** $\sigma(k_1\boldsymbol{\alpha}_1+k_2\boldsymbol{\alpha}_2+\cdots+k_m\boldsymbol{\alpha}_m)=k_1\sigma(\boldsymbol{\alpha}_1)+k_2\sigma(\boldsymbol{\alpha}_2)+\cdots+k_m\sigma(\boldsymbol{\alpha}_m)$.

**证明** 由定理 7.6,递推地有

$$\sigma(k_1\boldsymbol{\alpha}_1+k_2\boldsymbol{\alpha}_2+\cdots+k_m\boldsymbol{\alpha}_m)=k_1\sigma(\boldsymbol{\alpha}_1)+\sigma(k_2\boldsymbol{\alpha}_2+\cdots+k_m\boldsymbol{\alpha}_m)$$
$$=k_1\sigma(\boldsymbol{\alpha}_1)+k_2\sigma(\boldsymbol{\alpha}_2)+\cdots+k_m\sigma(\boldsymbol{\alpha}_m).$$

**性质 4** 若 $\boldsymbol{\alpha}_1, \boldsymbol{\alpha}_2, \cdots, \boldsymbol{\alpha}_m$ 线性相关,则 $\sigma(\boldsymbol{\alpha}_1), \sigma(\boldsymbol{\alpha}_2), \cdots, \sigma(\boldsymbol{\alpha}_m)$ 也线性相关.

**证明** 由 $\boldsymbol{\alpha}_1, \boldsymbol{\alpha}_2, \cdots, \boldsymbol{\alpha}_m$ 线性相关可知,存在不全为零的数 $k_1, k_2, \cdots, k_m$,使得

$$k_1\boldsymbol{\alpha}_1 + k_2\boldsymbol{\alpha}_2 + \cdots + k_m\boldsymbol{\alpha}_m = \mathbf{0}.$$

由性质 3,有

$$k_1\sigma(\boldsymbol{\alpha}_1) + k_2\sigma(\boldsymbol{\alpha}_2) + \cdots + k_m\sigma(\boldsymbol{\alpha}_m) = \sigma(k_1\boldsymbol{\alpha}_1 + k_2\boldsymbol{\alpha}_2 + \cdots + k_m\boldsymbol{\alpha}_m) = \sigma(\mathbf{0}) = \mathbf{0},$$

所以,$\sigma(\boldsymbol{\alpha}_1), \sigma(\boldsymbol{\alpha}_2), \cdots, \sigma(\boldsymbol{\alpha}_m)$ 也线性相关. ■

性质 4 的逆命题不成立,即线性变换有可能把线性无关的向量组变为线性相关的向量组,如零变换就是如此.

**性质 5** $V$ 中所有向量的像的集合 $\sigma(V) = \{\sigma(\boldsymbol{\alpha}) \mid \boldsymbol{\alpha} \in V\}$ 是 $V$ 的子空间.

**证明** 因为 $\sigma(\mathbf{0}) = \mathbf{0} \in \sigma(V)$,所以 $\sigma(V)$ 是 $V$ 的非空子集. $\forall \boldsymbol{\beta}_1, \boldsymbol{\beta}_2 \in V$, $\forall \lambda \in \mathbf{R}$,存在 $\boldsymbol{\alpha}_1, \boldsymbol{\alpha}_2 \in V$,使得 $\sigma(\boldsymbol{\alpha}_1) = \boldsymbol{\beta}_1$, $\sigma(\boldsymbol{\alpha}_2) = \boldsymbol{\beta}_2$,且 $\boldsymbol{\alpha}_1 + \boldsymbol{\alpha}_2$, $\lambda\boldsymbol{\alpha}_1 \in V$,于是

$$\boldsymbol{\beta}_1 + \boldsymbol{\beta}_2 = \sigma(\boldsymbol{\alpha}_1) + \sigma(\boldsymbol{\alpha}_2) = \sigma(\boldsymbol{\alpha}_1 + \boldsymbol{\alpha}_2) \in \sigma(V),$$
$$\lambda\boldsymbol{\beta}_1 = \lambda\sigma(\boldsymbol{\alpha}_1) = \sigma(\lambda\boldsymbol{\alpha}_1) \in \sigma(V) \in A(V).$$

故 $\sigma(V)$ 是 $V$ 的子空间.

**定义 7.12** $\sigma(V)$ 称为线性变换 $\sigma$ 的**值域**,记作 $\operatorname{Im}\sigma$.

**性质 6** $V$ 中所有满足 $\sigma(\boldsymbol{\alpha}) = \mathbf{0}$ 的向量集合 $\sigma^{-1}(V) = \{\boldsymbol{\alpha} \in V \mid \sigma(\boldsymbol{\alpha}) = \mathbf{0}\}$ 是 $V$ 的子空间.

**证明** 由 $\sigma(\mathbf{0}) = \mathbf{0}$,知 $\mathbf{0} \in \sigma^{-1}(V)$,即 $\sigma^{-1}(V)$ 是 $V$ 的非空子集. $\forall \boldsymbol{\alpha}_1, \boldsymbol{\alpha}_2 \in \sigma^{-1}(V)$, $\forall \lambda \in \mathbf{R}$,有 $\sigma(\boldsymbol{\alpha}_1) = \mathbf{0}$, $\sigma(\boldsymbol{\alpha}_2) = \mathbf{0}$,于是

$$\sigma(\boldsymbol{\alpha}_1 + \boldsymbol{\alpha}_2) = \sigma(\boldsymbol{\alpha}_1) + \sigma(\boldsymbol{\alpha}_2) = \mathbf{0} + \mathbf{0} = \mathbf{0}, \quad \sigma(\lambda\boldsymbol{\alpha}_1) = \lambda\sigma(\boldsymbol{\alpha}_1) = \lambda\mathbf{0} = \mathbf{0}.$$

即 $\boldsymbol{\alpha}_1 + \boldsymbol{\alpha}_2$, $\lambda\boldsymbol{\alpha}_1 \in \sigma^{-1}(V)$,故 $\sigma^{-1}(V)$ 是 $V$ 的子空间.

**定义 7.13** $\sigma^{-1}(V)$ 称为线性变换 $\sigma$ 的**核**,记作 $\ker\sigma$.

**定理 7.7** 若 $\boldsymbol{\alpha}_1, \boldsymbol{\alpha}_2, \cdots, \boldsymbol{\alpha}_n$ 是 $n$ 维线性空间 $V$ 的一个基,$\sigma$ 是 $V$ 的线性变换,则 $\sigma$ 的值域

$$\operatorname{Im}\sigma = L(\sigma(\boldsymbol{\alpha}_1), \sigma(\boldsymbol{\alpha}_2), \cdots, \sigma(\boldsymbol{\alpha}_n)).$$

**证明** $\forall \boldsymbol{\alpha} \in \operatorname{Im}\sigma$,存在 $\boldsymbol{\beta} \in V$,使得 $\sigma(\boldsymbol{\beta}) = \boldsymbol{\alpha}$. 因为 $\boldsymbol{\alpha}_1, \boldsymbol{\alpha}_2, \cdots, \boldsymbol{\alpha}_n$ 是 $V$ 的基,所以 $\boldsymbol{\beta} = k_1\boldsymbol{\alpha}_1 + k_2\boldsymbol{\alpha}_2 + \cdots + k_n\boldsymbol{\alpha}_n$,于是

$$\boldsymbol{\alpha} = \sigma(\boldsymbol{\beta}) = k_1\sigma(\boldsymbol{\alpha}_1) + k_2\sigma(\boldsymbol{\alpha}_2) + \cdots + k_n\sigma(\boldsymbol{\alpha}_n) \in L(\sigma(\boldsymbol{\alpha}_1), \sigma(\boldsymbol{\alpha}_2), \cdots, \sigma(\boldsymbol{\alpha}_n)).$$

因此,$\operatorname{Im}\sigma \subseteq L(\sigma(\boldsymbol{\alpha}_1), \sigma(\boldsymbol{\alpha}_2), \cdots, \sigma(\boldsymbol{\alpha}_n))$.

反之,$\forall \boldsymbol{\alpha} \in L(\sigma(\boldsymbol{\alpha}_1), \sigma(\boldsymbol{\alpha}_2), \cdots, \sigma(\boldsymbol{\alpha}_n))$,有

$$\boldsymbol{\alpha} = k_1\sigma(\boldsymbol{\alpha}_1) + k_2\sigma(\boldsymbol{\alpha}_2) + \cdots + k_n\sigma(\boldsymbol{\alpha}_n) = \sigma(k_1\boldsymbol{\alpha}_1 + k_2\boldsymbol{\alpha}_2 + \cdots + k_n\boldsymbol{\alpha}_n) \in \operatorname{Im}\sigma.$$

因而有,$\operatorname{Im}\sigma \supseteq L(\sigma(\boldsymbol{\alpha}_1), \sigma(\boldsymbol{\alpha}_2), \cdots, \sigma(\boldsymbol{\alpha}_n))$.

故 $\operatorname{Im}\sigma = L(\sigma(\boldsymbol{\alpha}_1), \sigma(\boldsymbol{\alpha}_2), \cdots, \sigma(\boldsymbol{\alpha}_n))$.

**例 7.25** 设 $R^3$ 中线性变换 $\sigma$ 为

$$\sigma(x_1, x_2, x_3)^{\mathrm{T}} = (x_1 + 2x_2 - x_3, x_2 + x_3, x_1 + x_2 - 2x_3)^{\mathrm{T}},$$

求 $\mathrm{Im}\,\sigma$ 与 $\ker\sigma$.

**解** 取 $R^3$ 的自然基 $\boldsymbol{\varepsilon}_1 = (1, 0, 0)^{\mathrm{T}}$, $\boldsymbol{\varepsilon}_2 = (0, 1, 0)^{\mathrm{T}}$, $\boldsymbol{\varepsilon}_3 = (0, 0, 1)^{\mathrm{T}}$,则有 $\sigma(\boldsymbol{\varepsilon}_1) = (1, 0, 0)^{\mathrm{T}} = \boldsymbol{\alpha}_1$, $\sigma(\boldsymbol{\varepsilon}_2) = (2, 1, 1)^{\mathrm{T}} = \boldsymbol{\alpha}_2$, $\sigma(\boldsymbol{\varepsilon}_3) = (-1, 1, -2)^{\mathrm{T}} = \boldsymbol{\alpha}_3$.

由定理 7.7 得 $\mathrm{Im}\,\sigma = L(\boldsymbol{\alpha}_1, \boldsymbol{\alpha}_2, \boldsymbol{\alpha}_3)$,而 $\boldsymbol{\alpha}_1$, $\boldsymbol{\alpha}_2$ 是 $\boldsymbol{\alpha}_1$, $\boldsymbol{\alpha}_2$, $\boldsymbol{\alpha}_3$ 的极大线性无关组,所以 $\mathrm{Im}\,\sigma = L(\boldsymbol{\alpha}_1, \boldsymbol{\alpha}_2)$.

$\forall \boldsymbol{\alpha} = (x_1, x_2, x_3)^{\mathrm{T}} \in \ker\sigma$,有

$$\sigma(x_1, x_2, x_3)^{\mathrm{T}} = (x_1 + 2x_2 - x_3, x_2 + x_3, x_1 + x_2 - 2x_3)^{\mathrm{T}} = \mathbf{0},$$

所以得线性方程组

$$\begin{cases} x_1 + 2x_2 - x_3 = 0, \\ x_2 + x_3 = 0, \\ x_1 + x_2 - 2x_3 = 0. \end{cases}$$

解得一个基础解系 $\boldsymbol{\xi} = (3, -1, 1)^{\mathrm{T}}$,所以 $\ker\sigma = L(\boldsymbol{\xi})$.

### 7.4.3 线性变换的运算

设 $\sigma$, $\tau$ 是 $\mathbf{R}$ 上线性空间 $V$ 的两个线性变换,$\lambda \in \mathbf{R}$,定义 $V$ 的四个变换如下:$\forall \boldsymbol{\alpha} \in V$,

(1) $(\sigma + \tau)(\boldsymbol{\alpha}) = \sigma(\boldsymbol{\alpha}) + \tau(\boldsymbol{\alpha})$;

(2) $(\lambda\sigma)(\boldsymbol{\alpha}) = \lambda\sigma(\boldsymbol{\alpha})$;

(3) $(\sigma\tau)(\boldsymbol{\alpha}) = \sigma(\tau(\boldsymbol{\alpha}))$;

(4) $(-\sigma)(\boldsymbol{\alpha}) = -\sigma(\boldsymbol{\alpha})$.

容易验证,$V$ 的四个变换 $\sigma + \tau$, $\lambda\sigma$, $\sigma\tau$, $-\sigma$ 都是 $V$ 的线性变换.

**定义 7.14** $\sigma + \tau$, $\lambda\sigma$, $\sigma\tau$, $-\sigma$ 分别称为 $\sigma$ 与 $\tau$ 的和、$\lambda$ 与 $\sigma$ 的数乘、$\sigma$ 与 $\tau$ 的积、$\sigma$ 的负变换.

可以证明线性变换的和、数乘、积运算满足下列运算律($\sigma$, $\tau$, $\mu$ 是 $V$ 的线性变换,$k$, $l \in R$):

(1) $\sigma + \tau = \tau + \sigma$;

(2) $(\sigma + \tau) + \mu = \sigma + (\tau + \mu)$;

(3) $\theta + \sigma = \sigma$;

(4) $\sigma + (-\sigma) = \theta$;

(5) $k(\sigma + \tau) = k\sigma + k\tau$;

(6) $(k + l)\sigma = k\sigma + l\sigma$;

(7) $(kl)\sigma = k(l\sigma)$;

(8) $1\sigma = \sigma$;

(9) $\sigma(\tau + \mu) = \sigma\tau + \sigma\mu$;

(10) $(\tau + \mu)\sigma = \tau\sigma + \mu\sigma$;

(11) $(\sigma\tau)\mu = \sigma(\tau\mu)$;

(12) $(k\sigma)\tau = k(\sigma\tau)$;

(13) $\varepsilon\sigma = \sigma\varepsilon = \sigma$.

从以上可得:(Ⅰ) 由(1)到(8)可知,$V$ 的所有线性变换集合关于线性变换的加法和数乘运算构成 $\mathbf{R}$ 上线性空间.

(Ⅱ) $\sigma\tau \neq \tau\sigma$.

(Ⅲ) $\sigma\tau = \sigma\mu$ 不能推出 $\tau = \mu$.

(Ⅳ) 可利用负变换定义线性变换的差为 $\sigma - \tau = \sigma + (-\tau)$.

## 习 题 7.4

1. 判断下面定义的变换是否是线性变换?

(1) 在线性空间 $V$ 中,定义 $\sigma(\boldsymbol{\xi}) = \boldsymbol{\xi} + \boldsymbol{\alpha}$,其中 $\boldsymbol{\alpha} \in V$ 是一个固定的向量.

(2) 在线性空间 $V$ 中,定义 $\sigma(\boldsymbol{\xi}) = \boldsymbol{\alpha}$,其中 $\boldsymbol{\alpha} \in V$ 是一个固定的向量.

(3) 在线性空间 $R^3$ 中,定义 $\sigma(x_1, x_2, x_3)^{\mathrm{T}} = (x_1^2, x_2 + x_3, x_3^2)^{\mathrm{T}}$.

(4) 在线性空间 $R^3$ 中,定义 $\sigma(x_1, x_2, x_3)^{\mathrm{T}} = (2x_1 - x_2, x_2 + x_3, x_1)^{\mathrm{T}}$.

(5) 在线性空间 $R[x]$ 中,定义 $\sigma(f(x)) = f'(x) + x$.

(6) 在线性空间 $R[x]$ 中,定义 $\sigma(f(x)) = f(x+1)$.

(7) 在线性空间 $R^{n\times n}$ 中,定义 $\sigma(\boldsymbol{X}) = \boldsymbol{AX} - \boldsymbol{XA}$,其中 $\boldsymbol{A} \in R^{n\times n}$ 是一个固定的向量.

2. 在线性空间 $R^{2\times 2}$ 中,定义

$$\sigma(\boldsymbol{A}) = \boldsymbol{A}\begin{pmatrix} 2 & 0 \\ 0 & 3 \end{pmatrix},\ \tau(\boldsymbol{A}) = \boldsymbol{A}\begin{pmatrix} 3 & 0 \\ 0 & 4 \end{pmatrix}\ (\forall \boldsymbol{A} \in R^{2\times 2}).$$

(1) 证明:$\sigma$, $\tau$ 是 $R^{2\times 2}$ 的线性变换.

(2) 求 $\sigma + \tau$ 与 $\sigma\tau$.

3. 在线性空间 $C[a, b]$ 中,定义:

$$\sigma(f(x)) = xf(x)\ (\forall f(x) \in C[a, b]).$$

(1) 证明:$\sigma$ 是 $C[a, b]$ 的线性变换.

(2) 证明:$D\sigma - \sigma D = \varepsilon$,这里 $D$, $\varepsilon$ 分别是 $C[a, b]$ 的微分变换与恒等变换.

4. 求线性空间 $V$ 的下列线性变换的值域与核.

(1) $V$ 的恒等变换 $\varepsilon$.

(2) $V$ 的零变换 $\theta$.

(3) $V=R[x](R[x]_n)$ 的微分变换 $D$.

(4) $V=R^3$ 的线性变换 $\sigma(x_1, x_2, x_3)^{\mathrm{T}}=(x_1+x_2+x_3, -x_1-2x_3, x_2-x_3)^{\mathrm{T}}$.

5. 设 $\boldsymbol{\alpha}_1, \boldsymbol{\alpha}_2, \cdots, \boldsymbol{\alpha}_n$ 是 $n$ 维线性空间 $V$ 的一个基，$\sigma, \tau$ 是 $V$ 的两个线性变换. 证明：$\sigma=\tau$ 的充分必要条件是 $\sigma(\boldsymbol{\alpha}_i)=\tau(\boldsymbol{\alpha}_i)(i=1, 2, \cdots, n)$.

6. 设 $\boldsymbol{\alpha}_1, \boldsymbol{\alpha}_2$ 是二维线性空间 $V$ 的一个基，$\sigma, \tau$ 是 $V$ 的两个线性变换，且 $\sigma(\boldsymbol{\alpha}_1)=\boldsymbol{\beta}_1$，$\sigma(\boldsymbol{\alpha}_2)=\boldsymbol{\beta}_2$，$\tau(\boldsymbol{\alpha}_1+\boldsymbol{\alpha}_2)=\boldsymbol{\beta}_1+\boldsymbol{\beta}_2$，$\tau(\boldsymbol{\alpha}_1-\boldsymbol{\alpha}_2)=\boldsymbol{\beta}_1-\boldsymbol{\beta}_2$，证明：$\sigma=\tau$.

# §7.5 线性变换的矩阵表示

线性空间中的线性变换往往很抽象，表述起来不太方便，本节将建立 $n$ 维线性空间的线性变换与矩阵的对应关系，从而使线性变换矩阵化，通过对矩阵的分析了解线性变换的性质.

## 7.5.1 线性变换在给定基下的矩阵

设 $\boldsymbol{\alpha}_1, \boldsymbol{\alpha}_2, \cdots, \boldsymbol{\alpha}_n$ 是 $n$ 维线性空间 $V$ 的一个基，$\sigma$ 是 $V$ 的线性变换，则有关系式

$$\begin{cases}\sigma(\boldsymbol{\alpha}_1)=a_{11}\boldsymbol{\alpha}_1+a_{21}\boldsymbol{\alpha}_2+\cdots+a_{n1}\boldsymbol{\alpha}_n, \\ \sigma(\boldsymbol{\alpha}_2)=a_{12}\boldsymbol{\alpha}_1+a_{22}\boldsymbol{\alpha}_2+\cdots+a_{n2}\boldsymbol{\alpha}_n, \\ \cdots\cdots\cdots\cdots\cdots\cdots\cdots\cdots\cdots\cdots \\ \sigma(\boldsymbol{\alpha}_n)=a_{1n}\boldsymbol{\alpha}_1+a_{2n}\boldsymbol{\alpha}_2+\cdots+a_{nn}\boldsymbol{\alpha}_n.\end{cases} \tag{7.5}$$

式(7.5)可用矩阵形式表示为

$$(\sigma(\boldsymbol{\alpha}_1), \sigma(\boldsymbol{\alpha}_2), \cdots, \sigma(\boldsymbol{\alpha}_n))=(\boldsymbol{\alpha}_1, \boldsymbol{\alpha}_2, \cdots, \boldsymbol{\alpha}_n)\boldsymbol{A}. \tag{7.6}$$

其中 $\boldsymbol{A}=\begin{pmatrix}a_{11} & a_{12} & \cdots & a_{1n} \\ a_{21} & a_{22} & \cdots & a_{2n} \\ \vdots & \vdots & & \vdots \\ a_{n1} & a_{n2} & \cdots & a_{nn}\end{pmatrix}$，常记 $\sigma(\boldsymbol{\alpha}_1, \boldsymbol{\alpha}_2, \cdots, \boldsymbol{\alpha}_n)=(\sigma(\boldsymbol{\alpha}_1), \sigma(\boldsymbol{\alpha}_2), \cdots, \sigma(\boldsymbol{\alpha}_n))$，这样式(7.6)又可表示为

$$\sigma(\boldsymbol{\alpha}_1, \boldsymbol{\alpha}_2, \cdots, \boldsymbol{\alpha}_n)=(\boldsymbol{\alpha}_1, \boldsymbol{\alpha}_2, \cdots, \boldsymbol{\alpha}_n)\boldsymbol{A}. \tag{7.7}$$

**定义 7.15** 式(7.6)中的矩阵称 $\boldsymbol{A}$ 为线性变换 $\sigma$ 在基 $\boldsymbol{\alpha}_1, \boldsymbol{\alpha}_2, \cdots, \boldsymbol{\alpha}_n$ 下的矩阵.

**注** 矩阵 $\boldsymbol{A}$ 中的第 $j$ 列就是向量 $\sigma(\boldsymbol{\varepsilon}_j)(j=1, 2, \cdots, n)$ 在基 $\boldsymbol{\alpha}_1, \boldsymbol{\alpha}_2, \cdots, \boldsymbol{\alpha}_n$ 下的坐标，由于向量在一个基下的坐标是唯一的，所以线性变换 $\sigma$ 在基 $\boldsymbol{\alpha}_1, \boldsymbol{\alpha}_2, \cdots, \boldsymbol{\alpha}_n$ 下的矩阵是唯一且确定的. 反之，给定一个 $n$ 阶方阵，可以证明 $n$ 维线性空间 $V$ 中有唯一一个线性变换与之对应，并且这个线性变换在给定基下的矩阵就是给定

的矩阵.

所以,在取定 $n$ 维线性空间 $V$ 的一个基后,线性变换与矩阵之间就有一一对应关系.

**例 7.26** 求 $n$ 维线性空间 $V$ 的数乘变换: $\sigma_k(\boldsymbol{\alpha}) = k\boldsymbol{\alpha}(\forall \boldsymbol{\alpha} \in V)$ 在 $V$ 的任意一个基下的矩阵.

**解** 设 $\boldsymbol{\alpha}_1, \boldsymbol{\alpha}_2, \cdots, \boldsymbol{\alpha}_n$ 是 $V$ 的任意一个基,因为 $\sigma_k(\boldsymbol{\alpha}_i) = k\boldsymbol{\alpha}_i(i = 1, 2, \cdots, n)$,所以

$$\sigma_k(\boldsymbol{\alpha}_1, \boldsymbol{\alpha}_2, \cdots, \boldsymbol{\alpha}_n) = (\boldsymbol{\alpha}_1, \boldsymbol{\alpha}_2, \cdots, \boldsymbol{\alpha}_n)\begin{pmatrix} k & & & \\ & k & & \\ & & \ddots & \\ & & & k \end{pmatrix}.$$

即 $\sigma_k$ 在基 $\boldsymbol{\alpha}_1, \boldsymbol{\alpha}_2, \cdots, \boldsymbol{\alpha}_n$ 下的矩阵是数量矩阵

$$\begin{pmatrix} k & & & \\ & k & & \\ & & \ddots & \\ & & & k \end{pmatrix} = k\boldsymbol{E}.$$

特别地,恒等变换 $\boldsymbol{\varepsilon}$ 在任意一个基下的矩阵是单位矩阵 $\boldsymbol{E}$;零变换 $\boldsymbol{\theta}$ 在任意一个基下的矩阵是零矩阵 $\boldsymbol{O}$.

**例 7.27** 设 $R^3$ 的线性变换为 $\sigma(x_1, x_2, x_3)^{\mathrm{T}} = (x_1, x_2, 0)^{\mathrm{T}}$,求:

(1) $\sigma$ 在基 $\boldsymbol{\varepsilon}_1 = (1, 0, 0)^{\mathrm{T}}, \boldsymbol{\varepsilon}_2 = (0, 1, 0)^{\mathrm{T}}, \boldsymbol{\varepsilon}_3 = (0, 0, 1)^{\mathrm{T}}$ 下的矩阵;

(2) $\sigma$ 在基 $\boldsymbol{\alpha}_1 = (1, 0, 0)^{\mathrm{T}}, \boldsymbol{\alpha}_2 = (0, 1, 0)^{\mathrm{T}}, \boldsymbol{\alpha}_3 = (1, 1, 1)^{\mathrm{T}}$ 下的矩阵.

**解** (1) 因为

$$\begin{cases} \sigma(\boldsymbol{\varepsilon}_1) = (1, 0, 0)^{\mathrm{T}} = 1\boldsymbol{\varepsilon}_1 + 0\boldsymbol{\varepsilon}_2 + 0\boldsymbol{\varepsilon}_3, \\ \sigma(\boldsymbol{\varepsilon}_2) = (0, 1, 0)^{\mathrm{T}} = 0\boldsymbol{\varepsilon}_1 + 1\boldsymbol{\varepsilon}_2 + 0\boldsymbol{\varepsilon}_3, \\ \sigma(\boldsymbol{\varepsilon}_3) = (0, 0, 0)^{\mathrm{T}} = 0\boldsymbol{\varepsilon}_1 + 0\boldsymbol{\varepsilon}_2 + 0\boldsymbol{\varepsilon}_3, \end{cases}$$

所以 $\sigma$ 在基 $\boldsymbol{\varepsilon}_1, \boldsymbol{\varepsilon}_2, \boldsymbol{\varepsilon}_3$ 下的矩阵是

$$\boldsymbol{A} = \begin{pmatrix} 1 & 0 & 0 \\ 0 & 1 & 0 \\ 0 & 0 & 0 \end{pmatrix}.$$

(2) 因为

$$\begin{cases} \sigma(\boldsymbol{\alpha}_1) = (1, 0, 0)^{\mathrm{T}} = 1\boldsymbol{\alpha}_1 + 0\boldsymbol{\alpha}_2 + 0\boldsymbol{\alpha}_3, \\ \sigma(\boldsymbol{\alpha}_2) = (0, 1, 0)^{\mathrm{T}} = 0\boldsymbol{\alpha}_1 + 1\boldsymbol{\alpha}_2 + 0\boldsymbol{\alpha}_3, \\ \sigma(\boldsymbol{\alpha}_3) = (1, 1, 0)^{\mathrm{T}} = 1\boldsymbol{\alpha}_1 + 1\boldsymbol{\alpha}_2 + 0\boldsymbol{\alpha}_3, \end{cases}$$

所以 $\sigma$ 在基 $\boldsymbol{\alpha}_1, \boldsymbol{\alpha}_2, \boldsymbol{\alpha}_3$ 下的矩阵是

$$\boldsymbol{A}=\begin{pmatrix}1&0&1\\0&1&1\\0&0&0\end{pmatrix}.$$

**例 7.28** 求 $R[x]_4$ 中微分变换 $D(f(x))=f'(x)$ 在基 $1, x, x^2, x^3$ 下的矩阵.

**解** 因为

$$\begin{cases}D(1)=0=0\cdot 1+0\cdot x+0\cdot x^2+0\cdot x^3,\\ D(x)=1=1\cdot 1+0\cdot x+0\cdot x^2+0\cdot x^3,\\ D(x^2)=2x=0\cdot 1+2\cdot x+0\cdot x^2+0\cdot x^3,\\ D(x^3)=3x^2=0\cdot 1+0\cdot x+3\cdot x^2+0x^3,\end{cases}$$

所以,$D$ 在基 $1, x, x^2, x^3$ 下的矩阵是

$$\boldsymbol{A}=\begin{pmatrix}0&1&0&0\\0&0&2&0\\0&0&0&3\\0&0&0&0\end{pmatrix}.$$

**定理 7.8** 设 $\boldsymbol{\alpha}_1, \boldsymbol{\alpha}_2, \cdots, \boldsymbol{\alpha}_n$ 是线性空间 $V$ 的一个基,$\sigma$ 是 $V$ 的线性变换,则对 $\boldsymbol{\alpha}\in V$,若 $\boldsymbol{\alpha}$ 与 $\sigma(\boldsymbol{\alpha})$ 在基 $\boldsymbol{\alpha}_1, \boldsymbol{\alpha}_2, \cdots, \boldsymbol{\alpha}_n$ 下的坐标分别是 $\boldsymbol{X}=(x_1, x_2, \cdots, x_n)^{\mathrm{T}}$ 与 $\boldsymbol{Y}=(y_1, y_2, \cdots, y_n)^{\mathrm{T}}$,则有 $\boldsymbol{Y}=\boldsymbol{AX}$,其中 $\boldsymbol{A}$ 是 $\sigma$ 在基 $\boldsymbol{\alpha}_1, \boldsymbol{\alpha}_2, \cdots, \boldsymbol{\alpha}_n$ 下的矩阵.

**证明** 由条件有

$$\boldsymbol{\alpha}=(\boldsymbol{\alpha}_1, \boldsymbol{\alpha}_2, \cdots, \boldsymbol{\alpha}_n)\boldsymbol{X},$$
$$\sigma(\boldsymbol{\alpha})=(\boldsymbol{\alpha}_1, \boldsymbol{\alpha}_2, \cdots, \boldsymbol{\alpha}_n)\boldsymbol{Y},$$

于是

$$\sigma(\boldsymbol{\alpha})=\sigma(\boldsymbol{\alpha}_1, \boldsymbol{\alpha}_2, \cdots, \boldsymbol{\alpha}_n)\boldsymbol{X}=(\boldsymbol{\alpha}_1, \boldsymbol{\alpha}_2, \cdots, \boldsymbol{\alpha}_n)\boldsymbol{AX}.$$

再由坐标的唯一性,可得 $\boldsymbol{Y}=\boldsymbol{AX}$.

**例 7.29** 设 $\boldsymbol{\alpha}_1, \boldsymbol{\alpha}_2, \boldsymbol{\alpha}_3$ 是三维线性空间 $V$ 的一个基,$\sigma$ 是 $V$ 的线性变换,且 $\sigma(\boldsymbol{\alpha}_1)=\boldsymbol{\alpha}_3$, $\sigma(\boldsymbol{\alpha}_2)=\boldsymbol{\alpha}_2$, $\sigma(\boldsymbol{\alpha}_3)=\boldsymbol{\alpha}_1$,若已知 $V$ 中的向量 $\boldsymbol{\alpha}$ 在基 $\boldsymbol{\alpha}_1, \boldsymbol{\alpha}_2, \boldsymbol{\alpha}_3$ 下的坐标是 $\boldsymbol{X}=(2, -1, 1)^{\mathrm{T}}$,求 $\sigma(\boldsymbol{\alpha})$ 在基 $\boldsymbol{\alpha}_1, \boldsymbol{\alpha}_2, \boldsymbol{\alpha}_3$ 下的坐标.

**解** 由条件可知 $\sigma$ 在基 $\boldsymbol{\alpha}_1, \boldsymbol{\alpha}_2, \boldsymbol{\alpha}_3$ 下的矩阵是 $\boldsymbol{A}=\begin{pmatrix}0&0&1\\0&1&0\\1&0&0\end{pmatrix}$. 再由定理 7.8 可得 $\sigma(\boldsymbol{\alpha})$ 在基 $\boldsymbol{\alpha}_1, \boldsymbol{\alpha}_2, \boldsymbol{\alpha}_3$ 下的坐标是

$$
\boldsymbol{Y}=\boldsymbol{A}\boldsymbol{X}=\begin{pmatrix}0&0&1\\0&1&0\\1&0&0\end{pmatrix}\begin{pmatrix}2\\-1\\1\end{pmatrix}=\begin{pmatrix}1\\-1\\2\end{pmatrix}.
$$

### 7.5.2 线性变换在不同基下的矩阵

线性变换 $\sigma$ 的矩阵是针对给定的基而言的，基的改变必然会导致线性变换 $\sigma$ 的矩阵发生变化，因此一个线性变换在不同基下的矩阵一般是不相同的(如例 7.27)，下面讨论在 $n$ 维线性空间中同一个线性变换在不同基下的矩阵之间的关系.

**定理 7.9** 设 $\boldsymbol{\alpha}_1, \boldsymbol{\alpha}_2, \cdots, \boldsymbol{\alpha}_n$ 与 $\boldsymbol{\beta}_1, \boldsymbol{\beta}_2, \cdots, \boldsymbol{\beta}_n$ 是 $n$ 维线性空间 $V$ 的两个基，由基 $\boldsymbol{\alpha}_1, \boldsymbol{\alpha}_2, \cdots, \boldsymbol{\alpha}_n$ 到基 $\boldsymbol{\beta}_1, \boldsymbol{\beta}_2, \cdots, \boldsymbol{\beta}_n$ 的过渡矩阵为 $\boldsymbol{P}$，$V$ 的线性变换 $\sigma$ 在这两个不同基下的矩阵依次为 $\boldsymbol{A}$ 和 $\boldsymbol{B}$，则 $\boldsymbol{B}=\boldsymbol{P}^{-1}\boldsymbol{A}\boldsymbol{P}$.

**证明** 由已知，有

$$
\begin{aligned}
(\boldsymbol{\beta}_1, \boldsymbol{\beta}_2, \cdots, \boldsymbol{\beta}_n) &= (\boldsymbol{\alpha}_1, \boldsymbol{\alpha}_2, \cdots, \boldsymbol{\alpha}_n)\boldsymbol{P},\\
\sigma(\boldsymbol{\alpha}_1, \boldsymbol{\alpha}_2, \cdots, \boldsymbol{\alpha}_n) &= (\boldsymbol{\alpha}_1, \boldsymbol{\alpha}_2, \cdots, \boldsymbol{\alpha}_n)\boldsymbol{A},\\
\sigma(\boldsymbol{\beta}_1, \boldsymbol{\beta}_2, \cdots, \boldsymbol{\beta}_n) &= (\boldsymbol{\beta}_1, \boldsymbol{\beta}_2, \cdots, \boldsymbol{\beta}_n)\boldsymbol{B},
\end{aligned}
$$

且 $\boldsymbol{P}$ 可逆，于是

$$
\begin{aligned}
(\boldsymbol{\beta}_1, \boldsymbol{\beta}_2, \cdots, \boldsymbol{\beta}_n)\boldsymbol{B} &= \sigma(\boldsymbol{\beta}_1, \boldsymbol{\beta}_2, \cdots, \boldsymbol{\beta}_n) = (\sigma(\boldsymbol{\alpha}_1, \boldsymbol{\alpha}_2, \cdots, \boldsymbol{\alpha}_n))\boldsymbol{P}\\
&= ((\boldsymbol{\alpha}_1, \boldsymbol{\alpha}_2, \cdots, \boldsymbol{\alpha}_n)\boldsymbol{A})\boldsymbol{P} = (\boldsymbol{\alpha}_1, \boldsymbol{\alpha}_2, \cdots, \boldsymbol{\alpha}_n)\boldsymbol{A}\boldsymbol{P}\\
&= ((\boldsymbol{\beta}_1, \boldsymbol{\beta}_2, \cdots, \boldsymbol{\beta}_n)\boldsymbol{P}^{-1})(\boldsymbol{A}\boldsymbol{P}) = (\boldsymbol{\beta}_1, \boldsymbol{\beta}_2, \cdots, \boldsymbol{\beta}_n)(\boldsymbol{P}^{-1}\boldsymbol{A}\boldsymbol{P}).
\end{aligned}
$$

由线性变换 $\sigma$ 在基 $\boldsymbol{\beta}_1, \boldsymbol{\beta}_2, \cdots, \boldsymbol{\beta}_n$ 下的矩阵的唯一性知，$\boldsymbol{B}=\boldsymbol{P}^{-1}\boldsymbol{A}\boldsymbol{P}$ . ■

定理 7.9 说明，线性空间的线性变换在两个不同基下的矩阵之间是相似的.

**例 7.30** 设 $V$ 是 $\mathbf{R}$ 上二维线性空间，$\boldsymbol{\alpha}_1, \boldsymbol{\alpha}_2$ 与 $\boldsymbol{\beta}_1, \boldsymbol{\beta}_2$ 是 $V$ 的两个基，$\sigma$ 是 $V$ 的线性变换. 已知

$$
\sigma(\boldsymbol{\alpha}_1, \boldsymbol{\alpha}_2) = (\boldsymbol{\alpha}_1, \boldsymbol{\alpha}_2)\begin{pmatrix}2&1\\-1&0\end{pmatrix},
$$

且

$$
(\boldsymbol{\beta}_1, \boldsymbol{\beta}_2) = (\boldsymbol{\alpha}_1, \boldsymbol{\alpha}_2)\begin{pmatrix}1&-1\\-1&2\end{pmatrix},
$$

求线性变换 $\sigma$ 在基 $\boldsymbol{\beta}_1, \boldsymbol{\beta}_2$ 下的矩阵.

**解** 由已知，$T$ 在基 $\boldsymbol{\alpha}_1, \boldsymbol{\alpha}_2$ 下的矩阵为

$$
\boldsymbol{A}=\begin{pmatrix}2&1\\-1&0\end{pmatrix},
$$

而基 $\boldsymbol{\alpha}_1$，$\boldsymbol{\alpha}_2$ 到基 $\boldsymbol{\beta}_1$，$\boldsymbol{\beta}_2$ 的过渡矩阵为

$$\boldsymbol{P}=\begin{pmatrix}1&-1\\-1&2\end{pmatrix}.$$

所以由定理 7. 9 知线性变换 $\sigma$ 在基 $\boldsymbol{\beta}_1$，$\boldsymbol{\beta}_2$ 下的矩阵为

$$\boldsymbol{B}=\boldsymbol{P}^{-1}\boldsymbol{AP}=\begin{pmatrix}1&-1\\-1&2\end{pmatrix}^{-1}\begin{pmatrix}2&1\\-1&0\end{pmatrix}\begin{pmatrix}1&-1\\-1&2\end{pmatrix}=\begin{pmatrix}1&1\\0&1\end{pmatrix}.$$

**例 7. 31** 设 $R^3$ 中线性变换 $\sigma$ 为

$$\sigma(x_1,x_2,x_3)^{\mathrm{T}}=(x_1+2x_2+x_3,x_2-x_3,x_1+x_3)^{\mathrm{T}},$$

求 $\sigma$ 在基 $\boldsymbol{\alpha}_1=(1,0,1)^{\mathrm{T}}$，$\boldsymbol{\alpha}_2=(0,1,1)^{\mathrm{T}}$，$\boldsymbol{\alpha}_3=(1,-1,1)^{\mathrm{T}}$ 下的矩阵.

**解** 取 $R^3$ 的自然基

$$\boldsymbol{\varepsilon}_1=(1,0,0)^{\mathrm{T}},\boldsymbol{\varepsilon}_2=(0,1,0)^{\mathrm{T}},\boldsymbol{\varepsilon}_3=(0,0,1)^{\mathrm{T}},$$

则由基 $\boldsymbol{\varepsilon}_1$，$\boldsymbol{\varepsilon}_2$，$\boldsymbol{\varepsilon}_3$ 到基 $\boldsymbol{\alpha}_1$，$\boldsymbol{\alpha}_2$，$\boldsymbol{\alpha}_3$ 的过渡矩阵 $\boldsymbol{P}$ 及其逆矩阵分别为

$$\boldsymbol{P}=\begin{pmatrix}1&0&1\\0&1&-1\\1&1&1\end{pmatrix},\quad \boldsymbol{P}^{-1}=\begin{pmatrix}2&1&1\\-1&0&1\\-1&-1&1\end{pmatrix}.$$

又因为

$$\begin{cases}\sigma(\boldsymbol{\varepsilon}_1)=(1,0,1)^{\mathrm{T}}=\boldsymbol{\varepsilon}_1+\boldsymbol{\varepsilon}_3,\\\sigma(\boldsymbol{\varepsilon}_2)=(2,1,0)^{\mathrm{T}}=2\boldsymbol{\varepsilon}_1+\boldsymbol{\varepsilon}_2,\\\sigma(\boldsymbol{\varepsilon}_3)=(1,-1,1)^{\mathrm{T}}=\boldsymbol{\varepsilon}_1-\boldsymbol{\varepsilon}_2+\boldsymbol{\varepsilon}_3,\end{cases}$$

所以线性变换 $\sigma$ 在基 $\boldsymbol{\varepsilon}_1$，$\boldsymbol{\varepsilon}_2$，$\boldsymbol{\varepsilon}_3$ 下的矩阵为

$$\boldsymbol{A}=\begin{pmatrix}1&2&1\\0&1&-1\\-1&0&1\end{pmatrix}.$$

故由定理 7. 9 知线性变换 $\sigma$ 在基 $\boldsymbol{\alpha}_1$，$\boldsymbol{\alpha}_2$，$\boldsymbol{\alpha}_3$ 下的矩阵为

$$\boldsymbol{B}=\boldsymbol{P}^{-1}\boldsymbol{AP}=\begin{pmatrix}1&5&-4\\0&-2&2\\1&-2&4\end{pmatrix}.$$

## 习 题 7.5

1. 设 $R^3$ 中线性变换 $\sigma$ 为

$$\sigma(x_1,x_2,x_3)^{\mathrm{T}}=(2x_1-x_2,x_2+x_3,x_1)^{\mathrm{T}}.$$

求 $\sigma$ 在基 $\boldsymbol{\varepsilon}_1=(1, 0, 0)^{\mathrm{T}}$, $\boldsymbol{\varepsilon}_2=(0, 1, 0)^{\mathrm{T}}$, $\boldsymbol{\varepsilon}_3=(0, 0, 1)^{\mathrm{T}}$ 下的矩阵.

2. 设 $R^3$ 的线性变换 $\sigma$ 把 $R^3$ 的基

$$\boldsymbol{\alpha}_1=(1, 0, 0)^{\mathrm{T}},\ \boldsymbol{\alpha}_2=(2, 1, 0)^{\mathrm{T}},\ \boldsymbol{\alpha}_3=(1, 1, 1)^{\mathrm{T}}$$

变为基

$$\boldsymbol{\beta}_1=(2, 1, -1)^{\mathrm{T}},\ \boldsymbol{\beta}_2=(2, 2, -1)^{\mathrm{T}},\ \boldsymbol{\beta}_3=(2, -1, -1)^{\mathrm{T}},$$

求 $\sigma$ 在基 $\boldsymbol{\alpha}_1$, $\boldsymbol{\alpha}_2$, $\boldsymbol{\alpha}_3$ 和基 $\boldsymbol{\beta}_1$, $\boldsymbol{\beta}_2$, $\boldsymbol{\beta}_3$ 下的矩阵.

3. 设 $\boldsymbol{A}=\begin{pmatrix}1 & 2\\ 3 & 0\end{pmatrix}\in R^{2\times 2}$,求 $R^{2\times 2}$ 的线性变换 $\sigma(\boldsymbol{X})=\boldsymbol{AX}-\boldsymbol{XA}$($\forall\, \boldsymbol{X}\in R^{2\times 2}$),在 $R^{2\times 2}$ 的基 $\boldsymbol{E}_{11}$, $\boldsymbol{E}_{12}$, $\boldsymbol{E}_{21}$, $\boldsymbol{E}_{22}$ 下的矩阵.

4. 已知 $R[x]_4$ 的线性变换

$$\sigma(a_0+a_1x+a_2x^2+a_3x^3)=(a_0-a_2)+(a_1-a_3)x+(a_2-a_0)x^2+(a_3-a_1)x^3,$$

求 $\sigma$ 在 $R[x]_4$ 的基 $1, x, x^2, x^3$ 下的矩阵.

5. 设三维线性空间 $V$ 上的线性变换 $\sigma$ 在基 $\boldsymbol{\alpha}_1$, $\boldsymbol{\alpha}_2$, $\boldsymbol{\alpha}_3$ 下的矩阵为

$$\boldsymbol{A}=\begin{pmatrix}a_{11} & a_{12} & a_{13}\\ a_{21} & a_{22} & a_{23}\\ a_{31} & a_{32} & a_{33}\end{pmatrix}.$$

(1) 求 $\sigma$ 在基 $\boldsymbol{\alpha}_3$, $\boldsymbol{\alpha}_2$, $\boldsymbol{\alpha}_1$ 下的矩阵.

(2) 求 $\sigma$ 在基 $\boldsymbol{\alpha}_1$, $2\boldsymbol{\alpha}_2$, $\boldsymbol{\alpha}_3$ 下的矩阵.

6. 设 $\boldsymbol{\alpha}_1$, $\boldsymbol{\alpha}_2$, $\boldsymbol{\alpha}_3$ 是三维线性空间 $V$ 的一个基, $V$ 中向量 $\boldsymbol{\alpha}$ 关于 $\boldsymbol{\alpha}_1$, $\boldsymbol{\alpha}_2$, $\boldsymbol{\alpha}_3$ 的坐标为 $(1, 2, 3)^{\mathrm{T}}$, $V$ 的线性变换 $\sigma$ 在 $\boldsymbol{\alpha}_1$, $\boldsymbol{\alpha}_2$, $\boldsymbol{\alpha}_3$ 下的矩阵为 $\boldsymbol{A}=\begin{pmatrix}1 & 2 & 3\\ 4 & 5 & 6\\ 7 & 8 & 9\end{pmatrix}$.

(1) 求向量 $\boldsymbol{\alpha}$ 关于基 $\boldsymbol{\alpha}_3$, $2\boldsymbol{\alpha}_2$, $\boldsymbol{\alpha}_1$ 的坐标;

(2) 求 $\sigma(\boldsymbol{\alpha})$ 关于基 $\boldsymbol{\alpha}_1$, $\boldsymbol{\alpha}_2$, $\boldsymbol{\alpha}_3$ 的坐标;

(3) 求线性变换 $\sigma$ 在基 $\boldsymbol{\alpha}_3$, $2\boldsymbol{\alpha}_2$, $\boldsymbol{\alpha}_1$ 下的矩阵.

## 总 习 题 7

**1. 单项选择题**

(1) 下列集合对于矩阵的加法与数乘构成线性空间的有(　　).

(A) 所有 $n$ 阶可逆矩阵　　(B) 所有 $n$ 阶不可逆矩阵

(C) 所有 $n$ 阶对称矩阵　　(D) 所有与 $n$ 阶矩阵 $\boldsymbol{B}$ 相似的 $n$ 阶矩阵

(2) 下列三维向量的集合中,是 $R^3$ 的子空间的有(　　).

(A) $\{(a_1, a_2, a_3)^{\mathrm{T}}\mid a_1\cdot a_2\geqslant 0;\ a_i\in\mathbf{R},\ i=1, 2, 3\}$

(B) $\{(a_1, a_2, a_3)^{\mathrm{T}}\mid a_1^2+a_2^2+a_3^2=1;\ a_i\in\mathbf{R},\ i=1, 2, 3\}$

(C) $\{(a_1, a_2, a_3)^{\mathrm{T}}\mid a_1=1;\ a_i\in\mathbf{R},\ i=2, 3\}$

(D) $\{(a_1, a_2, a_3)^{\mathrm{T}} \mid a_1 + a_2 + a_3 = 0; a_i \in \mathbf{R}, i = 1, 2, 3\}$

(3) 全体四阶上三角矩阵对于矩阵的加法和数乘构成的线性空间的维数为(　　).

(A) 4　　(B) 8　　(C) 10　　(D) 16

(4) 线性空间 $V = \left\{ \begin{pmatrix} a & b \\ 0 & c \end{pmatrix} \in R^{2\times 2} \,\middle|\, a + b + 2c = 0 \right\}$ 的维数等于_________.

(A) 1　　(B) 2　　(C) 3　　(D) 4

(5) 设 $\boldsymbol{A}$, $\boldsymbol{B}$ 为线性空间 $V$ 中的线性变换 $\sigma$ 在两个基下的矩阵,则必有(　　).

(A) $\boldsymbol{A}$ 与 $\boldsymbol{B}$ 相似　　(B) $\boldsymbol{A}$ 与 $\boldsymbol{B}$ 合同

(C) $\boldsymbol{A}$ 与 $\boldsymbol{B}$ 相等　　(D) 以上答案均不对

**2. 填空题**

(1) 复数域作为实数域上的线性空间,它的维数等于________.

(2) 设 $\boldsymbol{\alpha}_1 = (1, 2, -1, 0)^{\mathrm{T}}$, $\boldsymbol{\alpha}_1 = (1, 1, 0, 2)^{\mathrm{T}}$, $\boldsymbol{\alpha}_1 = (2, 1, 1, a)^{\mathrm{T}}$. 若由 $\boldsymbol{\alpha}_1$, $\boldsymbol{\alpha}_2$, $\boldsymbol{\alpha}_3$ 生成的子空间维数是 2,则 $a$ 等于________.

(3) 设 $\boldsymbol{\alpha}_1$, $\boldsymbol{\alpha}_2$, $\boldsymbol{\alpha}_3$ 是三维线性空间 $V$ 的一个基,则由基 $\boldsymbol{\alpha}_1$, $\boldsymbol{\alpha}_2$, $\boldsymbol{\alpha}_3$ 到基 $\boldsymbol{\alpha}_1 + \boldsymbol{\alpha}_2$, $\boldsymbol{\alpha}_2 + \boldsymbol{\alpha}_3$, $\boldsymbol{\alpha}_3 + \boldsymbol{\alpha}_1$ 的过渡矩阵是________.

(4) $R[x]_n$ 的微商变换 $\sigma(f(x)) = f'(x)$ 在基 $1, x, \dfrac{x^2}{2!}, \cdots, \dfrac{x^{n-1}}{(n-1)!}$ 下的矩阵是________.

(5) 在 $R[x]_n$ 中,设 $\sigma(f(x)) = f'(x)$,则线性变换 $\sigma$ 的核为________.

**3. 计算题**

(1) 讨论 $R^{2\times 2}$ 中的向量组 $\boldsymbol{\alpha}_1 = \begin{pmatrix} a & 1 \\ 1 & 1 \end{pmatrix}$, $\boldsymbol{\alpha}_2 = \begin{pmatrix} 1 & a \\ 1 & 1 \end{pmatrix}$, $\boldsymbol{\alpha}_3 = \begin{pmatrix} 1 & 1 \\ a & 1 \end{pmatrix}$, $\boldsymbol{\alpha}_4 = \begin{pmatrix} 1 & 1 \\ 1 & a \end{pmatrix}$ 的线性相关性.

(2) 设 $W = \left\{ \begin{pmatrix} a & b \\ c & -a \end{pmatrix} \,\middle|\, a, b, c \in \mathbf{R} \right\}$,证明:$W$ 是 $R^{2\times 2}$ 的子空间,并求 $W$ 的一个基和维数.

(3) 设 $R^2$ 的线性变换 $\sigma$ 在基 $\boldsymbol{\alpha}_1 = (1, 2)^{\mathrm{T}}$, $\boldsymbol{\alpha}_2 = (2, 1)^{\mathrm{T}}$ 下的矩阵是 $\begin{pmatrix} 1 & 2 \\ 2 & 3 \end{pmatrix}$,线性变换 $\tau$ 在基 $\boldsymbol{\beta}_1 = (1, 1)^{\mathrm{T}}$, $\boldsymbol{\beta}_2 = (1, 2)^{\mathrm{T}}$ 下的矩阵是 $\begin{pmatrix} 3 & 3 \\ 2 & 4 \end{pmatrix}$.

① 求 $\sigma + \tau$ 在基 $\boldsymbol{\beta}_1$, $\boldsymbol{\beta}_2$ 下的矩阵;

② 求 $\sigma\tau$ 在基 $\boldsymbol{\alpha}_1$, $\boldsymbol{\alpha}_2$ 下的矩阵;

③ 设 $\boldsymbol{\xi} = (3, 3)^{\mathrm{T}}$,求 $\sigma(\boldsymbol{\xi})$ 在基 $\boldsymbol{\alpha}_1$, $\boldsymbol{\alpha}_2$ 下的坐标;

④ 求 $\tau(\boldsymbol{\xi})$ 在基 $\boldsymbol{\beta}_1$, $\boldsymbol{\beta}_2$ 下的坐标.

(4) 在 $R^3$ 中,已知两个基 $\boldsymbol{\alpha}_1 = (1, 1, 1)^{\mathrm{T}}$, $\boldsymbol{\alpha}_2 = (1, 0, -1)^{\mathrm{T}}$, $\boldsymbol{\alpha}_3 = (1, 2, 1)^{\mathrm{T}}$ 与 $\boldsymbol{\beta}_1 = (1, 2, 1)^{\mathrm{T}}$, $\boldsymbol{\beta}_2 = (2, 3, 4)^{\mathrm{T}}$, $\boldsymbol{\beta}_3 = (3, 4, 3)^{\mathrm{T}}$,线性变换 $\sigma$ 把 $\boldsymbol{\alpha}_1$, $\boldsymbol{\alpha}_2$, $\boldsymbol{\alpha}_3$ 分别变成 $\boldsymbol{\beta}_1$, $2\boldsymbol{\beta}_2$, $3\boldsymbol{\beta}_3$.

① 求 $\sigma$ 在基 $\boldsymbol{\alpha}_1$, $\boldsymbol{\alpha}_2$, $\boldsymbol{\alpha}_3$ 下的矩阵;

② 求由基 $\boldsymbol{\alpha}_1$, $\boldsymbol{\alpha}_2$, $\boldsymbol{\alpha}_3$ 到基 $\boldsymbol{\beta}_1$, $\boldsymbol{\beta}_2$, $\boldsymbol{\beta}_3$ 的过渡矩阵;

③ 求 $\sigma$ 在基 $\boldsymbol{\beta}_1$, $\boldsymbol{\beta}_2$, $\boldsymbol{\beta}_3$ 下的矩阵.

(5) 设 $\boldsymbol{A}=\begin{pmatrix}1 & 2\\ 0 & 3\end{pmatrix}$,求 $R^{2\times2}$ 的线性变换 $\sigma(\boldsymbol{X})=\boldsymbol{AX}-\boldsymbol{XA}$($\forall\,\boldsymbol{X}\in R^{2\times2}$)的值域 $\mathrm{Im}\,\sigma$ 与核 $\mathrm{Ker}\,\sigma$.

**4. 证明题**

(1) 设 $\boldsymbol{\alpha}_1$, $\boldsymbol{\alpha}_2$, $\cdots$, $\boldsymbol{\alpha}_n$ 是线性空间 $V$ 中的 $n$ 个向量,如果 $V$ 中向量都可由 $\boldsymbol{\alpha}_1$, $\boldsymbol{\alpha}_2$, $\cdots$, $\boldsymbol{\alpha}_n$ 唯一线性表示,则 $\boldsymbol{\alpha}_1$, $\boldsymbol{\alpha}_2$, $\cdots$, $\boldsymbol{\alpha}_n$ 是 $V$ 的一个基.

(2) 设 $V_1$, $V_2$ 是线性空间 $V$ 的有限维子空间,若 $V_1\subseteq V_2$,证明:$V_1=V_2$ 的充分必要条件是 $\dim V_1=\dim V_2$.

(3) 设 $\sigma$ 是 $R^{n\times n}$ 的线性变换,$\sigma(\boldsymbol{X})=\boldsymbol{AX}-\boldsymbol{XA}$($\forall\,\boldsymbol{X}\in R^{n\times n}$),其中 $\boldsymbol{A}\in R^{n\times n}$ 是一个固定的矩阵. 证明:$\forall\,\boldsymbol{X},\boldsymbol{Y}\in R^{n\times n}$,有 $\sigma(\boldsymbol{XY})=\sigma(\boldsymbol{X})\boldsymbol{Y}+\boldsymbol{X}\sigma(\boldsymbol{Y})$.

(4) 设 $R^3$ 中的线性变换为 $\sigma(x_1, x_2, x_3)^{\mathrm{T}}=(x_1+ax_2, x_2+bx_3, x_3)^{\mathrm{T}}$,若 $R^3$ 中的向量 $\boldsymbol{\alpha}_1=(a_1, a_2, a_3)^{\mathrm{T}}$, $\boldsymbol{\alpha}_2=(b_1, b_2, b_3)^{\mathrm{T}}$, $\boldsymbol{\alpha}_3=(c_1, c_2, c_3)^{\mathrm{T}}$ 线性无关,证明:$\sigma(\boldsymbol{\alpha}_1)$, $\sigma(\boldsymbol{\alpha}_2)$, $\sigma(\boldsymbol{\alpha}_3)$ 也线性无关.

# 参 考 答 案

## 习题 1.1

1. (1) $-14$； (2) $-4$； (3) $3abc-a^3-b^3-c^3$； (4) $-2(x^3+y^3)$.

2. (1) 6； (2) 7； (3) $\dfrac{n(n-1)}{2}$； (4) $n(n-1)$.

3. 逆序数为 $\dfrac{n(n-1)}{2}$．当 $n=4k$ 或 $4k+1$ 时，是偶排列；当 $n=4k+2$ 或 $4k+3$ 时，是奇排列.

4. 负号.

5. (1) $(-1)^{\frac{n(n-1)}{2}}\lambda_1\lambda_2\cdots\lambda_n$； (2) $(-1)^{\frac{n(n-1)}{2}}n!$； (3) $(-1)^{n-1}n!$；
(4) $(-1)^{\frac{(n-1)(n-2)}{2}}n!$.

7. $x^4$ 的系数为 2，$x^3$ 的系数为 $-1$.

## 习题 1.2

1. (1) $-294\times10^5$； (2) $4abcdef$； (3) 5； (4) 900.

2. (1) $a^{n-2}(a^2-1)$； (2) $[x-1+(n-1)a](x-1-a)^{n-1}$； (3) $(a_2a_3\cdots a_n)\left(a_1-\sum\limits_{i=2}^{n}\dfrac{1}{a_i}\right)$；
(4) $(a_1a_2\cdots a_n)\left(1+\sum\limits_{i=1}^{n}\dfrac{1}{a_i}\right)$； (5) $(-1)^{n-1}(n-1)2^{n-2}$.

## 习题 1.3

1. (1) 88； (2) $-2$； (3) $x^2y^2$； (4) $-799$； (5) 288； (6) $\prod\limits_{n\geqslant i>j\geqslant1}(i-j)$.

3. (1) $(ad-bc)^n$； (2) $\prod\limits_{i=1}^{n}(a_id_i-b_ic_i)$.

4. $M_{11}+M_{21}+M_{31}+M_{41}=0$，$A_{11}+A_{12}+A_{13}+A_{14}=4$.

## 习题 1.4

1. (1) $x_1=1$，$x_2=2$； (2) $x_1=1$，$x_2=-1$，$x_3=2$；
(3) $x_1=1$，$x_2=2$，$x_3=3$，$x_4=-1$； (4) $x_1=1$，$x_2=-1$，$x_3=1$，$x_4=-1$，$x_5=1$.

2. $y=2-\dfrac{1}{2}x+\dfrac{1}{2}x^2$.

## 总习题 1

1. (1) C； (2) A； (3) B； (4) D； (5) D.

2. (1) 1； (2) $\frac{a}{b}$； (3) $-3$； (4) $-28$； (5) $1-a+a^2-a^3+a^4-a^5$.

3. (1) $x^4$； (2) $x^{10}+10^{10}$； (3) $1+\sum_{i=1}^{n} a_i$； (4) $n!\left(1-\sum_{j=2}^{n}\frac{1}{j}\right)$； (5) $3^{n+1}-2^{n+1}$ .

## 习题 2.1

1. $\boldsymbol{A}+\boldsymbol{B}=\begin{pmatrix}4&8&9&2\\4&1&9&10\\0&7&6&11\end{pmatrix}$.

2. $3\boldsymbol{AB}-2\boldsymbol{A}=\begin{pmatrix}-2&-17&20\\5&20&6\\1&21&10\end{pmatrix}$, $\boldsymbol{A}^{\mathrm{T}}\boldsymbol{B}=\begin{pmatrix}-1&3&12\\2&4&-1\\-1&3&-2\end{pmatrix}$.

5. (1) $\begin{pmatrix}a&0\\b&a\end{pmatrix}$； (2) $\begin{pmatrix}a&0&c\\0&b&0\\c&0&a\end{pmatrix}$.

6. $\begin{pmatrix}1&0\\m\lambda&1\end{pmatrix}$.

## 习题 2.2

1. (1) $\begin{pmatrix}5&-2\\-2&1\end{pmatrix}$； (2) $\begin{pmatrix}\cos\theta&\sin\theta\\-\sin\theta&\cos\theta\end{pmatrix}$；

(3) $\begin{pmatrix}-\frac{5}{2}&1&-\frac{1}{2}\\5&-1&1\\\frac{7}{2}&-1&\frac{1}{2}\end{pmatrix}$； (4) $\begin{pmatrix}-2&1&0\\-\frac{13}{2}&3&-\frac{1}{2}\\-16&7&-1\end{pmatrix}$；

(5) $\begin{pmatrix}1&-4&-3\\1&-5&-3\\-1&6&4\end{pmatrix}$； (6) $\begin{pmatrix}1&-2&1&0\\0&1&-2&1\\0&0&1&-2\\0&0&0&1\end{pmatrix}$.

3. $\boldsymbol{A}^{-1}=\frac{1}{5}\boldsymbol{A}+\frac{2}{5}\boldsymbol{E}$, $(\boldsymbol{A}+3\boldsymbol{E})^{-1}=\frac{1}{2}\boldsymbol{A}-\frac{1}{2}\boldsymbol{E}$.

4. $(\boldsymbol{E}-\boldsymbol{A})^{-1}=\boldsymbol{E}+\boldsymbol{A}+\cdots+\boldsymbol{A}^{m-1}$.

5. $-16$.

6. 其逆矩阵为 $\boldsymbol{A}(\boldsymbol{B}+\boldsymbol{A})^{-1}\boldsymbol{B}$.

8. (1) $\boldsymbol{X}=\begin{pmatrix}1&5\\0&3\\1&3\end{pmatrix}$, (2) $\boldsymbol{X}=\begin{pmatrix}-2&2&1\\-\frac{8}{3}&5&-\frac{2}{3}\end{pmatrix}$, (3) $\boldsymbol{X}=\begin{pmatrix}2&-1&0\\1&3&-4\\1&0&-2\end{pmatrix}$.

9. $\begin{pmatrix}2&3&1\\0&3&0\\1&0&2\end{pmatrix}$.

10. $\begin{pmatrix}6&0&0\\0&2&0\\0&0&1\end{pmatrix}$.

11. $\boldsymbol{A}=\begin{pmatrix}1&0&0\\2&0&0\\6&-1&-1\end{pmatrix}$, $\boldsymbol{A}^5=\begin{pmatrix}1&0&0\\2&0&0\\6&-1&-1\end{pmatrix}$.

## 习题 2.3

1. $\begin{pmatrix}2&0&-2&0\\0&2&0&-2\\1&0&-7&0\\0&1&0&-7\end{pmatrix}$.

2. $|\boldsymbol{A}^8|=10^{16}$, $\boldsymbol{A}^4=\begin{pmatrix}5^4&&&\\&5^4&&\\&&2^4&\\&&2^6&2^4\end{pmatrix}$, $\boldsymbol{A}^{-1}=\begin{pmatrix}3/25&4/25&&\\4/25&-3/25&&\\&&1/2&\\&&-1/2&1/2\end{pmatrix}$.

3. $\begin{pmatrix}\boldsymbol{O}&\boldsymbol{B}^{-1}\\\boldsymbol{A}^{-1}&\boldsymbol{O}\end{pmatrix}$, $\begin{pmatrix}0&0&2&-3\\0&0&-5&8\\1&-2&0&0\\-2&5&0&0\end{pmatrix}$.

4. 48.

## 习题 2.4

1. (1) $\begin{pmatrix}1&2&4&5\\0&1&-1&0\\0&0&1&1\end{pmatrix}$, $\begin{pmatrix}1&0&0&-1\\0&1&0&1\\0&0&1&1\end{pmatrix}$;

(2) $\begin{pmatrix}1&1&2&1\\0&1&0&-2\\0&0&1&2\\0&0&0&0\end{pmatrix}$, $\begin{pmatrix}1&0&0&-1\\0&1&0&-2\\0&0&1&2\\0&0&0&0\end{pmatrix}$.

2. (1) $\begin{pmatrix}-\frac{1}{2}&\frac{1}{2}&\frac{1}{2}\\\frac{1}{4}&-\frac{1}{4}&\frac{1}{4}\\\frac{5}{4}&-\frac{1}{4}&-\frac{3}{4}\end{pmatrix}$; (2) $\begin{pmatrix}\frac{7}{6}&\frac{2}{3}&-\frac{3}{2}\\-1&-1&2\\-\frac{1}{2}&0&\frac{1}{2}\end{pmatrix}$;

(3) $\begin{pmatrix}1&1&-2&-4\\0&1&0&-1\\-1&-1&3&6\\2&1&-6&-10\end{pmatrix}$; (4) $\begin{pmatrix}1&-3&11&-20\\0&1&-2&1\\0&0&1&-2\\0&0&0&1\end{pmatrix}$.

3. $\begin{pmatrix} 0 & 3 & 3 \\ -1 & 2 & 3 \\ 1 & 1 & 0 \end{pmatrix}$.

4. $\begin{pmatrix} -1 & 0 & 1 \\ 0 & 0 & 1 \\ 1 & 1 & -2 \end{pmatrix}$.

## 习题 2.5

1. (1) 2； (2) 3； (3) 4； (4) 当 $a=-4$ 时，秩为 2；当 $a\neq-4$ 时，秩为 3.

2. (1) 2，$\begin{vmatrix} 1 & 1 \\ 3 & -1 \end{vmatrix}$；(2) 3，$\begin{vmatrix} -1 & 3 & 1 \\ -2 & 5 & 4 \\ -1 & 4 & 0 \end{vmatrix}$.

## 总习题 2

1. (1) D； (2) D； (3) C； (4) D； (5) C.

2. (1) $3\begin{pmatrix} 1 & \frac{1}{2} & \frac{1}{3} \\ 2 & 1 & \frac{2}{3} \\ 3 & \frac{3}{2} & 1 \end{pmatrix}$； (2) $a^2$； (3) $\begin{pmatrix} 1 & \frac{1}{2} & 0 \\ -\frac{1}{2} & 1 & 0 \\ 0 & 0 & 2 \end{pmatrix}$； (4) $\frac{1}{10}\begin{pmatrix} 1 & 0 & 0 \\ 2 & 2 & 0 \\ 3 & 4 & 5 \end{pmatrix}$； (5) 2.

3. (1) $\boldsymbol{A}^{-1}=\begin{pmatrix} 1 & 0 & 0 \\ 0 & -\frac{1}{2} & 0 \\ 0 & 0 & 1 \end{pmatrix}$，$\boldsymbol{A}^{*}=\begin{pmatrix} -2 & 0 & 0 \\ 0 & 1 & 0 \\ 0 & 0 & -2 \end{pmatrix}$，$\boldsymbol{B}=\begin{pmatrix} 2 & 0 & 0 \\ 0 & -4 & 0 \\ 0 & 0 & 2 \end{pmatrix}$；

(2) $\begin{pmatrix} 0 & 0 & \cdots & 0 & \frac{1}{n} & 0 & 0 \\ 1 & 0 & \cdots & 0 & 0 & 0 & 0 \\ 0 & \frac{1}{2} & \cdots & 0 & 0 & 0 & 0 \\ \vdots & \vdots & & \vdots & \vdots & \vdots & \vdots \\ 0 & 0 & \cdots & \frac{1}{n-1} & 0 & 0 & 0 \\ 0 & 0 & \cdots & 0 & 0 & 3 & -1 \\ 0 & 0 & \cdots & 0 & 0 & -5 & 2 \end{pmatrix}$.

(3) $\boldsymbol{B}=\begin{pmatrix} 6 & 0 & 0 & 0 \\ 0 & 6 & 0 & 0 \\ 6 & 0 & 6 & 0 \\ 0 & 3 & 0 & -1 \end{pmatrix}$.

(4) 当 $n=2k$ 时，$\boldsymbol{A}^n=2^{2k}\boldsymbol{E}$；当 $n=2k+1$ 时，$\boldsymbol{A}^n=2^{2k}\boldsymbol{A}$.

(5) $\varphi(\boldsymbol{A})=\begin{pmatrix}2^9 & -2^9\\ 2^{10} & -2^{10}\end{pmatrix}$.

(6) $a\neq b$ 且 $a+2b=0$.

## 习题 3.1

1. $k=3$.

2. $\boldsymbol{x}=-\dfrac{1}{2}\begin{pmatrix}3\\6\\12\\9\end{pmatrix}$.

3. $\begin{cases}\boldsymbol{\alpha}=\dfrac{1}{6}(1,\ 4,\ -5,\ 9,\ 0)^{\mathrm{T}},\\ \boldsymbol{\beta}=\dfrac{1}{3}(-1,\ -1,\ 2,\ -3,\ 0)^{\mathrm{T}}.\end{cases}$

## 习题 3.2

1. (1) 能，$\boldsymbol{\beta}=\boldsymbol{\alpha}_1+2\boldsymbol{\alpha}_2+\boldsymbol{\alpha}_3$.　(2) 能，$\boldsymbol{\beta}=\dfrac{1}{4}(5\boldsymbol{\alpha}_1+\boldsymbol{\alpha}_2-\boldsymbol{\alpha}_3-\boldsymbol{\alpha}_4)$.

2. $k=3$，$\boldsymbol{\beta}=\dfrac{1}{3}(2\boldsymbol{\alpha}_2+\boldsymbol{\alpha}_3)$.

3. (1) $a=-1$，$b\neq 0$.　(2) $a\neq -1$，$\boldsymbol{\beta}=\dfrac{1}{a+1}(-2b\boldsymbol{\alpha}_1+(a+b+1)\boldsymbol{\alpha}_2+b\boldsymbol{\alpha}_3)$.

(3) $a=-1$，$b=0$. $\boldsymbol{\beta}=\boldsymbol{\alpha}_2$ 或 $\boldsymbol{\beta}=2\boldsymbol{\alpha}_1-\boldsymbol{\alpha}_3$.

4. (1) 线性无关. (2) 线性相关.

5. $k=3$ 或 $k=-2$ 时线性相关；$k\neq 3$ 且 $k\neq -2$ 时线性无关.

8. $m$ 是奇数时线性无关，$m$ 是偶数时线性相关.

## 习题 3.3

3. (1) 秩 $=2$；$\boldsymbol{\alpha}_1$，$\boldsymbol{\alpha}_2$ 是极大线性无关组；$\boldsymbol{\alpha}_3=2\boldsymbol{\alpha}_1-\boldsymbol{\alpha}_2$，$\boldsymbol{\alpha}_4=-\boldsymbol{\alpha}_1+2\boldsymbol{\alpha}_2$.

(2) 秩 $=3$；$\boldsymbol{\alpha}_1$，$\boldsymbol{\alpha}_2$，$\boldsymbol{\alpha}_3$ 是极大线性无关组；$\boldsymbol{\alpha}_4=\dfrac{1}{2}\boldsymbol{\alpha}_1+\dfrac{1}{2}\boldsymbol{\alpha}_2$，$\boldsymbol{\alpha}_5=\boldsymbol{\alpha}_2+\boldsymbol{\alpha}_3$.

(3) $k\neq 3$ 时：秩 $=4$.

$k=3$ 时：秩 $=3$；$\boldsymbol{\alpha}_1$，$\boldsymbol{\alpha}_2$，$\boldsymbol{\alpha}_4$ 是极大线性无关组；$\boldsymbol{\alpha}_3=-2\boldsymbol{\alpha}_1+\boldsymbol{\alpha}_2$.

5. $a=4$，$\boldsymbol{\beta}_1$，$\boldsymbol{\beta}_2$，$\boldsymbol{\beta}_3$ 可由 $\boldsymbol{\alpha}_1$，$\boldsymbol{\alpha}_2$，$\boldsymbol{\alpha}_3$ 线性表示，但它们不等价.

6. $a=20$，$b=5$.

## 习题 3.4

1. (1) $V_1$ 是向量空间. 当 $a_i=0(i=1,\ 2,\ \cdots,\ n)$ 时：$V_1=R^n$；$\dim V_1=n$；坐标单位向量 $\boldsymbol{\varepsilon}_1$，$\boldsymbol{\varepsilon}_2$，$\cdots$，$\boldsymbol{\varepsilon}_n$ 是 $V_1$ 的基. 当 $a_i(i=1,\ 2,\ \cdots,\ n)$ 不全零时：$\dim V_1=n-1$；不妨设 $a_1\neq 0$，则 $\boldsymbol{e}_1=(-a_2,\ a_1,\ 0,\ \cdots,\ 0)^{\mathrm{T}}$，$\boldsymbol{e}_2=(-a_3,\ 0,\ a_1,\ \cdots,\ 0)^{\mathrm{T}}$，$\cdots$，$\boldsymbol{e}_{n-1}=(-a_n,\ 0,\ \cdots,\ a_1)^{\mathrm{T}}$ 是 $V_1$ 的基.

(2) $V_2$不是向量空间.

3. (1) $\dim L(\boldsymbol{\alpha}_1, \boldsymbol{\alpha}_2, \boldsymbol{\alpha}_3, \boldsymbol{\alpha}_4) = 2$;基是 $\boldsymbol{\alpha}_1, \boldsymbol{\alpha}_2$.

(2) $\dim L(\boldsymbol{\alpha}_1, \boldsymbol{\alpha}_2, \boldsymbol{\alpha}_3, \boldsymbol{\alpha}_4) = 3$;基是 $\boldsymbol{\alpha}_1, \boldsymbol{\alpha}_2, \boldsymbol{\alpha}_4$.

4. (2) $\begin{pmatrix} -3 & 1 & 7 \\ 5 & 2 & -7 \\ -4 & 0 & 8 \end{pmatrix}$; (3) $\begin{pmatrix} x_1 \\ x_2 \\ x_3 \end{pmatrix} = \begin{pmatrix} -3 & 1 & 7 \\ 5 & 2 & -7 \\ -4 & 0 & 8 \end{pmatrix} \begin{pmatrix} y_1 \\ y_2 \\ y_3 \end{pmatrix}$;

(4) 3, 2, 1 与 $-\frac{11}{4}, \frac{14}{4}, -\frac{5}{4}$.

## 习题 3.5

1. (1) 1; (2) $\sqrt{7}, \sqrt{14}$; (3) $\arccos \frac{1}{7\sqrt{2}}$.

2. (1) $\boldsymbol{e}_1 = \frac{1}{\sqrt{6}} \begin{pmatrix} 1 \\ 2 \\ -1 \end{pmatrix}, \boldsymbol{e}_2 = \frac{1}{\sqrt{3}} \begin{pmatrix} -1 \\ 1 \\ 1 \end{pmatrix}, \boldsymbol{e}_3 = \frac{1}{\sqrt{2}} \begin{pmatrix} 1 \\ 0 \\ 1 \end{pmatrix}$.

(2) $\boldsymbol{e}_1 = \frac{1}{\sqrt{3}} \begin{pmatrix} 1 \\ 1 \\ 1 \\ 0 \end{pmatrix}, \boldsymbol{e}_2 = \frac{1}{\sqrt{6}} \begin{pmatrix} 1 \\ -2 \\ 1 \\ 0 \end{pmatrix}, \boldsymbol{e}_3 = \frac{1}{\sqrt{2}} \begin{pmatrix} -1 \\ 0 \\ 1 \\ 0 \end{pmatrix}$.

3. (1) 是正交矩阵; (2) 是正交矩阵.

## 总习题 3

1. (1) D; (2) C; (3) A; (4) B; (5) B.

2. (1) $-1$; (2) $abc \neq 0$; (3) 3; (4) $\begin{pmatrix} 2 & 3 \\ -1 & -2 \end{pmatrix}$; (5) $-2$.

3. (1) ① $a \neq -1$; ② $a = -1$.

(2) $hk \neq 1$.

(3) 线性无关.

(4) ① $a = 0$ 或者 $a = -10$;

② $a = 0$, $\boldsymbol{\alpha}_1$ 是极大无关组,且 $\boldsymbol{\alpha}_2 = 2\boldsymbol{\alpha}_1$, $\boldsymbol{\alpha}_3 = 3\boldsymbol{\alpha}_1$, $\boldsymbol{\alpha}_4 = 4\boldsymbol{\alpha}_1$;

$a = -10$, $\boldsymbol{\alpha}_1, \boldsymbol{\alpha}_2, \boldsymbol{\alpha}_3$ 是极大无关组,且 $\boldsymbol{\alpha}_4 = -\boldsymbol{\alpha}_1 - \boldsymbol{\alpha}_2 - \boldsymbol{\alpha}_3$.

(5) ① $k \neq 1$; ② $\frac{1}{3} \begin{pmatrix} 2 \\ -1 \\ 2 \end{pmatrix}, \frac{\sqrt{2}}{6} \begin{pmatrix} 1 \\ 4 \\ 1 \end{pmatrix}, \frac{\sqrt{2}}{2} \begin{pmatrix} -1 \\ 0 \\ 1 \end{pmatrix}$.

## 习题 4.1

1. (1) $\begin{pmatrix} x_1 \\ x_2 \\ x_3 \end{pmatrix} = \begin{pmatrix} -2c-1 \\ c+2 \\ c \end{pmatrix} = c \begin{pmatrix} -2 \\ 1 \\ 1 \end{pmatrix} + \begin{pmatrix} -1 \\ 2 \\ 0 \end{pmatrix}$ ($c$ 为任意常数).

(2) 无解.

(3) $$\begin{pmatrix}x_1\\x_2\\x_3\\x_4\end{pmatrix}=\begin{pmatrix}-2c_1+c_2\\c_1\\0\\c_2\end{pmatrix}=c_1\begin{pmatrix}-2\\1\\0\\0\end{pmatrix}+c_2\begin{pmatrix}1\\0\\0\\1\end{pmatrix}\quad (c_1,\ c_2\ \text{为任意常数}).$$

(4) $$\begin{pmatrix}x_1\\x_2\\x_3\\x_4\end{pmatrix}=\begin{pmatrix}0\\-\frac{8}{3}\\\frac{2}{3}\\-1\end{pmatrix}.$$

2. $x_{ij}$ ($i=1, 2, 3$; $j=1, 2$) 所满足的关系式为

$$\begin{cases}x_{11}+x_{12}=3,\\x_{21}+x_{22}=2,\\x_{31}+x_{32}=1,\\x_{11}+x_{21}+x_{31}=4,\\x_{12}+x_{22}+x_{32}=2,\\x_{11}+x_{12}+x_{21}+x_{22}+x_{31}+x_{32}=6;\end{cases}$$

$$\begin{pmatrix}x_{11}\\x_{12}\\x_{21}\\x_{22}\\x_{31}\\x_{32}\end{pmatrix}=\begin{pmatrix}1+c_1+c_2\\2-c_1-c_2\\2-c_1\\c_1\\1-c_2\\c_2\end{pmatrix}=\begin{pmatrix}1\\2\\2\\0\\1\\0\end{pmatrix}+c_1\begin{pmatrix}1\\-1\\-1\\1\\0\\0\end{pmatrix}+c_2\begin{pmatrix}1\\-1\\0\\0\\-1\\1\end{pmatrix}\quad (c_1,\ c_2\ \text{为任意常数}).$$

3. $$\begin{cases}x_1-2x_3+2x_4=0,\\x_2+3x_3-4x_4=0.\end{cases}$$

## 习题 4.2

1. (1) 当 $\lambda\neq 1, -2$ 时,方程组有唯一解;

当 $\lambda=-2$ 时,方程组无解;

当 $\lambda=1$ 时,方程组有无穷多解

$$\begin{pmatrix}x_1\\x_2\\x_3\end{pmatrix}=\begin{pmatrix}1-c_1-c_2\\c_1\\c_2\end{pmatrix}=\begin{pmatrix}1\\0\\0\end{pmatrix}+c_1\begin{pmatrix}-1\\1\\0\end{pmatrix}+c_2\begin{pmatrix}-1\\0\\1\end{pmatrix}\quad (c_1,\ c_2\ \text{为任意常数}).$$

(2) 当 $\lambda\neq 1$ 且 $\lambda\neq 10$ 时,方程组有唯一解;

当 $\lambda=10$ 时,方程组无解;

当 $\lambda=1$ 时,方程组有无穷多解

$$\begin{pmatrix}x_1\\x_2\\x_3\end{pmatrix}=\begin{pmatrix}1-2c_1+2c_2\\c_1\\c_2\end{pmatrix}=\begin{pmatrix}1\\0\\0\end{pmatrix}+c_1\begin{pmatrix}-2\\1\\0\end{pmatrix}+c_2\begin{pmatrix}2\\0\\1\end{pmatrix}\quad(c_1,c_2\text{ 为任意常数}).$$

(3) 当 $\lambda\neq-8$ 且 $\mu\neq-2$ 时,方程组有唯一解;

当 $\mu=-2$ 时,线性方程组无解;

当 $\lambda=-8$ 且 $\mu\neq-2$ 时,方程组有无穷多解

$$\begin{pmatrix}x_1\\x_2\\x_3\\x_4\end{pmatrix}=\begin{pmatrix}1-\frac{1}{\mu+2}+4c\\2+\frac{1}{\mu+2}-2c\\c\\-\frac{1}{\mu+2}\end{pmatrix}=\begin{pmatrix}1-\frac{1}{\mu+2}\\2+\frac{1}{\mu+2}\\0\\-\frac{1}{\mu+2}\end{pmatrix}+c\begin{pmatrix}4\\-2\\1\\0\end{pmatrix}\quad(c\text{ 为任意常数}).$$

(4) 当 $\lambda\neq0$ 且 $\mu\neq0$ 时,方程组有唯一解;

当 $\lambda=0$ 时,方程组无解;

当 $\lambda\neq0$ 且 $\mu=0$ 时,方程组有无穷多解

$$\begin{pmatrix}x_1\\x_2\\x_3\\x_4\end{pmatrix}=\begin{pmatrix}-1+\frac{2}{\lambda}\\2-\frac{3}{\lambda}\\\frac{1}{\lambda}\\c\end{pmatrix}=\begin{pmatrix}-1+\frac{2}{\lambda}\\2-\frac{3}{\lambda}\\\frac{1}{\lambda}\\0\end{pmatrix}+c\begin{pmatrix}0\\0\\0\\1\end{pmatrix}\quad(c\text{ 为任意常数}).$$

2. (1) 当 $\lambda\neq3$ 时,方程组只有零解.

当 $\lambda=3$ 时,方程组有非零解

$$\begin{pmatrix}x_1\\x_2\\x_3\end{pmatrix}=\begin{pmatrix}-c\\c\\c\end{pmatrix}=c\begin{pmatrix}-1\\1\\1\end{pmatrix}\quad(c\text{ 为任意常数}).$$

(2) 当 $\lambda\neq0$ 且 $\lambda\neq2$ 及 $\lambda\neq3$ 时,方程组只有零解.

当 $\lambda=0$ 或 $\lambda=2$ 或 $\lambda=3$ 时,方程组有非零解.

当 $\lambda=0$ 时, $\begin{pmatrix}x_1\\x_2\\x_3\end{pmatrix}=\begin{pmatrix}-2c\\c\\c\end{pmatrix}=c\begin{pmatrix}-2\\1\\1\end{pmatrix}$ ($c$ 为任意常数);

当 $\lambda=2$ 时, $\begin{pmatrix}x_1\\x_2\\x_3\end{pmatrix}=\begin{pmatrix}-2c\\3c\\c\end{pmatrix}=c\begin{pmatrix}-2\\3\\1\end{pmatrix}$ ($c$ 为任意常数);

当 $\lambda=3$ 时, $\begin{pmatrix}x_1\\x_2\\x_3\end{pmatrix}=\begin{pmatrix}-\frac{1}{2}c\\\frac{5}{2}c\\c\end{pmatrix}=c\begin{pmatrix}-\frac{1}{2}\\\frac{5}{2}\\1\end{pmatrix}$ ($c$ 为任意常数).

(3) 当 $\mu \neq 0$ 且 $\lambda \neq 1$ 时,方程组只有零解.

当 $\mu = 0$ 或 $\lambda = 1$ 时,方程组有非零解.

当 $\lambda = 1$ 时, $\begin{pmatrix} x_1 \\ x_2 \\ x_3 \end{pmatrix} = \begin{pmatrix} -c \\ 0 \\ c \end{pmatrix} = c\begin{pmatrix} -1 \\ 0 \\ 1 \end{pmatrix}$ ($c$ 为任意常数);

当 $\mu = 0$ 时, $\begin{pmatrix} x_1 \\ x_2 \\ x_3 \end{pmatrix} = \begin{pmatrix} -c \\ (\lambda-1)c \\ c \end{pmatrix} = c\begin{pmatrix} -1 \\ \lambda-1 \\ 1 \end{pmatrix}$ ($c$ 为任意常数).

## 习题 4.3

1. (1) $\boldsymbol{\xi}_1 = \begin{pmatrix} -4 \\ \frac{3}{4} \\ 1 \\ 0 \end{pmatrix}, \boldsymbol{\xi}_2 = \begin{pmatrix} 0 \\ \frac{1}{4} \\ 0 \\ 1 \end{pmatrix}$; (2) $\boldsymbol{\xi}_1 = \begin{pmatrix} \frac{1}{19} \\ \frac{7}{19} \\ 0 \\ 1 \end{pmatrix}, \boldsymbol{\xi}_2 = \begin{pmatrix} -\frac{2}{19} \\ -\frac{14}{19} \\ 1 \\ 0 \end{pmatrix}$;

(3) $\boldsymbol{\xi}_1 = \begin{pmatrix} 1 \\ 1 \\ 0 \\ 0 \end{pmatrix}, \boldsymbol{\xi}_2 = \begin{pmatrix} 0 \\ 0 \\ 1 \\ 1 \end{pmatrix}$; (4) $\boldsymbol{\xi}_1 = \begin{pmatrix} 3 \\ 3 \\ 2 \\ 0 \end{pmatrix}, \boldsymbol{\xi}_2 = \begin{pmatrix} -3 \\ -7 \\ 0 \\ 4 \end{pmatrix}$.

3. $\boldsymbol{B} = \begin{pmatrix} 1 & -1 \\ 5 & 11 \\ 8 & 0 \\ 0 & 8 \end{pmatrix}$.

4. $\begin{cases} x_1 - 2x_2 + x_3 = 0, \\ 2x_1 - 3x_2 + x_4 = 0. \end{cases}$

5. (1) $\boldsymbol{x} = \begin{pmatrix} -11 \\ 16 \\ 0 \\ \frac{7}{2} \end{pmatrix} + c\begin{pmatrix} -1 \\ 1 \\ 1 \\ 0 \end{pmatrix}$ ($c$ 为任意常数).

(2) $\boldsymbol{x} = \begin{pmatrix} 1 \\ -2 \\ 0 \\ 0 \end{pmatrix} + c_1\begin{pmatrix} -\frac{9}{7} \\ \frac{1}{7} \\ 1 \\ 0 \end{pmatrix} + c_2\begin{pmatrix} \frac{1}{2} \\ -\frac{1}{2} \\ 0 \\ 1 \end{pmatrix}$ ($c_1$, $c_2$ 为任意常数).

(3) $\boldsymbol{x}=\begin{pmatrix}-1\\-\frac{1}{2}\\-\frac{1}{2}\\0\end{pmatrix}+c\begin{pmatrix}1\\0\\2\\1\end{pmatrix}$ ($c$ 为任意常数).

(4) $\boldsymbol{x}=\begin{pmatrix}6\\-4\\0\\0\\0\end{pmatrix}+c_1\begin{pmatrix}-2\\1\\1\\0\\0\end{pmatrix}+c_2\begin{pmatrix}-2\\1\\0\\1\\0\end{pmatrix}+c_3\begin{pmatrix}-6\\5\\0\\0\\1\end{pmatrix}$ ($c_1$, $c_2$, $c_3$ 为任意常数).

6. $\boldsymbol{x}=\boldsymbol{\eta}_1+c_1(\boldsymbol{\eta}_3-\boldsymbol{\eta}_1)+c_2(\boldsymbol{\eta}_2-\boldsymbol{\eta}_1)$ ($c_1$, $c_2$ 为任意常数).

9. $\boldsymbol{x}=c_1\begin{pmatrix}1\\-1\\1\\0\end{pmatrix}+c_2\begin{pmatrix}0\\-1\\0\\1\end{pmatrix}$ ($c_1$, $c_2$ 为任意常数).

10. $\lambda=\mu$.

当 $\lambda=\frac{1}{2}$，非齐次线性方程组有无穷多解

$$\boldsymbol{x}=\begin{pmatrix}-\frac{1}{2}\\1\\0\\0\end{pmatrix}+c_1\begin{pmatrix}1\\-3\\1\\0\end{pmatrix}+c_2\begin{pmatrix}-\frac{1}{2}\\-1\\0\\1\end{pmatrix}\quad (c_1,c_2\ 为任意常数).$$

当 $\lambda\neq\frac{1}{2}$，非齐次线性方程组有无穷多解

$$\boldsymbol{x}=\begin{pmatrix}0\\-\frac{1}{2}\\\frac{1}{2}\\0\end{pmatrix}+c\begin{pmatrix}-1\\\frac{1}{2}\\-\frac{1}{2}\\1\end{pmatrix}\quad (c\ 为任意常数).$$

## 总习题 4

1. (1) B； (2) A； (3) C； (4) B； (5) B.

2. (1) $\frac{7}{4}$； (2) $c\begin{pmatrix}1\\1\\1\\1\end{pmatrix}$ ($c$ 为任意常数)； (3) $-2$； (4) $\frac{9}{4}$； (5) $n$.

3. (1) $\boldsymbol{x}=c_1\begin{pmatrix}1\\3\\2\end{pmatrix}+c_2\begin{pmatrix}1\\1\\-2\end{pmatrix}+\begin{pmatrix}\frac{1}{2}\\1\\\frac{3}{2}\end{pmatrix}$ （$c_1$，$c_2$ 为任意常数）.

(2) $\boldsymbol{x}=c\begin{pmatrix}1\\-2\\3\\0\end{pmatrix}+\begin{pmatrix}0\\4\\0\\4\end{pmatrix}$ （$c$ 为任意常数）.

(3) $a=1$.

(4) ① $\begin{pmatrix}1\\0\\2\\3\end{pmatrix}$，$\begin{pmatrix}0\\1\\3\\5\end{pmatrix}$.

② 当 $a=-1$ 时，方程组（Ⅰ）与（Ⅱ）有非零的公共解，全部非零公共解为

$$\boldsymbol{x}=c_1\begin{pmatrix}2\\-1\\1\\1\end{pmatrix}+c_2\begin{pmatrix}-1\\2\\4\\7\end{pmatrix}\quad (c_1,\ c_2\text{ 不全为零}).$$

## 习题 5.1

1. (1) $\lambda_1=-1$，对应特征向量为 $k_1\begin{pmatrix}0\\-2\\1\end{pmatrix}$ （$k_1\neq 0$）；

$\lambda_2=2$，对应特征向量为 $k_2\begin{pmatrix}0\\1\\1\end{pmatrix}$ （$k_2\neq 0$）；

$\lambda_3=-2$，对应特征向量为 $k_3\begin{pmatrix}-1\\0\\1\end{pmatrix}$ （$k_3\neq 0$）.

(2) $\lambda_1=\lambda_2=2$，对应特征向量为 $k_1\begin{pmatrix}-2\\1\\0\end{pmatrix}+k_2\begin{pmatrix}1\\0\\1\end{pmatrix}$ （$k_1$，$k_2$ 不同时为零）；

$\lambda_3=-4$，对应特征向量为 $k_3\begin{pmatrix}1\\-2\\3\end{pmatrix}$ （$k_3\neq 0$）.

(3) $\lambda_1=\lambda_2=1$，对应特征向量为 $k_1\begin{pmatrix}1\\0\\1\end{pmatrix}+k_2\begin{pmatrix}0\\1\\0\end{pmatrix}$ （$k_1$，$k_2$ 不同时为零）；

$\lambda_3=-1$,对应特征向量为 $k_3\begin{pmatrix}1\\0\\-1\end{pmatrix}\quad(k_3\neq 0)$.

(4) $\lambda_1=\lambda_2=-1$,对应特征向量为 $k_1\begin{pmatrix}1\\0\\-1\end{pmatrix}+k_2\begin{pmatrix}0\\1\\-1\end{pmatrix}\quad(k_1,\ k_2$ 不同时为零);

$\lambda_3=5$,对应特征向量为 $k_3\begin{pmatrix}1\\1\\1\end{pmatrix}\quad(k_3\neq 0)$.

(5) $\lambda_1=\lambda_2=5$,对应特征向量为 $k_1\begin{pmatrix}1\\-2\\0\end{pmatrix}+k_2\begin{pmatrix}0\\-2\\1\end{pmatrix}\quad(k_1,\ k_2$ 不同时为零);

$\lambda_3=-4$,对应特征向量为 $k_3\begin{pmatrix}2\\1\\2\end{pmatrix}\quad(k_3\neq 0)$.

(6) $\lambda_1=-2$,对应特征向量为 $k_1\begin{pmatrix}-1\\1\\1\\1\end{pmatrix}\quad(k_1\neq 0)$;

$\lambda_2=\lambda_3=\lambda_4=2$,对应特征向量为 $k_2\begin{pmatrix}1\\1\\0\\0\end{pmatrix}+k_3\begin{pmatrix}1\\0\\1\\0\end{pmatrix}+k_4\begin{pmatrix}1\\0\\0\\1\end{pmatrix}\quad(k_2,\ k_3,\ k_4$ 不同时为零).

3. 9.

4. 25.

## 习题 5.2

3. $a=0,\ b=-2$; $\boldsymbol{P}=\begin{pmatrix}0&0&-1\\-2&1&0\\1&1&1\end{pmatrix}$, $\boldsymbol{P}^{-1}\boldsymbol{AP}=\begin{pmatrix}-1&&\\&2&\\&&-2\end{pmatrix}$.

4. 3.

5. $a=-2$ 时,可对角化; $a=-\dfrac{2}{3}$ 时,不可对角化.

7. $\boldsymbol{A}^{100}=\begin{pmatrix}1&2^{101}-2&0\\0&2^{100}&0\\0&\frac{5}{3}(1-2^{100})&1\end{pmatrix}$.

8. (1) $\begin{pmatrix}x_{n+1}\\y_{n+1}\end{pmatrix}=\begin{pmatrix}1-p&q\\p&1-q\end{pmatrix}\begin{pmatrix}x_n\\y_n\end{pmatrix}$;

(2) $\begin{pmatrix} x_n \\ y_n \end{pmatrix} = \frac{1}{2(p+q)}\begin{pmatrix} 2q+(p-q)(1-p-q)^n \\ 2p+(q-p)(1-p-q)^n \end{pmatrix}$.

## 习题 5.3

2. (1) $\boldsymbol{T}=\begin{pmatrix} \frac{2}{3} & \frac{2}{3} & \frac{1}{3} \\ -\frac{1}{3} & \frac{2}{3} & -\frac{2}{3} \\ -\frac{2}{3} & \frac{1}{3} & \frac{2}{3} \end{pmatrix}$, $\boldsymbol{T}^{-1}\boldsymbol{AT}=\begin{pmatrix} 2 & & \\ & -1 & \\ & & 5 \end{pmatrix}$;

(2) $\boldsymbol{T}=\begin{pmatrix} 0 & 1 & 0 \\ \frac{\sqrt{2}}{2} & 0 & \frac{\sqrt{2}}{2} \\ -\frac{\sqrt{2}}{2} & 0 & \frac{\sqrt{2}}{2} \end{pmatrix}$, $\boldsymbol{T}^{-1}\boldsymbol{AT}=\begin{pmatrix} 2 & & \\ & 4 & \\ & & 4 \end{pmatrix}$;

(3) $\boldsymbol{T}=\begin{pmatrix} \frac{\sqrt{5}}{5} & -\frac{4\sqrt{5}}{15} & \frac{2}{3} \\ -\frac{2\sqrt{5}}{5} & -\frac{2\sqrt{5}}{15} & \frac{1}{3} \\ 0 & \frac{\sqrt{5}}{3} & \frac{2}{3} \end{pmatrix}$, $\boldsymbol{T}^{-1}\boldsymbol{AT}=\begin{pmatrix} -3 & & \\ & -3 & \\ & & 6 \end{pmatrix}$;

(4) $\boldsymbol{T}=\begin{pmatrix} -\frac{2\sqrt{5}}{5} & \frac{2\sqrt{5}}{15} & -\frac{1}{3} \\ \frac{1}{\sqrt{5}} & \frac{4\sqrt{5}}{15} & -\frac{2}{3} \\ 0 & \frac{\sqrt{5}}{3} & \frac{2}{3} \end{pmatrix}$, $\boldsymbol{T}^{-1}\boldsymbol{AT}=\begin{pmatrix} 1 & & \\ & 1 & \\ & & 10 \end{pmatrix}$;

(5) $\boldsymbol{T}=\begin{pmatrix} -\frac{\sqrt{2}}{2} & \frac{\sqrt{6}}{6} & \frac{\sqrt{3}}{3} \\ \frac{\sqrt{2}}{2} & -\frac{\sqrt{6}}{6} & \frac{\sqrt{3}}{3} \\ 0 & \frac{\sqrt{6}}{3} & \frac{\sqrt{3}}{3} \end{pmatrix}$, $\boldsymbol{T}^{-1}\boldsymbol{AT}=\begin{pmatrix} 0 & & \\ & 0 & \\ & & 3 \end{pmatrix}$;

(6) $\boldsymbol{T}=\begin{pmatrix} \frac{\sqrt{2}}{2} & \frac{\sqrt{6}}{6} & -\frac{\sqrt{12}}{12} & \frac{1}{2} \\ \frac{\sqrt{2}}{2} & -\frac{\sqrt{6}}{6} & \frac{\sqrt{12}}{12} & -\frac{1}{2} \\ 0 & \frac{\sqrt{6}}{3} & \frac{\sqrt{12}}{12} & -\frac{1}{2} \\ 0 & 0 & \frac{\sqrt{12}}{4} & \frac{1}{2} \end{pmatrix}$, $\boldsymbol{T}^{-1}\boldsymbol{AT}=\begin{pmatrix} 1 & & & \\ & 1 & & \\ & & 1 & \\ & & & -3 \end{pmatrix}$.

3. (1) $P=\begin{pmatrix}1 & 2 & 2\\ 2 & -2 & 1\\ 2 & 1 & -2\end{pmatrix}$, $P^{-1}AP=\begin{pmatrix}3 & & \\ & 0 & \\ & & -3\end{pmatrix}$;

(2) $T=\begin{pmatrix}\frac{1}{3} & \frac{2}{3} & \frac{2}{3}\\ \frac{2}{3} & -\frac{2}{3} & \frac{1}{3}\\ \frac{2}{3} & \frac{1}{3} & -\frac{2}{3}\end{pmatrix}$, $T^{-1}AT=\begin{pmatrix}3 & & \\ & 0 & \\ & & -3\end{pmatrix}$.

4. $P=\begin{pmatrix}1 & 1 & -1\\ 1 & 0 & 1\\ 0 & 1 & 1\end{pmatrix}$, $|A-E|=a^2(a-3)$.

5. $\lambda_1=\lambda_2=-2$, $\lambda_3=0$.

6. $A=\begin{pmatrix}-2 & 3 & -3\\ -4 & 5 & -3\\ -4 & 4 & -2\end{pmatrix}$.

7. $T=\begin{pmatrix}\frac{2}{3} & \frac{2}{3} & \frac{1}{3}\\ \frac{1}{3} & -\frac{2}{3} & \frac{2}{3}\\ -\frac{2}{3} & \frac{1}{3} & \frac{2}{3}\end{pmatrix}$, $T^{-1}AT=\begin{pmatrix}-1 & & \\ & 0 & \\ & & 1\end{pmatrix}$.

8. $A=\begin{pmatrix}1 & 0 & 0\\ 0 & 0 & -1\\ 0 & -1 & 0\end{pmatrix}$.

## 总习题 5

1. (1) D; (2) A; (3) B; (4) B; (5) C.

2. (1) 0; (2) $\left(\frac{|A|}{\lambda}\right)^2+1$; (3) 24; (4) $2E$; (5) 1.

3. (1) ① 1, 1, −5; ② 2, 2, $\frac{4}{5}$.

(2) $a=2$, $b=1$, $\lambda=1$; $a=2$, $b=-2$, $\lambda=4$.

(3) ① $a=-3$, $b=0$, $\xi$ 所对应的特征值 $\lambda=-1$; ② 不能.

(4) $P=\begin{pmatrix}1 & 1 & 1\\ -1 & 0 & -2\\ 0 & 1 & 3\end{pmatrix}$, $P^{-1}AP=\begin{pmatrix}2 & 0 & 0\\ 0 & 2 & 0\\ 0 & 0 & 6\end{pmatrix}$.

(5) $k=0$, $P=\begin{pmatrix}-1 & 1 & 1\\ 2 & 0 & 0\\ 0 & 2 & 1\end{pmatrix}$, $P^{-1}AP=\begin{pmatrix}-1 & 0 & 0\\ 0 & -1 & 0\\ 0 & 0 & 1\end{pmatrix}$.

(6) ① $\lambda_1=1+(n-1)b$, $\lambda_2=\cdots=\lambda_n=1-b$,

$$\boldsymbol{\xi}_1=\begin{pmatrix}1\\1\\1\\\vdots\\1\end{pmatrix},\ \boldsymbol{\xi}_2=\begin{pmatrix}1\\-1\\0\\\vdots\\0\end{pmatrix},\ \boldsymbol{\xi}_3=\begin{pmatrix}1\\0\\-1\\\vdots\\0\end{pmatrix},\ \cdots,\ \boldsymbol{\xi}_n=\begin{pmatrix}1\\0\\0\\\vdots\\-1\end{pmatrix};$$

② $$\boldsymbol{P}=\begin{pmatrix}1&1&1&\cdots&1\\1&-1&0&\cdots&0\\1&0&-1&\cdots&0\\\vdots&\vdots&\vdots&&\vdots\\1&1&0&\cdots&-1\end{pmatrix},\ \boldsymbol{P}^{-1}\boldsymbol{AP}=\begin{pmatrix}1+(n-1)b&0&\cdots&0\\0&1-b&\cdots&0\\\vdots&\vdots&&\vdots\\0&0&\cdots&1-b\end{pmatrix}.$$

## 习题 6.1

2. (1) $f(x_1,x_2,x_3)=(x_1,x_2,x_3)\begin{pmatrix}0&-2&1\\-2&0&1\\1&1&0\end{pmatrix}\begin{pmatrix}x_1\\x_2\\x_3\end{pmatrix}$;

(2) $f(x,y,z)=(x,y,z)\begin{pmatrix}1&2&1\\2&4&2\\1&2&1\end{pmatrix}\begin{pmatrix}x\\y\\z\end{pmatrix}$;

(3) $f(x_1,x_2,x_3,x_4)=(x_1,x_2,x_3,x_4)\begin{pmatrix}1&-1&2&-1\\-1&1&3&-2\\2&3&1&0\\-1&-2&0&1\end{pmatrix}\begin{pmatrix}x_1\\x_2\\x_3\\x_4\end{pmatrix}$.

3. (1) $\begin{pmatrix}2&2\\2&1\end{pmatrix}$; (2) $\begin{pmatrix}1&3&5\\3&5&7\\5&7&9\end{pmatrix}$.

4. $a=b\neq\pm1$.

## 习题 6.2

1. (1) $\begin{cases}x_1=\frac{\sqrt{2}}{2}y_1+\frac{\sqrt{2}}{2}y_3,\\x_2=\frac{\sqrt{2}}{2}y_1-\frac{\sqrt{2}}{2}y_3,\\x_3=\frac{\sqrt{2}}{2}y_2+\frac{\sqrt{2}}{2}y_4,\\x_4=-\frac{\sqrt{2}}{2}y_2+\frac{\sqrt{2}}{2}y_4,\end{cases}$ $f=y_1^2+y_2^2-y_3^2-y_4^2$;

(2) $\begin{cases}x_1=y_1+y_2-y_3,\\x_2=y_2,\\x_3=-y_2+y_3,\end{cases}$ $f=y_1^2-y_2^2-y_3^2$.

2. (1) $\begin{cases} x_1 = y_1 - \dfrac{\sqrt{6}}{2}y_2 - y_3, \\ x_2 = y_1 - \dfrac{\sqrt{6}}{3}y_2 - y_3, \\ x_3 = \dfrac{5\sqrt{6}}{12}y_2 + y_3, \end{cases}$ $f = y_1^2 + y_2^2 - y_3^2$;

(2) $\begin{cases} x_1 = y_1, \\ x_2 = \dfrac{\sqrt{2}}{2}y_2 + \dfrac{\sqrt{2}}{2}y_3, \\ x_3 = \dfrac{\sqrt{2}}{2}y_2 - \dfrac{\sqrt{2}}{2}y_3, \end{cases}$ $f = 2y_1^2 + 5y_2^2 + y_3^2$.

3. (1) $\begin{cases} x_1 = y_1, \\ x_2 = -\dfrac{2\sqrt{5}}{5}y_2 + \dfrac{\sqrt{5}}{5}y_3, \\ x_3 = \dfrac{\sqrt{5}}{5}y_2 + \dfrac{2\sqrt{5}}{5}y_3, \end{cases}$ $f = y_1^2 + y_2^2 + 6y_3^2$;

(2) $\begin{cases} x_1 = \dfrac{\sqrt{3}}{3}y_1 + \dfrac{\sqrt{2}}{2}y_2 - \dfrac{\sqrt{6}}{6}y_3, \\ x_2 = \dfrac{\sqrt{3}}{3}y_1 + \dfrac{\sqrt{6}}{3}y_3, \\ x_3 = -\dfrac{\sqrt{3}}{3}y_1 + \dfrac{\sqrt{2}}{2}y_2 + \dfrac{\sqrt{6}}{6}y_1, \end{cases}$ $f = 2y_1^2 + y_2^2 - y_3^2$;

(3) $\begin{cases} x_1 = \dfrac{1}{2}y_1 + \dfrac{\sqrt{2}}{2}y_2 + \dfrac{1}{2}y_4, \\ x_2 = -\dfrac{1}{2}y_1 + \dfrac{\sqrt{2}}{2}y_2 - \dfrac{1}{2}y_4, \\ x_3 = -\dfrac{1}{2}y_1 + \dfrac{\sqrt{2}}{2}y_3 + \dfrac{1}{2}y_4 \\ x_4 = \dfrac{1}{2}y_1 + \dfrac{\sqrt{2}}{2}y_3 - \dfrac{1}{2}y_4, \end{cases}$ $f = -3y_1^2 + y_2^2 + y_3^2 + y_4^2$.

4. $\begin{cases} x = \dfrac{2\sqrt{2}}{3}u + \dfrac{1}{3}v, \\ y = -\dfrac{\sqrt{2}}{6}u + \dfrac{2}{3}v + \dfrac{\sqrt{2}}{2}w, \\ z = \dfrac{\sqrt{2}}{6}u - \dfrac{2}{3}v + \dfrac{\sqrt{2}}{2}w, \end{cases}$ $2u^2 + 11v^2 = 1$.

5. (1) $\begin{cases} x_1 = y_1 - \dfrac{5\sqrt{2}}{2}y_2 + 2y_3, \\ x_2 = \dfrac{\sqrt{2}}{2}y_2, \\ x_3 = -\sqrt{2}y_2 + y_3, \end{cases}$ $f = y_1^2 - y_2^2 + y_3^2$;

(2) $\begin{cases} x_1 = \dfrac{\sqrt{2}}{2}y_1 - \dfrac{\sqrt{2}}{2}y_2 - \dfrac{\sqrt{2}}{2}y_3, \\ x_2 = \sqrt{2}y_2 + \sqrt{2}y_3, \\ x_3 = \dfrac{\sqrt{2}}{2}y_3, \end{cases}$ $f = y_1^2 + y_2^2 + y_3^2.$

## 习题 6.3

1. (1) 正定；(2) 不正定；(3) 正定.

2. (1) $-\dfrac{2}{5} < t < 0$；(2) $-\dfrac{\sqrt{15}}{3} < t < \dfrac{\sqrt{15}}{3}$.

## 总习题 6

1. (1) D；(2) C；(3) D；(4) D；(5) A.
2. (1) 2；(2) $t < 2$；(3) $3y_1^2$；(4) 2；(5) 2.
3. (1) $a = 2$；$\begin{pmatrix} 0 & 1 & 0 \\ \dfrac{1}{\sqrt{2}} & 0 & \dfrac{1}{\sqrt{2}} \\ -\dfrac{1}{\sqrt{2}} & 0 & \dfrac{1}{\sqrt{2}} \end{pmatrix}$.

(2) $\boldsymbol{\alpha} = \boldsymbol{\beta} = \mathbf{0}$.

(3) ① $a = 1, b = 2$；② $\boldsymbol{x} = \boldsymbol{Q}\boldsymbol{y}$, $\boldsymbol{Q} = \begin{pmatrix} \dfrac{2}{\sqrt{5}} & 0 & \dfrac{1}{\sqrt{5}} \\ 0 & 1 & 0 \\ \dfrac{1}{\sqrt{5}} & 0 & -\dfrac{2}{\sqrt{5}} \end{pmatrix}$.

(4) $a_1a_2\cdots a_n \neq (-1)^n$.

(5) $\boldsymbol{\Lambda} = \begin{pmatrix} (k+2)^2 & & \\ & (k+2)^2 & \\ & & k^2 \end{pmatrix}$，当 $k \neq -2$，且 $k \neq 0$ 时，$\boldsymbol{B}$ 为正定矩阵.

## 习题 7.1

2. (1) 线性无关；(2) 线性无关.
3. (1) 是；(2) 是；(3) 否；(4) 否；(5) 是；(6) 是；(7) 是；(8) 是；(9) 是.

## 习题 7.2

1. (1) 不能；(2) 能.

2. (1) $\boldsymbol{E}_{ii}$，$\boldsymbol{E}_{ij} + \boldsymbol{E}_{ji}$ $(i \neq j = 1, 2, \cdots, n)$ 是 $V_1$ 的一个基，$\dim V_1 = \dfrac{n(n+1)}{2}$.

(2) $\boldsymbol{E}_{ij} - \boldsymbol{E}_{ji}$ $(i \neq j = 1, 2, \cdots, n)$ 是 $V_2$ 的一个基，$\dim V_2 = \dfrac{n(n-1)}{2}$.

(3) $\boldsymbol{E}_{ij}\,(i \leqslant j = 1, 2, \cdots, n)$ 是 $V_3$ 的一个基，$\dim V_3 = \dfrac{n(n+1)}{2}$.

(4) $\boldsymbol{E}_{ij}\,(i \geqslant j = 1, 2, \cdots, n)$ 是 $V_4$ 的一个基，$\dim V_4 = \dfrac{n(n+1)}{2}$.

(5) $\boldsymbol{E}_{ii}\,(i = 1, 2, \cdots, n)$ 是 $V_5$ 的一个基，$\dim V_5 = n$.

(6) $\boldsymbol{E}_n, \boldsymbol{E}_{ij}, \boldsymbol{E}_{ji}\,(i \neq j = 1, 2, \cdots, n)$ 是 $V_6$ 的一个基，$\dim V_6 = n(n-1)+1$.

3. (1) $(2, 3, 4, 7)^{\mathrm{T}}$；(2) $\left(0, \dfrac{3}{2}, -\dfrac{1}{2}\right)^{\mathrm{T}}$

4. $(1, 1, 1)^{\mathrm{T}}$.

## 习题 7.3

1. (1) $\begin{pmatrix} \frac{7}{4} & \frac{1}{2} & \frac{7}{4} \\ \frac{9}{4} & \frac{1}{2} & \frac{5}{4} \\ \frac{1}{4} & -\frac{5}{2} & -\frac{3}{4} \end{pmatrix}$, $\left(\dfrac{3}{8}, \dfrac{1}{8}, \dfrac{5}{8}\right)^{\mathrm{T}}$.

(2) $\begin{pmatrix} -1 & -2 & -5 \\ \frac{3}{2} & 1 & 4 \\ \frac{1}{2} & 1 & 1 \end{pmatrix}$, $(5, 0, 1)^{\mathrm{T}}$.

2. $\begin{pmatrix} 1 & 0 & 1 \\ 2 & 2 & 0 \\ 0 & 3 & 3 \end{pmatrix}$.

3. (1) $\begin{pmatrix} 1 & 1 & 1 \\ 0 & -1 & -2 \\ 0 & 0 & 1 \end{pmatrix}$；(2) $(3, -2, -1)^{\mathrm{T}}, (0, 4, -1)^{\mathrm{T}}$.

4. (1) $\begin{pmatrix} 1 & -1 & 0 & 0 \\ -1 & 0 & 0 & 1 \\ 0 & 0 & 1 & -1 \\ 1 & 1 & 0 & 1 \end{pmatrix}$；(2) $\begin{pmatrix} 1 & 1 \\ 1 & 0 \end{pmatrix}$.

5. $(1, 1, \cdots, 1)^{\mathrm{T}}$.

## 习题 7.4

1. (1) 当 $\boldsymbol{\alpha} = \boldsymbol{0}$ 时，是；当 $\boldsymbol{\alpha} \neq \boldsymbol{0}$ 时，否.

(2) 当 $\boldsymbol{\alpha} = \boldsymbol{0}$ 时，是；当 $\boldsymbol{\alpha} \neq \boldsymbol{0}$ 时，否.

(3) 否. (4) 是. (5) 否. (6) 是. (7) 是.

2. (2) $(\sigma+\tau)(\boldsymbol{A}) = \boldsymbol{A}\begin{pmatrix} 5 & 0 \\ 0 & 7 \end{pmatrix}$, $(\sigma\tau)(\boldsymbol{A}) = \boldsymbol{A}\begin{pmatrix} 6 & 0 \\ 0 & 12 \end{pmatrix}$.

4. (1) $\operatorname{Im} \varepsilon = V$, $\operatorname{Ker} \varepsilon = \{0\}$.

(2) $\operatorname{Im}\varepsilon=\{0\}$, $\operatorname{Ker}\varepsilon=V$.

(3) $\operatorname{Im}D=R[x](R[x]_{n-1})$, $\operatorname{Ker}D=\mathbf{R}$.

(4) $\operatorname{Im}\sigma=L((1,-1,0)^{\mathrm{T}},(1,0,1)^{\mathrm{T}})$, $\operatorname{Ker}\sigma=L((-2,1,1)^{\mathrm{T}})$.

## 习题 7.5

1. $\begin{pmatrix}2&-1&0\\0&1&1\\1&0&0\end{pmatrix}$.

2. $\begin{pmatrix}-1&-3&3\\2&3&0\\-1&-1&-1\end{pmatrix}$.

3. $\begin{pmatrix}0&-3&2&0\\-2&1&0&2\\3&0&-1&-3\\0&3&-2&0\end{pmatrix}$.

4. $\begin{pmatrix}1&0&-1&0\\0&1&0&-1\\-1&0&1&0\\0&-1&0&1\end{pmatrix}$.

5. (1) $\begin{pmatrix}a_{33}&a_{32}&a_{31}\\a_{23}&a_{22}&a_{21}\\a_{13}&a_{12}&a_{11}\end{pmatrix}$; (2) $\begin{pmatrix}a_{11}&2a_{12}&a_{13}\\\frac{1}{2}a_{21}&a_{22}&\frac{1}{2}a_{23}\\a_{31}&2a_{32}&a_{33}\end{pmatrix}$.

6. (1) $(3,1,1)^{\mathrm{T}}$; (2) $(14,32,50)^{\mathrm{T}}$; (3) $\begin{pmatrix}7&8&9\\2&\frac{5}{2}&3\\1&2&3\end{pmatrix}$.

## 总习题 7

1. (1) C; (2) D; (3) C; (4) B; (5) A.

2. (1) 2; (2) 6; (3) $\begin{pmatrix}1&0&1\\1&1&0\\0&1&1\end{pmatrix}$; (4) $\begin{pmatrix}0&1&0&\cdots&0\\0&0&1&\cdots&0\\\vdots&\vdots&\vdots&&\vdots\\0&0&0&\cdots&1\\0&0&0&\cdots&0\end{pmatrix}$; (5) $\mathbf{R}$.

3. (1) 当 $a=-3$ 或 $a=1$ 时,线性相关;当 $a\neq-3,1$ 时线性无关.

(2) 基: $\boldsymbol{E}_{11}-\boldsymbol{E}_{22}$, $\boldsymbol{E}_{12}$, $\boldsymbol{E}_{21}$; $\dim W=3$.

(3) ① $\begin{pmatrix}8&9\\\frac{4}{3}&3\end{pmatrix}$; ② $\begin{pmatrix}7&8\\13&14\end{pmatrix}$; ③ $(3,5)^{\mathrm{T}}$; ④ $(9,6)^{\mathrm{T}}$.

(4) ① $\begin{pmatrix} 0 & 3 & 2 \\ 0 & -1 & 0 \\ 1 & 0 & 1 \end{pmatrix}$； ② $\begin{pmatrix} 0 & 6 & 6 \\ 0 & -2 & 0 \\ 1 & 0 & 3 \end{pmatrix}$； ③ $\begin{pmatrix} 0 & 3 & 2 \\ 0 & -2 & 0 \\ 3 & 0 & 3 \end{pmatrix}$.

(5) $\operatorname{Im}\sigma = L(\boldsymbol{A}_1, \boldsymbol{A}_2)$，其中 $\boldsymbol{A}_1 = \begin{pmatrix} 0 & -2 \\ 0 & 0 \end{pmatrix}$，$\boldsymbol{A}_2 = \begin{pmatrix} 2 & 0 \\ 2 & -2 \end{pmatrix}$；

$\operatorname{Ker}\sigma = L(\boldsymbol{B}_1, \boldsymbol{B}_2)$，其中 $\boldsymbol{B}_1 = \begin{pmatrix} -1 & 1 \\ 0 & 0 \end{pmatrix}$，$\boldsymbol{B}_2 = \begin{pmatrix} 1 & 0 \\ 0 & 1 \end{pmatrix}$.

# 参考文献


[1] 同济大学数学系.线性代数[M].5版.北京:高等教育出版社,2007.

[2] 周建华,陈建龙,张小向.几何与代数[M]. 北京:科学出版社,2009.

[3] 同济大学数学系.线性代数及其应用[M].2版.北京:高等教育出版社,2008.

[4] 齐民友.线性代数[M].北京:高等教育出版社,2003.

[5] 北京大学数学系几何与代数教研室前代数小组.高等代数[M].4版.北京:高等教育出版社,2013.

[6] 吴赣昌.线性代数(经济类) [M].北京:中国人民大学出版社,2006.

[7] 刘二根,等.线性代数学习指导书[M].南昌:江西高校出版社,2003.

[8] 同济大学数学系.线性代数附册——学习辅导与习题选解[M].北京:高等教育出版社,2007.

[9] 黄光谷,等.高等代数辅导与习题解答[M].武汉:华中科技大学出版社,2005.

[10] 陈殿友,等.经济管理数学基础——线性代数习题课教程[M].北京:清华大学出版社,2006.

[11] 王艳芳,李海燕.线性代数同步辅导[M].大连:大连理工大学出版社,2006.

[12]《大学数学》编辑部.硕士研究生入学考试数学试题精解[M].合肥:合肥工业大学出版社,2010.